职业技术学院教学用书

金属压力加工理论基础

主　　编　段小勇
副 主 编　付俊薇
审　　稿　袁　康　韦　光

北　京
冶 金 工 业 出 版 社
2020

内 容 简 介

本书为职业技术学院教学用书。全书分金属学及热处理、金属塑性变形理论、轧制理论、挤压理论和拉拔理论五篇,共25章,每章末都附有复习思考题。书中较全面地讲述了金属压力加工的理论基础,它是学习金属压力加工工艺前的必修课程。

本书可作为金属压力加工专业职业技术学院教材,也可供有关工程技术人员参考。

图书在版编目(CIP)数据

金属压力加工理论基础/段小勇主编 . —北京:冶金
工业出版社,2004.8(2020.4 重印)
职业技术学院教学用书
ISBN 978-7-5024-3416-8

Ⅰ. 金…　Ⅱ. 段…　Ⅲ. 金属压力加工—高等学校:
技术学校—教材　Ⅳ. TG3

中国版本图书馆 CIP 数据核字(2007)第 026755 号

出 版 人　陈玉千
地　　　址　北京市东城区嵩祝院北巷 39 号　邮编　100009　电话　(010)64027926
网　　　址　www. cnmip. com. cn　电子信箱　yjcbs@cnmip. com. cn
责任编辑　宋　良　美术编辑　彭子赫　版式设计　孙跃红
责任校对　符燕蓉　责任印制　李玉山
ISBN 978-7-5024-3416-8
冶金工业出版社出版发行;各地新华书店经销;北京虎彩文化传播有限公司印刷
2004 年 8 月第 1 版,2020 年 4 月第 6 次印刷
787mm×1092mm　1/16;21.75 印张;523 千字;334 页
48. 00 元
冶金工业出版社　投稿电话　(010)64027932　投稿信箱　tougao@cnmip. com. cn
冶金工业出版社营销中心　电话　(010)64044283　传真　(010)64027893
冶金工业出版社天猫旗舰店　yjgycbs. tmall. com
(本书如有印装质量问题,本社营销中心负责退换)

前　　言

　　本书是为满足职业技术教育的需要，根据职业教育课程的教学大纲要求，并参照冶金行业的职业技能鉴定规范及中、高级技术工人等级考核标准编写的。全书共五篇25章。书中较系统地阐明了金属学及热处理，金属塑性变形理论及轧制、拉拔、挤压理论，是学习金属压力加工工艺前的必修课程。为便于自学，书中每章后面都附有复习思考题。

　　参加本书编写的人员有山西工程职业技术学院段小勇(第13～16章)、李学文(第1～8章)，河北工业职业技术学院付俊薇(第17章)，山东工业职业学院白星良(第18～20章)，天津工业学校董琦(第21～25章)，北京钢铁学校李琳(第9～11章)，太钢职工钢铁学院李刚(第12章)。全书由段小勇任主编，付俊薇任副主编；北京科技大学袁康、韦光教授审稿。

　　由于编者水平所限，书中不妥之处，敬请广大读者批评指正。

编　者

2004 年 5 月

目　　录

第一篇　金属学及热处理

第四篇 挤压原理

第五篇 拉 拔 理 论

第一篇 金属学及热处理

1 概 论

1.1 金属材料及金属学发展梗概

在所有应用材料中,凡由金属元素或以金属元素为主而形成的,并具有一般金属特性的材料统称之为金属材料,它是材料的一大类,是人类社会发展的极为重要的物质基础之一。金属学是关于金属材料方面的一门学科,它与金属材料的发明和发展是密切相关的,两者是相互促进和相辅相成的,都是千百年来,广大劳动人民和科学工作者密切合作,经过生产实践和科学实验,反复总结提高而逐步发展和完善起来的,都是人类生产活动的产物,是劳动的结晶。

人类和自然斗争的历史大致可分为两大时代:石器时代和金属时代,而金属时代又分为铜器时代和铁器时代。它标志着人类生产大发展的三个飞跃阶段,也是记载着人类文化进展的三个里程碑。

人类由石器时代进入金属时代是以青铜的发现和应用作为重要标志的;由铜器时代进入铁器时代是以铸铁(或生铁)的熔炼和应用而开始的;而由铸铁到炼钢,则又是一个较大的飞跃。青铜曾对古代文明起过非常重要的作用,而钢铁又在近代文明中占据着特殊重要的位置。历史事实表明,自从钢铁的冶炼和应用兴起以后,人类社会生产和科学技术的发展便日益紧密地和钢铁逐步联系在一起,并以前所未有的增长速度迅猛向前发展。进入 20 世纪以后,这种关系表现得更为突出。钢铁的发展促进了科学技术的发展,而科学技术的发展,返回来又促进了钢铁和其他有色金属材料的发展。五十年代以后,尽管有人认为已开始进入原子或电子时代,各种尖端技术相继涌现,各个生产领域不断革新,但是金属材料的发展不是慢了,而是更迅速地又进入了一个大发展的新阶段,各种新型金属材料也随之大量出现。到目前为止,全世界金属材料的年总产量(包括钢、铸铁和有色金属材料)已高达十几亿吨以上,质量和品种的发展也相当快。由此可见,一个国家或一个历史时期,金属材料产量的多少、发展速度的大小以及质量的高低已经成了衡量其生产水平和科学技术发达程度的重要标志之一。

我国古代劳动人民和科学工作者在有关金属学早期知识的积累方面有很大的贡献,这从现已发现的大量古代金属遗物中即可以看到。例如,精致的冶炼、铸造、锻造和焊接技术,以及惊人的热处理和化学热处理——渗碳工艺等,它表明当时已相当准确地掌握了金属材料的许多工艺性能和使用性能,并应用于生产实践中。另一方面从现存的许多古籍中还可以找到有力的文字证据,除了零星记载外,还有不少系统的文献,其中最著名的有先秦时代的《考工记》(作者难考)、宋代沈括的《梦溪笔谈》以及明代宋应星的《天工开物》等。它们都属于举世公认的,世界上最早或较早的有系统的科学技术著作,其中也记载着关于金属材料的冶炼、铸造、焊接、热处理等工艺方面,以及成分、性能和用途方面的珍贵资料,即使今天读起来,也令中外人士惊叹不已。同样我国金属材料的生产,据考证早在商朝(公元前 1652～前 1066 年)初期即已出现高度的青铜文化,可见铜器时代至少应在夏朝就已开始了。春秋(公元前 722～前 481 年)时已能熔炼铸铁,到战国(公元前 403～前 221 年)时,铸铁的生产和应用已有较大发展,所谓白口铁、展性铸铁、麻口铁相继出现,随后发展到由铸铁而炼钢,并相继开始采用各种热处理方法:退火、淬火、正火和渗碳等来改善钢和铸铁的性能。西汉时,钢和铸铁的冶炼技术已大大提高,产量、质量应用得到空前的发展。后经近一千五、六百年,直到明朝(1368～1661 年),特别是中间又经过盛唐时代的大发展后,钢铁生产一直在世界遥遥领先。与此同时,铜合金也由青铜而发展到黄铜和白铜,并以此而闻名于世,其他金属材料也有了相应的发展。

1.2 金属材料的一般特性

金属材料,尤其是钢铁,之所以能够对人类文明发挥那样重要的作用,一方面是由于它本身具有比其他材料远为优越的综合性能,诸如物理性能、化学性能、力学性能、工艺性能,因而能够适应科学技术方面和人民生活方面所提出的各种不同的要求;另一方面,是它那始终蕴藏着在性能方面以及数量和质量方面的巨大潜在能力,可供随时挖掘,因而能够随着日益增长的名目繁多的要求,而不断地更新和发展。

现代科学技术和工农业生产以及人民日常生活对金属材料性能方面所提出的要求,尽管名目繁多,但是归纳起来大致可分为两大类:一类是工艺性能;另一类是使用性能。使用性能在于保证能不能应用的问题,而工艺性能则在于能不能保证生产和制作的问题,也就是说解决怎么样去应用的问题。

金属材料从冶炼到作为成品使用以前,需要经过铸造、压力加工、机械加工、热处理以及铆焊等一系列的工艺过程,它能否适应这些工艺过程中的要求,以及适应的程度如何,是决定它能否进行生产,或如何进行生产的重要因素。金属材料所具有的那种能够适应实际生产工艺要求的能力统称工艺性能,例如铸造性、锻造性、深冲性、弯曲性、切削性、焊接性、淬透性等等。这类性能虽然是金属材料本身所固有的,但是如何测试和表达它呢? 它的物理实质又是什么呢? 这是个相当复杂的问题,因为这类性能往往是由几种参变量(包括物理的、化学的、力学的)综合作用所决定的。例如,所谓铸造性能既与金属的熔点、黏度以及液态和固态的膨胀系数有关,又和液态与其周围介质的化学作用以及由此而产生的化合产物的物理性质相联系,企求用单一的物理参量来表示是相当困难的,也是十分繁杂的。于是工程上用特定的所谓流动性、填充性、凝固收缩性、热裂性等综合起来表示铸造性能。其他工艺性能,也作类似的处理。为了进行预测或比较,且为了方便起见,工程上多采用模拟实验的方法,即模拟实际生产条件而设计出一套实验装置,测出所规定的一套数值指标,用来作为判别工艺性能的规定标准。通常所说的工艺性能,即指这些数值指标。严格说,它只能在一定程度上或近似地反映材料本身在具体生产流程中所表现的实际工艺性能,但由于具有实用价值,而且测试比较方便,所以被广泛采用。

金属材料制作成工件后,在使用过程中,则要求它能适应或抵抗作用到它上面的各种外界作用。随构件和使用条件的不同,这些外界作用是相当复杂的,既有质的区别,又有量的不同。它包括诸如各种力学、化学、辐射、电磁场以及温度的作用等等。这些作用有强有弱，有大有小，有单一的，也有复合的。例如，作为结构材料，一般都首先要求能够分别或同时承受各种动力学或静力学的作用，但随使用条件不同，又会附加对抵抗其他作用的要求，例如：大气下要求抗大气腐蚀；航海中要求抗海水腐蚀；化工上要求抗各种化学介质腐蚀；电机上要求抵抗或顺应电磁场的作用；原子能工业中则要求抗辐射作用；用于空间技术则要求耐高温或耐低温的性能等。金属材料满足这些要求的能力，合起来统称为使用性能，分别称力学性能、抗腐蚀性能（或化学性能）、电磁性能、耐热性能等。这些性能大部分可以和材料的一些基本物理量直接地联系起来，但工业上为了实用的方便，也大多是采用模拟实验指标来表示。例如由拉伸试验测出的所谓屈服强度、抗拉强度、延伸率、面缩率；由冲击试验测得的所谓韧性值；由裂口试样测得的所谓断裂韧性等即属于此，这意味着这些指标和实际有一定差距，因此，改进现有的测试技术和创造新的测试技术，以便能更方便更准确地由实验室的小试样反映金属材料的各种构件在使用过程中的实际性能，也是发挥材料潜力的另一个重要领域。

工艺性能和使用性能是既有联系又不相同的两类性能，尽管它们都是金属材料本身蕴藏着的，但由于目的不同，这两类性能的好与坏或高与低，有时是一致的，有时却是互相矛盾的。例如，一些要求高强度或高硬度或耐高温的材料常常会给压力加工、机械加工、铸造等工艺带来不少困难，有时甚至会达到否定某些材料的程度。因此一方面需要改进加工工具和加工制做方法以提高材料的工艺性能，另一方面应使材料具有多变性或多重性以提高其使用性能。大部分钢铁和一部分有色金属材料已在一定程度上具有这方面的许多特点，这也是金属材料的可贵之处。由此可见，工艺性能和使用性能之间的这对矛盾的解决过程，也是一个促进金属材料发展的过程。

工艺性能和使用性能的不断改善和创新，是金属材料发展进程中的显著特征，也是将来发展的重要内容。它的潜在能力仍然是很大的，有待于我们进一步去挖掘和发挥。例如，近年来已经发现苗头，利用完整的金属晶体或金属玻璃（非晶态金属）有可能使金属材料的强度提高几倍，甚至几十、几百或几千倍以上。

1.3 决定金属材料性能的基本因素

金属材料在性能方面所表现出的多样性、多变性和特殊性，使它具有远比其他材料较为优越的性能，这种优越性是其固有的内在因素在一定外在条件下的综合反映。这内在因素首先应从原子结构的特点以及原子间的相互作用来探讨；其次要探讨金属材料内部原子总体的组合状态——即内部原子总体的运动状态。这个问题所涉及的范围是很广的，有的已超出了本书范围，有的是后面章节将要讨论的，本书作为普通金属学教学内容，着重阐述基本概念，基本理论及其在碳钢、铸铁和合金钢等实际材料中的应用，为学习其他专业课奠定基础。

1.4 金属学的研究对象、方法和目的

金属学是关于金属材料——金属和合金的科学，它的中心内容应是研究金属和合金的成分、结构、组织和性能，以及它们之间的相互关系和变化规律。目的在于利用这些关系和规律来指导科学研究和生产实践，以便更充分有效地发挥现有金属材料的潜力，并进而创制

新的金属材料。金属学基本上是一门应用科学,也是一门偏重于实验的科学。

金属学的研究方法可分为实验和理论两个方面。

分析成分,测定结构,观察和鉴别组织,测试性能以及从动力学方面分析结构和组织的形成和变化,应是金属学的基本实验内容。X 线分析法,光学显微镜(以下简称光镜)分析法,电镜和电子探针等技术以及各种测试力学、电磁学、热学和化学性能的实验技术等等,则是进行金属学实验的重要方法和手段。

研究组织的最简单的方法是肉眼观察,这种方法称为宏观分析法,它能分辨出金属和合金的低倍组织—材料在宏观范围内的化学的和物理的不均匀性,如铸件的偏析、气孔、疏松、裂纹、晶带,压力加工所造成的流线、经化学热处理后的渗碳层,断口的形式(韧断或脆断)等等。宏观分析作为一种检查产品或半成品质量的方法,现在仍然广泛地应用于生产上。

观察细微组织可借助于光学显微镜。在光镜下所观察到的组织,一般称为显微组织。光镜由于受到光波长的限制,分辨能力约为 1.5×10^{-4} cm,有效放大率为 $1000 \sim 1500$ 倍。更细致的组织,必须借助电子显微镜。电镜的分辨能力可达 $10^{-6} \sim 10^{-7}$ cm。在电镜下所观察到的组织称电镜组织。此外,场离子显微镜的应用,可将分辨能力进一步提高,而达到近于原子大小的尺度。

利用 X 衍射方法可以测定金属和合金内部各种相的晶体结构。电子探针(微区 X 谱分析)则可用于分析组织中显微区域内的化学成分。

借助于力学的、电学的、热学的、热电的、磁学的和化学的实验方法可以测定金属和合金的各种有关性能。同时,由于其性能的变化是结构组织变化的反映,所以也可以利用这些方法来间接地研究结构组织的形成和变化过程。

金属学理论方面的研究主要包括热力学、分子动力学以及电子理论在金属学中的应用。热力学分析法用于研究合金系中相的形成和相平衡的条件以及条件变化时相变的方向、限度和驱动力。分子动力学分析法则用于研究金属和合金中各种转变过程中的速度和机理方面的问题。电子理论可使有关结构和性能方面的研究更深化一步。

在实际的研究工作中,通常是将各种实验方法结合起来,取长补短,相互补充,以取得可靠的资料或数据,再进行理论的分析和综合,找出规律性的东西。金属学已有的基本原理就是由此而取得的,进一步的理论也得靠此来探索和补充。

本篇作为普通金属学内容,着重阐述基本概念,基本理论及其在碳素钢、铸铁和合金钢等实际材料中的应用。为学习其他专业课奠定基础。

复习思考题

1. 什么是金属材料?
2. 什么是金属材料的工艺性能?
3. 什么是金属材料的使用性能?

2 金属的组织和结构

2.1 金属原子结构及其特点和类型

在全部的化学元素中约有四分之三是金属元素（见表 2-1 元素周期表及各元素的晶体结构）。金属与非金属的区分通常是以从硼到砹划一斜线来作为分界线的，其右为非金属，左为金属，斜线附近元素则具有二重性。

金属在物理、化学及力学性能方面具有以下的一些特征：有的金属硬度很高，有的金属塑性很大；有的金属导电率很大；有的金属电阻较高；有的金属具有较大的磁性，有的则几乎没有磁性；有的能抵抗酸碱侵蚀，有些则没有高的耐蚀能力等等。此外，很多金属还具有可铸性、锻压性、切削性和焊接性等一系列的工艺性能。有的金属同时具有几个特征，有的则某个特征较为突出。

近代合金的发展，使金属的上述特征得以综合应用。金属为什么能有以上的这些特征？这和金属的组织和内部结构有关。金属与合金的内部原子（或分子）间的结合，取决于组成物质的各元素本身和元素相互之间的化学行为。而元素的化学行为则取决于其原子的电子结构，特别是取决于其最外层的电子结构。

在元素周期表中，化学性最稳定的元素是 0 族元素，即惰性气体 He、Ne……等，它们几乎完全不和其他元素化合，自身也难以结合，所以多呈多原子气态。它们在元素周期表中都分别位于每个周期的最后，它们的电子结构特点是，所有按量子力学规律应该填满的各电子层，特别是最外部的 s、p 电子层都被电子填满了。这就意味着这样的电子结构能量低，化学上最稳定。正因为如此，所以元素在相互作用中，都力求使其原子外层的电子结构变得与它相邻近的惰性元素相似。这个概念很重要，它是讨论元素化学行为的基点。

2.1.1 金属原子结构的特点

所有化学元素，除 0 族外，大致可分为两大类：金属和非金属。

由近代物理的概念知道，各种元素的原子都是由带正电荷的原子核和绕核运动的带有负电荷的一定数目的电子所构成的，电子的数目等于该元素的原子序数。原子内的电子是按电子层分布的，各电子层中的电子数目遵从 $N=2n^2$（n 代表层数，即所谓主量子数）的规律，即：

在第一层内可有：$N=2\times1^2=2$ 个电子

在第二层内可有：$N=2\times2^2=8$ 个电子

在第三层内可有：$N=2\times3^2=18$ 个电子

在第四层内可有：$N=2\times4^2=32$ 个电子

在各层中，根据各电子运动轨道的能级高低不同，每层还可分成为若干次层，各以如下的符号来表示：

$$s^2, p^6, d^{10}, f^{14}$$

符号右上角的数字表示该次层中所能容纳的最大电子数。

由上所述,各元素原子中的电子层分布可按如下方式来描述。如:铝原子中的电子层结构可表示为:

$$1s^2 \quad 2s^2 \quad p^6 \quad 3s^2 \quad p^1$$

即在铝原子的电子层中,在其第一层中的 s 次层内有 2 个电子;在第二层中的 s 次层中有 2 个电子,在 p 次层中有 6 个电子;而在第三层中的 s 次层中有 2 个电子,在 p 次层中有 1 个电子;总共有 13 个电子。

在各元素原子结构中,最值得注意的是其最外层的价电子数目(如铝的价电子数为 3),它决定着该元素的主要的物理与化学性质。金属元素原子结构的特点就是它的价电子数目少(一般公有 1、2 或 3 个),价电子与原子核的结合力很弱,极易于形成正离子的特征,这就使金属在形成固体时有如下所述的原子结合方式的特点以及一系列的金属特性。

在这里还值得提出的是,在各金属元素中,从原子序数为 21 的钪(Sc)到原子序数为 28 的镍(Ni),以及在周期表中所对应在它们以下的各金属元素,在它们的原子结构中均有内部次层电子尚未填满的特征,如铁的原子结构即如此($Fe-1s^2 2s^2 2p^6 3s^2 3p^6 3d^6 4s^2$),其 $4s$ 层中虽已填满 2 个电子,但在其 $3p$ 次层中尚缺少 4 个电子。这是因为,$4s$ 次层的电子较 $3d$ 次层的能级较低所致,如图 2-1 所示。这些元素统称为"过渡族元素",它们除了也具有一般的金属特性以外,由于它们的 d 电子有时也会参与原子间结合的缘故,所以还具有一系列的象变价性,高硬度和高熔点等的性能特征。由此得出,金属原子的特点在于它的最外层的电子数较少,大多 1 个或 2 个,最多不超过 4 个;而非金属原子则相反,外层电子数较多(4~8 个)。因此,金属原子易于丢失外层电子,以便达到与其相邻的前一周期的惰性元素相似的电子结构;而非金属原子则易于取得电子,以便达到与其同周期的惰性元素相似的电子结构。这样一来金属原子就会变成正离子,而非金属原子则会变成负离子。所以化学中就把元素分为两大类:正电性元素——易于失掉电子的元素,如金属;负电性元素——易取得电子的元素,如非金属。但某一元素究竟是否是金属,还要从具体化学行为中来鉴别。虽然如此,但这样分类有利于我们去理解原子(或分子)间的结合规律。

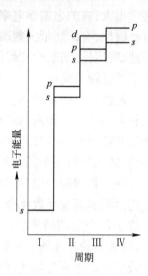

图 2-1 电子的能级图

2.1.2 金属原子间结合的类型和特点

金属和合金中的原子结合,主要是同种或异种金属原子间的结合,但有时也可以出现金属与非金属原子间,甚至非金属原子间的结合,这种原子与原子之间的结合称之为结合键。结合键的基本类型可以包括以下四类。

2.1.2.1 离子键

当一正电性元素和一负电性元素相接触时,由于电子一失一得,它们各自变成正离子和负离子,二者靠静电作用相互结合起来,这种结合方式就叫离子键。图 2-2(a)为其示意图。在元素周期表(表 2-1)上,越靠左下方的元素,正电性越强;而越靠右上方的元素,负电性越强(0 族除外)。这两类元素最易以离子键结合,而且相互在周期表上的距离越远,键越强;

表 2-1　元素周期表及各元素的晶体结构

	1 (H) H 氢	2 (H) He 氦 (A₂)(A₃)

	IA	IIA	IIIB	IVB	VB	VIB	VIIB	Ⅷ			IB	IIB	IIIA	IVA	VA	VIA	VIIA	0
1	1 (H) H 氢																	
2	3 A_2 锂 Li	4 (H) A_3 铍 Be											5 H R T 硼 B	6 H T R A₄ 碳 C	7 H C 氮 N	8 (C) R 氧 O	9 O 氟 F	10 A_1 氖 Ne
3	11 $A_2 A_3$ 钠 Na	12 A_3 镁 Mg											13 A_1 铝 Al	14 A_4 硅 Si	15 C O 磷 P	16 A₈ M R 硫 S	17 O 氯 Cl	18 A_1 氩 Ar
4	19 A_2 钾 K	20 A_1 (A₂) A₃ 钙 Ca	21 (A₂) A₃ 钪 Sc	22 $A_2 A_3$ 钛 Ti	23 A_1 钒 V	24 (A₁) C A_2 铬 Cr	25 $A_1 A_2$ C 锰 Mn	26 $A_2 A_1 A_3$ 铁 Fe	27 $A_1 A_3$ 钴 Co	28 A_1 (A₃) 镍 Ni	29 A_1 铜 Cu	30 A_3 锌 Zn	31 O 镓 Ga	32 A_4 锗 Ge	33 A_4 A₈ (C)(O) 砷 As	34 A₈ M 硒 Se	35 O 溴 Br	36 A_1 氪 Kr
5	37 A_2 铷 Rb	38 $A_1 A_3 A_2$ 锶 Sr	39 $A_2 A_3$ 钇 Y	40 $A_2 A_3$ 锆 Zr	41 A_2 铌 Nb	42 A_2 钼 Mo	43 A_3 锝 Tc	44 A_3 钌 Ru	45 A_1 铑 Rh	46 A_1 钯 Pd	47 A_1 银 Ag	48 A_3 镉 Cd	49 A_6 铟 In	50 $A_4 A_3$ 锡 Sn	51 A_7 锑 Sb	52 A_7 碲 Te	53 O 碘 I	54 A_1 氙 Xe
6	55 A_2 铯 Cs	56 A_2 钡 Ba	57 $A_2 A_1$ H 镧 La	72 $A_2 A_3$ 铪 Hf	73 A_2 钽 Ta	74 A_2 钨 W	75 A_3 铼 Re	76 A_3 锇 Os	77 A_1 铱 Ir	78 A_1 铂 Pt	79 A_1 金 Au	80 O T 汞 Hg	81 $A_2 A_3$ 铊 Tl	82 A_1 铅 Pb	83 A_7 铋 Bi	84 R C 钋 Po	85 砹 At	86 氡 Rn
7	87 钫 Fr	88 镭 Ra	89 A_1 锕 Ac															

6	58 $A_2 A_1$ H 铈 Ce	59 A_2 H 镨 Pr	60 A_2 H 钕 Nd	61 H 钷 Pm	62 (A₂) R 钐 Sm	63 A_2 铕 Eu	64 (A₂) A₃ 钆 Gd	65 $A_2 A_3$ 铽 Tb	66 $A_2 A_3$ 镝 Dy	67 $A_2 A_3$ 钬 Ho	68 $A_2 A_3$ 铒 Er	69 $A_2 A_3$ 铥 Tm	70 $A_2 A_3$ 镱 Yb	71 $A_2 A_3$ 镥 Lu
7	90 $A_2 A_1$ 钍 Th	91 $A_2 A_1$ 镤 Pa	92 $A_2 A_3$ O 铀 U	93 A_2 T O 镎 Np	94 A_2 T O M 钚 Pu	95 $A_2 A_1$ H 镅 Am	96 锔 Cm	97 锫 Bk	98 锎 Cf	99 锿 Es	100 镄 Fm	101 钔 Md	102 锘 (No)	103 铹 (Lr)

A_1 面心立方，A_2 体心立方，
A_3 密集六方，A_4 金刚石立方，
A_5 体心四方，A_6 面心四方，
A_7 菱方(R)，A_8 三角，H 六方，C 复杂立方，
O 正交，M 单斜，T 四方。

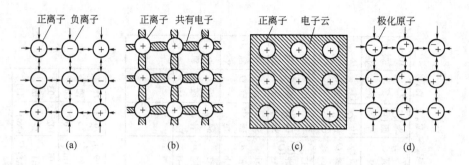

图 2-2 原子结合键的类型示意图

(a)离子键；(b)共价键；(c)金属键；(d)分子键(极化键)

反之，则越弱，直至以别的方式结合。当合金中存在有负电性元素时，就有可能出现不同程度的离子键结合。例如：非金属的固体如：氯化钠(NaCl)的离子键结合方式是借助于它们正离子(Na^+)与负离子(Cl^-)间的静电引力而结合在一起，其中并不存在公有化的自由电子。见图 2-3。

2.1.2.2 共价键

处于周期表偏中间的一些元素，例如碳、硅、锗、锡等，由于距两边惰性元素的距离近似相等，得失电子的机会近似，所以大多具有二重性，既可形成正离子，也可形成负离子。这些元素化合时，随条件的不同，能以不同的键与其他元素相结合。但它们自身原子之间，或与负电性相近的其他元素之间，多以共价键的方式结合。此外，如碲、硒、砷、

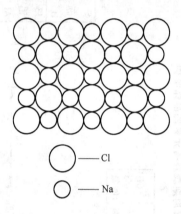

—— Cl

—— Na

图 2-3 氯化钠离子结合的示意图

锑、铋等元素自身原子的结合也属于或近似于共价结合。所谓共价键，其特点是相邻原子各给出一个电子，作为二者所共有，两个正离子即靠运动于其间的这对共有电子的作用而相互结合起来，其示意图如图 2-2(b)。一般来说，两个相邻原子只能共用一对电子，这样，一个原子的共价键数，即可以与它成共价结合的原子数最多等于 $8-N$，这里 N 代表这个原子最外层的电子数，相当于周期表中元素的族数，这说明共价键具有饱和性。此外，它还有方向性。例如，在金刚石中，碳原子之间完全以共价键相结合，每一个碳原子周围都有其他 4 个碳原子各成一定角度地和它相近邻。其他像硅、锗、灰锡也如此。

2.1.2.3 金属键

金属自身原子间的结合方式(或不同金属相互之间的原子结合方式)，既不同于离子键，也不同于共价键。根据近代物理和化学的观点，处于集聚状态的金属原子，全部或大部分都将它们的价电子贡献出来，作为整个原子集体所公有。这些公有化的电子也称自由电子，它们组成所谓电子云或电子气，在点阵的周期场中按量子力学规律运动着；而贡献出电子的原子，则变成正离子，它沉浸在电子气中，它们依靠运动于其间的公有化自由电子的静电作用而结合起来。这种结合叫金属键，它无所谓饱和性和方向性的问题，图 2-2(c)为其示意图。

各金属原子全部或部分脱离掉其价电子，变成正离子，正离子和未脱离掉其价电子的中性原子按照一定的几何形式规则地排列起来，在固定的地点上作热振动；脱离原子的价电子

呈自由电子形式在各离子和各原子间自由地穿梭运动，为整个金属所共有，形成如前所述的"电子气"。金属固体即借此各原子、离子和自由电子间的引力而结合在一起。即金属键，见图 2-4。它与非金属固体的结合键有根本不同。因此，金属才表现出一系列的特性。

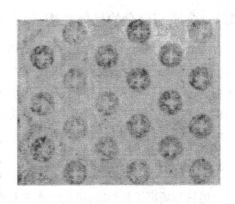

图 2-4　金属原子结合的示意图

在固体金属内，应该认为价电子继续不断地从原子中脱离，成为自由电子；同时也继续不断地重新与离子结合成为原子，而且建立启动的平衡状态。

根据处于动平衡状态下公有化电子的多少不同，金属性表现的强弱也不一样。

由于金属中有电子气存在，只要在金属物体的两端施加较微弱的电压时，便可以使其自由电子定向（向正极）流动。这便是金属一般都具有良好导电性的原因。公有化的电子数目愈多，金属的导电性愈好。

当温度升高时，金属原子和离子的热振动加剧，阻碍了自由电子的流动，使金属的电阻随温度的升高而增大。此外，某些金属在接近绝对零度时，还表现出"超导电性"——电阻减低至零，这也与金属结构的某些特点有关。

金属的导热性是通过其离子、原子的振动和自由电子的运动来完成的，所以金属的导热性较非金属为优。但金属的导热性又不像导电性那样单独地由自由电子来实现，所以它与非金属在这方面的差别也就不如导电性那样明显。

此外，由于金属原子间的结合是借助于各离子与整个电子气间的结合力所实现（不像离子键仅在单独相邻的正负离子间才有结合力），从而金属具有高的塑性。所谓晶体的塑性变形，乃是晶体在受到外力时，其晶体中的一部分与另一部分所发生的相对位移。如果在离子晶体（如 NaCl）中产生位移，就会使原来的正负离子间引力发生破坏，而带来相同离子间的斥力，结果晶体便发生断裂。而在金属中则由于金属晶体中各离子是借电子气所结合，不会出现这种引力的破坏和斥力的产生，所以金属便能发生塑性变形而不易断裂，从而具有良好的塑性。

由此可见，金属的各种主要特性——高导电性、导热性和良好的塑性等，都是以"金属键"的特点为其先决条件的。不但如此，当金属在形成固态晶体时，其晶体结构的特点也与此有关。

2.1.2.4　极化键或范得瓦尔斯（Van Der Waals）键

当一些不易得失电子的中性原子或分子相接触时，若各自内部的电子发生不均匀的重分布，那么便会出现电荷的不均匀性，使其一端呈现负电荷，另一端呈现正电荷，这种现象叫原子或分子的极化，被极化了的原子或分子之间，依靠正、负极的相互作用而结合起来，这就叫极化键。其示意图见图 2-2(d)。这种键很弱，较易破坏，但在金属及合金中不多。

事实上，四种结合键型并不是截然分开的，任意两型之间都有不同程度的过渡型或中间型。当然，在金属和合金中，金属键应占主要位置，起控制作用，但它有时也会不同程度地混有其他键型的因素，而起干扰作用。

2.2 金属与合金的晶体结构

所有的金属在固态时都是结晶物质。自然界中的结晶体(矿物)一般都具有规则的外形,而金属的外形是不规则的,因此不能以物体外形来断定固态金属是非晶体。晶体和非晶体两者的主要区别在于它们是否具有原子呈规律排列的内部结构。晶体学是研究物质固态结构的科学,它包括几何晶体学、分子或原子晶体学等,为了研究金属的晶体结构,我们首先了解和介绍晶体学基本结构模型和概念。

2.2.1 金属和合金的典型结构模型

电镜和场离子显微镜,虽然已能将人的感觉器官的功能延伸到超微观领域里,直接观察到原子或分子组合状态,但目前来说,结构的确定仍然大量依靠 X 射线衍射技术来进行。根据 X 射线探测结果,除非特殊处理,在固态下的金属和合金都属于结晶体类的物质。所谓结晶体(或简称晶体),在过去是指天然的、几何外形规则的物体,事实上,规则外形只是内部结构的特殊反映形式之一,并不能完全代表其实质,实质是其内部原子或分子的组合是否可用规则的立体几何图案来表达。第 1 章,金属和合金的组织单元是晶粒,一个完整的理想晶粒,它内部的原子或分子是按严格的规则几何图案相互组合起来的。这种组合图案的形式,随晶粒化学成分或其他条件的不同,虽可以是各种各样的,但归纳起来,可以用 2.2.1.1 中将要讨论的七大晶系中的 14 种空间图案来描绘。为了初学的方便,这里先形象地讨论三种结构,它们在金属和合金中具有普遍性和典型性,特别是其中的两种,也是讨论其他结构的基础。

2.2.1.1 纯金属的典型结构模型

为了便于理解,可以把金属原子的集合体看作是由同样大小的刚球以最密集或次密集的形式堆砌起来的。

A 面心立方和密集六方结构模型 该结构模型晶体的密集刚球模型可看作是由无数多的刚球密集平面依次一层层地堆砌起来的,每个球代表一个原子。容易想象,在一个平面上,如果用同一尺寸的刚球以最密集的形式单层堆砌起来,则只能得到如图 2-5(a)所示的惟一形式;每个球周围都有 6 个球与其相切,并在其周围形成 6 个三角间隙,即每 3 个原子之间有一空隙。这就代表着晶体中一个密集的原子平面,简称晶面。在这个晶面上,如果用 A 表示原子中心位置,并任选一原子中心作为参考点,把它周围的 6 个三角间隙相间地各取其三而分为两组,各以 B 和 C 来表示其中心位置,那么,在这个晶面上边再密砌同样的第二层时,其位置可由相似的两套位置 B 和 C 中任选一套,也只能选一套,即第二层原子只能对准 B 或 C。也就是说,第二层和第一层间的相对位移向量只能是 AB 或 AC。但无论选哪一套,结果并无多大差异。今设第二层的位置相应于 B,即第一、二层间的相对位移向量为 AB,如图 2-5(b)所示。当在第二层上边再密砌第三层时,虽然也可由相似的两套位置中任选一套,但由于这时要考虑三层相互间的相对位置,第三层选择的位置不同,所得结果也就迥然不同:

一种选择是,第三层取相当于第一层 C 的位置,即第三层相对于第二层的位移向量仍为 AB,或者说,三层间都是相互错开的。它们的堆砌顺序可用 ABC 来表示。若以下一直按这种顺序重复堆砌下去,即任何相邻两层间的相对位移向量都相当于 AB,那么就形成 ABCABC……这样的堆砌序列。若用符号△表示相邻层间按位移向量 AB 而堆砌,则这种序列也可用△△△△△△来描述,参看图 2-5(c)。

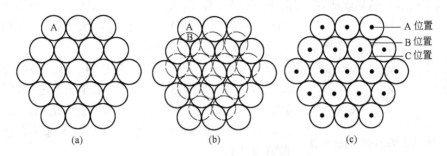

图 2-5　密集晶体中的原子堆集模型

另一种选择方式是,第三层取相当于第一层 A 的位置,即第三层相对于第二层的位移向量相当于 AC,而不是 AB,这样,第三层便与第一层垂直相对,若一直按这三层的顺序重复堆砌,便形成 ABAB……序列,或△▽△▽△▽△▽……序列,其中△同上,而▽表示相邻层按位移向量 AC 而堆砌。

显然,按这两种序列堆砌,最后都会得到所能达到的最密集的结构形式。经计算,在这两种结构中,原子都占总体积的 74%,空隙也都占 26%,即它们的致密程度完全是一样的;每个原子周围都有 12 个等距离紧邻的原子,即配位数都为 12;各原子间的相应空隙,其大小、形状和数量也完全一样,即每 3 个原子之间有一个处于三角中心的空隙,每 4 个原子之间有一个处于四面体中心的空隙,每 6 个原子之间有一个处于八面体中心的间隙。但是,如果从两种结构中同按规定法则各选取一个具有代表性的最小单元,如图 2-6(a)、(b)所示,那么它们间的差异便充分显露出来了。图中右边代表原子具体的堆砌形式,左边代表联接原子中心位置的立体几何图案,我们称图 2-6(a)为面心立方结构晶胞,图 2-6(b)为密集六方结构晶胞,晶胞沿其 3 个棱边,按一定向量依次向空间平移便得到相应的结构。所以一般多用晶胞来描述晶体结构。图 2-6(b)中的密集面,即六方体的底面,它的堆砌顺序可以明显地看出来;但图 2-6(a)中的密集面,显然并不是立方体的各个侧面,而以立方体的体对角线作为法线的那些原子面,即联结立方体 3 个相邻侧面上的 3 条面对角线而组成的晶面,如图 2-7 所示。沿着这些面的法线方向(即平行于体对角线的方向)就可以看出堆砌顺序了。

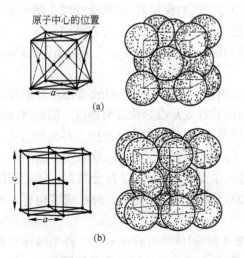

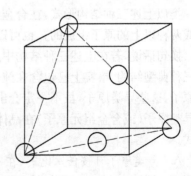

图 2-6　面心立方结构(a)和密集六方结构的晶胞模型(b)　　图 2-7　面心立方晶胞中的原子密集面之一

11

X线结构分析结果表明,在常温下,铜、金、铅、铝、铂、铱、银、钍、铑、钯……等金属具有面心立方结构;而镁、锌、钴、钛、锆、铍、镉……等属于或近似于密集六方结构(参看表2-1)。

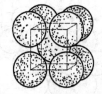

图2-8 体心立方结构中晶胞模型

B 体心立方结构模型金属结构 除上述两种密集的形式外,还有一种次密集的形式,也是较普遍的,它的晶胞模型如图2-8所示,这种结构叫体心立方结构。铬、铁、钼、铌、钨、钒、钽、锂、钾……等金属在常温下都具有这种结构(参看表2-1)。

在体心立方结构中,不存在图2-5那样的原子密集面,但却有和它相似的次密集面。这个次密集面即晶胞中联结立方体的两个斜对边所组成的晶面。若将这个面单独取出来,并向四周铺展开,则将如图2-9所示,图中点线标出的长方形表示晶胞部分。若与图2-5相对比,便可以看出它与密集面的差别来。在这里,密集方向只有两个,如图中用 P 和 Q 所标出的那两条直线的方向,而不是三个。这两个密集方向正好相当于晶胞中两个立体对角线的方向。显然,它的空隙比例较密集面要大,即其致密度较低。体心立方结构就是由这样的晶面,按 ABAB……序列依次堆砌起来的,图中圆点代表第二层的位置,第三层则与第一层垂直相对,以此类推。

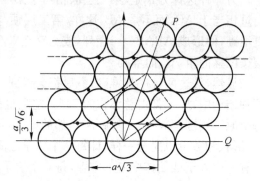

图2-9 体心立方结构中原子堆砌模型

在体心立方结构中,每个原子有 8 个与它相切的原子做紧邻,此外还有 6 个不相切的近邻。其致密度虽较低(原子占总体积68%,空隙则占 32%),但它和密集结构很相近。可以设想它是由密集结构演变来的。若在图 1-5(a)中,沿密集面上三个密集方向之一,例如:沿水平方向,使相邻各列原子间依次发生某一定量的相对位移,位移量不超过原子间距的二分之一,就会使每一原子周围的那 6 个间隙,每两个串通起来合成一个较大的间隙,从而使原子相切的三个密集方向之一遭到破坏,但其中之二仍然保留着,最后就变成了图中 1-9 中体心立方结构的次密集面,这样的晶面再按上述序列堆砌,便成体心立方结构。

以上讨论了金属中最普遍的三种典型结构模型,应熟悉密集或次密集晶面的结构特点。

2.2.1.2 合金中的典型结构

类似上述三种结构形式,在合金中也是普遍存在着的。所不同的是在合金中都是由两种或两种以上的原子组成的。也可以形象地把它看成是由两种或两种以上的刚球堆砌起来的。换句话说,若在上述三种结构中出现了异类原子,便组成了合金的三种典型结构。合金的三种典型结构,事实上已包含在纯金属中了。因为,所谓纯金属,总会或多或少地含有异类原子,这些异类原子,虽不一定会出现在每一个晶胞中,但它总是分散在晶体内部的。根据异类原子(或合金组元原子)在晶体中的相对分布状况,合金中三种典型结构有下述三种形式。

A 异类原子可按任意比例(在一定成分范围内)统计式地分布 在各类结构中各相应晶面上,并处于与主组元相似的正常位置上,犹如主组元的一部分原子被其他主元的原子所取代似的,如图 2-10(a)所示,但始终保持着主组元的结构类型。这类结构属于代位固溶体结构。例如 Cu-Ni 系中可组成面心立方结构;Fe-C 系中可组成体心立方结构;Mg-Zn系中可组成密集六方结构;Fe-Ni 系中既可组成以 Fe 为主组元的体心立方结构,又可组成以 Ni 为主组元的面心立方结构。此外,异类原子也可以不是统计式的分布,而是按一定顺序的分布,这种结构叫有序固溶体结构。

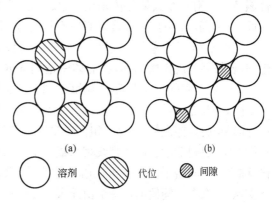

  B 异类原子分布在主组元间的空隙中

如图 2-10(b)所示,这种结构属于间隙固溶体结构。例如铁与碳可组成体心立方结

图 2-10 合金中的典型结构模型
(a)面心立方结构代位固溶体;(b)间隙固溶体

◯ 溶剂 ▨ 代位 ▨ 间隙

构,其中碳原子占据着由铁原子所组成的体心立方结构中一部分间隙位置。

  C 各组元原子按一定比例和一定顺序共同组成新的、不同于任一组元的典型结构

这种结构属于金属化合物类型。例如,CuZn 和 NiAl 都是体心立方结构,在它的每个晶胞中,Zn 或 Al 原子占体心位置,而 Cu 或 Ni 原子则占 8 个顶角位置,或者相反,它既不同于 Cu、Ni 或 Al 的面心立方结构,也不同于 Zn 的密集六方结构。

  此外,合金中由于原子大小不同,还有其他密集结构形式,留待以后讨论。这里要特别指出的是异类原子间相对尺寸所引起的新问题。既然是异类原子,它们的尺寸就会有或多或少的差别,显然,由它们组成的代位密集晶面,就不会和同类原子组成的晶面那样整齐,由这些晶面堆砌成的晶体就会发生不同程度的畸变。即便是间隙固溶体结构,填入空隙的原子,其尺寸也不会和空隙的尺寸一样大小,这样也会引起畸变。所以,纯金属和合金虽然可以同属典型的密集或次密集结构,但即便从纯几何的角度来看,二者之间也还是有差异的。这种差异必然会反映到性能上来,特别会反映到结构敏感的性能上来。

2.2.2 结晶学简介

  结晶学是研究物质固态结构的科学,它包括几何晶体学,分子或原子晶体学等,这里应用它的一些基本概念,以利于进一步分析金属晶体结构。

  2.2.2.1 空间点阵、单胞

  2.2.1 中讨论过的金属典型晶体结构,虽然只是晶体结构的几个特例,但是它也反映了晶体结构的一些通性,即晶体内部原子或分子堆集的规律性。这种规律性在一定程度上,既表现在一条直线上,也表现在一个平面上,进而扩展到空间中。

  由图 2-5(a)和图 2-9 可以明显看出,在给定晶体中的任一晶面上,通过任意两个原子中心位置的直线上,原子(或分子)都是周期性地重复出现,或者说都是等距离排列着。一条直线上相邻两原子中心的距离,称之为排列周期。这条联结原子中心的直线所代表的方向称晶向。晶向不同,周期也不同。另外,由金属典型晶体中晶面按一定顺序堆砌而成晶体这一事实可以推出,一个已知晶体中的任意一个给定晶面,总是沿其法线方向周期性地或等距离地重复出现,不同晶面之间的差异也只是重复的周期或面间距不同而已,这是晶体规律性的

普遍特征。对一个具体晶体来说,重要的是其原子(或分子)排列最密的晶向周期和最密的晶面周期,随晶体的不同,其周期各不相同,这个周期应是晶体的重要标志之一。

空间点阵正是基于上述分析而来。可以设想,假若按某些规定的周期,在晶体中适当选取三组互成一定角度的不同平面,三组面的周期随晶体的不同,相互之间,既可以相等,也可以不相等。现在,如果摆脱具体晶体,将这三组面单拿出来,那么它们在空间将相互交截,其交线将形成一个空间网格,称之为空间格子。如果再摆脱那些交线,只留下交点,那么在空间便出现一个由无限多几何点组成的阵列,这就叫空间点阵,如图 2-11 所示,二者对描述晶体具有相同的意义。

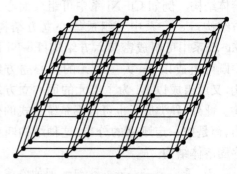

图 2-11　空间点阵

空间点阵中的各个点叫阵点,它只具有几何意义,其特点是,每个阵点都具有完全相同的环境。只有结合具体晶体,它才具有实际意义。当构成空间点阵所选的那些面皆为晶面时,阵点即相当于晶体中原子(或分子)的位置。

为了分析的方便,我们可以在空间点阵中选取一个能够反映其特点的最小单元来作为代表。一般来说,只要取最邻近的这样 8 个阵点,以其为顶点能够构成一体积最小、对称性最高的平行六面体,就可以了,如图 2-11 中前左下方所示,这个六面体构成了点阵的基元,称之为单胞,有时叫基胞。这样的一个单胞平均只有一个阵点,这种单胞叫做简单单胞。单胞沿其三个相邻的棱边向外连续平移扩展,便组成了空间点阵。表征单胞或点阵特性的是其棱边的相对长度和相互间的夹角,空间点阵的类型正是以此而划分的。

2.2.2.2　晶系

根据晶体学的分析、综合,所有千百种晶体都可归属于下述的 7 个类型,称之为七大晶系。晶系是以空间点阵类型来划分的;而空间点阵类型则可以用其单胞的特征参数区别。

可任意选取单胞的一个顶点作为参考坐标原点,如图 2-12 所示,并以通过此顶点的三个棱边分别作为坐标的三个轴 X、Y 和 Z,称之为晶轴。晶轴分别以单胞各相应边的长度 a、b 和 c 作为量度单位。对一定的点阵来说,各晶轴之间的夹角为定值,通常以 α、β 和 γ 分别表示 YZ、ZX 和 XY 轴间夹角。这 6 个量(a、b、c 和

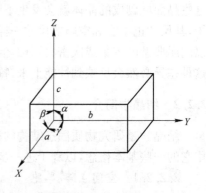

图 2-12　空间点阵单胞

α、β、γ)就是表征点阵特征的 6 个参数,前 3 个有时叫点阵常数。根据这 6 个参数间的相互关系,空间点阵可归纳为 7 个类型,即晶体可分为 7 个晶系,如表 2-2。

表 2-2　晶系及其点阵特征

序号	晶　　系	空间点阵特征	晶体例证
1	三　斜　晶　系	$a\neq b\neq c,\alpha\neq\beta\neq\gamma\neq90°$	K_2CrO_7
2	单　斜　晶　系	$a\neq b\neq c,\alpha=\gamma=90°\neq\beta$	$CaSO_4\cdot2H_2O$

序号	晶　系	空间点阵特征	晶体例证
3	正交晶系(斜方晶系)	$a\neq b\neq c, \alpha=\beta=\gamma=90°$	Fe_3C
4	六方晶系	$a=b\neq c, \alpha=\beta=90°, \gamma=120°$	Zn,Mg,Ni,As
5	菱方晶系(三角晶系)	$a=b=c, \alpha=\beta=\gamma\neq90°$	Sb,Bi,As
6	正方晶系(四方晶系)	$a=b\neq c, \alpha=\beta=\gamma=90°$	TiO_2,β-Sn
7	立方晶系	$a=b=c, \alpha=\beta=\gamma=90°$	Fe,Cu,NaCl

2.2.2.3　实际金属的组织和结构

金属原子之间的结合力,如前所述,是由金属键的特征所决定的。金属键是指金属离子之间的斥力、电子之间的斥力与金属离子与电子之间的引力的综合作用力。斥力与吸力的存在将产生位能,离子之间的斥力与电子之间的斥力均将引起正的位能,离子与电子之间的吸力将引起负的位能。从两个金属原子之间能量状况的模型(图 2-13)中我们知道,斥力位能(正位能)与吸力位能(负位能)作用的总合,随着原子间距离的改变而发生变化,当原子间距为 r_0 的位置时,其位能最低,也是最稳定的位置。原子处于任何大于 r_0 或小于 r_0 的位置,都使金属原子之间的能量增高,即处于不稳定的位置。

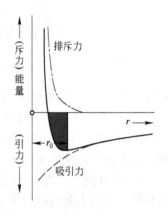

图 2-13　两原子间能量示意图

A　晶体的表面　晶体内部的原子和在表面上的原子的状态不同,表面原子的邻接原子比较少。它们仅受内部原子的作用而被拉向内部,使表面原子离开了平衡位置,具有较大的位能,处于较内部原子不稳定的状态,图 2-14 为二度晶体表面能量分布示意图,能量曲线具有周期性的升高,这即所谓的表面能。

B　多晶体　实际应用的金属绝大多数是多晶组织。对于单晶体来说,晶体内部原子排列的位向都基本上是一致的,而呈现着晶体的各向异性,而多晶体则是由很多微小

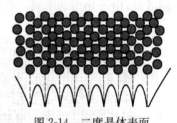

图 2-14　二度晶体表面
能量示意图

的单晶体杂乱无章地组合而成,每一个微小的单晶体称为晶粒,晶粒的大小范围很广,从几厘米到几个微米。由于多晶体是由杂乱无章的晶粒组成,因此多晶体各方向的性能是单晶体各不同方向性能的平均值,这时多晶体不再显示各向异性,而称为多晶体的伪无向性。

由一个晶粒到另一个晶粒的过渡区域称为晶粒间界。在晶粒间界上的原子排列要比晶粒内部的原子不规则得多。图 2-15 示意地说明了晶粒间原子排列的情况。晶粒界处原子的排列具有过渡的性质,靠近(Ⅰ)处的原子排列的位向接近于(Ⅰ),而靠近晶粒(Ⅱ)处的排列位向接近于(Ⅱ)。从(Ⅰ)晶粒到(Ⅱ)晶粒原子排列的位向是逐渐过渡的。

C　实际金属晶体结构中的缺陷　前面我们已经讲了晶体内部原子规律地排列,这些都是理想晶体的情况。理想晶体中质点排列是规则的,行列中质点在空间排列位向是固定不变的。实际晶体远不像理想晶体那样规则,而是由一些取向略有差异的小块所组成,称之为亚晶。它与理想晶体比较,不同的点是质点规则地,方向不变地排列到一定距离后(一般

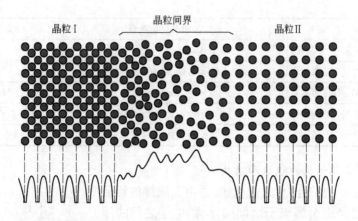

图 2-15　两个晶粒间界面上原子排列的示意图

约 $10^{-5} \sim 10^{-6}$ cm)，继续排列下去时，方向有微小的改变，偏离角度一般为 1 度的几分之一。在 $10^{-5} \sim 10^{-6}$ cm 这样一个小范围内质点排列近似于理想晶体，这样的小块的理想晶体也可称为嵌镶块。实际晶体便是由这许多嵌镶块拼接起来的（嵌镶块结构），它们之间的界面叫亚晶界或叫嵌镶块界（图 2-16）。除嵌镶块外，实际金属晶体中还存在很多缺陷。

　　a　点缺陷——空穴及间隙原子（异位）　是指在晶格空间中其长、宽、高尺寸都是很小的缺陷。实质上是结晶格子上的质点脱离了正常位置形成的。离开正常位置的质点形成"异位"，质点离开结点后，结点成了"空穴"。结点上也可能被杂质所占据，由于质点大小不同，引起了晶格歪扭，如图 2-17 所示。结晶格子的"空穴"及"异位"和质点的热运动有关。不同区域，由于热运动不同，"空穴"及"异位"的多少也不同。

图 2-16　亚晶及亚晶界

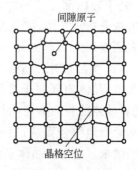

图 2-17　晶格空位及间隙原子的示意图

　　b　线缺陷——位错　是指在晶体的某一平面上，沿着某一方向伸展的呈线状分布（在一个方向上的尺寸很大，而在另两个方向上的尺寸则很小）的缺陷。位错在金属学及金属力学、物理性能的理论中起着重要的作用。最简单的位错是刃性位错，比较复杂的是螺旋位错，最复杂的是两者的综合曲线位错。如图 2-18 所示，在某结晶面上下两部分的原子排列的数目有不等的现象，这种排列上的差错称为刃性位错。若上部多出一排者，称为正刃性位错；若下部多出一排者，称为负刃性位错。而图 2-19 为螺旋位错。晶体内部的这些缺陷统称为畸变。在熔点以下，金属的畸变对整个晶体的影响是微小的，因此实际金属仍表现为晶体的特征。

16

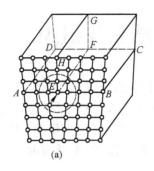
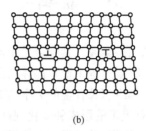

(a)   (b)

图 2-18　刃性位错示意图

(a)刃性位错；(b)正、负刃性位错符号

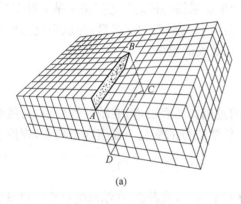
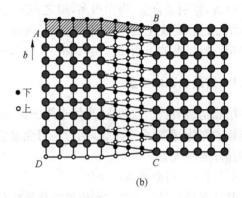

(a)   (b)

图 2-19　螺旋位错模型

(a)立体图；(b)沿 $ABCD$ 面上下两面上原子的相对位置

c　面缺陷——晶界、亚晶界　是指在两个方向上的尺寸很大,在第三个方向上的尺寸很小,呈面状分布的缺陷。如:晶体的外界面及各种内界面——一般晶界、孪晶界、亚晶界、相界及层错等。

d　体缺陷　是指在三个方向上的尺寸都较大,但不是很大,例如固溶体内的偏聚区,分布极弥散的第二相超显微微粒,以及一些超显微空洞等。

复习思考题

1. 叙述金属原子结构及相互结合的类型与特点?
2. 何谓晶系,什么是金属典型结构模型?
3. 有哪些晶系的基本类型,各有什么特点?
4. 实际金属中有哪些缺陷,各有何特点?

3 金属与合金的结晶及组织

绝大多数的固态金属及其合金是由液态金属得到的,金属和合金由液态转变为固态的过程称为凝固。凝固过程主要是晶体或晶粒的生成和长大过程,所以也称结晶。结晶以后的组织对固态金属组织及合金的力学、物理和化学性能有决定性的影响。因此,掌握结晶过程的规律,特别是组织的形成和变化规律以及和性能之间的联系,将有助于我们利用这些规律,去改进金属的组织,从而得到所要求的性能。

3.1 液态金属的结构

金属,特别是合金,类型很多,加之实际生产中所采用的铸造工艺类型又是多种多样的,所以结晶过程可说是变化多端的。但只要进行分类归纳抓住主要典型,并从中概括出根本性的带有规律性的东西,就可起到举一反三,由此及彼的效果。

3.1.1 结晶的基本类型

结晶是物质状态的转化,当然也属于相变的范围。不言而喻,在结晶过程中,必然要发生结构的变化,但对合金来说,同时还可能发生化学成分的变化。根据这个特点,理论上可将结晶分为两大类。

3.1.1.1 同分结晶

其特点是结晶出的晶体和母液的化学成分完全一样,或者说,在结晶的过程中只发生结构的改组而无化学成分的变化。纯金属以及成分恰处同一相图中的最高点或最低点的那些合金(包括固溶体和化合物),即重合为一点的合金其结晶都属于这一类,也可以把它看作是纯聚集状态的转变。

3.1.1.2 异分结晶

其特点是结晶出的晶体和母液的化学成分不一样,或者说,在结晶过程中,成分和结构同时都发生变化,也称为选分结晶。绝大部分合金,特别是实际应用的合金的结晶,大多可归于这一类。显然,这一类结晶过程较复杂,但它与实际生产关系甚大。

此外,也可以根据结晶后的组织特点,而将结晶分为以下两类:

A 均晶结晶 其特点是结晶过程中只产生一种晶粒,结晶后的组织应由单一的均匀晶粒组成,即得到单相组织。同分结晶的金属和合金当然属于这一类,但不少异分结晶的合金,例如固溶体合金系或边际固溶体的合金其结晶也属此类。

B 非均晶结晶 其特点是结晶时由液体中同时或先后形成两种或两种以上的成分和结构都不相同的晶粒。各种共晶合金系和包晶合金系中绝大部分合金的结晶属于此类。铸态合金的复相组织大多由此而形成。

3.1.2 液态金属的结构

结晶是在液态金属中发生的,液态金属的结构对金属的结晶必然有密切的关系。19世纪末期,人们常常把液态和固态金属对立起来,而把液态看成和气态相似,即认为液态中原子间(金属是离子)的作用力很弱,各个原子(离子),都在无规律地运动着。到 20 世纪初,在对金属的固态、液态和气态性质研究后,特别是 X 射线分析方法对液态金属的结构进行的研究,证明了上述关于液态金属结构的概念是不正确的。根据新的概念,人们认为液态金属的结构和固态金属的结构是近似的。这是因为:金属由固态转变为液态时,其比容改变不大。这说明熔化引起的原子间的距离改变不大。

液态金属具有电子式的导电性,同时温度越高,导电性越低,这说明液态金属仍然保持着固态金属所固有的金属性。或者说液态金属中公有化电子和离子间的金属结合仍然存在,并且相互作用力与固态金属相似。

金属的熔化潜热和蒸发潜热相差很多。前者仅为后者的 5%～10%。这说明当金属由固态变为液态时,与液态变为气态时相比较,原子结合力变化是很小的。

液态金属与固态金属的摩尔热容量相差不多。例如,铁在固态时的摩尔热容量 $C_p =$ 41.868J/mol℃,在液态时。$C_p = 75.3624$J/mol℃一般两者相差不超过 10%。可是液态金属和气态金属的摩尔热容量却相差很大,一般都在 25%～30%以上。热容量可以作为判断原子(离子)热运动状态特性的根据,因此,上述事实表明液态金属中原子的热运动状态和固态金属相近似,而与气态金属差别很大。

那么,液态金属的结构究竟是怎样的呢？首先,由于在液态中原子(离子)之间的平均距离仍然相当近,原子间仍有相当大的作用力,因此,在液态时原子(离子)不能像在气态中那样无约束地运动。相反的,正由于液态下金属原子(离子)的平均动能不足以克服原子(离子)间的作用力,因而原子仍围绕这一平衡位置振动。而且,液态下金属原子的规则排列应当存在。这就是说液态下的原子不应像在气态时那样杂乱无章。

但决不能认为液态和固态的结构没有区别。液态和固态的差别是由于金属在液态时,自扩散激活能远小于固态的缘故。液态金属中的原子(离子)比固态金属中的原子(离子)更易被激活,由一个平衡位置转移到另一个平衡位置。液态金属原子(离子)自扩散激活能较低,说明液态金属中原子(离子)在某一平衡位置停留的时间比较短,原子(离子)平均振动几千次后便跑走了。在固态金属中振动要达几百万次,同时,低的激活能也说明原子(离子)的规则排列将由原子(离子)容易被激活而经常在各处遭到破坏。因此,在液态时,原子(离子)相对规则排列只能在相当小的范围内存在。这种在小范围内或短距离内的规则排列被称为"近程排列",而把固态金属中原子在大范围或长距离内的规则排列称为"远程排列"。

总之,就液态金属原子的相对规则排列来看,认为液态金属和固态金属的结构是近似的。但固态金属和液态金属的结构之间又存在着差别,那就是液态金属中金属原子(离子)排列是近程的,而在固态金属中金属原子(离子)排列是远程的。此外,液态金属中的近程排列是瞬时变化着的,而固态金属中远程排列却基本上(相对的)是固定不变的。

3.2 结晶的热力学条件

金属的结晶说明金属原子(离子)从"近程排列"转变为"远程排列",这样的转变应具备一定条件才能发生,热力学回答了这个问题。根据热力学第二定律,在恒温下只有引起系统自由能降低的过程才能自发进行。或者说当固态的自由能比液态的自由能低($F_固 - F_液 <$ 0)时,结晶才会发生,这就是结晶热力学的必要条件。

研究金属的结晶过程我们应用等温等容位来进行。

$$F=u-TS$$

式中 u——内能；

T——绝对温度；

S——熵。

根据前述，只有当 $F_固-F_液<0$ 时，结晶才能自发进行。那么，在什么情况下 $F_固-F_液$ 才能小于零呢？

让我们看一看金属结晶的实际情况。图 3-1 说明，当液态金属缓慢冷却到某一温度 t_1 时，系统的温度不再改变。一直在 t_1 维持相当长的时间后，温度才继续下降。实践证明，系统温度保持恒定的那段时间正是结晶的时候。很显然，金属结晶和温度有密切的关系，而且在 t_1 时，系统的状态一定符合 $F_固-F_液<0$，否则，不会结晶。那么，t_1 的实质是什么呢，为什么温度降低到一定程度就会出现 $F_固-F_液<0$ 的条件呢？能解决这一系列的问题，就可以了解满足热力学条件的情况是什么。

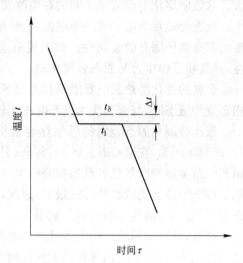

图 3-1 金属的冷却曲线

自由能是温度的函数，研究自由能和温度的关系就可以解决这一问题。

$$F=u-TS$$
$$dF=du-TdS-SdT$$

而且 $$dF-TdS=du-dq=-dA=-pdV$$

根据液态到固态结晶时，比容变化不大的特点假设：$dV=0$，

那么， $$dF=-SdT \tag{3-1}$$

$$\frac{dF}{dT}=-S \tag{3-2}$$

式中，$-S$ 表示自由能 F 随温度的变化率。由于

$$S=\int_0^T \frac{C_p}{T}dT \tag{3-3}$$

因而 F 和温度的关系是一条曲线。

同一物质液态和固态时的自由能不同，自由能随温度的变化情况亦将不同。

以 $$\frac{dF_液}{dT}=-S_液$$

$$\frac{dF_固}{dT}=-S_固$$

分别表示液态和固态的自由能和温度的变化率。由于同一温度下，液态下的金属中，原子（离子）排列的秩序性远较固态为差，所以 $S_液<S_固$ 故可以断定，液态金属的自由能随温

度的变化率(曲线斜率)大,固态金属的自由能随温度的变化率小。如图 3-2 所示。

由图中知道,液态和固态自由能变化曲线(温度的函数)由于斜率不同,必然有一交点,这个温度以 T_s 表示。温度为 T_s 时,固、液的自由能相等;大于 T_s 时,液态自由能低于固态自由能。低于 T_s 时,固态自由能低于液态自由能。

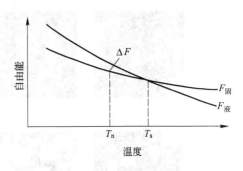

图 3-2　固、液两态的自由能变化曲线

根据热力学,一个物质系统总是力求处于自由能最低的状态,因此,当 $T > T_s$ 时,金属的稳定状态为液态,反之,当 $T < T_s$ 时,金属的稳定状态为固态。当 $T = T_s$ 时,金属的液态和固态同时存在,并维持平衡。

温度 T_s,即液态和固态自由能相等的温度,被称为理论结晶温度。显然,只有当系统所处的温度 $T < T_s$ 时,$F_固 - F_液 < 0$,这时结晶才能成为可能。

上述 T_n 必然较 T_s 为低。T_n 被称为实际结晶温度。

理论结晶温度与实际结晶温度之差称为过冷度。

可见要进行结晶,液态金属必须具备或多或少的过冷(过冷的大小称为过冷度)。因为没有过冷就没有液态和固态自由能之差($F_固 - F_液 < 0$),没有这个条件,结晶就不能进行。

可见,结晶的热力学条件是:

$$S_固 < S_液$$

满足热力学条件的情况是:$T < T_s$

3.3　结晶过程的一般规律

铸锭组织的研究表明,结晶是由两个基本过程构成的。第一,在液态金属中首先产生一个极小的晶体作为结晶中心,这极小的晶体称为晶核。第二,晶核逐渐长大成为较大的晶体。

在一定的过冷度进行结晶时,在液态中以一定的形核率(单位时间、单位体积中的晶核数目,即晶核数目/s^3)产生晶核。随着时间延长,晶核数目越来越多。同时,已经产生的晶核按一定的长大线速度(mm/s)长大,这样结晶到所有的液体金属耗尽为止。上述结晶过程如图 3-3 所示。

形核和晶核的长大就是结晶过程的基本规律。同时,它们也是所有其他相变所遵循的一个普遍的规律。

结晶过程是由形核和晶核长大这两个过程来完成的,那么晶核的形成就是一个非常重要的问题。

3.3.1　晶核的自发形成

晶核的形成可以有两种情况:一种是晶核在液相的某一微体积中直接产生,称为自发形核。另一种是晶核在液相中的外来固体粒子的表面上形成,称为非自发形核,这里只限于讨论晶核的自发形成。

所谓自发核心的形成就是以某些原子集团作为凝固的基础。这时作为自发核心的原子

21

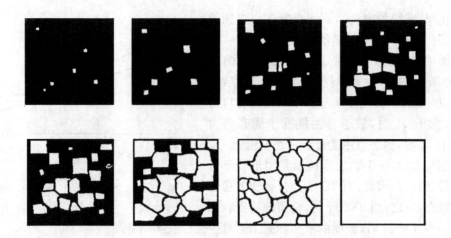

图 3-3　结晶过程的示意图

黑色—液体；白色—晶体

集团不再瞬时出现，瞬时消失，而是稳定地存在，并继续长大，而由近程排列转变为远程排列。那么是不是所有的近程排列的原子集团都能成为自发核心呢？回答是否定的。究竟什么样的近程排列的原子集团才能作为自发核心呢？为此，我们首先从热力学的角度来考查一下晶核自发形成的问题。

假定已有一个体积为 V 的固相粒子在液相中存在时，系统自由能的变化包括两个部分：一部分是因金属状态改变而引起的自由能变化，其值和一定条件下液态和固态单位体积自由能之差及转变为固相的体积有关，它等于：

$$-V(F_{固}-F_{液})$$

式中　$F_{固}$、$F_{液}$——分别表示固相和液相单位体积的自由能；

　　　　V——表示核心的总体积。

当温度 $T<T_s$ 时，$F_{固}<F_{液}$，即液态转变为固态时自由能降低，因此在上式前冠以负号表示自由能降低。另一部分，由于固相粒子的出现伴随着两相之间交界面产生（固相和液相的交界面），这个界面称为相界面。由于相界面上原子受到与相内原子不同的作用力，而使原子偏离平衡位置，所以相界面的能量比相内高，即在相界面上存在着表面能，此表面能应等于单位相界面上的能量乘表面积。单位相界面上的表面能在量纲上和数值上等于表面张力 σ。设 S 为形成固相粒子时出现的相界面，则由于固相粒子的出现引起表面能的增加为 $\sigma \cdot S$。这表面能就是等温等压下形成 S 表面时所需的最大有效功，因此表面能 $\sigma \cdot S$ 就是系统自由能的一部分。由于表面能的出现将使系统的自由能增加，因此，$\sigma \cdot S$ 是正值。

综合上述两部分，形成新相时系统自由能的总变化为：

$$\Delta\Phi=-V(F_{液}-F_{固})n+S\sigma \cdot n \tag{3-4}$$

假定所产生的固相粒子呈球形，则上式可写为：

$$\Delta\Phi=-\frac{4}{3}\pi \cdot r^3(F_{液}-F_{固}) \cdot n+4\pi \cdot r^2n \cdot \sigma \tag{3-5}$$

式中　n——固相粒子的总数；

　　　　r——固相粒子的半径。

式中，$F_液 - F_固$ 是过冷度的函数，而整个方程式是过冷度 ΔT 及固相粒子半径的函数，即 $\Delta \Phi = f(\Delta T \cdot r)$。因此在下面我们就讨论 $\Delta \Phi$ 和 $(\Delta T \cdot r)$ 的变化关系。

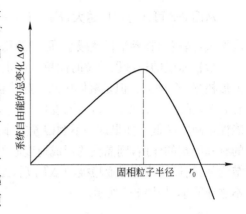

图 3-4　$\Delta \Phi$ 随固相粒子半径的变化

当结晶温度 T 固定时，过冷度 ΔT 固定，因而 $F_液 - F_固$ 的值固定，系统总的自由能变化将仅与固相粒子半径的大小有关，如图 3-4 所示。由式(3-5)可知，固相粒子半径越大，式(3-5)的第一项绝对值越大，而式(3-5)的第二项绝对值也越大。不过第一项与 r 成三次方的关系，而第二项则与 r 成二次方的关系。因此，在 $\Delta \Phi$ 随固相粒子半径的改变而变化的曲线上出现极大点，如图 3-4 所示。

取自由能变化对其半径的导函数为：

$$\frac{\mathrm{d}\Delta \Phi}{\mathrm{d}r} = -4\pi \cdot r^2 (F_液 - F_固)n + 8\pi \cdot r \cdot \sigma \cdot n$$

在极大点处，　　　　　　　　　　$$\frac{\mathrm{d}\Delta \Phi}{\mathrm{d}r} = 0$$

则　　　　　　　　　　$$r_k = \frac{2 \cdot \sigma}{F_液 - F_固} \tag{3-6}$$

由热力学第二定律可知固相粒子的成长如果引起系统自由能的增加则此过程不可能进行，反之固相粒子的成长引起系统自由能的降低，则此过程可以进行。这样我们就可以得出如下论断：

半径大于 r_k 的固相粒子能够成长，因为它的成长将引起系统自由能的降低。这样的粒子称为晶核。

半径小于 r_k 的固相粒子，从热力学考虑应重新溶解，因为它的成长将引起系统自由能的增大。这样的粒子称为晶胚。

半径等于 r_k 的固相粒子成长和溶解的几率相等，既可能成长，也可能溶解，r_k 称为临界半径，这样的粒子称为临界晶核。

然而，可以看到，只要是半径小于 r_k 的固相粒子形成，从式(3-5)前一项中得到的能量必将不能满足产生相界面所需要的表面能。这样，在半径小于 r_k 的固相粒子形成时，缺少的表面能从哪里取得呢？分子动力学的观点指出，在从微观的角度去看，液体中存在着能量起伏，在一定的温度下液相具有一定的平均能量，而在某些微小区域中的能量与平均能量有偏差，即可能高于或低于平均能量，并且区域越是微小，则偏差的可能就越大。在微小区域中的能量高低是不稳定的，时而高时而低，这种现象称为能量起伏，当具有比平均能量较高的起伏（并能满足形成新相粒子时所缺少的表面能）与相起伏偶然相遇时，则大于 r_k 的固相粒子即可以得到所需要的表面能而形成晶核。

理论分析指出，依靠大于 r_k 的固相粒子形成晶核的几率是很小的，晶核的形成主要是依靠 r_k 附近的固相粒子。

23

从图 3-2 可知过冷度越大，$F_液-F_固$ 一项的绝对值越大。因为，$r_k=\dfrac{2 \cdot \sigma}{F_液-F_固}$，所以过冷度增大，晶核的临界半径就减小，形核的几率则增大。

形核速度的快慢以单位时间单位体积中形成晶核的数目(Z)表示。所以随过冷度的增大形核率(Z)增大。但是液体中的相起伏稳定而成为晶核是与液体中原子的扩散及重新组合有关，显然，过冷度愈大，即温度愈低，液体的粘度就愈大，因而相起伏达到临界大小的可能性也随之减低。如果这一不利因素的作用超过了由于过冷度增大而使晶核临界半径减小的有利因素的作用，则晶核的形成速度必然会下降。所以对于一般的金属和合金液体来说，结论是：当过冷度超过亚稳极限 ΔT_* 后，ΔT 愈大，形核速率也愈大。但对非金属的晶体，却不这样简单，如图 3-5 所示。

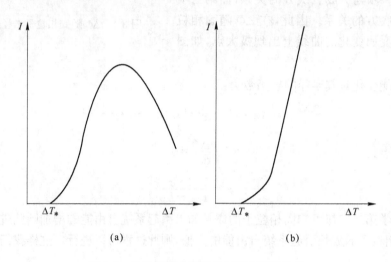

图 3-5　晶核的形成速率 I 与过冷度的关系
(a)非金属；(b)一般金属

3.4　铸锭的组织

除过冷度和不熔杂质对金属结晶有很大影响外，铸造金属的结晶过程还受到浇注温度、浇注方法、铸型材料和铸件大小等因素的影响。因此，实际上铸造金属的组织是多种多样的。现以铸锭组织为例来说明铸造金属的一般特点。图 3-6 为铸锭剖面组织示意图，它由三个各具特征的晶区组成。

3.4.1　表层细晶粒区

当液态金属刚刚浇入铸锭模时，由于模壁温度很低，使与它接触的很薄一层液态金属发生强烈的过冷，形成大量的自发晶核。另外，模壁也能促进非自发晶核的产生。这些晶核迅速生长到互相接触，在铸锭表层形成等轴细晶粒区。

3.4.2　柱状晶粒区

细晶粒区形成的同时，模壁温度不断升高，使剩余液态金属的冷却速度逐渐降低，过冷度减小形核率变慢，但长大率受到的影响较小。此时凡枝晶轴垂直于模壁的晶粒，不仅因其

24

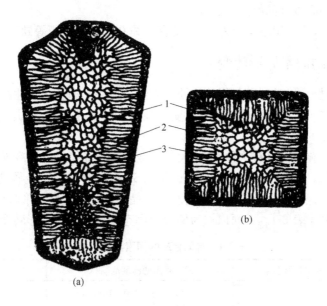

图 3-6　铸锭组织示意图
(a)纵向剖面；(b)横向剖面；
1—表层细晶粒区；2—柱状晶粒区；3—中心等轴晶粒区

沿着枝晶轴向模壁传热比较有利,而且它们的成长也不至因相互抵触而受限制,所以只有这些晶粒才可能优先得到成长,从而形成柱状晶粒。

3.4.3　中心等轴晶粒区

随着柱状晶粒发展到一定程度,通过已结晶的柱状晶层和模壁向外散热的速度愈来愈慢,在锭模心部的剩余液态金属内部温差愈来愈小,散热方向已不明显,从而趋于均匀冷却的状态;同时由于种种原因,如液态金属的流动可能将一些未熔杂质推向中心,或将柱状晶的枝晶分枝冲断,漂移到铸锭中心,它们都可以成为剩余液体的晶核,这些晶核由于在不同方向上的成长速度相同,加上过冷度小,冷却速度慢,因而形成较粗大的等轴晶粒区。

由上述可知,铸锭的组织是不均匀的,从表层到心部依次由细小的等轴晶粒、柱状晶粒和粗大的等轴晶粒所组成。改变合金液成分和凝固条件可以改变这三层晶区的相对大小和晶粒的粗细,甚至可获得只有两层或单独一个晶区所组成的铸锭。铸锭的表层细晶粒区的组织较致密,力学性能较好,但由于该区很薄,故对铸锭性能影响不大。柱状晶粒区的组织较中心等轴晶粒区致密。但柱状晶的接触面由于常存在有非金属夹杂物和低熔点杂质而成为脆弱面,在热压力加工时常沿这些脆弱面断裂。因此,一般不希望钢锭柱状晶粒区过大。但对于塑性较好的有色金属及其合金,有时为了获得较致密的组织,反而希望得到较大的柱状晶粒区,由于这些金属本身塑性好,故在热压力加工时不会发生开裂。另外,柱状晶有明显的方向性,沿柱状晶轴向的强度较高。中心等轴晶粒区没有脆弱面,各方向上的力学性能均较好,但易形成许多微小的缩孔,使该区组织比较疏松。

铸锭的组织与合金成分和浇注条件等因素有关。一般,提高浇注温度、加快冷却速度、采用定向散热措施等都有利于柱状晶区的发展;若降低浇注温度、减缓冷却速度、采用均匀散热等均有利于中心等轴晶粒区的发展。

在金属铸锭中，除组织不均匀外，还经常存在缩孔、气泡、偏析等缺陷。

3.5 固态金属的同素异形转变

在实际生产过程中，常利用不同的热处理方法来提高固态金属的性能，使其符合使用性能的需要。金属之所以能利用热处理来改变其性能的重要依据之一，是金属在固体状态下具有同素异形转变的特性。

并不是所有的金属都具有这种特性，大多数金属在结晶终了以后冷却过程中，一般不再有组织结构的变化。但某些金属，如 Fe、Co、Mn、Sn 等则会在固态金属的冷却过程中发生再次的晶格转变。这种固态中的随着温度改变的晶格变化叫同素异形转变。几种常见金属的同素异形形态列于表 3-1。下面以铁为例说明固态金属的同素异形转变。

表 3-1　常见金属的同素异形形态

金　属	同素异形形态	稳定状态的温度范围/℃	晶 体 结 构
Fe	α	≤910 及 1400～1535	体 心 立 方
Fe	γ	910～1400	面 心 立 方
Co	α	≤450	六　　方
Co	β	450～1490	面 心 立 方
Sn	α	≤18	金 刚 石 结 构
Sn	β	18～232	体 心 结 构
Mn	α	≤742	多原子的复杂立方
Mn	β	742～1192	多原子的复杂立方
Mn	γ	1192～1250	面 心 正 方

3.5.1　铁的同素异形转变

铁的冷却曲线见图 3-7。

铁在固态冷却过程中有两次晶格转变，其变化如下：

$$\delta\text{-Fe}(K8) \xleftrightarrow{1400℃} \gamma\text{-Fe}(K12)$$

$$\xleftrightarrow{910℃} \alpha\text{-Fe}(K8)$$

式中，δ-Fe、γ-Fe 和 α-Fe 代表铁在不同温度下的同素异形体，括号中的配位数即表示着它的晶格形式。

显然纯铁以及其他金属的这种同素异形转变在由一种晶格形式向另一种晶格形式过渡时，必须伴随着原子排列的重新组合过程，也是一个结晶的过程。它同样也遵守着形核与核长大的基本规律，也

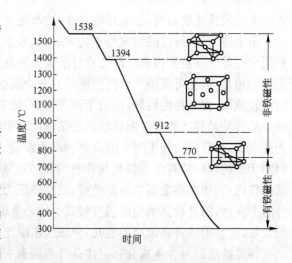

图 3-7　纯铁的冷却曲线

有结晶热效应的产生。这种固态中的结晶过程通常总是沿着旧相的晶粒界处,开始产生新相的晶核并成长。纯铁结晶所得到的组织如图 3-8 所示。其中(a)表示通过结晶所形成的初生 δ 铁晶粒;(b)表示经过重结晶(A_4 相变)后,初始的 δ 铁晶粒被改造为 γ 铁晶粒;最后,(c)表示又经过一次重结晶(A_3 相变)后得到的室温 α 铁晶粒。α 铁晶粒的大小直接与 A_3 相变的条件有关。重结晶的温度越低,重结晶后晶粒就越细小。这就使铁有可能借助重结晶细化晶粒,改善组织。

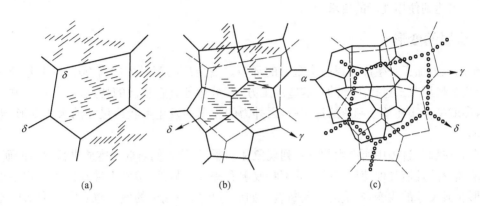

图 3-8　纯铁结晶后的组织
(a)初生的 δ 铁晶粒;(b)重结晶后 γ 铁晶粒;(c)室温组织 α 铁

3.5.2　固态金属同素异形转变的特点

同素异形转变虽然也遵守着结晶的形核与核长大的基本规律,但由于它是在固态中发生,即转变的温度较低,所以它与液体结晶相比具有明显的不同点,其中最主要的差别是:

3.5.2.1　固态结晶比较容易过冷

固态结晶很容易随着冷却速度的增加而具有较大的过冷度。原因是由于金属在固态下发生转变时,金属中的原子扩散比较困难,因而使结晶的过程进行的较为缓慢,很容易受到冷却速度的增加而滞后。这就是固态结晶何以具有较细晶粒的原因。

3.5.2.2　固态结晶易产生较大的组织应力

我们知道,当固态中发生结晶时,由于晶格形式的变化,晶格的密度便随之不同,所以在金属中同时必然也会有体积的变化,如当 γ-Fe 转变为 α-Fe 时,约有 1% 的体积膨胀,这种体积的变化是值得我们特别注意的,因为它是在较低温度的固体中所发生的,尽管有时变化不大,但其影响却很大。譬如,在当具有体心正方晶格(配位数是 6)的普通白锡被过冷至其临界点(18℃)以下时时向具有金刚石型晶格(配位数是 4)的灰锡转变时,甚至会使锡碎成粉状,通称为"锡疫"。

3.5.3　同素异形转变对金属组织的影响

由于同素异形转变也是一个形核和核长大的过程,因此,转变以后金属的组织状态必然受过冷的影响。

3.5.3.1　金属晶粒的形状

同素异形转变后,金属晶粒的树枝状特征消失,金属组织由等轴晶粒所组成,同素异形转变的晶粒所以能成为等轴状态是由同素异形转变的特点所决定的。

3.5.3.2 晶粒大小和过冷度及转变前的晶粒大小有关

过冷度越大,形核率越大,晶粒越小。转变前的晶粒越小,晶界越多,新相晶核优先于晶界产生,同素异形转变后的晶粒越细。同素异形转变后的组织状态无疑地会影响金属的性能。金属的这种同素异形转变的特性,在工业上有着重大意义,铁基合金及应用最广泛的铁基合金(钢铁材料),则常利用此特性进行合金化和通过热处理的方法来改变其内部的组织结构,以求达到使用性能的要求。

3.6 金属的变形

金属压力加工是生产过程一个重要的环节。冶金厂的产品大约有 90％以上是经过轧制、拉拔和挤压方式进行生产的。这些加工方式,虽然各有它自己的特点,可是也有共同的地方,那就是金属在整个制造的过程中,因外力的作用而发生形状或尺寸的永久变形,即塑性变形。

金属在加工过程中所产生的一系列现象和问题,促使人们对变形本质进行较深的研究,而变形理论的发展又促使加工质量的不断改善和提高。另外,很多工件在使用过程中也会发生形状或尺寸的改变,严重的甚至断裂。如何防止这一现象的发生也必须从变形的本质方面去考虑。

由于金属都具有多晶粒的组织,所以要对金属在加工变形时的行为有正确的理解,必须首先了解一下每个晶粒或晶体的性能。

3.6.1 单晶体金属的变形

当金属在受力时,随着力的增加,可能会发生三种形式的变形。即:弹性变形、塑性变形和断裂。单晶体金属在受到正应力及切应力时晶格的变化如图 3-9 和图 3-10 所示。

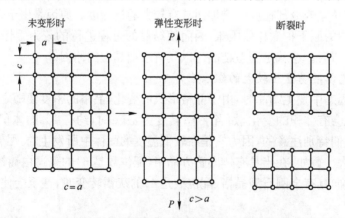

未变形时　　　　弹性变形时　　　　断裂时

图 3-9　晶格在受到正应力时的变形示意图

3.6.1.1 弹性变形

由图 3-9、图 3-10 可见所谓弹性变形就是金属晶格在受力不大时发生了弹性的歪曲或拉长。由于所加之力未超过原子之间的结合力,所以在去掉力之后,晶格便会自变形的状态恢复至其原始的状态。因此,各种金属弹性系数的大小,主要取决于金属内部原子之间结合

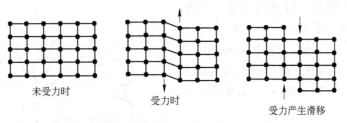

未受力时　　　　　受力时　　　　　受力产生滑移

图 3-10　晶格在受到切应力时的变形示意图

力的强弱。而原子之间结合力的强弱同时又与晶格内原子之间的距离有关。如前所述,在晶格中沿各个晶面上的原子密度是不同的,所以单晶体的弹性在各方向上表现出明显的方向性特征。如锌单晶体的杨氏弹性系数(E)的最大值约为其最小值的 4 倍。

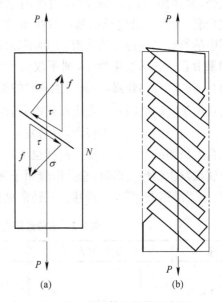

图 3-11　单晶体的拉伸示意图
(a)变形前;(b)变形后

3.6.1.2　塑性变形

所谓塑性变形,就是加于晶体上的力超过金属抗力极限时,去掉力后晶格形状不能完全恢复,而发生永久性的变形。单晶体的晶格在受到正压力时是不会发生塑性变形的,只有当单晶体的晶格受到切应力时才能发生塑性变性。X 射线分析证明,塑性变形最基本的方式是滑移及孪生。滑移和孪生是塑性变形的两种基本独立机构,下面我们分别进行讨论。

A　滑移　所谓滑移是晶体的一部分沿着一定的晶面和晶向相对于晶体的另一部分发生相对滑动,见图 3-11。滑动的距离是原子间距的整数倍。滑动停止后,在滑动平面的上下两部分的晶体取向仍保持一致。

塑性变形后的金属(磨光面),在显微镜下观察,出现了很多被定名为"滑移带"的条纹,用电子显微镜可观察到(如图 3-12 所示),这些滑移带又由更细的"滑移线"所组成。滑移带

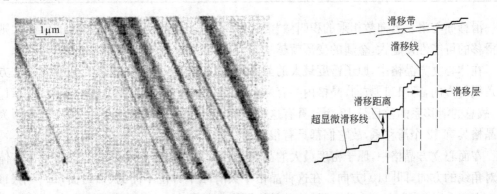

图 3-12　单晶体滑移示意图
(a)单晶体铝在室温拉伸 15% 后晶体表面的电镜照片;(b)单晶体滑移示意

是很多滑移面与磨光平面交线的结合产物，而滑移线就是每一条交线。一般来说，在各种晶格中，滑移并不是沿任意晶面和晶向发生的，而总是沿着晶格中原子密度最大的晶面和原子密度最大的晶向发生，其原因可由图 3-13 来说明。

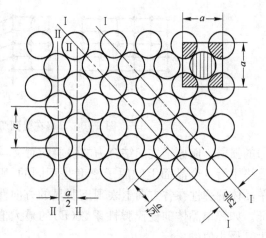

图 3-13　滑移面示意图

从图 3-13 中可以看出，Ⅰ—Ⅰ面中的原子密度最大，原子间距最小，原子间的结合力最强，面间距也最大（$a/\sqrt{2}$），面间的结合力也最弱，因而常沿这样的晶面发生滑移。而图中的所有其他种类的晶面，则都不如此面。如果沿Ⅱ—Ⅱ面发生滑移，则不仅由于它们面与面的结合力较强，不易发生相对的滑动，而且由于它们之间一旦发生相对滑移就要破坏Ⅰ—Ⅰ晶面，这显然是不可能的。反之，由于Ⅰ—Ⅰ面与面间结合力较弱，容易发生相对滑动，而且一旦发生滑移之后所破坏的只是原子结合力最弱的Ⅱ—Ⅱ晶面。同样也可以解释滑移是沿着原子密度最大的晶向发生。因此，金属在发生塑性变形时，总是沿着原子密度最大的晶面——"滑移面"及原子密度最大的晶向——"滑移方向"发生滑移。三种常见金属晶格的主要滑移面及滑移方向列于表 3-2。

表 3-2　三种常见金属晶格的主要滑移面及滑移方向

晶　格	体 心 立 方 晶 格		面 心 立 方 晶 格		密 排 立 方 晶 格	
滑移面	(110)×6	(110)	(111)×4	(111)	六方底面×1	六方面　对角线
滑移方向	[111]×2	[111]	[110]×3		底面对角线×3	
滑移系	6×2=12		4×3=12		1×3=3	

滑移面与滑移方向数相乘的积叫做"滑移系"。对于多晶体金属，滑移系的值越大则金属滑移的可能性便越大，金属的变形就越均匀，总的变形量就越大，即金属的塑性越好。

在体心立方晶格中，原子密度最大的晶面是(110)晶面，原子密度最大的方向是立方体对角线的方向，即[111]方向，晶格内共有六个(110)面，每个(110)面上包含着两个[111]方向，故总的滑移系的数目是 12 个。具有这种金属晶格的金属有铁（α-Fe）、铬、钨等，因为这种晶格具有 12 个滑移系，故它们都具有很高的塑性。

在面心立方晶格中，原子密度最大的晶面是(111)面，原子密度最大的方向是立方体面的对角线的方向，即[110]方向。在这种晶格中共有 4 个方位不同的(111)面，每一个(111)面上有三个[110]方向。由此可见，这种晶格同样也是具有 12 个滑移系，因此也具有很大的塑性。具有这种晶格的金属有铜、铝、金、银等。

在六方晶格的金属中只有一个滑移面,即六方晶格的底面。这种晶格对外部变形的适应能力是很差的。具有这类晶格的金属有镁、锌、镉等。但像镁及镁合金只有在较高的温度(225℃以上)才能显示出良好的塑性变形能力。

由此可见,面心立方晶格的金属应该和体心立方晶格的金属具有同样的塑性。但是,事实上,金、银、铜的塑性比铁的塑性高。可见,单纯由滑移系数目的多寡还不能完全确定金属的塑性高低,滑移方向和滑移面的温度在塑性变形中所起的作用也很大。如:在面心立方晶格中,[110]滑移方向共有3个,而在体心立方晶格中则只有2个。所以,滑移方向愈多,滑移面温度越高,适应外力的能力也愈大,因而便愈易发生塑性变形。

滑移面受温度的影响,不同温度范围进行变形时,滑移面随之相应地改变。而滑移方向则具有较大的稳定性,它是不易随温度而改变的。金属晶体内存在的滑移系,仅是产生滑移的主要依据,而在产生滑移时,则必须考虑其外部的条件。实验证明,晶体在外力作用下,使其产生滑移的力是切应力。当外力在其滑移面和滑移方向上的分切应力超过某一定值后,即开始滑移,而法向分力对滑移是根本没有作用的。

能够引起滑移的最小切应力称为临界切应力,以 τ_k 表示。在材料力学中已知与外应力成45°方向上的分切应力为最大。因此,处于这个方向上的滑移系最容易先达到 τ_k 而首先滑移。图3-14所示为外力在滑移方向上的分切应力。临界切应力是标志着晶体特性的一个物理量,它与滑移面和外力的角度无关。但当外力与滑移面之间的关系改变时(ϕ 及 λ),σ_s 受到了影响,滑移面与外力的关系正好使 σ_s 最小时,称为软取向,反之称为硬取向。

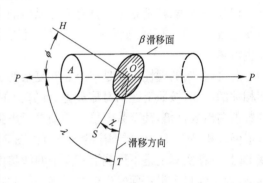

图3-14　外力 P 在滑移方向上的分切应力

各种金属都有其自己的 τ_k 值。τ_k 值愈大,则金属的屈服强度就愈大,随金属的不同,τ_k 在小于9.8N的范围内变动。

温度升高对不同滑移系的 τ_k 值的影响也不一致。升高温度时,有时会出现新的滑移系,例如,钼在室温时,滑移面为(110),而在高温时也可沿(123)进行滑移。这就是温度升高后金属的塑性增加而强度减小的基本原因之一。

B　孪生　晶体除可采取滑移的方式发生塑性变形外,还可采取孪生的方式发生变形。所谓孪生是两晶粒的一部分沿某一方向和平面按一定关系发生相对的位向变动,其结果使晶体的一部分与原晶体的位向处于相互对称的位置,如图3-15所示。

在发生孪生变形时,所有与孪生面平行的原子平面均朝着一个方向移动。每一晶面的移动距离的大小是和它距孪生面的距离呈正比例。而每一

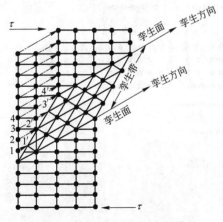

图3-15　孪生示意图(双点划线是
晶格在变形前的位置)

晶面与相邻晶面的相对位移量则等于原子间距离的若干分之一。

孪生与滑移的主要区别是：

（1）孪生是通过切变使晶格位向改变，造成变形晶体与未变形晶体呈对称分布，而滑移不会引起晶格位向的变化。

（2）孪生变形时，原子沿孪生方向的相对位移是原子间距的分数倍，而滑移变形时，原子在滑移方向相对位移是原子间距的整数倍。

（3）孪生变形所需的切应力比滑移变形大得多，故孪生变形多在不易产生滑移变形的金属中进行。

（4）孪生产生的塑性变形量比滑移小得多。

（5）孪生变形速度很快，接近于声速。

像铁只有在低温之下，在受到冲击载荷（快速加载）时才可发生孪生，而在静力负荷下或较高温度时，则只可能出现滑移。换言之，孪生的变形速度较之滑移的速度为高。其次，孪生变形并不是在所有的金属里都能发生，如在铝里就只能产生滑移变形，而不能产生孪生变形。但某一金属、特别是一些具有六方晶格的金属，如镁、锌、镉，由于它们的滑移系较少，孪生便会成为它们的重要变形方式。另外，还有一些金属在室温下只能发生孪生变形，而不能发生滑移。

总之，金属的塑性变形是一个非常复杂的过程，实际上是与金属内部的各种晶格缺陷密切相关的。如，按照上述的滑移理论，计算出的金属理论屈服极限 $\sigma_{0.2}$，便要比实验中所得的数值高出数百倍，甚至数千倍。但如果考虑到金属晶格中的位错缺陷时，则理论与实验的数值便会相差无几。位错理论的大意可由图 3-16 简单说明之。如图所示，金属晶体在发生变形时，滑移实际上是不可能沿着整个的滑移面同时进行的，而是由于位错中心由左向右的移动，而达到整个滑移面发生全部滑移。因此，位错移动所需的力比整个滑移面移动时所需的力小。位错理论能很好地解释金属塑性变形的机理。但因篇幅的限制，不进一步更深刻地去探讨。

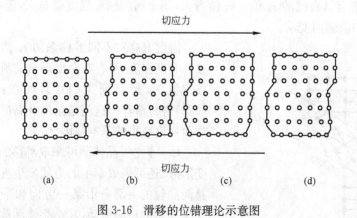

图 3-16　滑移的位错理论示意图

3.6.2　多晶体金属的变形

多晶体金属是由无数在空间位向不同的单晶体所组成的。当多晶体金属在外力作用下发生变形时，组成它的每一个晶粒都采用滑移或孪生的方式进行变形，换句话说，多晶体金属的形变不过是无数单晶体形变的总和。晶粒与晶粒之间存在有晶粒界,而晶粒界的结构不同于晶粒内部的结构。由于晶界的存在,必然对每个晶粒的形变有所影响,晶粒与晶粒之间也互相影响。因此,多晶体金属的形变必然和单晶体金属不同。

3.6.2.1　多晶体金属的弹性形变

多晶体金属的弹性形变和单晶体比较具有以下两个特点。

A　各向异性消失　单晶体不同方向的杨氏系数 E 具有不同大小的值,而在多晶体中 E 的值各个方向都是一致的。因为多晶体金属内部各个小晶体位向不同,而且分布是杂乱无章的,对于某一结晶方向来说,在空间出现的机会是均等的。因而多晶体金属的杨氏系数必然各个方向相等,且等于最大和最小值之和的二分之一。

B　受力状态不均匀性　多晶体金属发生弹性变形(如图 3-17 所示)的情况。外力 P 作用于多晶体金属时,由于各晶粒的位向不同,对各个晶粒作用在不同的晶棱上,产生同样的弹性变形,所需外力是不同的。因此,在一定的外力作用下,各个不同的晶粒变形必然不同,有的变形严重,有的变形轻微。即使在一个晶粒内部,由于晶界和其他晶粒的影响,内外变形程度也是不同的,变形严重的和相邻变形轻微的晶粒必然相互牵制,造成附加应力(图3-17)。

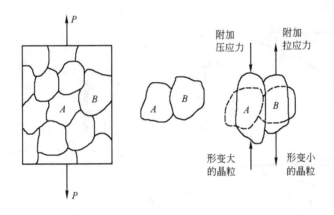

图 3-17　多晶体金属弹性变形时的受力状态

3.6.2.2　多晶体金属的塑性变形

多晶体金属的塑性变形特点如下所述。

A　应力状态不均匀性的影响　多晶体金属的应力状态不均匀性,必然使各个晶粒的变形程度不同,甚至有的晶粒已经产生了滑移,有的晶粒还处在弹性变形的范围内,而且互相不是孤立的,当外力取消后,内部必然保留一部分应力不能消失(图 3-17)。同时,有的晶粒对外力来说是软取向,有的是硬取向。软取向的晶粒应该开始滑移时,由于硬取向的晶粒还不能开始滑移,硬取向的晶粒必然阻碍软取向晶粒开始滑移。

B　晶粒界的影响　晶粒界由于结构不同于晶粒内部,产生塑性形变也必然不同。晶界附近产生变形要较内部困难,欲使晶界及其附近也产生变形,必须要求增加外力。晶界越多,要求增加外力越大。或者说,晶粒越细,金属屈服点越高。晶粒越小,金属的变形越均匀,金属的总变形量就越大,其塑性就越好。

C　滑移系的影响　对多晶体金属来说,滑移系越多,各晶粒的变形程度越均匀,则该金属的塑性就越大。如,多晶体的铝(面心立方晶格,滑移系为12)的塑性要比多晶体的锌(六方晶格,滑移系为3)的塑性大得多。塑性变形,除滑移和孪生以外,还可以沿晶界滑动。温度越高,沿晶界滑动的可能性越大。变形过程中,各个滑移面也发生转动,结果,使某些晶面在加工之后,由加工前的位向紊乱状态转为定向排列。这种现象称为加工织构。

3.6.3 塑性变形对金属的组织和性能的影响

3.6.3.1 对组织的影响

在金属的实际组织结构中,除了存在着晶粒界及各晶粒晶格位向不一致的情况以外,在各个晶粒的内部,还存在着各种各样的晶格缺陷(位错、空穴及嵌镶块等)。所以,当金属在发生塑性变形时,就会给滑移造成相当的内摩擦力,即随着滑移的进行,必然会引起金属晶体组织结构规律性的进一步破坏。而引起:沿滑移面附近的晶格发生歪曲和紊乱;各晶粒被破碎成为许多碎块,并沿着力的方向被拉长。因此,便会给金属带来各种性能上的变化。

3.6.3.2 对性能的影响

A 力学性能 由于上述组织变化,造成了金属进一步滑移的困难。因而便造成了金属强度($\sigma_{0.2}$、σ_b)、硬度的升高及塑性(δ、ψ)的降低。图3-18是铁、铜、铝的力学性能在塑性变形时所发生的变化。

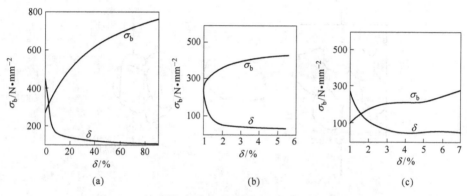

图3-18 铁、铜和铝的力学性能随塑性变形而发生的变化
(a)铁;(b)铜;(c)铝

加工硬化具有非常重要的实际意义。其一就是可以利用它来作为金属强化(提高硬度)的方法之一。这对纯金属以及不能用热处理强化的金属来说则尤为重要。如坦克履带的高耐磨钢之所以具有高耐磨性,冷卷弹簧在卷制后之所以能具有高弹性极限,以及冷拉钢所以具有高强度等,都是利用了这一原理。另一方面,正因为有加工硬化现象的存在,才使得深冲压与冷拉丝等工艺成为可能,在冷冲压与冷拔过程中不致因变形后断面积的缩小而发生断裂。不过,加工硬化也会给金属的再次加工带来困难。如金属在冷冲压、冷拔等过程中,即会因不断地发生加工硬化而使进一步的加工无法进行。这样,就得在其加工过程中穿插一些专门的热处理,以消除这种硬化现象,使加工能继续进行。

B 理化性质 金属的某些理化性质在金属发生加工硬化时,也会发生显著的变化。如金属在加工过程中,由于晶格的歪曲,会使其电阻增加(见表3-3)和耐蚀性降低。所以凡经冷加工的金属,在加工以后,或在加工过程中都要经过所谓退火的热处理,以使其组织和性能恢复。如铜电线在其拔制的过程中及在拔制以后都要经过 $500\sim700℃$ 加热,以恢复其塑性及导电性等。

表 3-3　冷加工对金属电阻的影响

金　属	冷拉/%	电阻变化/%	金　属	冷拉/%	电阻变化/%
Fe	99	+2	Mo	99	+18
Ni	99	+8	W	99	+50
Cu	40～80	+2			

3.6.4　金属晶体的断裂

变形不能无限制地延续,变形进行到一定程度,晶体会发生破坏,这种破坏现象称为断裂。晶体的断裂方式有二:一种称为正断;另一种称为切断。

3.6.4.1　正断

如图 3-14 所示,作用于晶体上的外力 P,对于某一定的晶面可以分解成一个垂直于晶面的正应力 σ 和一个切应力 τ。当正应力超过一定的数值时,破坏了相邻晶面之间的原子结合力,因而晶体会在垂直于这个面的方向上发生断裂,这种断裂称为正断。发生正断的晶面称为正断面。

在一定的正断面上引起正断的最小的正应力,称为临界正应力,或称正断强度。临界正应力的大小与温度、变形速度等关系不大。但理论计算出的正断强度与实际测得的强度相差很大,如表 3-4 所示。这样巨大差别,说明点阵中存在着大量缺陷,特别是那些存在着应力集中作用的缺陷,在晶体的断裂过程中起着重要作用,它们降低了晶体的断裂强度。正断可以发生在弹性变形的范围内,也可以发生在经过一定量的塑性变形以后,前者称为脆性正断,后者称为韧性正断。

表 3-4　金属的正断强度

金　属	理论计算/kPa	实测强度/kPa	金　属	理论计算/kPa	实测强度/kPa
铍	2420.6	1.176	锌	49000	1.764

一般在温度较低,变形速度较大的情况下,易发生脆性正断,而在温度高,变形速度小的情况下,易发生韧性正断。

3.6.4.2　切断

晶体的两部分在切应力下彼此相切地分成两块的破坏形式称为切断,如图 3-19 所示。切断是由切应力所引起的。引起切断的最小应力,称为切断强度。温度愈高,切断强度愈低。切断面一般与滑移面成一微小角度,有时就是滑移面。这种断裂方式最常发生在锡及六方金属的锌、镉和镁中。

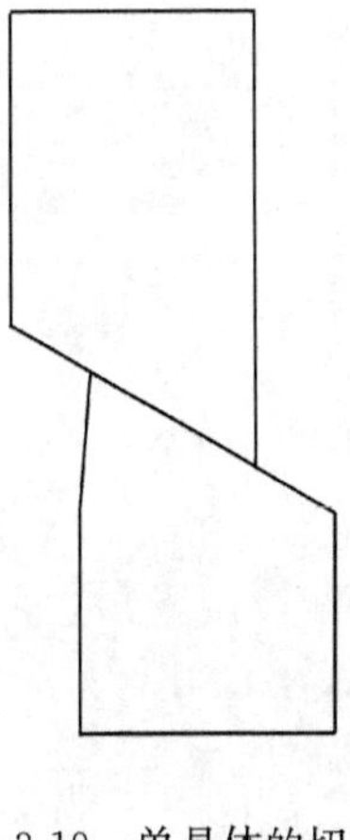

多晶体的断裂过程更为复杂。但主要是应力状态复杂,另外断裂的地区随温度不同而不同。观察多晶体断裂层的组织发现:低温断裂是横穿晶粒的,称其为穿晶断裂;高温时,是沿晶界发生断裂,称为沿晶断裂。这种现象可用晶粒内部的强度和晶粒界强度与温度的关系加以解释。

图 3-19　单晶体的切断

1. 有哪些液态金属结晶的基本类型？
2. 结晶的热力学条件是什么，什么是金属结晶的一般规律？
3. 铸锭有何组织特点？
4. 什么是金属的同素异形转变及对金属组织有什么影响？
5. 金属变形机理是什么？
6. 什么是金属的滑移、孪生？

4 固态金属组织与铁碳合金相图

金属合金是指用熔化及其他方法,将两种以上元素,其中主要是以金属元素为主而熔合成具有多种工业上所需要的性能的物质。金属合金在工业上远较纯金属重要,因为它们可以被配制为具有各种各样性能的材料。

4.1 塑性变形对金属组织和性能的影响

金属或合金经塑性形变后,结构组织会发生明显的变化,用显微镜可看出晶粒外形发生了变化,这种变化大致与工件的宏观形变相似。随形变方法和程度的不同,不仅晶粒外形的变化不一样,而且在晶粒剖面上或晶粒内部也发生了变化,除了易于观察的滑移带、孪生带和各种形变带以外,还出现了新的亚晶,增添了各种结构缺陷,如位错、空位、间隙原子、层错等。特别应当指出,所有上述各种变化都是很不均匀的,即便整个工件的宏观形变很均匀,情况也是如此;而且所有这些大大小小不均匀变化并不是孤立的,而是相互联系的。综合来看,一方面在于顺应外力的作用而使材料进行相应的形变,另一方面则在于抗衡外力的作用,阻止材料进一步进行形变。前者使应力松弛,后者使材料处于受胁状态,松弛与受胁是贯穿在形变始末的一对矛盾。这一对矛盾决定了材料的强度与塑性,也决定了形变后金属材料的性能。

4.1.1 晶粒沿变形方向被拉长,性能趋于各向异性

金属在外力作用下产生塑性变形时,随着金属外形被压扁或拉长,其内部晶粒会产生破碎。例如,在拉拔时,晶粒随工件的形变而逐步变长,甚者最后可变为纤维丝状;在轧压时,晶粒逐渐变为扁平状,甚至变为薄片状。当变形量很大时,各晶粒将会被拉长成为细条状或纤维状,晶界变得模糊不清。这种组织称为纤维组织,如图 4-1 所示。塑性变形后金属性能将会具有明显的方向性,例如纵向(沿纤维方向)的强度和塑性要比横向(垂直于纤维方向)高得多,即各向异性。各向异性的产生,实际上是两种因素的综合结果,其一是组织的方向性;其二是结构的方向性,而单向形变或不匀称形变则是引起这两种方向性的重要的直接原因之一。

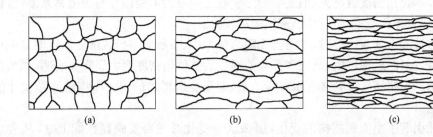

(a)   (b)   (c)

图 4-1 变形前后晶粒形状的变化
(a)变形前;(b)变形中;(c)变形后形成纤维组织

4.1.2 晶粒破碎,位错密度增加和产生加工硬化

金属发生塑性变形时,不仅晶粒的外形发生变化,而且晶粒内部的结构也会发生显著的变化,这对金属的性能将有很大的影响。在变形量不太大时,先是在变形晶粒中的晶界附近出现位错的堆积,随着变形量的增大,使晶粒破碎成细碎的亚晶粒。变形量愈大,晶粒被破碎得愈严重,亚晶界愈多,位错密度愈大。这种在亚晶界处大量堆积的位错,以及它们之间的相互干扰作用,均会阻碍位错的运动,使金属变形抗力增大,强度和硬度显著增高。随着变形程度的增加,使金属强度和硬度升高,而塑性和韧性下降,这种现象称为加工硬化。图4-2为纯铜的冷轧变形度对其力学性能的影响。

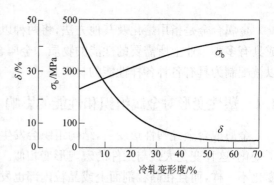

图 4-2 纯铜的冷轧变形度对力学性能的影响

根据实验测定,金属形变所施加的外部能量大部分消耗在以滑移或孪生为主的形变功上,并转变为热而逸散到周围环境中去,只有少部分能量或以弹性应变或以各种缺陷的形式储存在金属内部。前者反映在形变后各种内应力的大小上,后者表现在所增加的缺陷的类型和数量上。在由形变产生的诸缺陷中,以位错和空位为最重要。但空位能所占储存能的比率较小,所以储存能大部分是由位错的增殖而引起的,位错能约占总储存能的 80%~90%,由此可见位错在形变中的重要性。据统计,在经过强烈形变的金属中,位错密度可由平均 10^6 根/cm^2 增至 10^{12} 根/cm^2 以上,而且其分布是很不均匀的,利用透射电镜可以观察形变后位错的分布,结果表明,随条件的不同,位错的分布也有所不同。例如,当形变温度较低,位错的活动性较差时,形变后位错大多是相当紊乱,无规则地分散在晶体中;当位错活动性较大,并可进行滑移时,位错大多集聚在局部区域,纠结在一起,组成所谓位错发团。这样,在金属中便出现许多由位错发团区分隔开的、位错密度较低的区域。这些区域之间有不大的取向差别,称之为形变亚晶,形变量越大,亚晶越小。相对来说,由于位错的交互作用,这后一种情况比前一种情况能量较低,稳定性较大。所以只要条件允许,在形变后的组织中,每个晶粒内部总是包含着许多细微的亚晶,亚晶界纠结着大量位错。在其他条件相同时,形变量越大,位错密度也越大;但复杂的形变较之简单的形变因参与的滑移系多,位错相互交割频繁,相互干扰严重,所以位错密度增加较大。

当形变方法和形变量一定时,位错密度随晶粒大小、杂质的多少或形变温度的高低而变化。一般来说,晶粒细、温度低、杂质多都会使形变后的位错密度更大。实验表明,原始晶粒大小和形变后的位错密度二者接近于直线关系,即形变所增加的位错密度随晶粒尺寸的减小而直线地上升。

形变既然引起了组织和结构的变化,那么这种变化必然要反映到性能上来,其表现如下:加工硬化与形变亚晶、位错以及其他结构的产生都有不同程度的直接或间接关系,但位错密度的增加则起着决定性的作用。

加工硬化在生产中具有很重要的实际意义。首先,可利用加工硬化来强化金属,提高强

度、硬度和耐磨性。尤其是对于那些不能用热处理方法来提高强度的金属更为重要。其次，加工硬化有利于金属进行均匀的变形。这是由于金属变形部分产生了加工硬化，使继续变形主要在金属未变形或变形较小的部分中进行，结果使金属变形趋于均匀。另外，加工硬化可提高构件在使用过程中的安全性，一旦构件在工作过程中产生应力集中或过载现象，往往由于金属能产生加工硬化，这种局部过载部位在产生少量塑性变形后提高了屈服点，并与所承受的应力达到了平衡，变形就不会继续发展，从而在一定程度上提高了构件的安全性。但加工硬化会使金属塑性降低，给进一步塑性变形带来困难。为此在加工过程中要安排中间退火工序。

加工硬化不仅使金属的力学性能发生变化，而且还会使金属的某些物理和化学性能发生变化，例如使金属电阻增大，耐蚀性降低等。

4.1.3 晶粒择优取向，形成变形织构

随着变形程度的增加，各晶粒的晶格位向会沿着变形方向发生转动。当变形量很大时，金属中每个晶粒的晶格位向大体趋于一致，称这种现象为择优取向，其结构称为变形织构。例如，在单方向拉伸形变的条件下，一方面基体晶粒都沿受力方向而伸展，同时那些宏观偏析和微观偏析区、异相晶粒或杂质等也会发生方向性的分布，这就出现了组织的方向性；另一方面由于晶粒取向的转动还会产生形变织构，它是带有根本性的内在因素，也是决定方向性的主要因素。形变量越大，这两方面的表现越显著，性能上的方向性也就越严重。

变形织构使金属具有各向异性。在许多情况下各向异性对金属的后续加工或者使用是不利的，例如用有织构的板材冲制筒形零件时，由于不同方向上的塑性差别很大，导致变形不均匀，使零件边缘不齐，即

图 4-3　冲压件的制耳

出现所谓的"制耳"现象，如图 4-3 右图所示。但在某些情况下出现织构反而有利，例如制造变压器铁芯的硅钢片，利用织构可使变压器铁芯的磁导率明显增加，磁滞损耗降低，从而提高变压器的效率。

4.1.4 产生残余应力

残余应力是指去除外力后，残留在金属内部的应力。它主要是由于金属在外力作用下内部变形不均匀造成的。例如金属表层和心部之间变形不均匀会形成平衡于表层与心部之间的宏观内应力（也称为第一类内应力）；相邻晶粒之间或晶粒内部不同部位之间变形不均匀形成的微观内应力（也称第二类内应力）；由于位错等晶体缺陷的增加形成晶格畸变内应力（也称第三类内应力）。通常外力对金属作的功绝大部分（约 90% 以上）在变形过程中转化为热而散失，只有很少（约 10%）的能量转化为内应力残留在金属中，使其内能升高。其中第三类内应力占绝大部分，因此它是使变形金属强化的主要原因。第一和第二类内应力在大多数情况下不仅会降低金属的强度，而且还会因随后的应力松弛或重新分布引起金属变形。另外，残余应力还会使金属的耐蚀性能降低。为此消除残余应力的有效方法是对其进行适当的热处理。

4.1.5 其他物理性能的变化

形变后的金属和合金,除了力学性能外,对结构敏感的性能都发生了较明显的变化。例如,磁导率、磁饱和度、剩余磁感及电导率等下降,而矫顽力、电阻等则上升。而对结构不敏感的性能也有一定的影响,例如,密度、导热性和弹性模量有一定的下降,而化学活性等则有一定的增加。

4.2 塑性变形后的金属在加热时的组织变化

经过塑性变形后的金属,在加热时发生了上述一系列组织和性能的变化。但从热力学的角度来分析,形变所引起的各种变化主要表现为能量的升高,即:形变后的金属和合金较之形变前,已处于不稳定的高自由能状态,这样它们就具有了一种向着形变前低自由能状态自发恢复的趋势。进行这种转变的过程称回复和再结晶,前者指在较低温度下或在较早阶段发生的转变过程;后者则指在较高温度下或较晚阶段发生的转变过程。回复和再结晶已广泛应用于生产上,例如所谓再结晶退火,已经作为加工流程中的重要热处理工序而用于生产中,其目的在于不同程度地恢复或进一步改善形变材料的性能。图 4-4 为变形金属在回复、再结晶时组织和性能的变化。因此,学习回复和再结晶,无论在理论上和实际上都具有重要意义。

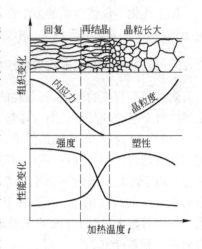

图 4-4　变形金属中加热时组织和性能的变化

4.2.1 回复

当加热温度较低时,原子活动能力较弱,故变形金属的显微组织没有明显变化,其力学性能变化也不大,但残余应力显著降低,其物理、化学性能也基本恢复到变形前的情况,这一阶段称为回复。

回复时,由于加热温度较低,故晶格中的原子仅能作短距离扩散。因此,金属内凡只需要较小能量就可开始活动的那类缺陷将首先移动,如偏离晶格结点位置的原子回复到结点位置,空位在回复阶段中向晶体表面、晶界处或位错处移动,使晶格结点恢复到较规则形状,晶格畸变减轻,残余应力显著下降。但亚组织尺寸未有明显改变,位错密度未显著减少,即造成加工硬化的主要原因尚未消除,因而力学性能在回复阶段变化不大。在工业生产中常常利用回复现象将已产生加工硬化金属的内应力基本上消除,而保留其强化了的力学性能,这种处理称为低温去应力退火。例如,经深冲工艺制成的黄铜弹壳经冷冲压后必须进行一次 260℃ 左右的去应力退火。冷拔钢丝卷制的弹簧,在卷成之后都要进行一次 200～300℃ 的去应力退火。其目的都是定型后,消除部分内应力并保持一定力学性能。

4.2.2 再结晶

再结晶过程是一个显微组织彻底重新改组的过程。因而在性能方面,也发生了根本性的变化,见图 4-4。当继续升高温度时,由于原子活动能力增大,金属的显微组织发生明显的变化,破碎的、被拉长或压扁的晶粒变为均匀细小的等轴晶粒,这一变化过程也是通过形核和晶核长大方式进行的,故称为再结晶。但应指出,再结晶后晶格类型没有改变,所以再结晶不是相变过程。

经再结晶后,金属的强度、硬度显著降低,塑性、韧性大大提高,加工硬化现象得以消除。

再结晶不是一个恒温过程,而是随着温度的升高大致从某一温度开始而进行的过程。通常再结晶温度是指再结晶开始的温度,它与变形程度、金属的纯度等因素有关。显然,未经塑性变形的金属是不会发生再结晶过程的。金属的预变形程度愈大,晶体缺陷就愈多,则组织愈不稳定,因此开始再结晶的温度也就愈低。如图 4-5 所示,当变形度达到一定程度后再结晶温度趋于某一最低极限值,这一温度称为最低再结晶温度。实验证明:各种纯金属和合金的最低再结晶温度与其熔点有如下关系:

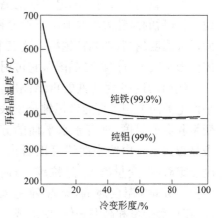

图 4-5　金属的再结晶温度
与冷变形度的关系

纯金属　$T_再 \approx (0.35 \sim 0.4) T_熔$

合　金　$T_再 = (0.5 \sim 0.7) T_熔$

式中　$T_再$——金属的最低再结晶温度;

$T_熔$——金属的熔点。

金属中的微量杂质或合金元素,尤其是那些高熔点的元素,常会阻碍原子扩散和晶界迁移,从而显著提高再结晶温度。提高加热速度可使再结晶在较高的温度下发生;而延长保温时间,可使原子有充分的时间进行扩散,使再结晶过程能在较低的温度下完成。

把冷变形金属加热到再结晶温度以上,使其发生再结晶的热处理过程,称为再结晶退火。生产中常采用再结晶退火来消除经冷变形加工的产品的加工硬化,以提高塑性。在冷变形加工过程中,有时也进行再结晶退火,这是为了恢复其塑性以便于后续加工。为了缩短退火周期,进行再结晶退火时,常将加热温度定在最低再结晶温度以上 100~200℃。

表 4-1 列出了几种金属及合金的最低再结晶温度和再结晶退火温度。

表 4-1　几种金属及合金的最低再结晶温度和再结晶退火温度

金 属 材 料	最低再结晶温度/℃	再结晶退火温度/℃
纯　铁	360~450	650~700
工 业 纯 铁	200~270	300~470
工业纯铝(L5)	240~290	350~500
碳素结构钢及合金结构钢	480~600	680~720

4.2.3　晶粒长大

再结晶完成后,在高温区停留时间过长,将导致晶粒的过分粗大,综合性能不好。

41

4.3　再结晶退火后的组织

生产上的所谓再结晶退火,实际上往往是几个过程的综合应用,即在退火过程中,回复、再结晶和晶粒长大往往是交错重叠进行的,因而退火后的组织也应理解为这些过程的综合结果。

变形金属经过再结晶退火后的晶粒大小,对其力学性能有很大影响。对给定的材料来说,退火后的晶粒大小要取决于形变程度和退火温度。一般来说,形变程度越大,晶粒越细;而退火温度越高,则晶粒越粗。这三个变量——晶粒大小、形变量及温度的关系可用一个立体图形来表示,称"再结晶图",它可用作制定生产工艺规范的参考。

例如,图 4-6 为纯铁的再结晶图,在水平面上的两个相垂直的坐标轴分别表示形变量和退火温度,垂直于水平面的方向代表晶粒大小。由图中曲线可以看出,当温度一定时,形变量越大,晶粒越小;而当形变量一定时,温度越高,则晶粒越大。这样,在低形变量和高温一侧,便组成一个晶粒非常粗大的区域。显然,对一般结构材料来说,除非特殊要求,必须避开这个区域。在这里,退火时间是一定的(1h),这就意味着对给定形变量来说,如果在低温刚能完成再结晶的话,那么在较高温度,就同时包括着晶粒长大阶段;反之,如果在较高

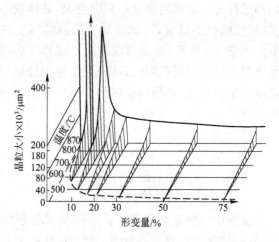

图 4-6　纯铁退火 1h 的再结晶图

温度刚能完成再结晶的话,那么在较低温度就可能是回复再结晶的重叠阶段,而不能完全发生再结晶。正是由于这个原因,所以对一些流行的再结晶图,必须有条件地去对待。

4.4　合金相结构及合金组织

由于合金包含着两种以上的元素,所以它的组织要比纯金属复杂得多,但根据各元素间相互作用的不同,在合金组织中,可能出现两种相:固溶体和金属间化合物。

4.4.1　固溶体

所谓固溶体是指元素之间在固态下具有相互溶解的能力时所形成的一种合金相的组成物。显然,要了解什么是固溶体,我们首先必须了解一下元素之间在固态下是怎么相互溶解的。

大多数合金都能在熔化状态时形成均匀的液态溶体,即各组织元素的原子均匀地分布在合金的液体中。如果这些元素之间,在合金形成固体时彼此不发生任何作用的话,那么合金在凝固时,各元素便会各自单独地进行结晶。反之,如果各元素之间在合金形成固体时彼此具有相互溶解的能力时,那么,在凝固时,两种元素的原子便共同地结晶成一种晶格,一种晶格中包含着两种元素的原子(离子)。晶格的形式与两元素之一的晶格形式相同,此时,我们便可以说两种元素形成了固溶体,并可把具有该晶格形式的一种元素叫做固溶体的溶剂

元素,而把另一种元素叫做溶质。合金在结晶后形成一种均匀的固溶体晶粒(图 4-7),如:晶格仍保持着溶剂(铜)的面心立方晶格形式,也包含着溶质元素(镍)的原子,如图 4-8 所示。

4.4.1.1 固溶体的分类及特性

固溶体的结构可以按照不同的方法把它们分为若干种类。

按照溶质原子在溶剂中存在的位置,固溶体可分为置换固溶体(如图 4-8(a))和间隙固溶体(如图 4-8(b));

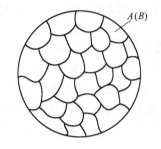

图 4-7 固溶体显微组织示意图

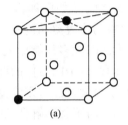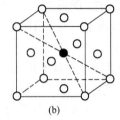

图 4-8 固溶体的晶格
(a)置换固溶体;(b)间隙固溶体

按照溶质原子在溶剂中排列位置是否有着一定的严格规律,可分为无序固溶体与有序固溶体;

按照溶剂性质的不同,可将固溶体分为以金属元素为基的固溶体和以化合物为基的固溶体。

下面我们分别叙述各种固溶体。

A 置换固溶体 置换固溶体是溶质原子位于溶剂晶格的某些结点的位置上,如图 4-9 所示。溶质原子在溶剂晶格中究竟位于哪些结点上是没有什么规律的,因此一般的置换固溶体,都是属于无序固溶体。一般来说,根据溶质元素在溶剂金属中的溶解度,可把固溶体分为有限置换固溶体和无限置换固溶体。溶质元素在溶剂金属中是否能无限溶解及溶解度大小与下列因素有关:

a 晶格类型 溶质与溶剂的晶格类型相同,是无限溶解的第一个必要条件。

b 原子直径 元素之间的原子直径的差别小于 10%～15%时方能无限溶解,当原子直径的差别大于 15%时,则只能微量地溶解。原子直径的差别越大,溶解度就越小。这种溶解度与原子直径的关系是由于溶质溶入后,改变了溶剂晶格的力场,造成了晶格的歪扭,因而产生了溶解度的有限性,见图 4-10。

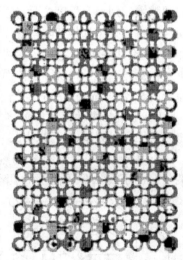

图 4-9 置换固溶体示意图

c 电化学因素 周期表中位置愈左和愈下的元素,正电性便愈强。反之,负电性便愈大。元素间正电性或负电性很相近时,才能无限溶解,两组元正电性愈近,溶解度便愈大,反之,电性相差很悬殊的则形成化合物。

d 电子浓度 所谓电子浓度,即固溶体中的价电子数与原子数目之比。固溶体的每一种晶格形式,只有在一定的电子浓度下才是稳定的,若超出一定的电子浓度,即将引起能量的突然升高。达到晶格稳定极限的电子浓度,谓之极限电子浓度。理论计算证明:面心立方晶格的极限电子浓度是1.36,而体心立方晶格则为1.48。

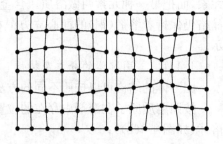

图 4-10 形成置换固溶体时的晶格歪扭

总之,溶质与溶剂元素之间的如上四因素愈相近,即通常二元素在周期表中的位置愈靠近时,其溶解度可能愈大。反之,则溶解度较小,所以,在一般的情况下,各元素之间大多只能形成有限固溶体。另外在这里还必须指出的是,当元素之间形成有限固溶体时,合金固溶体的溶解度尚与温度有密切的关系,一般是,温度愈高,溶质在溶剂中的溶解度愈大,反之,则降低。所以凡是在高温时已达饱和的有限固溶体,当其自高温向低温冷却时,由于其溶解度的降低,通常都会使固溶体发生分解,而析出其他结构的产物。

B 间隙固溶体 这种溶解方式的特点是溶质原子分布在溶剂晶格的间隙中。图4-11即为间隙固溶体的平面示意图。只有溶剂原子直径甚大,而溶质原子直径很小时,方有可能实现这种溶解方式。所以形成间隙固溶体的溶质元素都是原子直径甚小的非金属元素——C、N、H、B等。在溶剂晶格中,溶质原子溶入愈多,则晶格的歪扭便愈甚。所以当晶格中的间隙填满到一定程度之后,就不能再继续溶解。因此,凡是间隙固溶体必然都是有限固溶体。由此可见,合金在形成固溶体时,不论其溶解方式如何,均将造成晶格歪扭;同时晶格常数也发生变化。对于置换固溶体而言,若溶质原子直径大于溶剂原子的直径,则晶格常数将会增大;反之则会缩小。

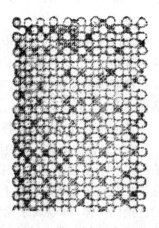

图 4-11 间隙固溶体示意图

C 以化合物为基的固溶体 以上已经指出,固溶体不仅能以某一元素为基,也可以由某一化合物为基形成如下三种类型的固溶体。

a 化合物 A_nB_m 的晶格仍然保持不变,只不过是某些 A 原子或 B 原子置换了晶格中的某些 B 原子或 A 原子而发生了溶解。此外,第三种元素 C 也可能溶于化合物中,此时 C 原子将置换晶格结点处的 A 原子或 B 原子。图4-12所示为三种金属 Cu、Mn 与 Sn 的化合物(Cu_2MnSn)的结构。其中每一金属原子都有可能被另一金属原子部分地予以置换。结果会得到以化合物的晶格为基,而其中有一个组元过剩的固溶体。此种固溶体的溶解度范围也可能极宽,这要依形成化合物的各元素性质的相似程度而定。

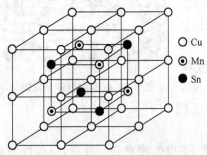

○ Cu
⊙ Mn
● Sn

图 4-12 Cu_2MnSn 化合物之晶格

显然,在形成以化合物为基的固溶体时,化合物的公式已不符合化合物内原子间的真正比例了。

44

b 当形成以化合物为基的固溶液体时,不仅可以采用晶格结点上的一种原子被另一种原子置换的方式,而且也可以采取晶格个别结点不被占据(虚位)的方式进行。如 CoAl 化合物的晶格内可以包含较其化合计算比(Co：Al＝1：1)过剩的钴或铝。当化合物中的铝原子过剩时,并不是因为钴原子所置换而是晶格内应该由钴原子占据的结点并未被其全部占据。结果,在晶格内出现"空穴"或"虚位"。凡是以化合物为基的固溶体,若其晶格结点上有虚位出现,则这种固溶体便称为缺位固溶体。

c 只能以固溶体的形式存在,而不能以符合化合物计算比的纯化合物形式存在。如：化合物 $CuAl_2$ 的精确成分相当于铜的质量百分比为 54.1,可是,在实际上此化合物铜的质量百分比为 53.25%～53.9%时才存在,即只是在部分铜原子为铝置换的条件下才存在,若无这种置换,$CuAl_2$ 便不存在。

4.4.2 金属间化合物

在周期表上,若二元素相距愈远,电性相差愈大,则形成化合物倾向性便愈强烈。

普通化合物的特征是：在成分上各元素呈一定的比例,可以用化学式来表示。在结构上具有与其形成元素完全不同的晶格,并且各元素的原子在晶格中都呈现有序排列。化合物所以具有如上的特征主要是由于各元素之间是按离子键结合的,并且遵循着化合价的规律。显然,在各金属元素之间便不能完全如此。金属之间只有极少数的情况才能形成正常价的化合物。如镁只能与周期表上的ⅣB 及 Ⅴ B 组的元素形成如下的正常价的金属间化合物：Mg_2Si、Mg_2Ge、Mg_2Sn、Mg_3P_2、Mg_3As_2 等。但在大多数的金属化合物内,主要是通过金属键起结合作用,所以一般并不遵守化合价的规律。因而金属间化合物的成分便不能保持严格的化合比,而常介于一浓度范围。因此,金属间化合物常兼而具有固溶体与化合物两方面的性能特征,通常称为"中间相"。中间相的种类很多,下面我们只介绍其中两种最主要的形式。

4.4.2.1 电子化合物

这类化合物是由下列金属所形成的：以 Cu、Ag、Au、Fe、Co、Ni、Pd、Pt 为一方,而以 Be、Zn、Cd、Al、Sn、Si 为另一方。此种化合物的特点是其价电子的数目与原子数目之间具有一定的比例(3/2,21/13 或 7/4),每一比值均有一定的晶格相对应。如：当价电子的数目与原子数目的比为 3/2 时,就形成体心立方晶格,即所谓的 β 相;而当价电子与原子数之比等于 21/13 时则具有复杂立方的晶格,其单位晶格含有 52 个原子,即所谓的 γ 相;当此比等于 7/4 时则化合物是呈六方晶格,即 ε 相。许多重要的工程合金,如 Cu-Zn、Cu-Sn、Fe-Al、Cu-Si 等合金中均可遇到电子化合物。通常在一个合金系中即可发现如上的三种相(β、γ 及 ε 相),如在 Cu-Zn 合金系中,CuZn 即为 β 相,Cu_5Zn_8 为 γ 相,$CuZn_3$ 为 ε 相。

电子化合物内各金属元素的原子数目呈一定的比,而且有着与其组成元素完全不同的新晶格,这些都是化合物的标志。但这些化合物中的原子在高温时不呈有序的排列,而只是当合金的温度降低至某一数值时才发生有序化,通常这种有序化是不完全的。这种化合物大部分都是在一个成分范围内存在的,而不是像普通化合物那样有着严格不变的成分。电子化合物一般都具有高的硬度,并具有导电性。

4.4.2.2 间隙相

形成间隙相时,以过渡族金属为一方而以原子半径较小的非金属(氢、氮、碳、硼)为另一方。只有当非金属原子的半径与金属原子半径之比等于或小于 0.59 时,间隙相才能形成。

间隙相特点为:它是由某一金属元素组成简单晶格(通常配位数为 8、12),而非金属元素原子则位于此晶格的一定空隙内。此化合物中元素原子数目的比,能满足最简单的化学式:M_4X,M_2X,MX 和 MX_2。式中,M 为金属,X 为非金属。例如:与化学式相对应的间隙相 Fe_4N,其晶格的结构如图 4-13 所示,其中是以金属(铁)原子构成面心立方晶格,而氮的原子则只居于其中一个八面体的中心。与化学式 M_2X 相对应的间隙相,其晶格的结构如图 4-14 所示,即在每个八面体的中心,皆有一个碳原子。如果非金属的原子与金属的原子相比较,其尺寸很小时,则这种小原子便可能居于晶格的四面体的中心。例如 TiH 的结构就是这样形成的。Ti 原子形成面心立方晶格,而 H 的原子则相间地位于四面体的中心(图 4-15)。

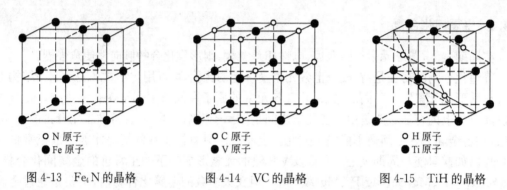

○ N 原子　　　　　　○ C 原子　　　　　　○ H 原子
● Fe 原子　　　　　　● V 原子　　　　　　● Ti 原子

图 4-13　Fe_4N 的晶格　　　图 4-14　VC 的晶格　　　图 4-15　TiH 的晶格

间隙原子虽然含着 50%～60% 的非金属元素,但它却具有明显的金属性,即具有金属的光泽和导电性。此外,间隙相皆具有极高的硬度和熔点,如 TiC 的硬度即接近于金刚石,而熔点高达 3410℃,故可用作硬质合金切割其他金属,也可用作耐高温的材料。

如上所述,间隙相一般都能满足化合物的条件,即具有一定的化合比,可由简单的化学式表示之,具有与组成元素不同的特殊晶格,并且晶格中的原子皆呈有序排列。但实际上,间隙相的成分几乎永远也不会遵守其化合物比,其中总有过量的金属原子存在。在这种情况下,并不是金属原子代替了非金属原子,而是非金属原子有了缺位,即形成以间隙相为基的缺位固溶体。工程材料中常常碰到的间隙相有:Mo_2C、WC、W_2C、VC、TiC、NbC、TaC、Ta_2C 等,而在合金钢中常常还碰到另外一种具有复杂晶格的碳化物如:Fe_3C、Mn_3C、$Cr_{23}C_6$、Cr_7C_3、Fe_2W_2C、Fe_2Mo_2C 等,有时也可算作间隙相,它较前者的稳定性稍差。我们常称这种复杂晶格的碳化物为第一类碳化物,而称前一种简单晶格的碳化物为第二类碳化物。

4.5　合金状态图的基本概念

前面讨论过合金相结构及合金组织的概念以后,接着我们便应该来进一步地研究一下这些相及组织是如何通过结晶过程而形成的。但由于合金结晶过程远比纯金属复杂,所以不仅要用各种各样的实验方法进行研究,而且还要有一种专门的科学方法来记录、总结和分析合金在结晶过程中的组织变化,这就要依靠所谓合金状态图。

4.5.1　合金状态图的意义

纯金属的结晶过程可以用热分析方法作出它的冷却曲线,通过冷却曲线来研究它。而实际上，用一条"温度轴"即可把它在不同温度下的组织状态表示出来，如图 4-16。同理，合金的结晶过程也可以用热分析的方法来研究，但必须用两个坐标轴，即"温度轴"、"浓度轴"来表示各种不同成分合金在不同温度下的组织状态，如图 4-17 所示。图中 A、B 为合金的二组成元素，纵轴为温度，横轴为合金成分，其上任一点即代表一种合金的成分，如 C 点为 40％B＋60％A，而 D 点为 60％B＋40％A。如将所作各成分合金的热分析结果记入任一垂直线便可看出某合金从高温到低温的各种温度下的组织状态，亦即该合金的结晶过程中的组织变化。

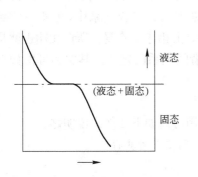

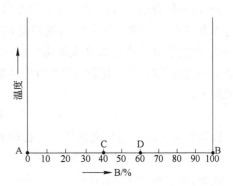

图 4-16　表示纯金属结晶过程的温度轴　　　　图 4-17　合金状态图的坐标

这种用来表示和研究各种浓度合金的结晶过程的简明图解叫做"合金状态图"，因为它表示出了各种成分的合金在各种温度下的组织状态。不过这只限于合金在缓慢冷却时的情形，即合金在各种温度时的平衡组织。所以合金状态图也称为合金平衡图。

合金状态图，不仅在研究合金的缓慢冷却过程时甚为重要，而且也是研究合金在非缓慢冷却时的理论基础。此外，它还对合金的机械加工等有着很多方面的指导意义。所以它是研究合金的最基础的必备知识。

4.5.2　相律

相律是一切物质发生状态改变时所普遍遵循的规律之一。它的主要用途是能从理论上来论证所作的合金状态图的图形结构是否正确，及论证某种合金的结晶过程的平衡条件。在介绍相律之前，我们首先必须了解几个名词的概念：

系：指所研究的合金系统。

组元：组成合金系的独立组成物。一般来说即指组成该系的元素。但"组元"有时也可以是一个稳定化合物（Fe-Fe_3C 系中的 Fe_3C）。合金系中"元"的数目，我们以字母 K 来表示。

相：在合金系中，凡结构相同，成分均匀的并以分界面与其他部分相分开的一部分便叫做一个相。当合金在熔化状态时，是一均匀的液相；当自液体中结晶出一部分固体时，便有两种不同状态（液体和固体）的相共存，所以便呈液相与固相晶体两相共存；而当合金在完全结晶终了之后，由于形成了两种不同的固体，所以此时合金便包含有两种固相。为了明确相的概念起见，应该注意两相之间必有化学成分或结构的差别。因此它们在形态或外观上是有明显不同的。合金系中，在各种情况下所包含的相的数目我们用字母 U 来表示。

47

自由度：当合金中各相的成分和合金所处的温度、压力等一定时，则合金系中的相数必是一定的。例如，纯金属在结晶温度以上时，为单相液体，在平衡结晶温度时为液、固两相共存等。但如果各影响因素改变，则相的数目便可能改变。又如，在结晶时所平衡共存的液、固两相的温度低于平衡结晶温度时，则平衡共存的液、固两相便会变为单一的固相。如果金属原来是处在液态下，则将其温度略微升高（不到沸点）或降低（不到凝固点）则金属将仍呈单相液态，而不改变相数。因此，各种因素的改变有时会影响相数，有时也不影响相数。所谓自由度即指在某种情况下，在不影响相数的前提下独立可变的因素数目。在研究金属及其合金时，一般我们只考虑温度这一个外部因素，不考虑压力等其他外部因素，因为它们通常是没有多大变化的。自由度数我们是用字母 C 来表示。在合金系中，在某一平衡条件下，它的自由度究竟由什么来决定呢？这一问题，便要由相律来答复。所谓相律也就是联系合金系中的组元数(K)、相数(U)与自由度数(C)三者间关系的定律。其关系可由如下的公式来表示：

$$C=K+1-U$$

这里着重讨论它的意义和用法。相律的主要应用可由如下二例来说明之。

4.5.2.1　利用相律可以计算某一系中最多可有几相平衡共存

例如：纯金属($K=1$)：$C=1+1-U=2-U$

二元合金($K=2$)：$C=2+1-U=3-U$

两式中因 C 不能有负值，所以在纯金属结晶时最多只能有两相($U\leqslant2$)平衡共存。而二元合金则最多只能有三相($U\leqslant3$)平衡共存。

4.5.2.2　利用相律可以确定合金的结晶是否为一恒温过程

根据金属或合金在结晶时平衡共存的相数，按公式求出自由度数便可以知道。如果所求出的自由度数等于零，便说明在结晶时是不允许存在任何因素的改变，它必然在恒温下进行结晶。如果自由度数不等于零，便不是在恒温下，而是在某一温度范围中进行结晶的。如纯金属在结晶时有两相共存（液体及固体），则：

$$C=1+1-2=0$$

必须在恒温下结晶。

二元合金结晶时如有三相共存，即自液体中同时结晶出两种晶体，则

$$C=2+1-3=0$$

在这种情况下，合金也是在恒温下进行结晶；如果合金在结晶时只有两相共存，即自液体中只析出了一种晶体，则

$$C=2+1-2=1$$

这就表明合金是在一个温度范围内进行结晶，否则便不适用。

4.5.3　杠杆定理

在合金的结晶过程中，随着结晶过程的进展，不仅二平衡相的相对量要发生变化，同时各相的成分也要发生变化。所有这些变化，对于深入而细致地分析合金的冷凝过程是十分重要的。研究这些变化的工具就是杠杆定理。杠杆定理具体包含两个内容：一个是确定二平衡相的成分；另一个则是确定二者的相对质量。

4.5.3.1　确定二平衡相的成分

如含有 $x\%$Sb 的合金（见图 4-18），在冷至 abc 温度时，由哪两相组成？各相的成分（含锑百分数）如何？可用如下的方法来求出：

"通过 b 点来作一水平线，两端所交的两个相区即决定合金在该温度下共存的两个相；两交点在横坐标上的投影，即决定着两相的成分"。

如 a 点交固相线，c 点交液相线，这便表示合金此时是由固相及液相两相所组成，固相的成分是由 a 点的投影（即纯铅）所决定，而液相的成分则由 c 点的投影（即含 $X\%$Sb 的液体）所决定。这种教学求法的根据是：在 b 点温度时，既然合金内有 Pb 和 L 两相平衡共存，那么此时的液相（L）必然对 Pb 已达饱和浓度

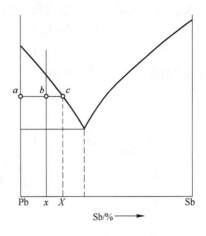

图 4-18　杠杆定理的证明

（不然 Pb 便会溶解），而此时能对 Pb 达饱和浓度的 L，只可能是熔点为 c 的含 $X\%$Pb 成分的 L 才恰能在冷至 C 点温度时析出 Pb（即在此时对 Pb 达饱和浓度）。

4.5.3.2　确定二平衡相的相对质量

确定这时合金总质量的百分之几已经结晶为固体 Pb，而尚有百分之几仍为液体 L。

设：合金的质量＝1，液体质量＝Q_L，则固体 Pb 质量为

$$Q_{Pb}＝1-Q_L$$

因为这时自液体里只结晶出了 Pb，所以所有合金中原有的 Sb 都残存在液体 L 中，即：合金中的总含 Sb＝液体中的含 Sb 量。

亦即：合金的含 Sb$\%$×合金总质量＝液体的含 Sb$\%$×液体质量

或：

$$x\%×1＝X\%×Q_L$$

$$Q_L＝\frac{x}{X}＝\frac{ab}{ac}$$

而

$$Q_{Pb}＝1-\frac{x}{X}＝\frac{X-x}{X}＝\frac{bc}{ac}$$

换句话说，此时合金中的液体 L 与固体 Pb 的质量比例为：

$$\frac{Q_L}{X}＝\frac{ab}{bc}$$

此结论恰与力学中的杠杆定律相似。如图 4-19 所示，可以把 B 点看作是一支点，认为杠杆 ABC 的两端挂有两个重量 Q_L 和 Q_{Pb}，要此杠杆保持平衡，则必须：

$$Q_L×bc＝Q_{Pb}×ab$$

即是

$$\frac{Q_L}{Q_{Pb}}＝\frac{ab}{bc}\quad（与上结论相同）$$

因此杠杆定律的第二内容如下：若欲求某合金于某一温度时的二平衡相的相对质量时，可通过代表该合金成分的直线上相当于该温度的一点作一水平杠杆与该两相区的边界相交，此时与液相线相毗连的一杠杆臂与杠杆全长之比便代表固相的质量比，另一杠杆臂则代表液相的质量比。而杠杆的全长则可代表合金的总质量。杠杆定律对于分析合金的结晶过程具有非常重要的意义。如：在合金的结晶过程中，如果我们能够随时地应用杠杆定律去分

析(如图 4-20),我们便可以看出,随着温度的降低,液相的成分是沿着液相线发生变化的,而固相的成分则是沿着固相线发生变化(注意此例中由于固相线是直线,所以固相的成分并未发生变化)的。液相与固相的质量比例也是在逐渐地发生着改变,固相的量是在逐渐地增加,而液相的量则在逐渐地减少。

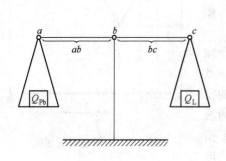

图 4-19　杠杆定律的应用

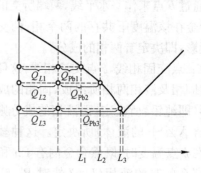

图 4-20　杠杆定理的力学比喻

但应该注意的是:杠杆定律在二元合金状态图中,只可应用到二相区中。因为单相区是不需要计算的,而三相区则又无法用此公式。

4.6　铁碳合金状态图

钢和铁一般称为黑色金属,是现代机器制造工业中最重要的合金。钢和铸铁的产量要比其他一切金属产量的总和还要多。铁碳合金状态图是研究铁碳合金的基础。

4.6.1　铁碳合金的基本组织

铁一般不会是纯的,其中总含有杂质。工业铁中含有 $0.1\% \sim 0.2\%$ 的杂质。这些杂质约由十几种元素所构成,其中碳的含量约为 0.02%,而铜及其他元素的含量则为十万分之几至百万分之几。工业纯铁具有良好的塑性,但强度较低,很少用来制造机械零件。为了提高纯铁的强度和硬度,常在纯铁中加入少量的碳元素。由于铁和碳元素相互作用的不同,铁碳合金的基本组织有:铁素体、奥氏体、渗碳体、珠光体和莱氏体。

4.6.1.1　铁素体

碳溶于 α-Fe 中形成的间隙固溶体称为铁素体,用符号 F 表示。铁素体仍保持 α-Fe 的体心立方晶格,如图 4-21。由于体心立方晶格原子间的空隙小,因此碳在体心立方晶格(α-Fe)中的溶解度小,在 600℃时含碳量只有 0.008%。随着温度的升高,晶体缺陷增多,碳在 α-Fe 中的溶解度稍增,当温度升高到 727℃时含碳量为 0.0218%。铁素体的性能与纯铁相似,强度和硬度较低,塑性和韧性好。

在显微镜下,铁素体呈明亮的多边形晶粒,如图 4-22 所示。

4.6.1.2　奥氏体

碳溶于 γ-Fe 中所形成的间隙固溶体称为奥氏体,用符号 A 表示。奥氏体仍保持 γ-Fe 的面心立方晶格,如图 4-23。由于面心立方晶格原子间的空隙比体心立方晶格大,因此溶碳量就多。在 727℃时碳的质量分数为 0.77%,随着温度升高溶碳量增多,在 1148℃时碳的质量分数最大,为 2.11%。奥氏体具有很好的塑性和韧性,一定的强度和硬度。因此,生产中常将钢材加热到奥氏体状态进行锻造。

奥氏体的显微组织如图 4-24 所示。其晶粒呈多边形，与铁素体的显微组织相近似，但晶粒边界较铁素体的平直。

图 4-21　铁素体原子排列示意图

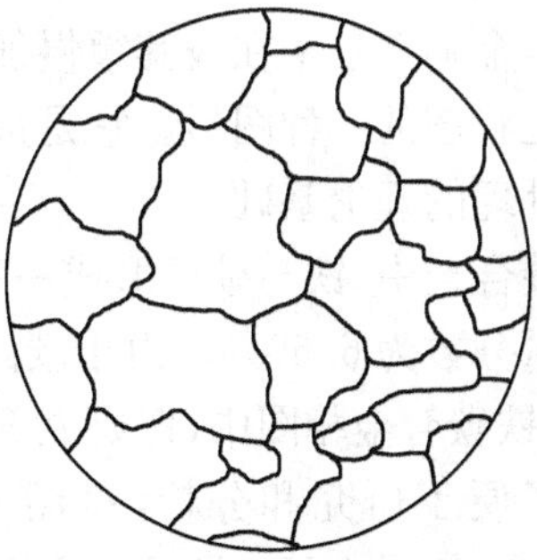

图 4-23　奥氏体原子排列示意图

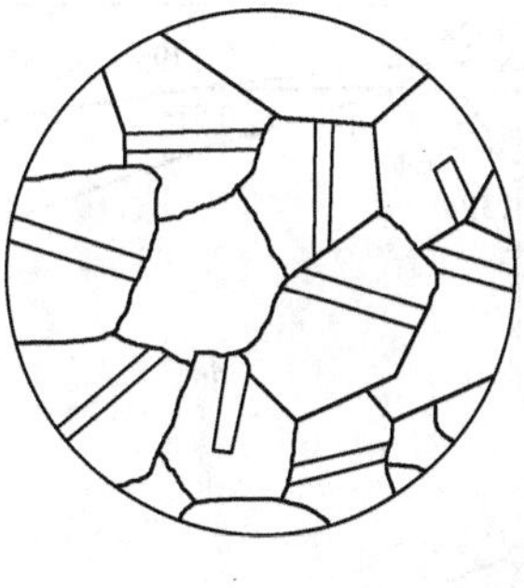

图 4-22　铁素体显微组织示意图

图 4-24　奥氏体显微组织示意图

4.6.1.3　渗碳体

渗碳体是铁和碳形成的一种具有复杂晶格的间隙化合物，用化学式 Fe_3C 表示。晶体结构如图 4-25。渗碳体中碳的质量分数为 6.69%，硬度很高，塑性和韧性极低，脆性大，熔点为 $1227℃$。

渗碳体是钢中的主要强化相。在钢和生铁、铸铁中，渗碳体常以片状、球状和网状等不同形态存在。它的形态、大小、数量和分布对钢和生铁、铸铁性能有很大影响。

4.6.1.4　珠光体

珠光体是由铁素体和渗碳体组成的两相复合物，用符号 P 表示。珠光体中碳的质量分数为 0.77%，是一个双相组织，其性能介于铁素体和渗碳体之间，即具有足够的强度、塑性和硬度。

4.6.1.5　莱氏体

碳的质量分数为 4.3% 的液态铁碳合金，冷却到 $1148℃$ 时，由液体中同时结晶出奥氏体和渗碳体的复相组织称为莱氏体，用符号 Ld 表示。在 $727℃$ 以下由珠光体和渗碳体组成的

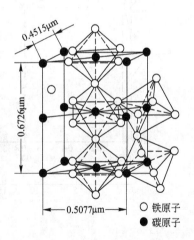

图 4-25　Fe_3C 的晶体结构

复相组织称为变态莱氏体,用符号 Ld' 表示。莱氏体的性能与渗碳体相似,硬度很高,塑性很差。

4.6.2 铁碳合金相图分析

铁碳合金相图是指在极其缓慢加热(或冷却)的条件下,不同成分的铁碳合金,在不同的温度下所处状态的一种图形。它是选择材料和制定有关热加工工艺时的参考,也是钢和铸铁进行热处理的理论基础。

在铁碳合金中,铁与碳可形成一系列稳定的化合物 Fe_3C,Fe_2C、FeC,其中形成的 Fe_3C 中碳的质量分数为 6.69%。由于碳的质量分数超过 6.69% 的铁碳合金脆性大,没有实用价值,所以在铁碳合金相图中,仅研究 $Fe-Fe_3C$ 这一部分,因此铁碳合金相图实际上是 $Fe-Fe_3C$ 相图。为了便于研究和分析,将图 4-26 $Fe-Fe_3C$ 相图左上角部分简化,便得到简化的 $Fe-Fe_3C$ 相图,如图 4-27。$Fe-Fe_3C$ 相图纵坐标表示温度,横坐标表示碳的质量分数。横坐标左端碳的质量分数为零,是纯铁的成分;右端碳的质量分数为 6.69%,是 Fe_3C 的成分。

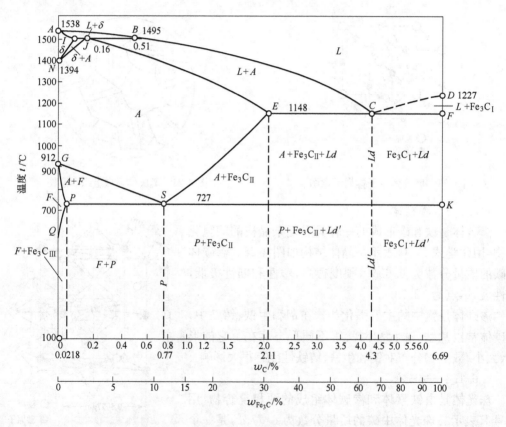

图 4-26 $Fe-Fe_3C$ 相图

4.6.2.1 Fe-Fe₃C 相图中的特性点

$Fe-Fe_3C$ 相图中特性点的成分和温度数据是随着被测试材料纯度的提高和测试技术的进步而不断趋于精确的,所以,相图中各特性点的位置在不同资料中往往略有不同。现将简化的 $Fe-Fe_3C$ 相图中各特性点的温度、成分及其含义列于表 4-2。

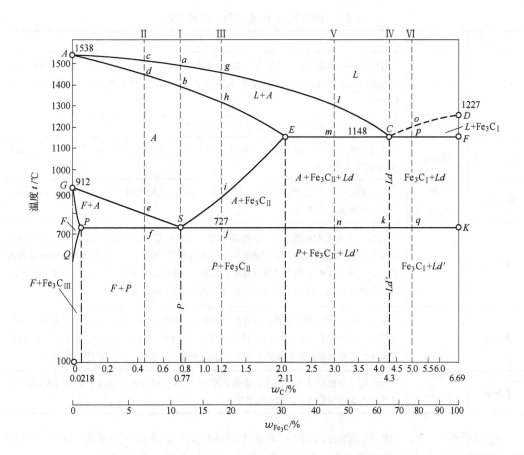

图 4-27　简化的 Fe-Fe₃C 相图

表 4-2　简化的 Fe-Fe₃C 相图中的特性点

特 性 点	$T/{}^\circ\!C$	碳的质量分数/%	含　　义
A	1538	0	纯铁的熔点
C	1148	4.3	共晶点,$Lc \xrightleftharpoons{1148^\circ\!C} Ld(As + Fe_3C)$
D	约 1227	6.69	渗碳体的熔点
E	1148	2.11	碳在 γ-Fe 中的最大溶解度
G	912	0	$\alpha\text{-Fe} \xrightleftharpoons{912^\circ\!C} \gamma\text{-Fe}$,纯铁的同素异晶转变点
P	727	0.0218	碳在 α-Fe 中的最大溶解度
S	727	0.77	共析点,A_s
Q	600	0.008	碳在 α-Fe 的溶解度

4.6.2.2　Fe-Fe₃C 相图中的特性线

Fe-Fe₃C 相图中的特性线是不同成分的合金具有相同意义相变点的连接线。现将简化的 Fe-Fe₃C 相图中各特性线符号、名称及含义列于表 4-3。

表 4-3 简化的 Fe-Fe₃C 相图中的特性线

特性线	名　称	含　义
ACD 线	液相线	任何成分的铁碳合金在此线以上均处于液态 L,液态合金缓冷到 AC 线时,从液体中开始结晶出奥氏体 A;缓冷到 CD 线时,从液体开始结晶出渗碳体,这种渗碳体称为一次渗碳体(Fe₃C)
AECF 线	固相线	任何成分的铁碳合金缓冷到此线时全部结晶为固体
ECF 水平线	共晶线	凡是碳的质量分数大于 2.11% 的液态铁碳合金缓冷到该线(1148℃)时均发生共晶转变,生成莱氏体(Ld)
PSK 水平线	共析线(又称 A₁ 线)	凡是碳的质量分数大于 0.0218% 铁碳合金(奥氏体)缓冷到 727℃ 时均发生共析转变,由奥氏体生成珠光体(P)
ES 线	A_{cm} 线	碳在 γ-Fe 中的溶解度曲线。随着温度的降低,含碳量在减少,在 1148℃ 时碳的质量分数为 2.11%(E 点),在 727℃ 时碳的质量分数为 0.77%(S 点)。或者说碳的质量分数大于 0.77% 的铁碳合金由高温缓冷时从奥氏体中析出渗碳体的开始线,这种渗碳体称为二次渗碳体(Fe₃C_{Ⅱ});加热时为二次渗碳体溶入奥氏体的终了线
PQ 线		碳在 α-Fe 中的溶解度曲线。随着温度的降低,含碳量在减少,在 727℃ 时碳的质量分数为 0.0218%(P 点),在 600℃ 时碳的质量分数为 0.008%(Q 点),因此,由 727℃ 缓冷时,铁素体中多余的碳将以渗碳体的形式析出,这种渗碳体称为三次渗碳体(Fe₃C_{Ⅲ})
GS 线	A₃ 线	碳的质量分数小于 0.77% 的铁碳合金缓冷时由奥氏体中析出铁素体的开始线;或者说加热时铁素体转变为奥氏体的终了线

应当指出,一次、二次、三次渗碳体没有本质上的区别,只是渗碳体的来源、分布、形态以及对铁碳合金性能的作用有所不同,而含碳量、晶体结构和自身性能均相同。

4.6.3 典型铁碳合金的冷却过程及其组织

4.6.3.1 铁碳合金的分类

按照 Fe-Fe₃C 相图上碳的质量分数和室温组织的不同,可将铁碳合金分为以下三类:

工业纯铁:含碳量 <0.0218%;

钢:0.0218% <含碳量 <2.11%;

按室温组织不同,又可分为三种:

共析钢:含碳量 =0.77%;

亚共析钢:含碳量 <0.77%;

过共析钢:含碳量 >0.77%;

白口铁:2.11% <含碳量 <6.69%。

白口铁按室温组织不同,又可分为三种:

共晶白口铁:含碳量 =4.3%;

亚共晶白口铁:2.11% <含碳量 <4.3%;

过共晶白口铁:4.3% <含碳量 <6.69%。

4.6.3.2 典型铁碳合金冷却过程分析

A 共析钢冷却过程分析 图 4-27 中合金 I 为含碳量 =0.77% 的共析钢。合金在 a 点温度以上全部为液体(L)。当缓冷至 a 点温度时，开始从液体中结晶出奥氏体(A)，奥氏体量随温度降低而增多，其成分沿 AE 线变化，剩余液体量逐渐减少，成分沿 AC 线变化。温度降至 b 点时，液体全部结晶为奥氏体。b~S 点温度间是单一的奥氏体。继续缓冷至 S 点温度(727℃)时，奥氏体发生共析转变

$$A_s \xrightarrow{727℃} P(F_P + Fe_3C)$$

形成珠光体。在 S 点以下直至室温，组织不再发生变化。共析钢冷却过程如图 4-28 所示。

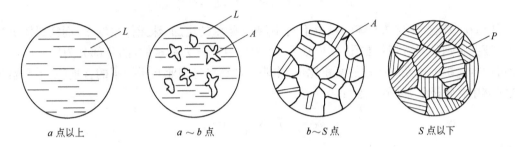

a 点以上　　　　a~b 点　　　　b~S 点　　　　S 点以下

图 4-28　共析钢的冷却过程示意图

珠光体中铁素体与渗碳体的相对量的计算可用杠杆定律求出

$$Q_F = \frac{SK}{PK} \times 100\% = \frac{6.69 - 0.77}{6.69 - 0.0218} \times 100\% \approx 88.8\%$$

$$Q_{Fe_3C} = \frac{PS}{PK} \times 100\% = \frac{0.77 - 0.0218}{6.69 - 0.0218} \times 100\% \approx 11.2\%$$

在 S 点温度(727℃)以下缓冷时，铁素体成分沿 PQ 线变化，此时还将有三次渗碳体析出但其显微组织难以显示，故可忽略不计。

B　亚共析钢冷却过程分析　图 4-27 中合金 Ⅱ 为含碳量＝0.45%的亚共析钢。合金 Ⅱ 在 e 点温度以上的冷却过程与合金 Ⅰ 在 S 点以上相似。当合金缓冷到与 GS 线相交的 e 点温度时，开始从奥氏体中析出铁素体。随着温度继续降低，铁素体量不断增多，成分沿 GP 线变化；而奥氏体量逐渐减少，成分沿 GS 线变化。当温度降至与 PSK 线相交的 f 点温度时，剩余奥氏体中碳的含量达到共析成分(含碳量＝0.77%)，即发生共析转变，形成珠光体。

珠光体中铁素体与渗碳体的相对量可用杠杆定律求出：

$$Q_F = \frac{fK}{PK} \times 100\% = \frac{6.69 - 0.45}{6.69 - 0.0218} \times 100\% \approx 93.6\%$$

$$Q_{Fe_3C} = \frac{Pf}{PK} \times 100\% = \frac{0.45 - 0.0218}{6.69 - 0.0218} \times 100\% \approx 6.4\%$$

当温度继续降低到 f 点以下时，从铁素体中析出极少量的三次渗碳体($Fe_3C_{Ⅲ}$)，由于量少可忽略不计。故亚共析钢室温组织为珠光体和铁素体。其冷却过程如图 4-29 所示。

亚共析钢室温组织中珠光体与铁素体的相对量可用杠杆定律计算：

$$Q_F = \frac{fS}{PS} \times 100\% = \frac{0.77 - 0.45}{0.77 - 0.0218} \times 100\% \approx 42.8\%$$

$$Q_P = \frac{Pf}{PS} \times 100\% = \frac{0.45 - 0.0218}{0.77 - 0.0218} \times 100\% \approx 57.2\%$$

凡是亚共析钢，缓冷后得到的室温组织都是铁素体和珠光体，但由于合金中碳的含量不

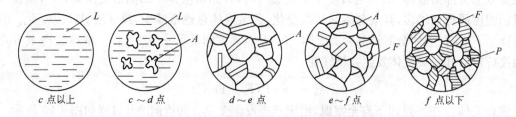

| c 点以上 | $c\sim d$ 点 | $d\sim e$ 点 | $e\sim f$ 点 | f 点以下 |

图 4-29　亚共析钢的冷却过程示意图

同,故组织中铁素体与珠光体的量也不同,随着含碳量的增加,珠光体量增多,而铁素体量减少。亚共析钢的显微组织如图 4-30 所示,图中白色部分为铁素体,黑色部分为珠光体。一般可根据组织中珠光体所占的面积比例,粗略地计算出各种亚共析钢碳的含量(由于室温下铁素体中含碳极低,可不考虑):

$$\omega_C = 0.77 \times \frac{S_P}{S} \times 100\%$$

式中　　ω_C——碳的质量分数;

S_P——金相试样组织中珠光体所占面积(一般由目测估算);

S——金相试样组织总面积。

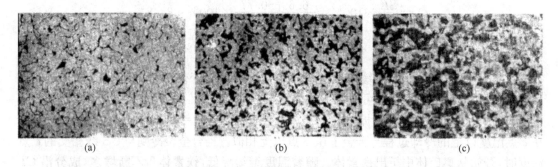

图 4-30　亚共析钢的显微组织

(a)含碳量为 0.1%;(b)含碳量为 0.25%;(c)含碳量为 0.45%

C　过共析钢冷却过程分析　图 4-27 中合金Ⅲ为含碳量为 1.2% 的过共析钢。合金Ⅲ在Ⅰ点温度以上的冷却过程与合金Ⅰ在 S 点以上相似。当缓冷至 i 点温度时,开始从奥氏体中析出渗碳体(即二次渗碳体),呈网状沿奥氏体晶界分布。随着温度的继续下降,由奥氏体中析出的二次渗碳体量愈来愈多,剩余奥氏体中碳的含量沿 ES 线逐渐减少。温度降至与 PSK 线相交的 j 点时,剩余奥氏体中碳的含量达到共析成分,于是这部分奥氏体发生共析转变,形成珠光体。j 点温度以下,合金的组织转变可忽略不计。过共析钢的室温组织为珠光体和网状二次渗碳体。其冷却过程如图 4-31 所示。

过共析钢室温组织珠光体和网状二次渗碳体的相对量可用杠杆定律计算:

$$Q_P = \frac{jK}{SK} \times 100\% = \frac{6.69 - 1.2}{6.69 - 0.77} \times 100\% = 92.7\%$$

$$Q_{Fe_3C_{II}} = \frac{Sj}{SK} \times 100\% = \frac{1.2 - 0.77}{6.69 - 0.77} \times 100\% = 7.3\%$$

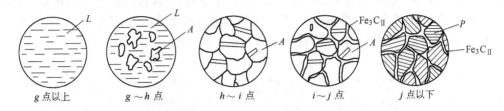

图 4-31 过共析钢的冷却过程示意图

凡是过共析钢,缓冷后的室温组织都是由珠光体和网状二次渗碳体组成的。只是随着合金中含碳量的增加,组织中网状二次渗碳体量愈多,珠光体量愈少。过共析钢的显微组织如图 4-32 所示。图中呈层片状黑白相间的组织为珠光体,白色网状组织为二次渗碳体。

D 共晶白口铁冷却过程分析 图 4-27 中合金Ⅳ为含碳量为 4.3% 的共晶白口铁。合金Ⅳ在 C 点温度以上为液体,当温度降至与 ECF 线相交的 C 点温度时,液态合金将发生共晶转变,即:

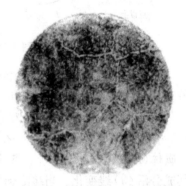

图 4-32 过共析钢的显微组织

$$LC \xrightarrow{1148℃} Ld(A_s + Fe_3C)$$

形成莱氏体,由共晶转变形成奥氏体和渗碳体又称为共晶奥氏体、共晶渗碳体。随着温度继续降低碳在奥氏体中的含量逐渐减小,并沿 ES 线变化,故从奥氏体中不断析出二次渗碳体。当温度降至与 PSK 线相交的 k 点时,奥氏体中碳的含量达到 0.77%,奥氏体发生共析转变,形成珠光体。故共晶白口铁的室温组织是由珠光体和渗碳体组成的两相复合物,称此组织为变态莱氏体(Ld')。二次渗碳体在组织中与莱氏体中的渗碳体混为一体,难以辨认。共晶白口铁冷却过程如图 4-33 所示。

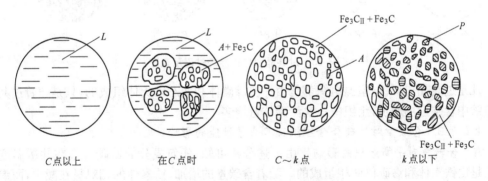

图 4-33 共晶白口铁的冷却过程示意图

E 亚共晶白口铁的冷却过程分析 图 4-27 中合金Ⅴ为含碳量为 3.0% 的亚共晶白口铁。合金在 l 点温度以上为液体,缓冷至 l 点温度时,从液体中开始结晶出奥氏体。随着温度继续下降,奥氏体量不断增多,成分沿 AE 线变化;液体量不断减少,成分沿 AC 线变化。温度降到与 ECF 线相交的 m 点时,剩余液体成分达到共晶成分(含碳量为 4.3%),于是这部分液体发生共晶转变,形成莱氏体。温度再继续下降,奥氏体的成分沿 ES 线变化,并不断析出二次渗碳体。缓冷至与 PSK 线相交的 n 点温度时,奥氏体的成分达到共析成分,发生共析转变,形成珠光体。亚共晶白口铁的室温组织为珠光体、二次渗碳体和变态莱氏体 $(P+Fe_3C_{II}+Ld')$。亚共晶白口铁的冷却过程如图 4-34 所示。

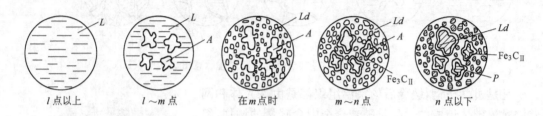

图 4-34 亚共晶白口铁的冷却过程示意图

凡是亚共晶白口铁,室温组织都是由珠光体、二次渗碳体和变态莱氏体组成的,只是随着亚共晶白口铁中碳含量的增加,组织中莱氏体量增多。

F 过共晶白口铁冷却过程分析 如图 4-27 中合金Ⅵ为含碳量为 5.0% 的过共晶白口铁。合金在 o 点温度以上为液体。当温度缓冷至 o 点时,从液体中开始结晶出板条状一次渗碳体 (Fe_3C_I)。温度不断下降,结晶出的一次渗碳体量不断增多,剩余的液体量逐渐减少,其成分沿 CD 线变化。当缓冷到与 ECF 线相交的 p 点温度时,液体中碳的含量达到共晶成分,于是这部分剩余的液体将发生共晶转变,形成莱氏体。在 p 点至 q 点温度间冷却时,同样由奥氏体中析出二次渗碳体,但二次渗碳体在组织中难以辨认。在 q 点温度奥氏体发生共析转变,形成珠光体。q 点温度以下直至室温,组织变化忽略不计。过共晶白口铁的室温组织为一次渗碳体和变态莱氏体。过共晶白口铁冷却过程如图 4-35 所示。

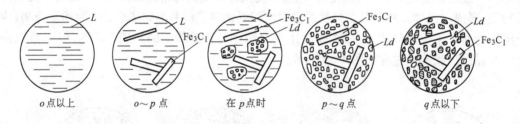

图 4-35 过共晶白口铁冷却过程示意图

凡是过共晶白口铁,室温组织都是由一次渗碳体和变态莱氏体组成的,只是随着过共晶白口铁中含碳量的增加,组织中一次渗碳体量增多。

4.6.3.3 含碳量对铁碳合金组织及其力学性能的影响

A 含碳量对平衡组织的影响 由上述分析可知,任何成分的铁碳合金在共析温度以下均是由铁素体和渗碳体两相组成的。随着含碳量的增加,铁素体的相对量在减少,而渗碳体的相对量在增加,同时渗碳体的形状和分布也有所不同,因此形成不同的组织。室温时,随着含碳量的增加,合金组织变化如下:

$$F+P \rightarrow P \rightarrow P+Fe_3C_{II} \rightarrow P+Fe_3C_{II}+Ld' \rightarrow Ld'+Fe_3C_I$$

同一种组成相或组织组分,由于形成的条件不同,虽然本质相同,但形态可能有很大差别,对性能的作用也不相同。如固溶体转变形成的铁素体多呈块状;共析组织中的铁素体由于同渗碳体相互制约,主要呈层片状。渗碳体的形成比较复杂,一次渗碳体呈长条状,二次渗碳体沿晶界呈网状;三次渗碳体沿晶界呈小片状等。铁碳合金中这些组织组分的不同形态,决定了其性能变化的复杂性。

B 含碳量对力学性能的影响 图4-36指出了铁碳合金的力学性能随含碳量变化的规律。当含碳量<0.9%时,随着含碳量的增加,合金的强度、硬度呈直线上升,而塑性、韧性不断下降。这是由于合金组织中渗碳体的相对量增多,而铁素体的相对量在减少。当含碳量>0.9%时,由于沿晶界形成的二次渗碳体网趋于完整,强度开始明显下降。为了保证工业中使用的钢具有足够的强度,具有一定的塑性和韧性,钢中含碳量应<1.3%~1.4%。含碳量>2.11%的白口铁,由于组织中有较多的渗碳体,使性能硬而脆,难以切削加工,故应用不广。除力学性能以外,含碳量对合金的物理性能及工艺性能也有很大影响。

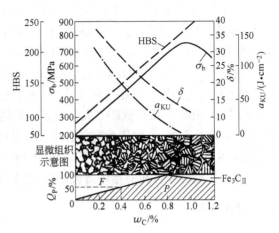

图 4-36 含碳量对钢组织和力学性能的影响

4.7 Fe-Fe₃C 相图的应用

4.7.1 在选材方面的应用

Fe-Fe₃C 相图指出了组织随成分变化的规律。根据材料的组织就可以大致判断出其力学性能,从而可据此合理地选择材料。例如,要求塑性高、韧性好的各种型材和建筑结构,应选用碳的质量分数小于 0.25%的钢制作;对于工作中承受冲击载荷,以及要求较高强度、塑性和韧性的机器零件,应选用碳的质量分数为 0.25%~0.55%的钢;对于要求耐磨性好、硬度高的各种工模具,应选用碳的质量分数大于 0.55%的钢;对于形状复杂、不受冲击、要求耐磨的铸件(如冷轧辊、拔丝模、犁铧等)应选用白口铁。

4.7.2 在铸造方面的应用

按 Fe-Fe₃C 相图可确定合适的浇注温度,一般在液相线以上 50~100℃。另外,由相图可知,共晶成分的合金结晶温度最低,结晶区间最小,故流动性好,分散缩孔少,可得到致密的铸件。因此,在铸造生产中,接近共晶成分的铸铁得到广泛的应用。

4.7.3 在锻造方面的应用

室温时碳钢是由铁素体和渗碳体组成的双相组织,塑性较差,变形困难,只有将其加热到单相奥氏体状态,才具有较好的塑性,易于塑性变形。温度愈高,塑性愈好,愈易产生塑性变形。因此,钢材在进行锻造和轧制时,要将坯料加热到单相奥氏体温度范围。一般始锻(轧)温度控制在固相线以下 100~200℃范围内,温度不宜过高,以免钢材氧化严重。而终锻(轧)温度,对于亚共析钢应控制在稍高于 GS 线以上;对于过共析钢应控制在稍高于 PSK 线以上,温度不能过低,以免使钢材产生加工硬化,塑性变差,导致产生裂纹。

4.7.4 在热处理方面的应用

由 Fe-Fe₃C 相图可知,铁碳合金在固态加热或冷却过程中均有相的变化,故钢和铸铁可以进行退火、正火、淬火和回火等热处理。另外,碳和其他合金元素可以溶解于奥氏体中,溶解度随着温度的升高而增加,这就是钢可以进行渗碳处理和其他化学热处理的原因。

应指出,Fe-Fe₃C 相图反映的是在极其缓慢加热或冷却条件下铁碳合金的相状态,它没有反映出时间的作用。而在实际生产中,由于冷却速度较快,因此不能用此相图来分析问题。Fe-Fe₃C 相图只反映铁碳二元合金系中相的平衡关系,而实际生产中使用的钢和铸铁,除了铁、碳两元素外,往往还含有或有意加入其他元素,当其他元素含量较高时,相图中的平衡关系发生了变化。在这种情况下,此相图将不完全适用。Fe-Fe₃C 相图只能提供平衡条件下相、相的成分和各相的相对质量,不能给出相的形状、大小及分布。

4.8 碳素钢

碳的质量分数小于 2.11% 的铁碳合金称为碳素钢,简称碳钢。除碳之外,碳钢中还含有少量锰、硅、硫、磷等杂质元素。由于碳钢具有一定的力学性能,良好的工艺性能,价格低廉,因此碳钢是工业中用量最大的金属材料。

4.8.1 常存杂质对钢性能的影响

4.8.1.1 锰

锰来自生铁和脱氧剂的锰铁。锰具有一定的脱氧能力,能使钢中的 FeO 还原出铁,改善钢的质量。锰与硫生成 MnS,以减轻硫的有害作用。在室温下锰能溶于铁素体中形成置换固溶体,使铁素体强化,提高钢的强度和硬度。一般认为锰在钢中是一种有益的元素。钢中锰的质量分数一般为 0.25%~0.80%。

4.8.1.2 硅

硅也是来自生铁和脱氧剂。硅能与钢水中的 FeO 生成炉渣,消除 FeO 对钢质量的不良影响。室温下硅能溶于铁素体中,使铁素体强化,提高钢的强度、硬度,降低塑性和韧性。硅在钢中也是一种有益的元素。钢中硅的质量分数一般不超过 0.40%。

4.8.1.3 硫

硫是由生铁和燃料带入的,炼钢时难以除尽。硫在钢中是有害杂质。在固态下,它不溶于铁,而是以 FeS 的形式存在于钢中。FeS 与铁形成低熔点共晶体,熔点为 985℃,且分布在奥氏体的晶界上。当钢材在 1000~1200℃ 进行压力加工时,由于晶界上的共晶体已经熔化,晶粒间结合被破坏使钢材变脆,这种现象称为热脆。为了避免热脆,必须严格控制钢中硫的含量。在钢中增加锰含量,可消除硫的有害作用。锰与硫形成 MnS,熔点为 1620℃,且高温时 MnS 有一定的塑性,故可避免产生热脆。另外,在含硫量较高的钢中适当增加锰的含量,可形成较多的 MnS。在切削加工中,MnS 能起断屑作用,从而改善钢材的切削加工性能。

4.8.1.4 磷

磷是由生铁带入钢中的有害杂质。通常磷能全部溶于铁素体中,使铁素体强化,提高钢的强度、硬度,但使塑性、韧性显著降低。这种情况在低温时更严重,此现象称为冷脆。另外,含磷量较高的钢焊接时易产生裂纹,使焊接性变差。因此,要严格控制钢中磷的含量。

磷的有害作用在一定条件下可被转化。如:炮弹钢中加入较多的磷,可使钢的脆性增大,炮弹爆炸时碎片增多,增加杀伤力。另外,钢中含有适量的磷,可提高钢在大气中的抗蚀性。

4.8.2　碳素钢的分类、牌号、性能和用途

4.8.2.1　碳素钢的分类

生产中使用的碳钢品种繁多,为了便于生产、管理、选用和研究,有必要将钢加以分类和统一编号。碳钢的分类方法很多,常用的分类方法如下:

A　按钢中碳的含量分类　根据钢中碳含量的多少,可分为:

低碳钢:含碳量<0.25%;

中碳钢:0.25%≤含碳量≤0.60%;

高碳钢:含碳量≥0.60%。

B　按钢的质量分类　根据钢中有害杂质硫、磷含量多少,可分为:

普通质量钢:钢中硫、磷含量较高(S≤0.050%,P≤0.045%);

优质钢:钢中硫、磷含量较低(S≤0.035%,P≤0.035%);

高级优质钢:钢中硫、磷含量很低(S≤0.020%,P≤0.030%)。

C　按钢的用途分类　根据钢的用途不同,可分为:

碳素结构钢:这类钢主要用于制作各种机器零件和工程构件。一般属于低碳钢和中碳钢;

碳素工具钢:这类钢主要用于制作各种量具、刃具和模具等。一般属于高碳钢;

铸钢:这类钢主要用于制作形状复杂,难于用锻压等方法成形的铸钢件。

此外,按冶炼方法不同可分为平炉钢、转炉钢和电炉钢。按冶炼时脱氧程度不同又可分为沸腾钢、镇静钢和半镇静钢。

4.8.2.2　碳素钢的牌号、性能和用途

A　碳素结构钢　碳素结构钢的牌号是由代表钢材屈服点的字母、屈服点值、质量等级号、脱氧方法符号四个部分按顺序组成。其中质量等级共有四级,分别以 A(甲类)(S≤0.050%、P≤0.045%)、B(乙类)(S≤0.045%、P≤0.045%)、C(丙类)(S≤0.040%、P≤0.040%)、D(丁类)(S≤0.035%、P≤0.035%)表示。脱氧方法符号分别用"F"表示沸腾钢,"F"为"沸"字汉语拼音字首;"b"表示半镇静钢,"b"为"半"字汉语拼音字首;"Z"表示镇静钢"Z"为"镇"字汉语拼音字首;"TZ"表示特殊镇静钢,"TZ"分别为"特镇"汉语拼音字首,通常钢号中"Z"和"TZ"符号可省略。

碳素结构钢牌号表示方法举例:Q235-A·F,牌号中"Q"代表钢材屈服点,"Q"为"屈"字汉语拼音字首,"235"表示屈服点 σ_s≥235MPa,"A"表示质量等级为 A 级,"F"表示冶炼时脱氧不完全(即沸腾钢)。

碳素结构钢的牌号、化学成分和力学性能见相关手册。

碳素结构钢应用范围:Q195、Q215-A 有较高的伸长率和较低的强度,主要用来制造铆钉、地脚螺钉、护撑、烟筒等。Q235-A、Q255-A 强度较高,用来制作钢筋、钢板、农业机械用型钢和各种不重要的机器零件,如拉杆、套环和连杆等。Q235-B、Q255-B、Q275 质量较好,

用来制作建筑、桥梁工程上质量要求较高的焊接结构件。Q235-C、Q235-D 质量好,用作重要焊接结构件。

B 优质碳素结构钢 这类钢中有害杂质磷、硫的含量较低,常用来制作各种较重要的机械零件。

优质碳素结构钢的牌号用两位数字表示,这两位数字表示钢中平均碳的质量分数的万倍值。例如 45 钢,表示钢中平均碳的质量分数为 0.45%。若钢中锰的含量较高时,在两位数字后加化学元素锰的符号。例如 65Mn 钢,表示钢中平均碳的质量分数为 0.65%,并含有较多的锰(Mn=0.9%~1.20%)。若为沸腾钢,在两位数字后面加符号"F",例如 08F 钢。

优质碳素结构钢的牌号、化学成分和力学性能见相关手册。

根据优质碳素结构钢中碳的含量不同,可用来制造各种不同性能的零件。

08F 钢含碳量低、塑性好、强度低。一般由钢厂轧成薄钢板或钢带供应。主要用于制造冷冲压件,如外壳、容器、罩子等。

10~25 钢具有良好的冷冲压性和焊接性。常用来制造受力不大、韧性要求高的冲压件焊接构件,如螺栓、螺钉、螺母、杠杆、轴套和焊接容器等。经热处理后,可获得表面硬而耐磨、心部具有一定强度和韧性的性能,常用于制作承受冲击载荷的零件,如凸轮、齿轮、摩擦片等。

30~55、40Mn、50Mn 钢经调质处理后,可获得良好的综合力学性能,主要用来制造齿轮、连杆、轴类等零件,其中以 40 钢和 45 钢应用最广泛。

60~85、60Mn、65Mn、75Mn 钢经适当热处理后,可得到较高的弹性极限和足够的韧性,主要用来制作弹性零件和易磨损零件,如弹簧、弹簧垫圈、轧辊。

C 碳素工具钢 碳素工具钢中碳的质量分数为 0.65%~1.35%。根据钢中有害杂质硫、磷含量碳素工具钢分优质钢(S≤0.030%,P≤0.035%)和高级优质钢(S≤0.020%,P≤0.030%)两类。质量为优质的碳素工具钢的牌号冠以"碳"的汉语拼音字首"T",其后标以数字,表示钢中平均碳的质量分数的千倍值。例如:牌号 T8 表示平均碳的质量分数为0.8%、质量为优质的碳素工具钢。质量为高级优质的碳素工具钢,在牌号末尾加"A"。例如:牌号 T8A 表示平均碳的质量分数为 0.8%、质量为高级优质的碳素工具钢。

碳素工具钢的牌号、化学成分、性能见表 4-4。

表 4-4 碳素工具钢的牌号、化学成分、性能

牌号	化 学 成 分/%					硬 度		
	C	Mn	Si	S	P	退火状态	试 样 淬 火	
				不大于		HBS 不大于	淬火温度(t/℃) 冷却剂	HRC 不小于
T7	0.65~0.74	≤0.40	≤0.35	0.030	0.035	187	800~820 水	62
T8	0.75~0.84	≤0.40	≤0.35	0.030	0.035	187	780~800 水	62
T8Mn	0.80~0.90	0.40~0.60	≤0.35	0.030	0.035	187	780~800 水	62
T9	0.85~0.94	≤0.40	≤0.35	0.030	0.035	192	760~780 水	62
T10	0.95~1.04	≤0.40	≤0.35	0.030	0.035	197	760~780 水	62

牌 号	化 学 成 分/%					硬 度		
	C	Mn	Si	S	P	退火状态	试 样 淬 火	
				不大于		HBS 不大于	淬火温度(t/℃) 冷却剂	HRC 不小于
T11	1.05～1.14	≤0.40	≤0.35	0.030	0.035	207	760～780 水	62
T12	1.15～1.24	≤0.40	≤0.35	0.030	0.035	207	760～780 水	62
T13	1.25～1.35	≤0.40	≤0.35	0.030	0.035	217	760～780 水	62

注：牌号、化学成分、硬度摘自 GB 1298—86《碳素工具钢技术条件》。

D 铸钢 在生产中,有些形状复杂的零件,很难用锻压方法成形,用铸铁又难以满足性能要求,此时可采用铸钢件。

铸钢中碳的质量分数一般为 0.15%～0.60%。碳的质量分数过高,塑性差,易产生冷裂纹。

工程用铸钢牌号前冠以"铸钢"两字汉语拼音字首"ZG",后面有两组数字,第一组表示屈服点,第二组表示抗拉强度。例如:牌号 ZG 310-570 表示屈服点为 310MPa,抗拉强度为 570MPa 的工程用铸钢。

从 Fe-Fe$_3$C 相图中可知,铸钢的凝固温度区间较宽,故流动性差,化学成分不均匀,易形成分散缩孔。一般采用提高浇注温度来改善流动性,这样会使高温奥氏体晶粒粗大,且冷却速度又比较快,迫使铁素体沿奥氏体一定晶面以针状组织析出,这种组织称为魏氏组织。魏氏组织使钢的塑性、韧性显著降低。生产中常采用热处理方法来消除魏氏组织和改善钢的性能。

工程用铸钢的牌号、化学成分、力学性能见表 4-5。

表 4-5 工程用的铸钢的牌号、化学成分、力学性能

牌 号	主要化学成分/%					室温力学性能				
	C	Si	Mn	P	S	σ_s/MPa	σ_b/MPa	δ/%	ψ/%	A_{kv}/J (A_{ku}/J·cm^{-2})
	不 大 于					不 小 于				
ZG 200-400	0.20	0.50	0.80	0.04		200	400	25	40	30(60)
ZG 230-450	0.30	0.50	0.90	0.04		230	450	22	32	25(45)
ZG 270-500	0.40	0.50	0.90	0.04		270	500	18	25	22(35)
ZG 310-570	0.50	0.60	0.90	0.04		310	570	15	21	15(30)
ZG 340-640	0.60	0.60	0.90	0.04		340	640	10	18	10(20)

1. 塑性变形对金属组织和性能有何影响？
2. 何谓回复，何谓再结晶？
3. 何谓固溶体，有哪些类型及其特点？
4. 金属间有哪些化合物？各有何特点？
5. 铁碳相图中各特性点和特性线有何意义？
6. 合金状态图意义是什么，什么是相律？
7. 试述碳素钢的分类、牌号、性能和用途。

5 钢的热处理原理和工艺

5.1 概述

热处理是通过加热、保温和冷却的方法,来改变钢的内部组织结构,从而改善钢性能的一种工艺。钢经热处理后,既可以充分发挥钢材的性能,也可以提高其使用性能,从而可以充分发挥钢材的性能的潜力。因此,在冶金生产中热处理占有重要的地位。温度和时间是影响热处理过程的主要因素,在温度、时间的坐标图上,可用曲线概括地表示热处理工艺过程,见图 5-1,这曲线称为热处理工艺曲线。

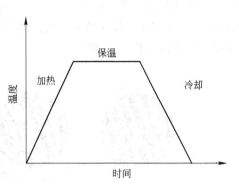

图 5-1　热处理工艺曲线

Fe-Fe₃C 相图对于研究钢的相变和制订热处理工艺有重要的参考价值。但是在热处理时还必须考虑相变进行的速度、转变产品的组织以及转变机理等,因此不仅温度,而且时间和速度也是考虑的重要因素。

根据热处理目的,加热和冷却方法,以及组织和性能变化的不同,钢的热处理工艺通常分为退火、正火、淬火、回火和化学热处理等。

在生产工艺流程中,经过切削加工等成型工艺而达到工件的形状和尺寸后,再进行赋予工件所需要的使用性能的热处理,称为最终热处理;如果是为随后的冷拔、冲压和切削加工或进一步热处理作好组织准备的热处理,称为预备热处理。

5.2 钢加热时的组织转变

进行退火、正火和淬火等热处理工艺时,几乎都要先将钢加热到临界温度以上,以获得奥氏体。加热时形成的奥氏体其组织形态对冷却转变过程以及冷却转变产物的组织和性能具有显著的影响,因此研究加热时奥氏体的形成过程具有重要的意义。

由 Fe-Fe₃C 相图可知,将共析钢加热到 A_1 以上,全部变为奥氏体;而亚共析钢和过共析钢必须加热至 A_3 和 A_{cm} 以上才能获得单相奥氏体。实际上,钢进行热处理时,相变并不按照相图上所示的临界温度进行,大多有不同程度滞后现象产生,即实际转变温度往往要偏离平衡的临界温度。随着加热和冷却速度增加,滞后现象将愈加

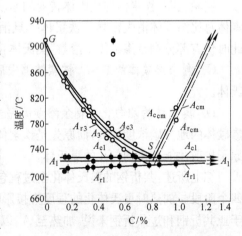

图 5-2　加热和冷却速度对临界温度的影响
（加热和冷却速度为 0.125℃/min）

严重。图 5-2 表示钢加热和冷却速度各为 0.125℃/min 时对临界温度的影响。通常把加热时的临界温度标以字母"c",如 A_{c1}、A_{c3}、A_{ccm} 等;把冷却时临界温度标以字母"r",如 A_{r1}、A_{r3}、A_{rcm} 等。

5.2.1 奥氏体的形成过程

钢在加热时奥氏体的形成过程(也称奥氏体化)也是一个成核、长大和均匀化过程,符合相变过程的普遍规律。以共析钢的奥氏体形成过程为例,假如共析钢的原始组织是珠光体,当加热至 A_{c1} 以上时钢中珠光体就向奥氏体转变,图 5-3 所示为共析碳钢奥氏体形成转变过程示意图,包括以下几个阶段:

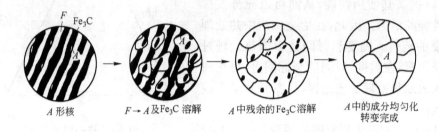

A 形核　　　F→A 及 Fe₃C 溶解　　A 中残余的 Fe₃C 溶解　　A 中的成分均匀化转变完成

图 5-3　共析碳钢中奥氏体形成过程示意图

A　成核　将钢加热到 A_{c1} 以上某一温度时,珠光体已处于不稳定状态,由于在铁素体和渗碳浓度不均匀,原子排列也不规则,这就从浓度和结构上为奥氏体晶核的形成提供了有利条件,因此优先在界面上形成新的奥氏体晶核。

B　长大　奥氏体晶核形成后,便开始长大,它是依靠铁素体向奥氏体的继续转变和渗碳体的不断溶入奥氏体而进行的。铁素体转变为奥氏体后含碳量较低;渗碳体的溶入引起奥氏体含碳量的增加。根据 Fe-Fe₃C 相图,在 A_1 以上只有在一定的碳浓度范围内奥氏体才能稳定存在。为此奥氏体必须同时向渗碳体和铁素体两方向长大,并通过碳原子扩散以保持奥氏体稳定存在的碳浓度。

实验表明,铁素体向奥氏体转变的速度,往往比渗碳体的溶解要快,因此珠光体中的铁素体总比渗碳体消失得早。铁素体一旦消失,可以认为珠光体向奥氏体的转变基本完成。此时仍有部分剩余渗碳体未溶解,奥氏体化过程仍在继续进行。

C　剩余渗碳体的溶解　铁素体消失后,随着保温时间的延长,剩余渗碳体不断溶入奥氏体。

D　奥氏体的均匀化　剩余渗碳体完全溶解后,奥氏体中碳浓度仍是不均匀的,原先是渗碳体的地方碳浓度较高,而原先是铁素体的地方碳浓度较低。为此必须继续保温,通过碳原子扩散才能获得均匀化的奥氏体。

综上所述,共析钢的奥氏体化全过程包括:成核、长大、剩余渗碳体溶解和奥氏体均匀化四个阶段。加热时奥氏体化的程度直接影响冷却转变过程以及转变产物的组织和性能。对于亚共析钢和过共析钢来说,加热至 A_{c1} 以上长时间停留,只使原始组织中的珠光体转变成奥氏体,仍保留原先共析铁素体或先共析渗碳体。只有进一步加热至 A_{c3} 或 A_{ccm} 以上保温足够时间,才能获得单相奥氏体。

5.2.2 奥氏体的晶粒大小及影响因素

奥氏体的组织形态,特别是晶粒大小,显著地影响冷却转变过程及转变产物的组织和性能。

5.2.2.1 晶粒大小的表示方法

表示晶粒大小的理想方法是晶粒的平均体积或平均直径或单位体积内含有的晶粒数,但要测定这样的数据是很繁琐的,所以目前世界各国对钢铁产品晶粒大小的评定几乎统一使用与标准金相图片相比较的方法。通常把晶粒大小分为 8 级,各级晶粒号数的晶粒大小请查阅晶粒大小的标准图。

晶粒号数 N 和放大 100 倍时平均每 $6.45 \mathrm{cm}^2$ 内所含晶粒数目 n 有以下关系:

$$n = 2^{N-1}$$

如 8 号晶粒,每 $6.45 \mathrm{cm}^2$ 面积内所含晶粒数目为 128。由式可知,晶粒号数愈小,单位面积内晶粒数目愈少,即晶粒尺寸愈大。通常 1~4 号为粗晶粒;5~8 号为细晶粒。粗于 1 号的晶粒,在过热的情况下可以遇到;细于 8 号的晶粒,多属工具钢淬火时的实际晶粒度。

5.2.2.2 奥氏体晶粒度的概念

在研究钢中奥氏体晶粒度变化时,应分清下列三种不同的概念。

A 起始晶粒度 在奥氏体化过程中,当奥氏体成核、长大时,奥氏体转变刚完成时的晶粒大小称为起始晶粒度。

B 实际晶粒度 在某一具体加热或热加工条件下所得到的奥氏体实际晶粒大小称为实际晶粒度。例如热轧钢材,一般是指热轧终了时钢中奥氏体的晶粒度。

C 本质晶粒度 在加热过程中,奥氏体的晶粒长大是一个自发趋向。研究指出,随加热温度升高,钢中奥氏体晶粒的长大倾向存在两种情况,如图 5-4 所示。一种是奥氏体晶粒随温度升高而迅速长大的钢,称为本质粗晶粒钢;另一种是奥氏体晶粒长大倾向较小,直至超过某一温度后,奥氏体晶粒才会急剧长大的钢,称为本质细晶粒钢。奥氏体晶粒急剧长大的温度称为晶粒粗化温度,它随钢的成分和脱氧方法而变化,通常在 950~

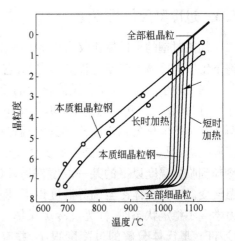

图 5-4 奥氏体晶粒长大倾向示意图

1000℃范围内变动。必须指出,本质晶粒度只是表明奥氏体晶粒长大倾向,并不指具体的晶粒大小。

5.2.2.3 钢中成分对奥氏体晶粒长大的影响

用适量的铝脱氧,或钢中加入适量的钒、钛、锆、铌等元素,可得到本质细晶粒钢,这些元素对晶粒长大的影响可以用晶粒粗化温度来度量,如图 5-5 所示。晶粒粗化温度愈高,表明晶粒长大倾向愈小。

钢中铝以 AlN 粒子沿晶界弥散析出,起到阻碍晶界迁移的作用。随温度升高,AlN 在奥氏体中的溶解度增加,一旦 AlN 粒子大部分溶解,晶界迁移的障碍消除,奥氏体晶粒便急剧长大。从细化晶粒来说，脱氧后钢中酸溶铝含量以 0.02%～0.04% 为最佳。在含钒、钛、锆、铌等元素的钢中，这些元素的碳化物和氮化物呈弥散析出，起到抑制晶粒长大的作用。其中钛、锆、铌对提高奥氏体晶粒粗化温度的作用，比 Al 更为显著。随着奥氏体含碳量的增加，晶粒长大的倾向增加。如果碳以未溶碳化物形式存在，往往起到阻碍晶粒长大的作用。

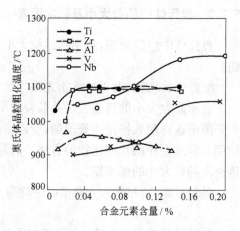

图 5-5　合金元素对奥氏体晶粒粗化温度的影响图

5.2.2.4　钢的本质晶粒度的实际意义

奥氏体的实际晶粒大小对钢的工艺性能和使用性能有重大影响，因此在热处理过程中总希望获得细小的奥氏体晶粒。并不是只有本质细晶粒钢才能获得细的实际晶粒，本质粗晶粒钢只要热加工形变终止温度尽量接近 A_{r3} 温度或零件的奥氏体化温度尽可能低些，仍可获得较细的实际晶粒。本质细晶粒钢的奥氏体晶粒不易粗化，它允许较宽的形变终止温度和热处理的加热温度范围，较容易获得细小的奥氏体晶粒，保证热加工或热处理后钢件的工艺性能和使用性能。所以采用本质细晶粒钢，在生产上是有利的。

5.3　过冷奥氏体的转变

加热时钢的奥氏体化仅为冷却转变作准备，一般不是热处理的目的。研究不同冷却条件下钢中奥氏体的转变过程更为重要，它为制订热处理工艺的冷却条件提供了科学依据。

热处理生产中，钢在奥氏体化后的冷却方式通常分为两种：一种是连续冷却，图 5-6 的曲线 2，是将奥氏体化的钢连续冷却到室温；另一种是恒温处理，图 5-6 曲线 1，是将奥氏体化的钢迅速冷却到临界温度以下的某一温度保温，以进行恒温转变。当奥氏体冷至临界温度以下，即处于热力学上不稳定状态时，称为过冷奥氏体。在缓慢冷却时，奥氏体分解的过冷度很小，并有足够的时间进行扩散分解，得到接近平衡的组织。随着冷却速度加快，可以把奥氏体急冷至很低温度，甚至过冷到奥氏体不能进行扩散分解的低温。根据不同的转变温度和转变机理，过冷奥氏体的

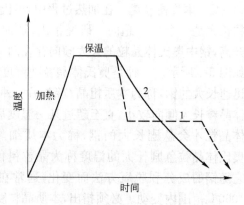

图 5-6　不同冷却方式示意图
1—恒温处理；2—连续冷却

转变分为三种基本类型，即珠光体型转变（扩散型转变）、贝氏体转变（过渡型转变）和马氏体转变（无扩散型转变）。

过冷奥氏体连续冷却时，其转变多在一个温度范围内进行，从而会获得粗细不同或类型不同的混合组织。这种冷却条件在生产上广泛应用，但分析起来较为困难。在恒温转变条件下，可以独立地改变温度和时间，分别研究温度和时间对过冷奥氏体转变的影响，有利于

搞清转变机理、转变动力学及转变产物的组织和性能。因此首先分析过冷奥氏体恒温转变图,在此基础上再介绍连续冷却转变图。

5.3.1 共析钢过冷奥氏体恒温转变图

在过冷奥氏体的转变过程中有体积膨胀和无磁性变为有磁性等物理变化,因此可用金相法、硬度法、磁性法和膨胀法等来测定过冷奥氏体的恒温转变过程。恒温转变曲线的测定通常选用两三种方法互相配合进行,而金相法是最基本的。下面以共析钢为例,用金相法测定其恒温转变的曲线。

用共析钢制成很多组圆片状试样($\phi 10 \times 1.5mm$),取一组试样加热至奥氏体化后快冷至A_1以下某温度保持恒温,经不同时间后将各试样分别迅速淬入水中,使未分解的奥氏体变为马氏体,以便观察过冷奥氏体恒温分解过程。用转变

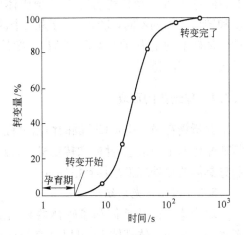

图 5-7　共析碳钢的奥氏体化
恒温转变动力学曲线图

量与时间关系曲线(图 5-7 所示的恒温转变动力学曲线)来描述过冷奥氏体恒温分解过程。从图上可见,经一段时间后才观察到转变发生,这段时间为恒温转变的孕育期。随时间延长转变量不断增加,当达到 50% 左右时转变速度最大,此后逐渐减慢,直至转变告终。恒温转变的孕育期的长短和转变终了时间,除了取决于奥氏体的成分、组织形态和转变温度外,还与所采用方法的灵敏程度有关,即是有条件的。所以人为地确定某一转变百分数作为转变开始或终了。

用同样方法测定A_1以下其他温度的恒温转变动力学曲线,从中确定转变开始时间(孕育期)和终了时间,分别标记在以温度时间(以对数表示)为坐标的图上。将所有的转变开始点连接成一条曲线,称为转变开始线,代表转变量达到 1% 或 2% 的线;同样,将所有的转变终了点连接成一条曲线,称为转变终了线,代表转变量达到 95% 或 98% 的线。综合起来得到如图 5-8 所示的时间温度转变曲线,也称 T-T-T 曲线,或简称恒温转变图。图上除转变开始线和终了线外,实际上也可给出其他转变量,如 10%、25%、50%……等所对应的曲线。根据曲线的形状,被称为 C 曲线(或 S 曲线)。C 曲线的下部有两条水平线,M_s 线表示奥氏体向马氏体转变开始温度,M_f 表示奥氏体向马氏体转变终止温度。马氏体是在连续冷却过程中形成的,所以 M_s 和 M_f 不属

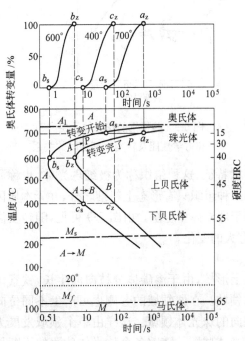

图 5-8　共析钢的恒温转变曲线图

于恒温转变的特征点。

A_1 以下不同过冷度时的孕育期长短标志着过冷奥氏体的稳定性。以共析钢 C 曲线来看,在 550℃左右孕育期最短,过冷奥氏体稳定性最小,称为 C 曲线的"鼻子"。根据转变温度和转变产物的不同,C 曲线可分为三个区域。对共析钢来说,从 A_1 到"鼻子"温度是发生珠光体转变的范围;从"鼻子"到 M_s 温度是发生贝氏体转变的范围;从 M_s 到 M_f 温度是进行马氏体转变的范围。

5.3.2 珠光体的形成

共析钢在 A_1～550℃范围的恒温过程,将发生奥氏体向珠光体转变,也称高温转变。分析珠光体的组织形态、性能和转变机理,以及亚共析钢和过共析钢的先共析相析出过程,对制订具体的热处理工艺具有指导意义。

5.3.2.1 珠光体组织

珠光体是由铁素体和渗碳体两相组成,渗碳体分布在铁素体基体上,可以具有两种形态,一种是片层状,一种是粒状。在奥氏体化过程中剩余渗碳体溶解和碳浓度均匀化比较完全的条件下,冷却分解得到的珠光体,通常呈片层状。

珠光体的粗细可用片间距来衡量。如果转变温度愈低,即过冷度愈大,片层间距就愈薄,表明珠光体愈细,如图 5-9 所示。此外珠光体的片层间距与奥氏体的成分也有关系。

根据珠光体片层间距大小可将它分为以下三类:在 A_1～650℃范围内所形成的珠光体比较粗,称为珠光体,如图 5-9 所示;在 650～600℃范围内所形成片层比较细,只有在高倍光学显微镜下才能分辨出片层,这种组织称为细珠光体,也称索氏体;在 600～550℃范围内所形成的组织更细,即使高倍光学显微镜下也无法分辨

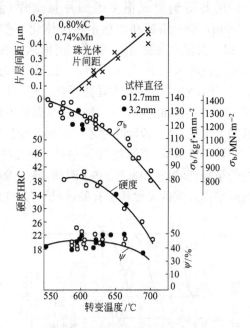

图 5-9 共析钢的珠光体片层间距和力学性能及转变温度之间的关系

出片层来,只有在电子显微镜下才能观察到片层状特征,这种组织称为极细珠光体,也称屈氏体。综上所述,珠光体、细珠光体、极细珠光体三种组织只有形态上粗细之分,并无本质区别。它们之间的界限是相对的,这三种组织统属于珠光体型组织。由图 5-9 可见,随转变温度降低,片层同距减薄,强度、硬度升高,塑性没有大的变化。

5.3.2.2 珠光体组织形成过程

研究表明,珠光体转变最易于在奥氏体晶界上形核,由于渗碳体分枝向前生长,铁素体协调地在渗碳体枝间形成,从而长成一个珠光体领域。在原领域的旁侧也可产生不同位向的一对渗碳体和铁素体晶核,同样可形成另一位向的珠光体领域。这样由单个领域发展为多个领域,并占据着一个区域,近似球状,称为珠光体球团。随着各个珠光体球团的不断长大,奥氏体量逐渐减少,直到各球团相遇,奥氏体向珠光体转变过程结束。

5.3.3 马氏体转变

奥氏体化后的钢迅速冷却至 M_s 以下将发生马氏体转变,故也称为低温转变。在 M_s 以下的低温条件下,铁原子和碳原子的扩散极为困难。因此奥氏体向马氏体的转变过程不能像珠光体转变那样以原子扩散方式进行,而是以无扩散方式进行点阵重构,同时使溶解在原奥氏体中的碳原子在转变成马氏体时也无法析出来,全部被迫保留下来。马氏体转变的无扩散方式使它具有不同于珠光体转变的一系列特点。

5.3.3.1 马氏体的组织形态

钢中马氏体的形态,一般以两种形式出现,即板条状马氏体和针状马氏体。碳钢中马氏体的组织形态,随含碳量的不同而改变。

图 5-10　低碳(0.15%C)钢的马氏体,×1500

实验证明,含碳量大约在 0.2% 以下的低碳钢,淬火后的马氏体具有典型的板条状马氏体特征,如图 5-10 所示。板条状马氏体是以尺寸大致相同的板条为单元,许多定向的、平行排列的板条组成一个马氏体束,一些接近平行的束再组合而成马氏体块。通常在一个奥氏体晶粒中可以有几个不同取向的马氏体块(参看图 5-11)。相变初期形成的板条较宽,而后期形成的较窄。

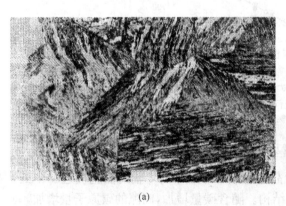

(a)　　　　　　　　　　　　　　　　(b)

图 5-11　Fe-2%Mn-0.03%C 合金中的板条马氏体

(a)光镜组织,×100;(b)薄膜透射电镜组织,×26000

含碳量大于或等于 0.6% 的高碳钢淬火后得针状马氏体,见图 5-12。这种高碳马氏体的立体形状呈凸透镜状,在显微镜下观察时呈针状或竹叶状。一般情况下所形成的马氏体针不穿越奥氏体晶界,所以原奥氏体晶粒大小限定了最大的马氏体针大小。先形成的马氏体针可贯穿整个奥氏体晶粒,尺寸较大,随后形成的马氏体针受到先形成的马氏体针的限制而愈来愈小。在同一奥氏体晶粒内,各马氏体针之间相交成一定的角度。马氏体转变终止时,在马氏体针之间残留下来的未转变的奥氏体称为残余奥氏体。在光学显微镜下,奥氏体

71

晶粒愈粗，所形成的马氏体针愈大，针状特征愈易辨别。在正常淬火条件下，高碳钢的奥氏体化温度低，奥氏体晶粒细，所形成的马氏体针也小，显微镜下看不出针状特征，或只是隐约地呈细纹状，这种马氏体称为隐晶马氏体。随奥氏体化温度升高，所形成的马氏体针逐渐变粗，针状特征渐渐明显。

含碳量在 0.2%～0.6% 之间的碳钢，淬火后得板条状马氏体和针状马氏体的混合组织。随含碳量的增加，板条状马氏体愈来愈少，而针状马氏体愈来愈多。

图 5-12 高碳钢中的马氏体
（从 1200℃淬火，×400）

5.3.3.2 马氏体的晶体结构和性能特点

一般钢中的马氏体可有两种类型的结构，一种是体心立方，在低碳钢或无碳合金中出现；另一种是体心正方，在含碳较高的钢中出现。从图 5-13 可以看到，随着碳量增加，点阵常数 c 的数值增加，a 的数值减小，马氏体的正方度不断增大。由于马氏体的正方度取决于碳含量，故可用正方度来衡量马氏体中碳的过饱和程度。

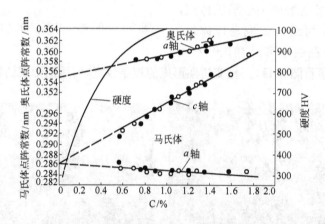

图 5-13 马氏体的正方度及硬度与碳含量之间的关系

如图 5-14 所示，过饱和的碳原子间隙于晶胞底面中心或平行 c 轴的晶胞棱边一半处，引起 c 轴伸长，a 轴缩短，形成马氏体的正方结构。随含碳量增加，间隙的碳原子量增加，马氏体的正方度 c/a 增加。这是无数晶胞的统计平均结果。

马氏体在力学性能上的特点是高硬度（图 5-13）。随含碳量增加，正方度愈大，相应的硬度愈高。当含碳量增至 0.6%～0.7% 后，马氏体本身硬度增加很慢。合金元素基本上不影响马氏体的硬度。高碳马氏体具有高硬度，但韧性很低，脆性大。低碳马氏体具有较高的强度和韧性，这种力学性能上的良好配合，使低碳马氏体得到广泛的应用。淬火后马氏体针愈粗大，脆性就愈大，因此生产上希望淬火后获得隐晶马氏体。如与针状马氏体相比较，隐晶马氏体硬度略高，回火后韧性更好。

5.3.3.3 马氏体转变过程的特点

为了获得马氏体，必须将奥氏体迅速过冷至 M_s 以下，马氏体才开始其形成过程。马氏体的转变量随温度下降而增加,一旦温度停止下降,转变立即中止。可见马氏体的转变量只是温度的函数,与保温时间无关,也就是说在 M_s 温度不是非常低的钢中,恒温停留不会引起马氏体量增加,当冷却到 M_f 点时,马氏体转变结束。从图上可见,马氏体转变不能进行到底,总有少量奥氏体残留下来。

马氏体的转变开始温度 M_s 和终止温度 M_f 主要决定于钢中奥氏体的化学成分。随含碳量增加,马氏体转变点不断降低。合金元素除铝、钴外,均使转变点降低。通常淬火时只是冷却到室温,而对于含碳量大于 0.5% 的碳钢和许多合金钢来说,M_f 点处于室温以下,显然马氏体转变没有完成。如果 M_s 和 M_f 点愈低,未转变的残余奥氏体量就愈多。为了减少残余奥氏体量,可继续深冷至 M_f 温度,即进行冷处理,以完成马氏体转变。

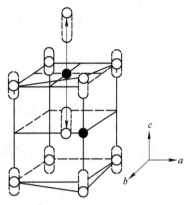

○ Fe 原子及其位移的范围

● C 原子可能存在的位置

图 5-14 马氏体的体心
正方点阵示意图

5.3.3.4 奥氏体的稳定化

在马氏体转变温度范围内,如冷却中止于某温度,停顿一段时间后再继续冷却时,马氏体转变不立即开始,而是经过一段时间后,转变才重新开始,并导致残余奥氏体量的相应增加,这一现象被称为奥氏体稳定化。

奥氏体稳定化在生产上有一定实用意义,如淬火后要进行冷处理,不宜在室温停留太久,不然由于奥氏体稳定化,而影响冷处理的效果。

5.4 钢的退火与正火

退火和正火是应用很广泛的热处理工艺,在机器零件或工模具等的加工制造过程中,经常作为预备热处理工序被安排在工件毛坯生产之后和切削(粗)加工之前,用以消除前一工序带来的某些缺陷,并为后一工序作好组织准备。对于少数铸件、焊件及一些性能要求不高的工件,也可作为最终热处理。

5.4.1 钢的退火

退火是将钢件加热到适当温度,保温一定时间,然后缓慢冷却的热处理工艺。

退火的目的是降低钢件的硬度,以利于切削加工;消除残余应力,以防钢件变形与开裂;细化晶粒,改善组织,以提高钢的力学性能,并为最终热处理做好组织准备。

根据钢的成分和退火目的不同,退火可分为:完全退火,等温退火,球化退火,均匀化退火(或称扩散退火)和去应力退火等。

5.4.1.1 完全退火

完全退火是将钢件完全奥氏体化,随之缓慢冷却,获得接近平衡状态组织的退火工艺。可使热加工所造成的粗大、不均匀的组织均匀细化,消除组织缺陷和内应力,使中碳钢和合金结构钢硬度降低,为切削加工和淬火做好组织准备。但是,完全退火所需时间很长,特别是对于某些合金钢往往需要数十小时,甚至数天时间。

完全退火主要用于亚共析成分的各种碳钢和合金钢的铸件、锻件、热轧型材和焊接结构件的退火。它不能用于过共析钢,因为加热到$A_{c_{cm}}$温度以上,在随后缓冷过程中,二次渗碳体会以网状形式沿奥氏体晶界析出,严重地削弱了晶粒与晶粒之间的结合力,使钢的强度和韧性大大降低。

5.4.1.2 等温退火

等温退火是将钢件加热到A_{c_3}或A_{c_1}温度以上,保温一定时间后,以较快的速度冷却到A_{r_1}以下某一温度,并在此温度等温停留,使奥氏体转变为珠光体型组织,然后在空气中冷却的退火工艺。等温退火不仅可大大缩短退火时间,而且由于组织转变时工件内外处于同一温度,故能得到均匀的组织和性能。等温退火主要用于处理高碳钢、合金工具钢和高合金钢。

5.4.1.3 球化退火

球化退火是将过共析钢或共析钢件加热至A_{c_1}以上20~40℃,保温一定时间,然后随炉缓冷至室温,或者在略低于A_{r_1}的温度下保温之后再出炉空冷的退火工艺(图5-15)。过共析钢和合金工具钢热加工后,组织中常出现粗片状珠光体和网状渗碳体,增加了钢的硬度和脆性,使切削加工性能变坏,且淬火时易产生变形和开裂。为了消除过共析钢的这些缺陷,在热加工之后,必须进行一次球化退火,使网状二次渗碳体和珠光体中的片层状渗碳体都变为球状或粒状。这种在铁素体基体上均匀分布着球状(粒状)渗碳体的组织称为球化体(图5-16)。其硬度远较片层状珠光体和网状渗碳体组织的硬度低。为了便于球化过程的进行,对于网状渗碳体较严重的钢件,可在球化退火之前先进行一次正火处理,以消除网状渗碳体。

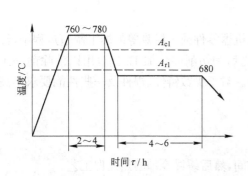

图5-15　T10钢等温球化退火工艺曲线

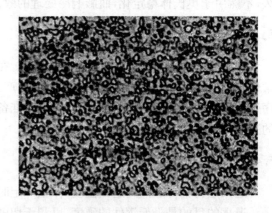

图5-16　球化体的显微组织

5.4.1.4 均匀化退火

均匀化退火(或称扩散退火)是将金属铸锭、铸件或锻坯加热到高温,在此温度长时间保温,然后缓慢冷却的退火工艺。其目的是为了减少金属铸锭、铸件或锻坯的枝晶偏析和组织不均匀性。均匀化退火的加热温度取决于钢种和偏析程度,一般为A_{c_3}以上150~250℃,保温时间10~15h。均匀化退火后的钢,其晶粒往往过分粗大,因此需再进行一次完全退火或正火处理。

5.4.1.5 去应力退火

去应力退火是将钢件随炉缓慢加热到A_{c_1}以下某一温度,经一定时间保温后,随炉缓慢冷却至 300～200℃出炉空冷的退火工艺。在去应力退火过程中钢件组织不发生变化,内应力主要是通过在 500～650℃保温和随后缓冷过程中消除的。去应力退火主要用于消除铸件、锻件、焊件的内应力,稳定尺寸,从而减少使用过程中的变形。

5.4.2 钢的正火

正火是将钢件加热到 A_{c_3}(或 $A_{c_{cm}}$)以上 30～50℃,保温一定时间后,在空气中冷却的热处理工艺。把钢件加热到 A_{c_3} 以上 100～150℃的正火称为高温正火。正火与退火的主要区别是冷却速度比退火稍快,因此正火后得到的组织比退火细小,钢件的强度、硬度也稍有提高。正火的目的是:细化晶粒,调整硬度,消除网状渗碳体,为后续加工、球化退火及淬火等做好组织准备。

几种退火与正火的加热温度范围及工艺曲线如图 5-17 所示。

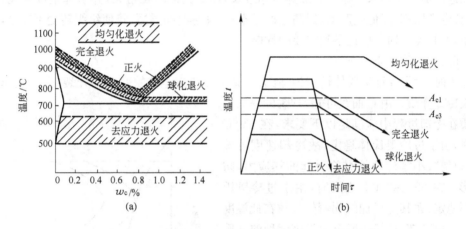

图 5-17 几种退火与正火的加热温度范围及工艺曲线示意图
(a)加热温度范围;(b)工艺曲线

5.5 钢的淬火与回火

5.5.1 钢的淬火

淬火是将钢件加热到 A_{c_3}(亚共析钢)或 A_{c_1}(共析钢和过共析钢)以上某一温度,保温一定时间,然后以适当速度冷却获得马氏体(或贝氏体)组织的热处理工艺。

淬火的主要目的是为了获得马氏体或贝氏体组织,然后与适当的回火工艺相配合,以得到零件所要求的使用性能。淬火与回火是强化钢材的重要热处理工艺方法。

5.5.1.1 淬火加热温度的选择

碳钢的淬火加热温度可根据 Fe-Fe$_3$C 相图来选择。亚共析钢淬火加热温度一般在 A_{c_3} 以上 30～50℃,可得到全部细晶粒的奥氏体组织,淬火后为均匀细小的马氏体组织。若加热温度在 A_{c_1}～A_{c_3} 之间,此时组织为铁素体和奥氏体组织,淬火后的组织为铁素体和马氏体。由于铁素体的存在,不仅会降低淬火后的硬度,而且回火后强度也较低,故不宜采用。若加热温度过高,奥氏体晶粒粗化,淬火后得到粗大的马氏体,使钢的性能变差,同时也增加淬火应力,使变形和开裂倾向增大。

共析钢和过共析钢适宜的淬火加热温度为 A_{c_1} 以上 $30\sim50\text{℃}$,此时的组织为奥氏体或奥氏体与渗碳体,淬火后得到细小马氏体或马氏体与少量渗碳体。由于渗碳体的存在,提高了淬火钢的硬度和耐磨性。若加热温度取在 $A_{c_{cm}}$ 以上,渗碳体全部溶解于奥氏体中,提高了奥氏体碳浓度,使 M_s 温度下降,淬火后残余奥氏体量增多,故硬度降低。同时,由于加热温度过高,奥氏体晶粒易长大,淬火后得到粗大马氏体,使钢的性能变差;若淬火加热温度过低,得到的是非马氏体组织,没有达到淬火目的。但在实际生产中确定淬火加热温度时,尚需根据零件的形状和尺寸、淬火介质以及对零件的技术要求等全面考虑选定。

5.5.1.2 淬火加热时间的确定

淬火加热时间包括升温时间和保温时间两个部分。升温时间是指零件由低温达到淬火温度所需要的时间。保温时间是指零件内外温度一致,达到奥氏体均匀化的时间。生产中通常以总的加热时间来考虑。若加热时间过长,使奥氏体晶粒粗大,并引起钢件的氧化、脱碳,延长生产周期,降低生产率,提高生产成本;若加热时间过短,将使组织转变不完全,成分扩散不均匀,淬火回火后达不到需要的性能。

5.5.1.3 淬火冷却介质

淬火时,为了保证奥氏体转变为马氏体,又不致造成零件的变形和开裂,必须选择适当的淬火冷却介质。由 C 曲线可知,理想的淬火冷却介质在冷却过程中应满足以下要求:在 650℃ 以上时,由于过冷奥氏体稳定,故冷却速度可慢一些,以便减小零件内外温差引起的热应力,防止变形。在 $650\sim500\text{℃}$ 之间时,由于过冷奥氏体很不稳定(尤其是 C 曲线拐弯处),故在此温度区间要快速冷却,冷却速度应大于该钢种的马氏体临界冷却速度,使过冷奥氏体在 $650\sim500\text{℃}$ 之间不致发生分解而形成珠光体。在 $300\sim200\text{℃}$ 之间,此时过冷奥氏体已进入马氏体转变区,故要求缓慢冷却,否则由于相变应力易使零件产生变形,甚至开裂。理想淬火冷却介质的冷却速度曲线如图5-18所示。到目前为止,在生产实践中还没有一种淬火冷却介质能符合这一理想的淬火冷却速度。常用的淬火冷却介质有水、盐或碱的水溶液及油等。

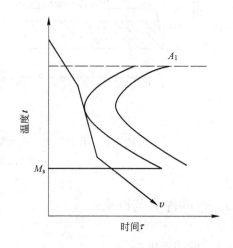

图 5-18 理想淬火冷却速度曲线

A 水 水是应用最广泛的淬火冷却介质。这是由于水价廉易得,且具有较强的冷却能力。但水的冷却特性并不理想。因为在需要快冷的 $650\sim500\text{℃}$ 范围内,它的冷却速度较小;而在 $300\sim200\text{℃}$ 需要慢冷时,它的冷却速度比所要求的要大,这样易使零件产生变形,甚至开裂。

B 盐或碱的水溶液 为了提高水的冷却能力,常在水中加入少量($5\%\sim10\%$)的盐或碱。目前常用的是食盐水溶液和苛性钠水溶液(碱水溶液)。

C 油 油也是用得很广泛的淬火冷却介质。生产中常用机油、变压器油、柴油等。油在 $300\sim200\text{℃}$ 范围内的冷却速度比水小,这对减小零件变形和开裂是很有利的,但在

650～500℃范围内的冷却速度也比水小得多,故只能用来作为合金钢的淬火冷却介质。淬火时油温不能太高,以免起火危及安全,并可避免油的黏度降低过多(黏度降低会引起工件冷却速度加快),通常油温控制在 40～80℃之间。

另外,为了减小零件淬火时的变形,可采用硝酸浴或碱浴作为淬火冷却介质,它们的冷却能力介于水和油之间。这类介质主要用于分级淬火和等温淬火中。

上述淬火冷却介质与理想淬火冷却速度的要求都有一定距离,因此又试制出一些新的淬火冷却介质如聚乙烯醇水溶液、三硝水剂等。

5.5.2 钢的回火

将淬火后的工件,再加热到 A_{c_1} 以下,保温一定时间,然后冷却到室温的热处理工艺称为回火。

回火是紧接着淬火后进行的一种操作,通常也是零件进行热处理的最后一道工序,所以它对产品最后所要求的性能起着决定性作用。淬火与回火常作为零件的最终热处理。

回火的目的是:

A 降低脆性,消除或减少内应力 一般情况下工件淬火后存在很大的内应力和脆性,如不及时回火往往会使工件发生变形甚至开裂。

B 获得工件所要求的力学性能 工件经淬火后,具有高的硬度,但塑性和韧性却显著降低。为了满足各种工件的不同性能要求,可通过适当回火调整硬度,减小脆性,以获得所要求的力学性能。

C 稳定工件尺寸 淬火工件中的马氏体和残余奥氏体都是不稳定组织,在室温下会自发地发生分解,从而引起工件尺寸和形状的改变。通过回火使淬火组织转变为稳定组织,从而保证工件在以后的使用过程中不再发生尺寸和形状的改变。

5.5.2.1 淬火钢回火时的组织转变

淬火钢中的马氏体和残余奥氏体都是不稳定组织,它们有自发向稳定组织转变的倾向,回火可促使这种转变的进行,通常称这种转变为回火组织转变。

淬火钢在回火过程中,随着温度的升高,组织发生以下变化:

A 马氏体分解(≤200℃) 在 80℃以下温度回火时,淬火钢中没有明显的组织转变,此时只发生马氏体中碳原子的偏聚。在 80～200℃范围内回火时,马氏体开始分解。马氏体中过饱和碳原子以亚稳定的碳化物形式析出,故降低了马氏体中碳的过饱和度,使其正方度也随之减小。

这一阶段的回火组织是由过饱和的 α 固溶体与其晶格相联系的亚稳定碳化物所组成,这种组织称为回火马氏体。由于该组织中有亚稳定碳化物的析出,使晶格畸变程度降低,因此淬火应力有所减小。

B 残余奥氏体分解(200～300℃) 淬火钢中残余奥氏体从 200℃开始分解,到 300℃基本结束,一般转变为下贝氏体。通过此阶段使淬火应力进一步减小。

C 碳化物的转变(300～400℃) 在此温度区间回火时,碳从过饱和的 α 固溶体中继续析出,同时亚稳定碳化物也逐渐转变为稳定的细球粒状的渗碳体,并与 α 固溶体失去共格关系,此时 α 固溶体转变为铁素体,但仍保持针状外形,于是所得到的组织为由针状铁素体和细球粒状渗碳体组成的复相组织,称为回火托氏体。此阶段转变可使淬火应力大部分消除。

D 渗碳体的聚集长大与 α 相的再结晶（>400℃） 当回火温度大于 400℃时,渗碳体球粒将逐渐聚集长大,回火温度愈高,渗碳体球粒愈粗大。当温度升高到 500～600℃时,α相逐渐发生再结晶,使针状铁素体变为多边形的铁素体,这种在多边形铁素体的基体上分布着球粒状渗碳体的复相组织称为回火索氏体。如果将温度升高到 650℃～A_1 温度区间,粒状渗碳体进一步粗化,这种由多边形铁素体和较大球粒状渗碳体组成的复相组织称为回火珠光体。

5.5.2.2 淬火钢回火时的性能变化

由于淬火钢在不同温度回火时组织发生变化不同,因而使其力学性能也不同。图 5-19 为不同含碳量的碳钢其硬度与回火温度的关系。由图可见,在 200℃以下回火时,由于回火马氏体中亚稳定碳化物极为细小,弥散度极高,而且固溶体仍是过饱和固溶体,因此硬度变化不大。在 200～300℃回火时,由于硬度较低的残余奥氏体转变为硬度较高的下贝氏体组织,故硬度降低较慢。在 300℃以上回火时,随着亚稳定碳化物变为渗碳体,α固溶体过饱和程度的消失以及渗碳体的聚集长大等,使硬度呈直线下降。

回火温度时钢的塑性和韧性影响如下：在 300℃以下回火时,由于 α 固溶体过饱和程度降低,使内应力下降,因而屈服点有所提高。随着回火温度的升高,强度、硬度降低,塑性、韧性提高,在 600～650℃回火时,塑性可达最高值,并能保持较高的强度。

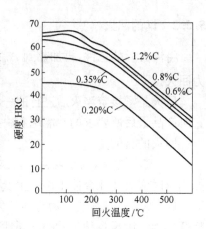

图 5-19 几种碳钢回火硬度与回火温度的关系

5.6 钢的化学热处理

化学热处理是将钢件置于活性介质中,通过加热和保温,使介质分解析出某些元素的活性原子并渗入工件表层,以改变其化学成分、组织和性能的热处理工艺。化学热处理与其他热处理相比较,其特点是不仅改变了钢的组织,而且还改变钢表层的化学成分。

化学热处理的主要作用是提高工件表面的硬度、耐磨性、疲劳强度、耐热性、耐蚀性和抗氧化性等。

化学热处理种类很多,按渗入元素的不同可分为渗碳、渗氮（氮化）、碳氮共渗、渗铝、渗硼、渗硅、渗铬等。

化学热处理的基本过程是：活性介质在高温下通过化学反应进行分解,形成渗入元素的活性原子；活性原子被工件表面吸收；被吸收的活性原子由工件表面逐渐向内部扩散。

5.6.1 钢的渗碳

渗碳是将工件置于渗碳介质中加热并保温,使碳原子渗入工件表层的热处理工艺。在机器制造业中,许多重要的零件如齿轮、凸轮、活塞销、摩擦片等,它们都是在交变载荷、冲击载荷、很大接触应力以及严重磨损条件下工作的,因此要求零件表面具有高的硬度和耐磨性,而心部具有一定的强度和韧性。为满足上述性能要求,必须选用低碳钢或低碳合金钢进行渗碳,随后进行淬火和回火处理。渗碳层深度按使用要求一般为 0.5~2.0mm,渗碳层碳的质量分数控制在 0.8%~1.1%范围内。若碳的质量分数小于 0.8%,因渗碳后得不到二次渗碳体,使工件表面层硬度和耐磨性降低;若碳的质量分数大于 1.1%,由于碳化物的不均匀性增加,易出现大块状和网状碳化物,严重破坏基体组织的连续性,使渗碳层脆性增大。

渗碳所用的介质称为渗碳剂。按渗碳剂不同,可分为气体渗碳、固体渗碳和液体渗碳。目前常用的是前两种。

5.6.1.1 气体渗碳法

气体渗碳是将工件置于密封的加热炉(如井式渗碳炉)中,通入渗碳气体,如煤气、天然气等,或滴入易于热分解和气化的液体,如煤油、丙酮等,并加热到渗碳温度(一般为 900~950℃),使工件在高温渗碳气氛中进行渗碳的一种热处理工艺方法(图 5-20)。气体渗碳过程,首先是渗碳剂在高温下发生分解,形成活性碳原子[C],即

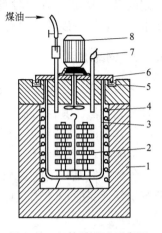

图 5-20 气体渗碳法示意图
1—炉体;2—工件;3—耐热罐;
4—电阻丝;5—砂封;6—炉盖;
7—废气火焰;8—风扇电动机

$$2CO \Longleftrightarrow CO_2 + [C]$$
$$CH_4 \Longleftrightarrow 2H_2 + [C]$$
$$CO + H_2 \Longleftrightarrow H_2O + [C]$$

随后活性碳原子被工件表面吸收而溶于高温奥氏体中,并向内部扩散形成一定深度的渗碳层。气体渗碳的生产率高,渗碳过程容易控制,渗碳层质量好,劳动条件较好,易实现机械化和自动化,但设备成本较高,不适宜单件、小批量生产。

5.6.1.2 固体渗碳法

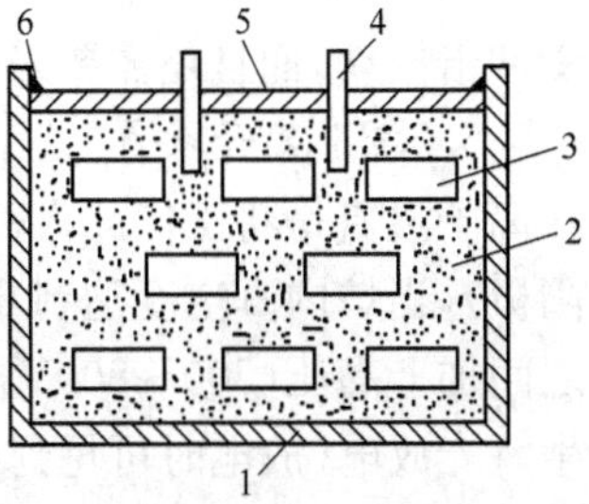

固体渗碳法是将工件置于四周填满固体渗碳剂的密封箱中,然后放入加热炉内,加热到 900~950℃,保温一定时间后出炉空冷的热处理工艺方法(图 5-21)。

通常固体渗碳剂为一定粒度的木炭与 15%~20%的碳酸盐($BaCO_3$ 或 Na_2CO_3 等)的混合物。其中木炭提供活性碳原子,而碳酸盐加速渗碳过程的进行。渗碳反应如下:

$$2C + O_2 \Longleftrightarrow 2CO$$
$$BaCO_3 \Longleftrightarrow BaO + CO_2$$
$$CO_2 + C \Longleftrightarrow 2CO$$

图 5-21 固体渗碳法装箱示意图
1—渗碳箱;2—渗碳剂;3—工件;
4—试棒;5—盖;6—泥封

在渗碳温度下,一氧化碳是不稳定的,它与工件表面接触发生反应,生成活性碳原子,即

$$2CO \Longleftrightarrow CO_2 + [C]$$

随后被工件表面吸收而溶于高温奥氏体中,并向内部扩散,形成一定深度的渗碳层。固体渗碳法所用设备简单,成本低。但生产周期长,生产率低,质量不易控制。主要适用于单件或小批量生产。渗碳时主要的工艺参数是加热温度和保温时间。加热温度愈高,渗碳速度愈快,渗碳层深度也愈大。但加热温度过高会使奥氏体晶粒过分长大,结果使钢变脆。在

一定的渗碳温度下,保温时间愈长,渗碳层的深度也愈大,具体确定保温时间时,要根据工件要求的渗碳层深度及采用的渗碳方法等来决定。

5.6.2 钢的渗氮

渗氮是在一定温度(一般在 A_{c_1} 以下)下,使活性氮原子渗入工件表面层的一种化学热处理工艺方法。其目的是提高工件表面的硬度、耐磨性、疲劳强度和耐蚀性。常用的渗氮方法有气体渗氮、离子渗氮、液体渗氮等。

5.6.2.1 气体渗氮

气体渗氮是将工件放入通有氨气(NH_3)的井式渗氮炉内,加热到 $500\sim750℃$,使氨气分解出活性氮原子[N],反应式为

$$2NH_3 \Longleftrightarrow 3H_2 + 2[N]$$

活性氮原子被工件表面吸收,并向内部扩散形成渗氮层。为了保证渗氮后工件表层具有高的硬度和耐磨性,心部具有足够的强度和韧性,用于渗氮的钢中必须含有铝、钒、钨、钼、铬、锰等易形成氮化物和提高淬透性的合金元素。常用的渗氮用钢有 38CrMoAl、35CrMo钢等。渗氮层深度一般不超过 $0.60\sim0.70mm$。

渗氮处理往往是零件加工工序中的最后一道工序。为了保证渗氮零件心部具有良好的综合力学性能,在渗氮前应进行调质处理。对形状复杂或变形要求严格的零件,在渗氮前、精加工之后,应进行去应力退火,以减少渗氮时的变形。工件经渗氮处理后,因表面形成一层极硬的合金氮化物,故不再需要进行淬火便具有很高的表面硬度和耐磨性,而且这种性能可保持到 $600\sim650℃$;因渗氮层的体积增大,使工件表面产生了残余压应力,故可显著提高钢的疲劳强度;因渗氮层表面是由连续分布的、致密的氮化物所组成,所以氮化后的钢具有很高的抗腐蚀能力;因氮化温度低,故氮化后变形很小。但是氮化生产周期长,例如为了得到 $0.3\sim0.5mm$ 的氮化层深度,一般需要 $30\sim50h$,故生产率低。另外,氮化层薄而脆,不能承受冲击振动,而且还需要采用专门渗氮用钢,所以成本高。

5.6.2.2 离子渗氮

离子渗氮是将工件放入密封炉内作为阴极,根据工件形状制成相应的阳极(或以炉壁作为阳极),当炉内真空度达到 $66.5Pa(100Pa=0.75mmHg)$ 时,通入少量氨气,并在阳极与阴极之间加上高压($500\sim800V$)直流电,在高压电场作用下,部分氨气发生电离,在工件表面产生辉光放电(放电时可见到蓝紫色辉光),被电离的氮离子,在电场作用下,以极高的速度轰击工件表面,使工件表面温度升高(一般为 $450\sim700℃$),并使氮离子在阴极夺取电子后,还原成氮原子被工件表面吸收,并向内部扩散形成渗氮层。

离子渗氮速度快,仅为气体渗氮时间的 $1/2\sim1/4$,生产周期短;不易形成脆化层,故渗氮层性能好;工件变形小;对材料适应性强,例如碳钢、合金钢、铸铁、有色金属等都可进行离子渗氮。但设备复杂,成本高。

5.7 其他热处理工艺简介

5.7.1 可控气氛热处理

工件在炉气成分可以控制的炉内进行热处理,称为可控气氛热处理。其目的是减少和

防止工件在加热时的氧化和脱碳,提高工件质量,节约钢材,控制渗碳时渗碳层的碳浓度,而且可以使脱碳的工件重新复碳。

用于热处理的可控气氛类型很多,按用途主要有:

A 吸热式气氛 指的是将燃料气(如天然气、丙烷、煤气等)按一定比例与空气混合后通入发生器进行加热,在催化剂的作用下,经吸热反应而制成的气体。主要用来作渗碳气氛和高碳钢的保护气氛。

B 放热式气氛 指的是将燃料气(如天然气、甲烷、丙烷等)按一定比例与空气混合后,靠自身的燃烧反应而制成的气体。它是制备气氛中最便宜的一种。其主要作用是防止氧化。

C 放热与吸热式气氛 这种气氛是由放热和吸热两种方式综合制备而成。首先将气体燃料与空气混合,在燃烧室中进行放热式燃烧,然后将燃烧室中的燃烧产物再与少量燃烧气混合,在装有催化剂的反应罐内进行吸热反应,产生的气冷却密封后便成为放热与吸热式气氛。它可用于吸热式或放热式气氛处理的各种情况。此种气氛含氢量较低,因而可以减少氢脆影响。

D 滴注式气氛 滴注式气氛是将液态有机化合物(如甲醇、乙醇、丙酮、甲酰胺、三乙醇胺等)混合滴入或与空气混合后喷入密封加热炉中,使之在高温作用下分解而获得的可控气氛。此气氛容易获得,使用时只需在原有的井式炉或箱式炉等热处理炉上稍加改进即可,故很适宜中、小型工厂推广使用。滴注式气氛主要用于渗碳、碳氮共渗、保护气氛淬火和退火等。

5.7.2 形变热处理

形变热处理是将塑性变形和热处理有机结合在一起,以提高材料力学性能的复合工艺。这种方法能同时收到形变强化与相变强化的综合效果,除可提高钢的强度外,在一定程度上还能提高钢的塑性和韧性。它已成为提高钢强韧性的有效手段,在生产中得到广泛应用。

A 低温形变热处理 低温形变热处理是将钢件加热至奥氏体状态,保持一定时间,急速冷却至 A_{r_1} 以下 M_s 以上某一温度进行塑性变形,随后进行淬火和回火的一种热处理工艺。

经低温形变热处理后,能在塑性和韧性几乎不下降的情况下,显著地提高钢的抗拉强度和屈服点。如:与普通热处理相比,在塑性基本保持不变的情况下,低温形变热处理可提高抗拉强度 30～70MPa,有时可达 100MPa。此外,还能明显提高钢的疲劳强度。低温形变热处理主要用于对刃具、模具等要求高韧性零件的处理。

B 高温形变热处理 高温形变热处理是将钢件加热到稳定的奥氏体区,保持一定时间后,进行塑性变形,然后立即淬火和回火的一种热处理工艺。锻热淬火、轧热淬火均属于高温形变热处理。

经高温形变热处理后,能在提高钢的抗拉强度和屈服点的情况下,改善钢的塑性和韧性,提高钢件在复杂的强载荷下工作的可靠性。此外,还可降低韧脆转变温度及对缺陷敏感性。

高温形变热处理对材料无特殊要求,一般碳钢、低合金钢均可应用。由于这种工艺变形温度高,形变抗力小,因而在一般压力加工条件下即可采用,并且易安插在轧制或锻造生产流程中。与普通淬火相比,抗拉强度可提高 10%～30%,塑性提高 40%～50%。经过运转试验和生产实践证明,比原来调质处理后的强度、塑性和韧性均有不同程度提高,质量稳定,效果良好。

5.7.3　真空热处理

将工件放在低于一个大气压的环境中进行加热的热处理工艺称为真空热处理。真空热处理包括真空退火、真空淬火和真空化学热处理等。其特点是:

1) 工件在热处理过程中不氧化,不脱碳、表面光洁。工件表面上的氧化物、油污在真空加热时完全发生分解,被真空泵排出,可使工件表面洁净、光亮,从而提高了疲劳强度和耐磨性。

2) 加热主要靠辐射,工件升温缓慢,截面温差小,热处理后变形小。溶解在工件中的气体,特别是氢,在真空中加热时会不断外逸并被真空泵排出,减少了氢脆,提高了钢的韧性。无公害,劳动条件好。

3) 真空热处理设备比较复杂庞大,投资较高。

真空热处理主要用于工模具、精密零件的热处理以及某些特殊金属的退火处理。

5.7.4　激光热处理

激光是一种具有极高能量密度、高亮度和方向性的强光源。目前应用于热处理的这种高能量密度的强激光主要由二氧化碳激光器供给。

激光热处理是利用高能量密度的激光束对工件表面扫描照射,使其极快(百分之几秒或更快)地被加热到相变温度以上,停止扫描照射后,靠零件本身的热传导来冷却,从而达到自行淬火的目的。

激光热处理具有加热速度快,加热区域小,不需要淬火冷却介质,细化晶粒,显著提高工件表面硬度和耐磨性;变形极小,表面光洁,不需再进行表面加工就可直接使用等特点。

激光热处理多用于精密零件的局部表面淬火,也可对微孔、沟槽、盲孔等部位进行淬火。

复习思考题

1. 何谓热处理,常用的热处理方法有哪些,简述热处理在轧钢生产中的作用。

2. 指出 A_1、A_3、A_{cm}、A_{c_1}、A_{c_3}、A_{ccm}、A_{r_1}、A_{r_3}、A_{rcm} 各相变点的意义。说明加热速度及冷却速度对它们的影响。

3. 试以共析钢为例,说明过冷奥氏体等温转变图中各条线的意义,并指出影响等温转变曲线的主要因素。

4. 何谓马氏体? 马氏体转变有何特点?

5. 将共析钢加热到760℃,保温足够时间,试问按图所示1、2、3、4、5线的冷却速度冷至室温,各获得何种组织?

6. 加热时,采用哪些方法可获得细小的奥氏体晶粒?

7. 共析碳钢加热得到奥氏体后,以不同的速度冷却下来,都得不到贝氏体。试用 C 曲线说明,怎样才可得

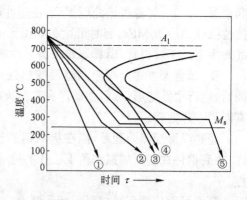

第5题图

到贝氏体?

8. 将共析钢加热到760℃获得均匀的奥氏体后,按下列不同规范冷却,试根据 C 曲线分析各获得什么组织。

(1) 很快冷到630℃,保持10s后以大于 v_k 速度冷至室温;

(2) 很快冷到630℃,保持10s后以大于 v_k 速度冷至300℃,再保温10h,快冷至室温;

(3) 很快冷到630℃,保温10h后空冷至室温;

(4) 很快冷到350℃后,以大于 v_k 速度冷至室温(题中很快冷却即冷却速度曲线与 C 曲线不相交)。

9. 将含碳量为0.45%和含碳量为0.8%的两种钢试样,分别加热到600℃、780℃、900℃,然后在水中淬火,试说明各获得什么组织。

10. 为什么淬火钢回火后的性能主要取决于回火温度?而不是取决于冷却速度?

11. 淬火目的是什么?亚共析钢和过共析钢淬火加热温度应如何确定?为什么?

12. 为什么淬火后的钢一般都要进行回火,按回火时温度的不同,回火可分为哪几种?指出各种回火后得到的组织、性能及应用范围。

13. 现有两个成分相同的过共析碳钢试样,分别加热到不同温度,一个试样得到了粗大均匀的奥氏体晶粒;另一个试样得到了细小的奥氏体晶粒和一部分残余碳化物。将两试样同时过冷到710℃进行等温转变,试问:

(1) 哪个试样转变所需的孕育期长,为什么?

(2) 哪个试样具有较高的淬火硬度?

(3) 哪个试样具有较小的马氏体临界冷却速度?

14. 试分析以下几种说法是否正确,为什么?

(1) 过冷奥氏体的冷却速度愈快,钢冷却后的硬度愈高;

(2) 钢经淬火后处于硬脆状态;

(3) 钢中合金元素含量愈多,则淬火后硬度就愈高;

(4) 共析碳钢加热到奥氏体化后,冷却时所形成的组织主要决定于钢的加热温度;

(5) 同一钢材在相同加热条件下,水淬比油淬的淬透性好,小件比大件的淬透性好;

(6) 钢的回火温度不能超过 A_{c_1} 。

15. 共析碳钢中的珠光体和马氏体的回火组织(例如600℃回火)都是由铁素体和碳化物所组成,但马氏体回火组织的强度要比珠光体回火组织的强度高,为什么?

16. 45 钢经调质处理后硬度240HBS,若再进行200℃回火,试问是否可提高其硬度?为什么?若45钢经淬火、低温回火后硬度为HRC57,然后再进行560℃回火,试问是否可降低其硬度?为什么?

6 合 金 钢

在碳钢的基础上有意加入一种或几种合金元素,使钢的使用性能或工艺性能得到改善提高,这样组成的铁基合金即为合金钢。但是,应当指出,合金钢并不是一切性能上都优于碳钢,它在不少性能指标上优于碳钢,但也有某些指标不如碳钢,且其价格比较昂贵,所以必须正确地认识合金钢,合理地使用合金钢,使它发挥出其最佳的效用。

6.1 钢中的合金相

从金相组织来看,合金钢是由不同的合金相所组成的。根据合金元素与铁、碳以及合金元素之间相互作用的不同,合金钢中主要的合金相有下列几种类型。

6.1.1 铁基固溶体

钢中合金元素可分别与 α-Fe、δ—Fe 及 γ-Fe 形成三种铁基固溶体,分别称 α、δ 和 γ 固溶体。这些固溶体仍保留着铁的多形性转变的特性,这是大多数合金钢仍能有效地进行热处理的根据之一。合金钢热处理效果的大小,可由 α 固溶体和 γ 固溶体的相对稳定性来判断。这里所谓铁基固溶体的相对稳定性,指的是其存在的温度范围以及成分范围的大小。由于钢的室温组织大多是由高温的 γ 固溶体——奥氏体变化而来,所以,通常把奥氏体的相对稳定性的大小作为合金元素对铁基固溶体影响的一个重要方面来讨论。那些在 γ-Fe 中有较大的溶解度,并能相对地稳定 γ 固溶体的合金元素称为促成奥氏体的合金元素;相反,在 α-Fe 中有较大的溶解度、并使 α 固溶体相对稳定的合金元素称为促成铁素体的合金元素。由此,可以把合金元素在这方面的作用分作两类。

6.1.1.1 扩大 γ 相区元素

所谓扩大 γ 相区,就是指在铁与合金元素组成的二元相图中,使 A_3 点温度降低,A_4 点温度升高,并在相当宽的温度范围内与 γ-Fe 可以无限固溶或有相当大的溶解度。这类元素显然是增大奥氏体相对稳定性的。按照对 γ 相区扩大的程度,通常又细分为两种:

A 开启 γ 相区元素(图 6-1,A—Ⅰ) 在这类元素(M)与铁组成的二元相图中,γ 相区存在的温度范围变宽,相应地 δ 和 α 相区缩小,并在一定范围内铁与该元素可以无限固溶。Mn、Co、Ni 与 Fe 组成的二元相图属于这一类。

B 扩大 γ 相区元素(图 6-1,A—Ⅱ) 与(Ⅰ)相似,但不无限固溶。C、N、Cu 等元素属于这一类。

6.1.1.2 缩小 γ 相区元素

所谓缩小 γ 相区,就是指这类元素(M)在 Fe-M 二元相图中,可使 A_3 点温度升高,A_4 点温度降低;合金元素在 γ-Fe 中的溶解度较小。这类元素显然是减小奥氏体的相对稳定性的。通常也分为两种。

A 封闭 γ 相区元素(图 6-1,B—Ⅰ) 这类元素使 A_3 升高,A_4 降低,γ 相区为 α 相区所封闭,在相图上形成 γ 圈。V、Cr、Ti、W、Mo、Al、Si、P、Sn、Sb、As 等属于这类元素,其中 V 和 Cr 与 α-Fe 在一定温度范围可无限固溶,其余元素与 α-Fe 都是有限溶解。

B 缩小 γ 相区元素（图 6-1,B—Ⅱ） 这类元素与封闭 γ 相区的元素相似,但由于在一定浓度出现了金属化合物,破坏了 γ 圈,使 γ 相可以在相当大的浓度范围内与化合物共存。B、Zr、Nb、Ta、S、Ce 等属于这类元素。

可以看出,促成奥氏体的合金元素与铁组成的二元相图属于第一大类（A 型）;促成铁素体的合金元素与铁组成的二元相图属于第二大类（B 型）。

在上述那些元素中,只有 C、N、B 与铁形成间隙固溶体,其余元素均与铁形成代位固溶体——合金铁素体和合金奥氏体。

综上所述,可以认为,铁基固溶体的多形性转变及固溶度的变化,也和碳钢相似,是合金钢热处理的根据,这两方面的多种变化造成了各式各样的合金钢组织。

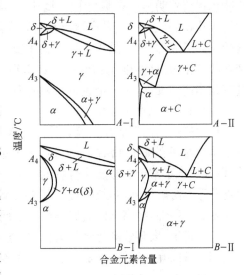

图 6-1　Fe-M（合金元素）二元相图基本类型示意图

6.1.2　钢中的碳化物及氮化物

6.1.2.1　钢中的碳化物

碳化物是钢中的重要合金相之一。碳化物的类型、数量、形态及分布,对钢的性能有着很重要的影响。

根据合金元素和碳的相互作用情况,可以把合金元素分作两大类:

A 非碳化物形成元素　如 Ni、Co、Si、Al、Cu 等,这些元素在一般钢中大多溶于铁素体或奥氏体中或以其他相的形式存在于钢中,但不形成单独的碳化物。

B 碳化物形成元素　碳化物形成元素都具有一个未填满的 d 电子层,d 层电子愈是不满,形成碳化物的能力就愈强,即和碳的亲和力愈大,从而形成的碳化物也就愈稳定。据此,可将合金元素形成碳化物的能力由强至弱排列如下:Ti、Zr、V、Ta、Nb、W、Mo、Cr、Mn、Fe;一般把 Ti、Zr、Ta、Nb 算作强碳化物形成元素,把 W、Mo、Cr、Mn、Fe 算作弱碳化物形成元素。有时也将 W、Mo 称为中强碳化物形成元素。

强碳化物形成元素和碳有很强的亲和力,易于形成不同类型的碳化物,由于这些碳化物的结构不同于渗碳体,在合金钢中常称它们为特殊碳化物。

弱碳化物形成元素,一部分进入固溶体中,另一部分进入渗碳体,取代其中部分铁原子,形成合金渗碳体,如 $(Fe,Mn)_3C$、$(Fe,Cr)_3C$ 等。除 Mn 以外,当元素含量超过一定限度时,又可形成特殊碳化物,如 $(Fe,Cr)_7C_3$、$(Fe,W)_6C$、$(Fe,Mo)_6C$ 等。总的来看,弱碳化物形成元素在碳化物中的浓度一般都比在固溶体中的高。

钢中碳化物按照晶体结构的不同,可分为两大类。一类是晶体结构比较简单的,另一类是晶体结构比较复杂的。当碳原子和过渡族元素原子半径之比 r_c/r_m 小于 0.59 时,形成的碳化物属于前一类,其结构可以是面心立方点阵、体心立方点阵、密排六方结构或简单六方点阵。这使碳原子填入金属立方晶格或六方晶格的空隙中,并使碳化物具有金属键,因而碳

85

化物仍保留着明显的金属特性。属于此类碳化物的有：TiC、ZrC、VC、NbC、TaC、WC 等。这类碳化物的最大特点是高熔点和高硬度，它们是硬质合金、粉末高速钢、高温金属陶瓷材料的主要组成部分，也是工业用钢的重要合金相。当 r_c/r_m 的比值大于 0.59 时，形成复杂结构的碳化物，这类碳化物包括：Fe_3C，Fe_2C，Cr_7C_3，$Cr_{23}C_6$，Fe_4W_2C 等。这类碳化物也都具有相当高的硬度，是合金钢中重要的强化相，但其熔点及硬度较前一类稍低。

6.1.2.2 钢中的氮化物

钢中氮化物的形成规律及其性能与碳化物相似。过渡族金属的氮化物一般为简单的晶体结构。常见的氮化物有 FeN，Fe_2N，Fe_4N，CrN，Cr_2N，MnN，TiN，NbN，ZrN，VN，TaN 等，以及属于正常价非金属化合物的 AlN。合金元素与氮亲和力的大小与碳相似。钢中氮化物几乎不溶解于基体，故一般视其为夹杂物。但在氮化钢中，却利用氮化物来提高钢的表面硬度和耐磨性，提高钢的疲劳强度。在低合金高强度钢中利用 AlN 来细化晶粒。

应当指出，大多数碳化物与碳化物、氮化物与氮化物之间可以互相溶解，氮化物与碳化物之间也可以互相溶解，形成复合的碳氮化物，如 $(Cr,Fe)_{23}(C,N)_6$、$Ti(N,C)$ 等；然而，N 并不能取代 Fe_3C 中的 C。

6.1.3 钢中的金属化合物

合金元素与铁或合金元素之间可形成各种金属化合物。元素周期表中 IV_B、V_B、VI_B、III_A 族元素（设为 A 组元）与 Fe、Co、Ni、Mn（设为 B 组元）结合，可形成很多种 $B_X A_Y$ 型金属化合物，如 N_3Al，N_3Ti，NiAl，Ni_2AlTi，Fe_7Mo_6 等。金属化合物中的某一组元也可被其他组元所取代，形成复合的金属化合物。

利用金属化合物从固溶体中脱溶，已成为铁基、镍基、钴基耐热钢与合金以及一些合金化程度较高的合金钢的重要强化手段。

应当指出，在不同的合金钢中，在不同的条件下，各种金属化合物对钢的性能的影响是不相同的。例如，在 Fe-18%Ni 类超强韧钢中，Ni_3Mo 是一个主要的强化相，Ni_3Ti 也造成相当的强化效果；由于这些金属化合物的析出，可使钢的屈服强度由固溶态的 687～785MN/m²（80kg/mm²）增至脱溶后的 2354MN/m²（240kg/mm²）以上。在以金属化合物硬化的高速钢中，由于金属化合物的脱溶，可使钢的硬度由 HRC30～40 增至 HRC70 以上，即二次硬化的效果使硬度增值达 HRC20～30 以上。又如，在含铬较高的不锈钢中，在 σ 相形成的早期，钢的性能几乎没有什么明显的改变，可是在后期材料就变脆。再如，在一些耐热钢中，如只限于形成 $Ni_3(AlTi)$ 金属化合物，则可提高钢的热强性，但如果在高温下发生了 $Ni_3(AlTi)$ 向 Ni_2AlTi 的转变，则钢的高温性能就要变坏。所以，为了成功地使用钢材，就必须仔细地控制成分，选择适当的热处理工艺以及正确地确定钢材的工作条件。此外，近年来发展的共晶复合耐热材料，则是直接用不同的两种或两种以上的金属化合物单向结晶复合而成。

6.2 合金元素在钢中的作用

6.2.1 合金元素对钢中固态相变及组织的影响

6.2.1.1 合金元素对钢在加热时相和组织转变的影响

除了一些高合金钢外，大部分合金钢在室温时的组织基本上仍是铁素体加碳化物的复相组织。这些钢在生产时至少都要经受一次奥氏体化的过程。在奥氏体化过程中，铁素体要发生多形性转变，碳化物也要发生溶解或转化，碳与合金元素要发生再分布，奥氏体的晶粒大小也要发生相应的变化。合金元素对这些过程都有或大或小的影响。通常考虑两个方面：

1) 奥氏体化时一般希望有较多的合金元素溶解于奥氏体。非碳化物形成元素较易于溶解在奥氏体中，但如果含有强碳化物形成元素时，为了能使更多的强碳化物形成元素溶解于奥氏体，可再同时加入弱碳化物形成元素来减弱强碳化物的稳定性（如 V 和 Mn 同时加入），以促使强碳化物的溶解。

2) 合金元素对奥氏体晶粒大小的影响。它包括两方面的问题：一个是合金元素能否使起始晶粒细化；另一个是合金元素是否阻止晶粒的长大。近期对高纯铁合金的研究指出，含碳量小于 0.05% 时，碳对奥氏体晶粒的细化有强烈的效果；但在 0.1%～0.5%C 的范围内，随碳的增多对晶粒细化不起作用；含碳量超过 0.5% 时，晶粒有粗化的趋势。加入 Si＜0.2% 时，可细化奥氏体晶粒，但当 Si＞0.2%～2.1% 时，晶粒粗化。加入 Mn＜13.7% 时，可使 Fe-Mn 奥氏体晶粒有少许的细化。在 Fe-C 合金中，当含有 C、AlN、Si、Mn 其中两个以上组元（AlN 视作一组元）时，奥氏体晶粒最细小。另外，过多的 AlN 虽然对奥氏体晶粒的细化没有作用，但它却可以有效地提高晶粒粗化的温度。研究表明，在几种含 0.2%C 的低合金钢中，为阻止奥氏体晶粒的长大，AlN 的量都不能少于 $60～100×10^{-4}$%。但当奥氏体化温度高于某一温度时，AlN 开始显著地溶于奥氏体，这时奥氏体晶粒就开始急剧地长大。

Nb、Zr、Ti、V 等元素形成的碳化物或氮化物也有强烈阻止奥氏体晶粒长大的作用。与 AlN 的情况相似，当高于某一温度时，这些元素的碳化物或氮化物就较显著地溶于奥氏体，同样也就伴随着奥氏体晶粒的急剧长大。

6.2.1.2 合金元素对过冷奥氏体转变的影响

合金元素对过冷奥氏体转变的影响，集中反映在对过冷奥氏体分解动力学曲线位置的影响，即合金元素使过冷奥氏体分解动力学曲线右移或使其左移。如过冷奥氏体稳定性大（钢的淬透性大）则分解动力学曲线右移；反之，则左移。其具体影响可从以下三个方面来讨论。

A 奥氏体的先共析铁素体转变 亚共析钢奥氏体在临界温度（A_3）附近的转变是一个典型的扩散型的形核和长大的过程，铁素体在晶界形核并长大为等轴晶粒，铁素体中碳量近于平衡态时的含量。从对碳扩散的影响来看，由于碳化物形成元素（特别是强碳化物形成元素）降低碳在奥氏体中的扩散系数，因而显著推迟先共析铁素体的析出和长大，而非碳化物形成元素的影响则较小。

研究指出，加入合金元素之后，有一个临界的 $\gamma \rightarrow \alpha$ 转变温度，低于这一温度，保留在奥氏体中的合金元素的量与铁素体中合金元素的量相当；高于这一温度，则发生合金元素的再分配。例如，当合金元素为 Si、Al、Cr、Co 时，该临界温度相当于平衡温度（A_3）；当合金元素为 Ni、Mn 时，该临界温度则大大低于平衡温度。因此，在含有 Ni 或 Mn 时，在低于平衡温度下发生 $\gamma \rightarrow \alpha$ 转变过程中，也还会发生元素的再分配。另外，在溶解硼的钢中，早已观察到硼对 α 形核有重要作用，微量硼可以显著推迟铁素体在晶粒界的形核。这样，在正火时 $\gamma \rightarrow \alpha$ 转变的温度就降低。利用这一点已成功地发展了在正火或正火、回火状态下具有高屈服强度的焊接用合金钢以及具有相当高淬透性的调质硼钢或渗碳硼钢。

B　奥氏体的珠光体转变　合金元素对这一转变的影响各有不同。对于强碳化物形成元素，如 Ti、Nb、V、Zr 等，由于它们在奥氏体中的扩散系数远小于碳的扩散系数，因此，合金元素本身的扩散是转变的关键性环节。这些元素主要是通过推迟珠光体转变时碳化物的形核和长大来延缓整个相变过程；对于中强碳化物形成元素，如 W、Mo、Cr 等，除了也推迟碳化物的形核和长大以外，还由于这些元素能增加固溶体原子间的结合力，减小铁的自扩散系数，从而推迟了珠光体转变中的 $\gamma \rightarrow \alpha$ 转变。由于这两方面的原因，使整个珠光体转变过程迟缓；对于弱碳化物形成元素，如 Mn，它既减慢含 Mn 渗碳体的形核和长大，又强烈推迟 $\gamma \rightarrow \alpha$ 相变，故 Mn 显著推迟珠光体转变。至于非碳化物形成元素，如 Ni 和 Co，由于 Ni 推迟，而 Co 加速 $\gamma \rightarrow \alpha$ 相变，因而 Ni 推迟珠光体的形成，Co 则加速珠光体的形成。Si 和 Al，不溶解于渗碳体，当渗碳体形成时，它们势必要扩散开，渗碳体才得以形成，于是 Si 和 Al 就减慢了珠光体的形成。另外，Si 还推迟 $\gamma \rightarrow \alpha$ 相变，而 Al 在这方面的作用尚不清楚；微量元素硼，由于在晶界的内吸附，并形成共格硼相（$M_{23}C_3B_3$），可显著阻止铁素体的形核，从而增大了过冷奥氏体的稳定性。以上情况说明，就单个元素的影响来说，除 Co 以外，钢中大多数合金元素，只要溶于奥氏体，就会或多或少地增大过冷奥氏体向珠光体转变的稳定性。至于稀土元素，其影响目前尚不清楚。

研究还指出，多种合金元素对推迟转变的综合作用，远比单一元素的作用大得多。如 Cr-Ni-Mo、Cr-Ni-W、Si-Mn-Mo-V 等合金系就是较为突出的多元少量的综合合金化方案。以这些合金化方案生产的优质钢种，如 40CrNiMo、18Cr2Ni4W、35SiMn2MoV 等，已在生产中成功地使用多年。但是，关于合金元素综合作用的机理，目前了解得并不多。

C　奥氏体向贝氏体的转变　在一般情况下，除了 Co 和 Al 加速贝氏体的形成外，C，Mn，Cr，Ni，Si，Mo，W，V，Cu 以及微量的 B 都延缓贝氏体的形成，其中以 C，Mn、Cr、Ni 最为明显，尤其是对下贝氏体的形成的影响尤为显著。Mo 对推迟贝氏体形成的作用，不像它对珠光体形成推迟得那样剧烈。

关于合金元素对贝氏体形成影响的原因，除了合金元素减慢碳的扩散从而推迟相变以外，还可能有各式各样的原因。如加入 Ni、Mn 等使奥氏体稳定的元素，可降低 B_s 温度（贝氏体形成的上限温度），同时降低贝氏体的形核率和长大速度，使转变推迟。加入不形成碳化物的元素，如 Si 由于它强烈地阻止贝氏体转变时碳化物的形成，促使未转变部分奥氏体富集碳，从而推迟贝氏体的形成。关于合金元素的综合作用，研究得也比较少。

值得注意的是，合金奥氏体转变成贝氏体时，在所形成的碳化物中合金元素的含量等于奥氏体中合金元素的含量。这表明在贝氏体形成过程中，不发生合金元素的重新分布。另外，与珠光体转变不同，贝氏体转变常常不完全，剩有较多的残留奥氏体。

综上所述，同一元素对不同类型相变的影响可以是完全不同的。多种合金元素在一起就更会有这种情况。所以，在合金钢的 T-T-T 曲线或 C-C-T 曲线中时常可以看到：有的是珠光体型转变的"鼻子"偏左（相变孕育期短），有的是贝氏体型转变的"鼻子"偏左。这种情况表明：钢的淬透性前者受珠光体型转变所控制，后者受贝氏体型转变所控制。了解了这一点，就可以更好地制订合金钢的淬火、正火、等温淬火等热处理工艺。

6.2.1.3　合金元素对马氏体型相变的影响

可从如下几方面来说明：

1) 凡是增大过冷奥氏体稳定性的元素，都使得钢的淬火临界冷却速度减小，即容易得到马氏体。

2）当合金元素溶于奥氏体后，除 Co、Al 升高 M_s 点，Si、B 对 M_s 点影响不大外，其他大多数合金元素，如 C、Mn、V、Cr、Ni、Cu、Mo、W 等都降低 M_s 点，而降低 M_s 点的元素也大多都降低 M_f 点。但元素的综合影响要复杂得多。

3）合金元素对马氏体的形态（或精细结构）也有影响。研究指出，在大多数合金钢中，马氏体的形态主要也是两类，即板条马氏体（如在低碳钢、Fe-Ni、Fe-Cr、Fe-Si、Fe-Cu、Fe-Mn 及 18-8 型奥氏体不锈钢等合金中）和孪晶马氏体（如在中、高碳结构、工具钢等合金中）。但产生不同形态马氏体的控制因素尚不十分清楚。应当指出，在一般情况下，低碳的板条马氏体的塑性和韧性要比高碳的孪晶马氏体的塑性和韧性好一些。另外，当有氢在固溶体中存在时，马氏体对延迟断裂的敏感性因马氏体的形态而异，已经发现，孪晶马氏体对这种形式破坏的敏感性更大。这些事实对发展焊接用低合金钢有重要的意义，假如能预防孪晶马氏体在焊接后形成，那么，材料硬化区裂纹的敏感性就会大大降低。因此，就越有必要来进一步研究对形成不同形态马氏体有作用的冶金因素，进而对其加以控制。

4）合金元素对奥氏体向马氏体转变对体积的变化也有影响。当以密排的奥氏体转变为不太密排的立方或正方马氏体时，必然产生体积的增大。结果会在马氏体形成过程中产生应力，这种应力可导致产生淬火裂纹。为了使这一影响减至最小，可在热处理方法上采取措施，例如，使奥氏体脱溶（或时效）和马氏体回火等。但是，也可以利用合金元素对马氏体转变体积变化的影响，使转变时的体积变化大大减小。一些研究结果如图 6-2 所示，从中可以看出，为减小转变时的体积变

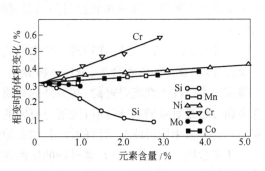

图 6-2　合金元素对奥氏体→马氏体转变体积的影响图

化，可减少铬，增加硅。但是，关于合金元素在这方面影响的机理论述有待于进一步的研究。

6.2.2　合金元素对钢的性能的影响

大家知道，金属学的主要任务就是要研究合金的化学成分、加工热处理工艺、组织结构和性能之间的关系及其变化的规律。合金钢的研究对金属学的发展起了很大的推动作用，目前已揭示了大量的关于合金钢的化学成分、加工热处理、组织结构和性能之间的关系及其变化的规律。

通过前面的讨论，可以看出，在不同的合金系中，不同的合金元素起着不同的作用，但最终都是为了要满足性能的要求。这里不可能就各种合金元素在各钢中对性能所起的作用进行讨论，而只是从合金元素对钢的性能影响的几个方面提出考虑问题的方法。

考察合金元素对钢的性能的影响，不能脱离各种钢在具体使用条件下的组织状态。在不同的组织状态下，合金元素通过不同的途径影响钢的性能。譬如，钢在退火、正火以及调质状态下，合金元素对含有微量碳的铁素体的力学性能的影响，主要是通过固溶强化。大多数的情况是随元素含量的增加，强度性能增高，塑性、韧性降低；然而除了铁素体以外，组织中还有碳化物、氮化物、金属化合物等，甚至还有非金属夹杂物，这就需要考察合金元素对这

些合金相以及夹杂物的形成、形态、大小及分布的影响；而这些除了受合金元素的影响以外，还受热处理等加工工艺过程的影响。

钢在强韧化状态下（淬火、回火状态），合金元素与碳、铁一起通过马氏体型相变强化使钢得到高强度，然后再经过回火过程中合金元素改变 α 相的状态、改变碳化物或金属化合物的形态、大小及分布造成的回火韧化或二次硬化来使钢达到预期的性能。

对高温下使用的钢，则还需要考察合金元素对晶界强化的作用。因为在高温时晶界是薄弱环节，即超过一定温度时晶界强度低于晶内强度。如硼可以显著强化晶界，因此，硼日益广泛地在某些耐热钢中得到采用。除了考虑强化晶界外，一些高熔点的元素如 Mo、W 等加入钢中，由于提高了钢的再结晶温度，从而大幅度提高了钢的高温强度。当工作温度逐步升高，铁基、钴基合金满足不了要求时，就要改变基体，发展镍基乃至共晶复合材料等高温合金。

低温下使用的钢，或者采用韧性好的奥氏体钢；或者在铁素体加碳化物类钢中添加能细化晶粒的合金元素；或者通过特殊的加工工艺细化晶粒，如热机械处理、控制轧制等，以改善此类钢的低温韧性。因为在低温时晶内强度低于晶界的强度，所以细化晶粒就会带来显著的效果。

另外，为了获得具有特殊物理或化学性能的钢与合金，人们发展了各种类型的不锈耐蚀钢及合金，以及各种精密合金、磁性材料等等。在这些金属材料中，某一合金在一定的介质、环境或工作条件下性能是好的，在另外的介质、环境或工作条件下性能可能就是差的；某一合金相有时是有益的，有时则可能就是有害的；某一合金元素在某一合金系中起有益作用，在另一合金系中则可能起相反的作用，如此等等。

还需指出，在考虑合金元素对钢的使用性能影响的同时，还需要考虑合金元素对钢的工艺性能的影响。譬如，在多数情况下，在钢的淬透性增大的同时，钢的焊接性能就可能恶化，这就需要尽量减少恶化焊接性的元素，如 C、P、Si 等，与此同时再来调整钢的其他成分，以满足淬透性的要求。又如，为了改善钢的冷形变性能，就需要降低钢中残存元素 S、P、Cu、Si 等的含量，这就需要对冶炼工艺提出更高的要求；或者通过合金化使钢材在成型时处于低硬度状态，加工后再通过较简单的热处理使钢强韧化，马氏体时效钢就是一个典型的例子；或者通过形变相变综合强化的方法来解决加工成型困难的问题，热机械处理强化状态遗传性的研究成果就是一个典型的例子。

总之，研究合金元素在钢中的作用，必须根据具体钢种所需要的性能，全面考察钢材在整个加工处理过程中的组织结构变化，以及使用过程中组织结构的变化，才能深入了解合金元素与铁，合金元素与碳，以及合金元素之间的相互作用。

6.3 合金钢的分类与编号

合金钢属于铁基合金，如果按合金钢中主要元素之一的碳来区分的话，可以分为两大类，一类是含有较多碳的合金钢，另一类是含有微量碳的合金钢。随着工业生产的迅猛发展，合金钢的种类日益繁多。和其他金属材料一样，为了不同的目的，合金钢还可有好多种分类方法，这些分类方法各有其特点。根据合金钢的用途不同可分为：结构钢、轴承钢、工具钢、耐蚀钢、耐热钢及特殊物理性能钢等；按退火后钢的金相组织，可将合金钢分为亚共析钢、共析钢、过共析钢和莱氏体钢等；按变冷后钢的金相组织可将合金钢分为珠光体类、马氏体类、贝氏体类、奥氏体类以及铁素体类等；根据钢中主要合金元素的类型，可将合金钢分为：锰钢、硅钢、硅锰钢、硼钢、铬镍钢、铬镍钼钢等；也可根据合金元素总含量的多少将合金钢大致分为低合金钢（合金元素总量小于 3%者）、中合金钢（合金元素总量 3%～10%者）以及高合金钢（合金元素总量大于 10%者）。除上述分类方法外，还可按冶炼方法、杂质含量等来分类。

合金钢的编号方法也可有多种。根据 GB 221—63，我国合金钢编号方法的原则是：钢中化学元素采用汉字或国际化学元素符号表示；产品用途、冶炼和浇注方法，采用汉字或汉语拼音字母的缩写，现分别介绍。

6.3.1 合金结构钢（包括低合金高强度钢）

钢的含碳量以平均含碳量的万分之几表示；钢中主要合金元素含量，除个别情况外，一般以百分之几表示，当元素平均含量小于 1.5%时，钢号中只标明元素，而不标具体含量，当元素平均含量等于或大于 1.5%、2.5%、5.5%……时，在元素符号后面还要相应标注 2、3、4……等数字。这些代表合金元素含量的数字，应与元素符号平写，如：20Cr2Ni4A。合金结构钢中的 Mo、V、Ti、Nb、Zr、B、稀土等元素，如是有意加入的，虽含量较少，但作用特殊，仍应在钢号中标出元素符号。有时，两个钢种的化学成分，除其中一个主要合金元素外，都基本相同，而且这个主要元素的平均含量也都小于 1.5%，这时应该将元素含量较高的钢号的元素符号后标加"1"字来区别。高级优质钢的钢号末尾加注"高"或"A"。低合金高强度钢，如果是碱性或酸性转炉冶炼的，则应在其钢号前分别冠以"碱"（或 J）和"酸"（或 S）。弹簧钢的表示方法与合金结构钢相同。

6.3.2 合金工具钢和高速钢

当平均含碳量≥1.00%时，含碳量就不再标出，当平均含碳量<1.00%时，则以千分之几表示；合金元素的表示方法，基本上与合金结构钢相同。但含 Cr 量低的工具钢，其铬含量也以千分之几表示，并在含量数字之前加一个"0"字，以便把它和一般的表示元素含量百分数的标记区分开来。高速钢的含碳量一般不标出，只标明合金元素的平均含量，以百分之几表示。

6.3.3 滚动轴承钢

为了避免这类钢的编号和其他合金钢发生混淆和重复，钢中的含碳量不予标出；钢中含铬量以千分之几表示，并在钢号前冠以表示用途的缩写"滚"（或 G）。

6.3.4 不锈耐蚀钢、耐热钢和电热合金

这几类钢与合金中的含碳量大都很低，一般不予标出；合金元素的平均含量以百分之几表示，微量特殊元素如 Ti、N、Nb、B、稀土等，也标示元素符号。如同一类钢合金元素含量相同，而含碳量不同，则含碳量以千分之几概略表示，如 0Cr13、1Cr13、2Cr13、00Cr18、Ni9Ti、0Cr18Ni9Ti、1Cr18Ni9Ti，它们的含碳量相应约为≤0.08%、≤0.15%、≤0.16%～0.24%、≤0.04%、≤0.06%、≤0.12%。如果个别情况含碳量较高，为明确起见，也以千分之几表示，如 9Cr18、4Cr9Si 等。铁素体珠光体型耐热钢的钢号与合金结构钢相同。

6.3.5 硅钢

钢号前一律冠以"电"(或 D)。在频率等于 50 周/秒和强磁场下使用的硅钢,D 后常标两个数字,第一位数(如 1、2、3、4)表示硅含量分别为 0.8%~1.8%、1.8%~2.8%、2.8%~3.8% 及 3.8%~4.8%;第二位数字表示磁性的高低。数字愈大,磁性要求愈高。冷轧硅钢后面再附加一个 0 或两个 0,D 后第三位的 0 表示织构硅钢,第三、四位皆为 0 者表示无织构硅钢。在频率为 400 周/秒或在中等磁场或弱磁场下使用的硅钢,D 后分别附加 G,H、R 加以区别。

6.4 低合金结构钢与合金结构钢

6.4.1 低合金结构钢

低合金结构钢是在低碳钢的基础上加入少量合金元素而得到的钢。这类钢比低碳钢的强度要高 10%~30%,冶炼比较简单,生产成本与碳钢相近。广泛用于建筑、石油、化工、铁道、桥梁、造船等工业部门。

A 性能特点 低合金结构钢具有以下性能特点:

1) 高强度、足够的塑性和韧性:在热轧或正火后具有高的强度,其屈服点一般在 300MPa 以上,从而可减轻构件自重,节约钢材,降低费用。具有良好的塑性和韧性,可以避免脆断,同时使冷弯、焊接等工艺易于进行。

2) 良好的焊接性能:这类钢大多用于钢结构,而钢结构一般都是焊接件,所以焊接性能好是这类钢的重要性能特点。

3) 良好的耐腐蚀性能和低的韧脆转变温度:可避免在大气、海水和土壤等环境中被腐蚀和在低温下发生脆断。

B 成分特点 其成分特点如下:

1) 低合金结构钢的碳质量分数一般小于 0.2%,主要是为了获得较好的韧性、焊接性能和冷变形能力。

2) 低合金结构钢的室温组织是铁素体和珠光体。钢中加入合金元素锰可使铁碳合金相图中的 S 点向左下方移动,并使 C 曲线右移,从而大大细化铁素体晶粒,并使珠光体量增多且变得更细小,故可同时提高强度和韧性。锰还能起固溶强化作用。

3) 加入强碳化物形成元素铌、钒、钛等在钢中可形成稳定性高的碳化物,它们既可阻止热轧时奥氏体晶粒长大,保证室温下获得细铁素体晶粒,又能起第二相强化作用,进一步提高钢的强度。

4) 可根据钢的特殊要求加入其他合金元素,如铜、磷可提高抗大气腐蚀性能。

C 热处理特点 低合金结构钢通常是在热轧或正火状态下使用,一般不再进行热处理。

D 常用钢种 目前已列入国家标准的低合金结构钢有十余种,其中 16Mn 是生产最早、产量最大、使用最多的钢种,它的综合力学性能、焊接性能、加工性能都良好。低温性能较好,可在 −40~45℃ 范围内使用。抗大气腐蚀性比普通碳钢高 20%~30%。

常用低合金结构钢的牌号、成分、性能及用途请查阅相关手册。

6.4.2 合金结构钢

按工艺特征合金结构钢可分为合金调质钢、表面硬化结构钢（合金渗碳钢、氮化钢、氰化钢、表面淬火用钢）和冷塑性成形用钢（如冷冲压钢、冷镦钢、冷挤压钢等）。

6.4.2.1 合金渗碳钢

许多机械零件如汽车齿轮、内燃机凸轮、活塞销等工作条件比较复杂，一方面承受强烈的摩擦磨损和交变应力的作用，另一方面又经常承受较强烈的冲击载荷，为了满足这样的工作条件，产生了渗碳钢。

A 性能要求 经渗碳、淬火和低温回火后，表面具有高的硬度和耐磨性，而心部具有足够的强度和韧性。另外还要求具有良好的工艺性能，主要是指热处理性能，如渗碳能力和淬透性等。

B 成分特点 合金渗碳钢中碳质量分数一般为 0.1%～0.25%，以保证零件心部经热处理后有足够的塑性和韧性。加入合金元素铬、锰、镍等，主要是提高钢的淬透性，保证钢在渗碳淬火后，心部都能获得低碳马氏体组织，从而提高强度，同时又具有良好的韧性。加入微量的强碳化物形成元素钛、钒、钨、钼等，它们形成的合金碳化物很稳定，从而阻止奥氏体晶粒长大，起细化晶粒作用。这对保证渗碳零件心部的强度和韧性是极为有利的。并使渗碳后可直接淬火，简化热处理工序。

C 热处理特点 由于合金渗碳钢的含碳量低，生产中常将渗碳钢毛坯先经正火处理，以提高硬度，改善切削加工性能。渗碳后的热处理方法一般是淬火及低温回火。渗碳后一般要求渗碳件表面的碳质量分数为 0.80%～1.05%，经淬火及低温回火后，表面获得高硬度和高耐磨性的回火马氏体和合金碳化物组织。心部如淬透、回火后为低碳回火马氏体；若未淬透时，则为托氏体加少量低碳回火马氏体及铁素体的复合组织。它们都具有较好的塑性、韧性以及足够的强度。

D 常用钢种 常用合金渗碳钢的牌号、成分、热处理、性能及用途见有关手册。根据淬透性的大小合金渗碳钢分为三类：

1）低淬透性合金渗碳钢：这类钢合金元素含量较少，淬透性较差，主要用于制造受力较小、截面尺寸不大的耐磨零件，如活塞销、凸轮、滑块等。典型钢种有 20Cr，20MnV 钢等。

2）中淬透性合金渗碳钢：这类钢淬透性较好，零件淬火后心部强度高，可达 1000～1200MPa，多用于制造承受冲击载荷，要求有足够冲击韧性和耐磨的零件，如汽车、拖拉机齿轮等。20CrMnTi 钢是最常用的钢种，广泛用于汽车、拖拉机行业中。由于铬、锰的复合作用，具有较高的淬透性，钛可细化奥氏体晶粒，渗碳后可直接淬火，工艺简单，淬火变形小。

3）高淬透性合金渗碳钢：这类钢含有较多的铬、镍等合金元素，在它们的复合作用下，钢的淬透性很好，甚至在空冷时也能得到马氏体组织。心部强度可达 1300MPa 以上，主要用于制造承受很高载荷，要求有高的强韧性和耐磨性的零件，如飞机和坦克的重要齿轮和轴等，典型钢种有 20Cr2Ni4、18Cr2Ni4WA。

由于低碳马氏体具有优良的综合力学性能，因此近年来渗碳钢也可不进行渗碳，而是在淬火低温回火状态下使用，以制造要求综合力学性能良好的零件。

6.4.2.2 合金调质钢

合金调质钢是指经调质处理后使用的钢。在机械工程中，重要的零件如机床主轴、汽车半轴都是在多种性质的载荷下工作的,受力情况比较复杂,要求具有良好的综合力学性能,所以一般都选用调质钢制造。

A 性能要求 对调质钢的基本性能要求是具有良好的综合力学性能,即强度、硬度、塑性、韧性都较好,为了保证零件整个截面力学性能的均匀性,还要求钢具有良好的淬透性。

B 成分特点 合金调质钢的碳质量分数一般在 0.25%～0.50% 之间。若含碳量过低,钢件不易淬硬,回火后强度不足;若含碳量过高,则韧性差,在使用过程中易产生脆性断裂。由于合金调质钢中合金元素相当于代替了一部分碳的作用,故含碳量可取其下限。钢中常加入的合金元素有锰、硅、铬、镍、硼、钒、钼、钨等。

C 热处理特点 为了改善合金调质钢的切削加工性能和锻造后的不正常组织(如过热、带状组织等)以及消除残余应力,在切削加工前应进行预备热处理(退火或正火)。

合金调质钢的最终热处理一般是淬火后进行高温回火(500～650℃),以获得具有良好综合力学性能的回火索氏体组织。为防止第二类回火脆性,某些调质钢回火后应快冷。如果要求零件表面有较高耐磨性时,调质后还可进行表面淬火或化学热处理。

D 常用钢种 常用合金调质钢的牌号、成分、热处理、性能及用途请查阅相关手册。调质钢按其淬透性大小可分为以下三类:

1) 低淬透性合金调质钢:这类钢的油淬透直径为 20～40mm,其合金元素含量较少(合金元素总的质量分数小于 2.5%),属于这类钢的有锰、硅—锰、铬和硼钢组等。典型的钢种为 40Cr 钢,它有较好的力学性能和工艺性能,但因淬透性较差,故主要用于制作中等截面的零件,为节约铬,常用 40MnB 或 42SiMn 代替。

2) 中淬透性合金调质钢:这类钢的油淬临界淬透直径大于 40～60mm,合金元素含量较多,淬透性较高,属于这类钢的有铬—锰、铬—钼和铬—镍钢组等,如 40CrMn、35CrMo、38CrMoAl、40CrNi 钢等。由于淬透性较好,故可用来制作截面较大、承受较重载荷的调质件,如曲轴、齿轮、连杆等。

3) 高淬透性合金调质钢:这类钢油淬临界淬透直径大于 60～100mm,合金元素含量比前两类调质钢多,淬透性高,属于这类钢的有铬—镍—钼、铬—锰—钼、铬—镍—钨钢组等;如 40CrNiMoA、40CrMnMo、25Cr2Ni4WA 钢等。主要用于制造大截面、承受重载荷的重要零件,如汽轮机主轴、叶轮等。

6.4.2.3 其他结构钢简介

A 耐候钢 耐候钢即耐大气腐蚀钢,是近几年在我国开始推广应用的一种新钢种。与碳素钢相比,具有良好的抗大气腐蚀能力。

耐候钢按其性质和用途,一般分为两大类:一类是主要考虑其耐候性而作为一般结构用钢,称为高耐候钢;另一类是既考虑其耐候性,同时又兼顾强度、韧性和焊接性能,称为焊接结构用耐候钢。

B 易切削结构钢 易切削结构钢简称易切钢,其特点是切削性能优异。切削过程中切削抗力小、排屑容易,加工件表面粗糙度值小,刀具寿命长。

易切削钢是在钢中加入一种或几种能提高切削性能的元素,利用其本身或与其他元素形成一种对切削加工有利的夹杂物,来改善钢材的切削加工性。可用来改善钢的切削加工性的元素有硫、磷、铅、钙、碲(Te)、铋(Bi)等。其中以硫最为常用,硫主要以 MnS 夹杂物的形式分布在钢中,并沿轧制方向排列成纤维组织,它能中断钢基体的连续性,使钢被切削时形成易断的切屑,既降低切削抗力,又容易排屑。MnS具有润滑作用,可减轻切屑与刀具之间的摩擦,减小加工表面的粗糙度值。

C　低淬透性含钛优质碳素结构钢　低淬透性含钛优质碳素结构钢是近年来发展起来的一种新型钢种,它是在中碳钢的基础上,将提高淬透性合金元素(如锰、硅)的含量降低,并加入少量钛以细化晶粒的一种高频淬火用钢。

中、小模数齿轮高频淬火时,由于轮齿较薄,加热时齿的整个截面基本热透,淬火后齿的心部硬度往往超过HRC50,这样当受到较大冲击载荷时,易发生断齿和崩齿现象。

D　冷冲压钢　冷冲压钢是指用于制造各种冲压零件(如容器、仪表零件等)的钢。一般冲压的零件还要经过电镀、喷漆等。因此,对这类钢除要求具有好的塑性和成形性外,还要求所冲制的零件具有平滑光洁的表面。

为保证钢材具有好的塑性和成形性,冷冲压钢的含碳量应较低,例如冲压一般零件所用钢的碳质量分数0.20%～0.30%,冲压形状复杂的零件时,采用碳质量分子为0.05%～0.08%的钢。钢中锰的作用与碳相同,故也不宜过高;硅可防止钢板轧压时发生粘结作用,但含量高时,使塑性降低,故应严加控制;硫、磷对成形性有不良影响,因此应控制在0.04%左右。目前常用的冷冲压钢的碳的质量分数是小于0.17%的半镇静钢或镇静钢。

6.4.3　合金弹簧钢与滚动轴承钢

6.4.3.1　合金弹簧钢

弹簧是机器和仪表中的重要零件,主要在冲击、振动和周期性扭转、弯曲等交变应力下工作,被用于吸收冲击能、缓和振动和冲击,或储存能量以驱动机件。中碳钢和高碳钢都可作弹簧使用,但由于性能较差,故只用来作截面及受力较小的弹簧。为了提高性能,在碳钢中加入一定量的合金元素形成合金弹簧钢,用以制造较大截面的重要弹簧。

6.4.3.2　滚动轴承钢

滚动轴承钢是用来制造滚动轴承的内、外套圈和滚动体的专用钢种。

目前我国以含铬轴承钢应用最广,其中用量最大的是GCr15钢(约占90%以上),它经热处理后具有比较均匀稳定的组织,高的硬度和接触疲劳强度,良好的尺寸稳定性、抗蚀能力和切削性能。主要用于制造中、小型轴承以及精密量具、冷冲模、机床丝杠及喷油嘴等。制造大型和特大型轴承常用GCr15SiMn钢。另外,结合我国资源条件研制出了不含铬的轴承钢,如GSiMnV、GSiMnMoV钢等,与含铬轴承钢相比,它们具有较好的淬透性、物理性能和锻造性能,但易脱碳、抗蚀性能较差。

对于承受很大冲击载荷的轴承,常用渗碳轴承钢制造,如G20Cr2Ni4,G20CrMo钢等,经渗碳淬火后,表面硬度为HRC58～62,耐磨性好,心部具有良好的韧性。对于要求耐蚀的不锈轴承,常采用9Cr18钢,此钢具有优良的耐蚀性,经热处理后具有高的硬度、弹性、耐磨性、接触疲劳强度以及良好的低温性能、切削加工性能和冷冲压性能,但磨削性和热导性差。主要制造在海水、河水、蒸汽、硝酸以及在海洋性等腐蚀介质中工作的轴承,或在−253～350℃工作的轴承。

6.4.4　特殊性能钢

特殊性能钢是指具有某些特殊的物理、化学和力学性能的钢,如不锈钢、耐热钢、耐磨钢等。

6.4.4.1 不锈钢

通常将具有抵抗空气、水、酸、碱或其他介质腐蚀能力的钢称为不锈钢。

提高钢耐腐蚀性的一般途径:

1) 提高电极电位:在钢中加入合金元素,使钢中基本相的电极电位显著提高,从而提高抗电化学腐蚀的能力,常加入的合金元素有铬、镍、硅等。

2) 尽量使钢在室温下呈单相组织:合金元素加入钢中后,使钢形成单相的铁素体、单相的奥氏体或单相的马氏体组织,这样可减少构成微电池的条件,从而提高钢的耐蚀性。

3) 形成氧化膜(又称钝化膜):合金元素加入钢中后,在钢的表面形成一层致密的、牢固的氧化膜,使钢与周围介质隔绝,提高抗腐蚀能力。常加入的合金元素有铬、硅、铝等。

常用不锈钢:按高温(900~1100℃)加热并在空气中冷却后钢的组织不同分为:马氏体型不锈钢、铁素体型不锈钢和奥氏体型不锈钢等。

常用不锈钢的牌号、成分、热处理、性能及用途见相关手册。

A 马氏体型不锈钢 这类钢碳的质量分数一般为 0.1%~0.4%(个别钢种可达 0.6%~1.2%)、铬的质量分数为 12%~18%,属于铬不锈钢。随着钢中含碳量的增加,钢的强度、硬度和耐磨性提高,但耐蚀性下降。这是由于含碳量愈高,碳与铬形成的碳化铬就愈多,固溶体中溶铬量就相对地减少,电极电位降低,而且碳化铬愈多,与基体金属形成的微电池也愈多,所以钢的耐蚀性能下降。为了提高钢的耐蚀性和得到所需要的力学性能,常用的最终热处理方法是淬火后进行高(或低)温回火。

马氏体型不锈钢多用于制造力学性能要求较高,并有一定耐蚀性能要求的零件,如汽轮机叶片、喷嘴、阀门、阀座、量具、刃具等。常用的钢号有 1Cr13、2Cr13、3Cr13、7Cr17 钢等。

B 铁素体型不锈钢 这类钢碳的质量分数低(一般小于 0.12%),而铬的质量分数较高(为 12%~32%),也属于铬不锈钢。铬是缩小 γ 相区的合金元素,可使钢得到单相铁素体组织。即使将钢加热到 900~1100℃,组织也不发生明显变化,故不能用淬火来强化,通常是在退火状态下使用。此类钢抗大气、硝酸及盐水溶液的腐蚀能力强,并且具有高温抗氧化性能好等特点。主要用于制作化工设备中的容器、管道等。典型钢种有 1Cr17 钢等。

C 奥氏体型不锈钢 这类钢铬的质量分数一般为 17%~19%;镍的质量分数为 8%~9%,属于铬镍不锈钢。镍是扩大 γ 相区的合金元素,当镍的质量分数达到 8%时,整个组织基本为奥氏体。

奥氏体不锈钢在 500~700℃温度范围内长时间保温时,易沿晶界析出铬的碳化物,造成晶界附近的奥氏体含铬量低于为保证耐腐蚀所需的最低含量(Cr 小于 12%),从而引起腐蚀,称此种腐蚀为晶间腐蚀。为防止晶间腐蚀,可采取降低钢中含碳量(小于 0.06%),或在钢中加入一定量强碳化物形成元素钛、铌等。

奥氏体不锈钢具有很高的耐蚀性,优良的塑性,良好的焊接性及低温韧性,不具有磁性,但价格昂贵,易加工硬化,切削加工性较差。主要用作在腐蚀介质(硝酸、磷酸、碱等)中工作的零件、容器或管道,医疗器械以及抗磁仪表等。常用的有 1Cr18Ni9、0Cr8Ni11Ti 钢等。

6.4.4.2 耐热钢

耐热钢是指在高温下具有较好的抗氧化性并兼有高温强度的钢。它主要用于制造动力机械(如内燃机、汽轮机、燃气轮机)、锅炉、石油及化工设备中某些在高温下工作的零件或构件。

常用钢种按耐热钢的组织不同，可分为马氏体型、奥氏体型、铁素体型等。

常用耐热钢的牌号、成分、热处理、性能及用途见相关手册。

A 马氏体型耐热钢 这类钢中含有较多的铬，故抗氧化性和热强性均好。常用的钢号有 1Cr13、1Cr11MoV 钢，多用于制造在 600℃ 以下，承受较大载荷的零件，如汽轮机叶片和转子等。另一类马氏体型耐热钢中含有铬和硅，如 4Cr9Si2、4Cr10Si2Mo 钢，它们属于中碳钢范畴，主要为提高耐磨性，常用于制造内燃机的气阀。

B 奥氏体型耐热钢 这类钢一般在 600～700℃ 范围内使用，常用的钢号有 4Cr14Ni14W2Mo 钢，在高温下有较好的热强性、组织稳定性和抗氧化性，常用于制造工作温度≥650℃的内燃机排气阀。

C 铁素体型耐热钢 这类钢中主要含有合金元素铬，常用的钢号有 1Cr17 钢等，经退火处理后可制作在 900℃ 以下工作的耐氧化部件、散热器等。

6.4.4.3 耐磨钢

耐磨钢是指在巨大应力和强烈冲击载荷作用下才能发生硬化的高锰钢。

由于高锰钢极易加工硬化，很难进行切削加工，因此大多数高锰钢耐磨件是采用铸造方法成形的。

耐磨钢铸件的牌号前冠以"ZG"字（"铸钢"二字汉语拼音字首），其后为化学元素符号"Mn"，最后为平均锰的质量分数的百倍值。如 ZGMn13-1 钢表示平均锰质量分数为 13%，"1"表示序号。

常用耐磨钢铸件的牌号、成分、热处理、力学性能及用途见相关手册。

高锰钢铸造组织中存在许多碳化物，故性能硬而脆。当将铸件加热到 1060～1100℃ 时，碳化物全部溶入奥氏体中，水中淬火可得到单相奥氏体组织，这种处理称为水韧处理。高锰钢经水韧处理后强度、硬度不高，而塑性、韧性良好。但在工作时如受到强烈的冲击、巨大的应力和摩擦，表面因塑性变形而产生明显的加工硬化，同时还会发生奥氏体向马氏体的转变，因而表面硬度大大提高（HRC52～56），从而使表面层金属具有高的耐磨性，而心部保持原来奥氏体所具有的高韧性和塑性。

高锰钢主要用于制造在工作中受冲击和应力并要求耐磨的零件，如坦克、拖拉机的履带板、铁道道岔、破碎机颚板、掘土机铲斗、防弹板等。

复习思考题

1. 合金钢与碳钢相比，具有哪些特点？
2. 合金元素在钢中与铁、碳的主要作用是什么？
3. 为什么合金钢的淬透性比碳钢高？
4. 合金元素对淬火钢的回火组织转变有何影响？
5. 解释下列现象：
   (1) 大多数合金钢的热处理加热温度比相同含碳量的碳钢高；(2)大多数合金钢比相同含碳量的碳钢具有较高的回火稳定性；(3)含碳量大于 0.4%、含铬量为 12%的钢属于过共析钢，而含碳量为 1.5%、含铬量为 12%的铬钢属于莱氏体钢；(4)高速工具钢在热锻（或热轧）后，经空冷获得马氏体组织。
6. 为什么低合金结构钢的强韧性比相同含碳量的碳钢好？

7. 试分析 20CrMnTi 钢和 20MnVB 钢中合金元素的作用。

8. 用 20CrMnTi 钢制作的汽车变速齿轮,拟改用 40 钢或 40Cr 钢经高频淬火,行不行,为什么?

9. 何谓调质钢? 为什么调质钢大多数为中碳钢,合金元素在调质钢中的作用是什么?

10. 为什么铬轴承钢要具有高的含碳量? 铬、锰、硅、钒在轴承钢中起什么作用?

11. 试分析比较 W18Cr4V 和 W6Mo5Cr4V2 钢的优缺点并回答下列问题:

(1) 各元素在钢中的含量及作用;(2) 为什么 W6Mo5Cr4V2 钢的热硬性比 W18Cr4V 钢稍低?

12. 用高速工具钢制造手工锯条、锉刀行不行? 为什么?

13. 常用不锈钢有哪几种? 为什么不锈钢中含铬量都超过 12%?

14. 奥氏体不锈钢和耐磨钢淬火的目的与一般钢的淬火目的有何不同?

15. ZGMn13-1 钢为什么具有优良的耐磨性和良好的韧性?

16. 为什么一般钳工用锯条烧红后置于空气中冷却即变软,并可进行加工,而机用锯条烧红后(约 900℃)空冷,却仍具有相当高的硬度?

17. 说明下列钢号属于何种钢? 其数字含义如何? 主要用途是什么?

16Mn,20CrMnTi,GMn13 - 2,40Cr,GCr15,60Si2Mn,W18Cr4V,1Cr18Ni9,1Cr13,9SiCr,Cr12,5CrMnMo,42SiMn,CrWMn,W6Mo5Cr4V2,30CrMnSi,4Cr5W2VSi,15CrMo,9Mn2V。

7 铸　　铁

铸铁是碳的质量分数大于 2.11%，并含有较多的硅、锰元素及磷、硫等杂质元素的铁碳合金。

铸铁是一种成本低廉、用途广泛的金属材料，与钢相比，虽然力学性能较低，但却有许多钢所没有的优良性能，如良好的减振性、耐磨性、铸造性、切削加工性等，且生产工艺及设备较简单。因此，在生产中得到普遍的应用。如按质量比统计在汽车、拖拉机中铸铁用量占 50%~70%，在机床中占 60%~90%。

人类使用铸铁要比钢早得多，但由于其力学性能不高，只用于受力较小的不重要零件。自从球墨铸铁问世以来，铸铁的用途愈来愈广泛，目前已经成为一种优良的结构材料。采用球墨铸铁可代替部分锻钢、铸钢以及优质合金钢来制造各种零件。近年来由于铸铁组织的进一步改善，使石墨对基体的破坏作用大为减轻，热处理对基体的强化作用也更明显。因此，铸铁已逐步用于制造各种性能要求较高，受力较复杂的零件。

由于铸铁中含有较多的碳和硅，因此，铸铁中的碳既可形成化合态的渗碳体（Fe_3C），也可形成游离状的石墨（G）。根据碳在铸铁中存在的形式，铸铁可分为以下几种：

1）白口铸铁：这种铸铁中的碳全部以渗碳体的形式存在，其组织如 $Fe-Fe_3C$ 相图中白口铁部分所示，因其断口呈白亮色，故称白口铸铁。由于大量硬而脆的渗碳体的存在，故白口铸铁硬度高、脆性大，难于进行切削加工。因此，工业上很少直接用它来制造机器零件，主要用作可锻铸铁的毛坯以及某些不需进行切削加工，但要求硬度高、耐磨性好的机件，如犁铧等。

2）灰口铸铁：这种铸铁中的碳大部或全部以游离的石墨形式存在，断口呈灰色，故称灰口铸铁。根据其石墨形态的不同，灰口铸铁又可分为普通灰铸铁（简称灰铸铁）、球墨铸铁、可锻铸铁和蠕墨铸铁，其中灰铸铁具有许多优良的性能，是目前工业生产中应用最广泛的一种铸铁。

3）麻口铸铁：该铸铁组织中的碳绝大部分以渗碳体的形式存在，只有少量以石墨的形式存在（即从液相中析出的石墨），断口为灰、白交错的麻点，故称麻口铸铁，这种铸铁在工业上很少使用。

此外，为了满足一些特殊性能要求，向铸铁中加入某些合金元素（如铬、铜、铝、硼等）可得到耐磨铸铁、耐热铸铁、耐蚀铸铁等合金铸铁。

7.1 铸铁的石墨化及其影响因素

影响铸铁组织和性能的关键是碳在铸铁中存在的形式、形态、大小和分布。铸铁的发展，主要是围绕如何改变石墨的数量、大小、形状和分布这一中心问题进行的。因此，首先应研究铸铁中石墨的形成过程及其影响因素。

7.1.1 铸铁的石墨化

铸铁中石墨的形成过程称为石墨化。在铸铁中，碳能以化合态的渗碳体和游离状态的石墨两种形式存在,游离状态的石墨容易形成片状结构。这是由于石墨的晶格为简单六方晶格,如图 7-1 所示,基面中的原子间距为 0.142nm,原子间结合力较强;而两基面间的面间距为 0.340nm,因基面间距较大,原子间结合力较弱,故结晶时易形成片状结构,且强度、塑性和韧性极低,接近于零,硬度仅为 3HBS。另外,在碳原子的四个价电子中,只有一个价电子参加到电子气中去,这便是石墨具有某些不太明显的金属性能(如导电性)的原因。前面我们已讨论过化合态的渗碳体,它若加热到高温,便会分解为铁和碳(Fe₃C→3Fe+C)。所以化合态的渗碳体只是一种亚稳定相,而游离态的石墨则是一种稳定相。一般,在铁碳合金

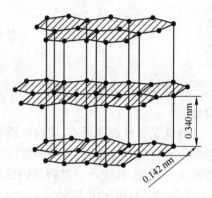

图 7-1 石墨的晶体结构

的结晶过程中,因为渗碳体的含碳量(6.69%)比石墨的含碳量(100%)更接近于合金成分的含碳量(2.5%~4.0%),析出渗碳体时所需的原子扩散量较小,渗碳体的晶核易形成,所以自合金液体或奥氏体中析出的是渗碳体而不是石墨。但在扩散时间足够的条件下,或在合金中含有可促进石墨形成的元素(如硅等)时,在合金中便会直接自液体或奥氏体中析出石墨。实践证明,成分相同的合金在冷却时,冷却速度愈快,析出渗碳体的可能性愈大;冷却速度愈慢,析出石墨的可能性愈大。因此,在铁碳合金结晶过程中存在两种相图,即前述的 Fe-Fe₃C 相图(它说明了 Fe₃C 的析出规律)和 Fe-G 相图(它说明了石墨的析出规律)。为便于比较和应用,把这两个相图画在一起,便形成了铁—碳双重相图,如图 7-2 所示。图中实线表示 Fe-Fe₃C 相图,虚线表示 Fe-G 相图,虚线与实线重合部分则用实线表示。根据合金的成分和结晶条件不同,铁碳合金的石墨化可以全部或者部分地按照其中的一种相图进行。

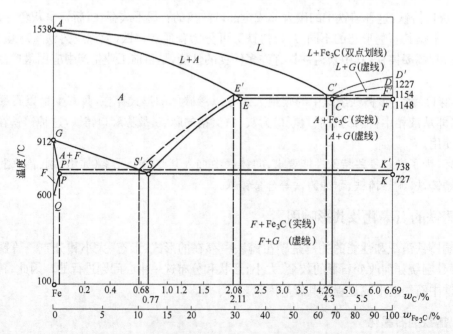

图 7-2 Fe-Fe₃C 和 Fe-G 双重相图

对于过共晶铁碳合金(4.5%C)，如果全部按照 Fe-G 相图进行结晶，则其石墨化过程可分为下述三个阶段。

7.1.1.1　第一阶段

$C'D'$ 线以上合金处于液态，冷却至 $C'D'$ 线，从液相中析出一次石墨(G_I)，液相成分随温度沿 $C'D'$ 线向共晶点 C' 点变化。

随着温度的降低，一次石墨不断增多，液相相应减少，在共晶温度(1154℃)，剩余液相发生共晶转变，析出奥氏体和共晶石墨($G_{共晶}$)。

7.1.1.2　第二阶段

在共晶温度和共析温度之间(1154～738℃)，碳在奥氏体中的溶解度随温度的降低沿 $E'S'$ 线减少，过饱和的碳以二次石墨(G_{II})析出。

7.1.1.3　第三阶段

在共析温度(738℃)时，发生共析转变。

通常，铸铁在高温冷却过程中，由于原子扩散能力较强，故第一、第二阶段石墨化容易进行，即能按照 Fe-G 相图进行结晶，凝固后至共析转变前的组织为 $A+G$，而在进行共析转变的第三阶段石墨化，因温度较低，则常根据铸铁成分及冷却速度等条件的不同而被部分地或全部地抑制，从而可以得三种不同的灰口组织，即 $F+G$、$F+P+G$、$P+G$。

根据石墨化进行程度的不同，即可获得不同的铸铁和组织：如白口是三个阶段石墨化均被抑制后获得的组织；麻口是第二、三阶段石墨化被抑制后获得的；灰口是第一、二阶段石墨化充分进行而获得的。此外，依照结晶条件的不同，还可能形成外形极不相同的石墨，这一点很有意义，但有关形成机构的解释，这里就不再讲述。目前，在工业铸铁中可以得到如下三种形状不同的石墨：

1) 片状石墨：在普通浇铸的条件下，铸铁中碳原子的扩散和铁原子自扩散都能很快地进行，石墨核心向不同方向以不同的速度成长，因而石墨长成片状。此即为普通灰口铸铁。

2) 球状石墨：如果在熔融的合金中加入少量的某种稀有金属或稀土金属，如镁，则可使石墨变成球形。这是因为镁沉积在石墨晶核上，碳原子的强力共价结合力为镁所饱和，因之石墨晶体在各个方向上的成长速度变得相等。此即所谓球墨铸铁。

3) 团絮状铸铁：如果将铸造的白口铁加热至高温进行退火，则石墨晶体在奥氏体内部生核及成长，铁的自扩散在各个方向近于均匀进行，因之石墨长成接近等轴形状(团絮状)。此即所谓展性铸铁。

7.1.2　影响石墨化的因素

影响石墨化的主要因素是化学成分和冷却速度。

7.1.2.1　化学成分的影响

铸铁中的碳和硅是强烈地促进石墨化的元素，碳、硅含量愈高，愈易获得灰口组织。这是因为随着含碳量的增加，液态铸铁中石墨晶核数也增多，故促进了石墨化。硅之所以促进石墨化，不仅是因为硅与铁原子结合力较强而削弱铁、碳原子间的结合力，而且还会使共晶点的含碳量降低，共晶转变温度升高，这都有利于石墨析出。

实践证明，铸铁中硅的含量每增加 1%，共晶点碳的含量相应降低 0.3%，为了综合考虑碳和硅的影响，通常把含碳量折合成相当的含碳量。并把这个碳的总量称为碳当量 ω_{CE}，即

$$\omega_{CE}=(\omega_C+0.35\omega_{Si})\%$$

用碳当量代替 Fe-G 相图横坐标中的含碳量,可以近似地估计出铸铁在 Fe-G 相图上的实际位置。因此,调整铸铁的碳当量,是控制其组织与性能的基本措施之一。由于共晶成分的铸铁具有最佳的铸造性能,所以在灰铸铁中,一般将其碳当量均配制到接近共晶成分。

硫在铸铁中是强烈阻碍石墨化的元素,使铸铁白口化,并使力学性能和铸造性能恶化。故希望含硫量愈低愈好,一般小于 0.12%。

锰也是阻碍石墨化的元素,但它与硫有很大的亲和能力而形成 MnS,减弱了硫对石墨化的有害影响,因而间接地促进了石墨化,故铸铁中应保持一定的含锰量,一般为 0.6%~1.3%。

磷对石墨化稍起促进作用,但磷在奥氏体和铁素体中溶解度很小,当含量超过极限时便会形成磷化物共晶体在晶界析出,使铸铁脆性增加,故铸铁中含磷量应控制在 0.3% 以下。

7.1.2.2 冷却速度的影响

铸铁结晶过程中的冷却速度对石墨化影响很大。若冷却速度较大,因原子来不及扩散,使石墨化难以充分进行,容易得到白口组织;若冷却速度较小,碳原子有充分时间扩散而有利于石墨化。在铸造生产中,冷却速度的大小主要取决于浇注温度、铸件壁厚、铸型材料等。浇注温度越高,金属液体在凝固前有足够的热量预热铸型,使铸件在结晶时具有较低的冷却速度,有利于促进石墨化,易得到灰口组织。在其他条件相同的情况下,铸件壁厚愈大,冷却速度愈慢,愈有利于石墨化。造型材料的热导性愈差,热量愈不易散失,冷却速度愈慢,愈有利于石墨化。

总之对于薄壁铸件,容易得到白口组织,要获得灰口组织就应增加壁厚,增加碳、硅含量。相反,对于厚大铸件,为避免过多、过粗的石墨,应适当减少碳、硅含量。

通过上述分析可知,化学成分(主要是碳和硅)和冷却速度(主要是铸件壁厚)对铸铁石墨化都有很大的影响,这两个因素必须同时考虑。因此,要获得具有某种组织的铸件,必须根据铸件的壁厚来选择合适的碳、硅含量。

7.2 灰铸铁

灰铸铁是工业生产中应用最广泛的一种铸铁材料。

7.2.1 灰铸铁的成分、组织和性能

灰铸铁的化学成分范围一般为:含碳量:2.5%~3.6%,含硅量:1.1%~2.5%,含锰量:0.6%~1.2%,含磷量≤0.3%,含硫量≤0.15%。

灰铸铁中的碳大部或全部以片状石墨形式存在,片状石墨分布在基体组织上,按基体组织不同分为三类:即铁素体灰铸铁(三个阶段石墨化都充分);铁素体—珠光体灰铸铁(第一、二阶段石墨化充分,第三阶段部分石墨化);珠光体灰铸铁(第一、二阶段石墨化充分,第三阶段完全没有石墨化)。

灰铸铁的性能,主要取决于基体的组织和石墨的数量、形状、大小及分布状况。从上述组织可见,灰铸铁的组织相当于在钢的基体上分布着片状石墨,石墨的强度、硬度很低。因此,灰铸铁中片状石墨的存在相当于钢基体中有许多孔洞和裂纹,破坏了基体的连续性,减少了基体承受载荷的有效面积,并且石墨尖角处易产生应力集中现象,当铸铁件受拉力或冲

击力作用时,容易从裂纹尖端引起破裂。因此,灰铸铁的抗拉强度、疲劳强度都很差,塑性、韧性几乎为零。铸铁中的石墨愈多,石墨片愈粗大,分布愈不均匀,则力学性能愈低。

由于在压应力的作用下,石墨的破坏作用表现不出来,所以灰铸铁的抗压强度和硬度与相同基体的钢相似。

石墨虽然降低了灰铸铁的力学性能,但却使之获得了许多钢所不及的优良性能。例如,由于石墨片割裂了基体,切削加工时易形成崩碎的铁屑以及石墨的润滑作用,因而铸铁具有良好的切削加工性;石墨对振动起缓冲作用,可阻止振动传播,并将振动转化为热能而消失,故铸铁具有良好的减振性(减振能力比钢大十倍左右);石墨本身是一种良好的润滑剂,石墨剥落后留下的孔洞便于储存润滑油,故灰铸铁又具有良好的减摩性;石墨本身相当于很多小的缺口,致使外加缺口(如油孔、键槽、刀痕等)造成的应力集中作用相对减弱,所以铸铁具有低的缺口敏感性。此外,灰铸铁的熔点低,液态流动性好,收缩率小,故它又具有良好的铸造性能。

由于灰铸铁具有上述优良性能,因而它是一种应用广泛的材料,如承受压力和要求减振性好的机床床身、机架,承受摩擦的导轨,以及许多对力学性能要求不高、而形状复杂要求具有良好铸造性能的零件,均用灰铸铁铸造。

7.2.2 灰铸铁的孕育处理

为了提高灰铸铁的力学性能,生产中常采用孕育处理,即在浇注前向铁水中加入少量孕育剂,以获得大量的人工晶核,从而得到细小均匀分布的片状石墨并细化基体组织。经孕育处理后的铸铁称为孕育铸铁。

工业上常用的孕育剂有硅铁和硅钙合金,加入量一般为铁水量的0.4%左右,经孕育处理后的铸铁,不仅强度有很大的提高,而且塑性和韧性也有一定的提高。此外,由于孕育剂的加入,可使冷却速度对结晶过程的影响减小,使得结晶几乎是在整个体积内同时进行,因而能在铸件各个部位获得均匀一致的组织,这对于力学性能要求较高、截面尺寸变化较大的铸件尤为适合。

7.2.3 灰铸铁的热处理

灰铸铁与钢一样也可进行各种热处理,但由于热处理只能改变基体组织,不能改变石墨的形状、大小和分布状况,故强化热处理对灰铸铁来说就没有什么意义了。通常进行的热处理只用于消除铸件内应力和白口组织,稳定尺寸,提高铸件工作表面硬度和耐磨性等。

7.2.3.1 消除应力退火

消除应力退火通常是将铸件加热到 $500\sim600℃$,保温一段时间,随炉冷至 $150\sim200℃$ 后出炉空冷,用以消除铸件在凝固过程中因冷却不均匀而产生的铸造内应力。

7.2.3.2 消除白口组织,改善切削加工的退火

这种退火的工艺是将铸件加热到 $850\sim900℃$,保温 $2\sim5h$,然后随炉冷至 $400\sim500℃$,再出炉空冷,使渗碳体在保温和缓冷过程中分解并形成石墨,用以消除白口、降低硬度、改善切削加工性。

7.2.3.3 表面淬火

为了提高某些铸件(如机床导轨)的表面硬度,可采用表面淬火法。常用的表面淬火法

有高频表面淬火法和接触电阻加热淬火法。

7.3 球墨铸铁

经孕育处理后,虽然能使灰铸铁的强度得到较大的提高,但由于不能改变片状石墨的形态,因而其力学性能,尤其是塑性、韧性与钢相比,仍然很低。要有效地提高铸铁的力学性能,根本途径是改变石墨的形态。球墨铸铁正是从这样一种观点出发而研制的一种石墨呈球状的灰口铸铁,它的出现使铸铁的发展产生了一个飞跃。

为获得球墨铸铁,需将铁水进行球化处理和孕育处理,即在铁水中加入球化剂和孕育剂。通常所用的球化剂有纯镁、稀土和稀土镁合金三种,我国目前广泛采用的球化剂是稀土镁合金。镁是一种良好的促进石墨球化的元素,当铁水中镁的残留量为 0.04%~0.08% 时,石墨就能完全球化。但由于镁强烈阻碍石墨化,使铸铁易形成白口组织。为了避免这种倾向,并使石墨球径变小且分布均匀,必须进行孕育处理,孕育剂采用 75% 的硅铁合金或硅钙合金。孕育剂分一次或多次加入经球化处理的铁水中。

7.3.1 球墨铸铁的成分、组织和性能

我国广泛采用稀土镁合金作球化剂生产的球墨铸铁的成分范围是:含碳量:3.8%~4.0%,含硅量:2.0%~2.8%,含锰量:0.6%~0.8%,含硫量≤0.04%,含磷量<0.1%,含镁量:0.03%~0.05%,含铼量<0.03%~0.05%。

随着球墨铸铁的成分和冷却速度的不同,基体组织也不同。按基体组织,球墨铸铁通常可分为铁素体球墨铸铁、铁素体—珠光体球墨铸铁和珠光体球墨铸铁三种。另外,通过等温淬火还可获得下贝氏体为基体的球墨铸铁。

球墨铸铁由于石墨呈球状分布,因而对基体的割裂作用和应力集中现象都很小,同时最大限度地提高了基体承受载荷的有效面积,故球墨铸铁的力学性能比灰铸铁高得多。而且石墨球愈圆整,球径愈小,分布愈均匀,力学性能愈高。由于石墨对基体的割裂作用减小到了最低程度,故基体组织对性能的影响比较显著,在通常情况下以珠光体为基体的强度最高,而以铁素体为基体的塑性最好。珠光体球墨铸铁的抗拉强度、屈服点和疲劳强度高于45 号锻钢(正火),特别是屈强比($\sigma_{0.2}/\sigma_b$)高于 45 号锻钢(这是机械设计中最重要的力学性能之一),硬度和耐磨性高于高强度灰铸铁(制作曲轴时优于锻钢)。但珠光体球墨铸铁的伸长率低于 45 钢。

此外,球墨铸铁也具有灰铸铁的一系列优点,如良好的铸造性能、减振性、减摩性、切削加工性和低的缺口敏感性等。

7.3.2 球墨铸铁的热处理

由于球墨铸铁最大限度地增加了基体承受载荷的有效面积和减少了石墨对基体的割裂作用及应力集中现象,因此,采用热处理来改变基体组织的意义很大。球墨铸铁通常要进行某种热处理,其热处理方法主要有下述几种。

7.3.2.1 退火

球墨铸铁的铸态组织中常会出现不同程度的珠光体和渗碳体,为了改善切削加工性能,消除铸造应力,必须进行退火,使组织中的渗碳体和珠光体得以分解,根据球墨铸铁铸态组

织的不同,退火可分为两种。

A 高温退火 当铸态组织中不仅有珠光体,而且还有渗碳体时,为了使渗碳体分解,获得以铁素体为基体的球墨铸铁,需采用高温退火,其工艺是将铸件加热至900～950℃,保温2～5h后随炉冷却至600℃左右,再出炉空冷。

B 低温退火 当铸态组织中仅为铁素体加珠光体或珠光体,而没有渗碳体时,为了获得以铁素体为基体的球墨铸铁,可进行低温退火,使珠光体中的共析渗碳体分解成铁素体和石墨(实际上是使共析渗碳体溶于奥氏体后,在随后的冷却过程中使第三阶段石墨化充分进行,形成铁素体和石墨)。其工艺是将铸件加热至共析温度范围附近,即700～760℃,保温3～6h后,随炉冷至600℃左右,再出炉空冷。

7.3.2.2 正火

正火主要是增加基体组织中的珠光体量,并细化组织,提高强度和耐磨性。根据正火加热温度的不同,可分高温正火和低温正火两种。

A 高温正火 高温正火也称完全奥氏体化正火。是将工件加热至880～950℃,保温3～5h,然后空冷,以获得珠光体基体的球墨铸铁。为了增加珠光体的量,也可采用风冷、喷雾冷等加快冷却速度的方法。

B 低温正火 低温正火也称不完全奥氏体化正火。是将工件加热至820～860℃,保温一定时间后,使基体组织一部分转变成为奥氏体,另一部分铁素体未转变,正火后得到的基体组织是珠光体加少量破碎状铁素体,这种组织的球墨铸铁既具有一定的强度,又具有一定的塑性和韧性。

7.3.2.3 调质处理

对于受力比较复杂,要求综合力学性能高的球墨铸铁件,如连杆、曲轴,可采用调质处理。其工艺是:将工件加热到850～900℃,使球墨铸铁的基体转变成奥氏体,在油中淬火得到马氏体基体,然后经过550～600℃的回火,获得回火索氏体和球状石墨组织。这种组织不仅强度高而且塑性、韧性比正火处理的珠光体基体好。调质处理一般只适合于小尺寸铸件。尺寸过大时,因淬不透,调质效果不好。

7.3.2.4 等温淬火

等温淬火是获得高强度和超高强度球墨铸铁的重要热处理方法,等温淬火后的基体组织是下贝氏体,另外还有少量的残余奥氏体和马氏体,这种组织不仅具有高的综合力学性能,而且还有很好的耐磨性,对于形状复杂的铸件,等温淬火可以有效地防止变形和开裂。

等温淬火工艺是将工件加热至850～900℃,经过保温后,立即在250～350℃的等温盐浴中进行等温处理60～90min,然后取出空冷。等温淬火后一般不再进行回火。球墨铸铁经等温淬火后强度极限可达1200～1500MPa、硬度为HRC38～50、冲击韧性为16～18 J/cm²,并且通过改变等温盐浴的温度,可以调整强度与塑性的比例关系,盐浴温度愈低,强度愈高,反之则塑性、韧性愈好。

7.4 铸铁的牌号及用途

7.4.1 灰铸铁的牌号及用途

灰铸铁的牌号以"HT"和其后的一组数字表示。其中"HT"表示"灰铁"二字的汉语拼音字首,其后一组数字表示 ϕ30mm 试棒的最小抗拉强度值(MPa)。灰铸铁的牌号、力学性能及用途见表 7-1。在设计铸件时,应根据铸件受力处的主要壁厚或平均壁厚选择牌号。

表 7-1 灰铸铁的牌号、力学性能和用途

铸铁类别	牌号	力学性能		用途
		σ_b/MPa	HBS	
铁素体灰铸铁	HT100	130	110～166	适用于载荷小,对摩擦和磨损无特殊要求的不重要零件
		100	93～140	
		90	87～131	
		80	82～122	
铁素体—珠光体灰铸铁	HT150	175	137～205	承受中等载荷的零件,如机座、支架、箱体等
		145	119～179	
		130	110～166	
		120	105～157	
珠光体灰铸铁	HT200	220	157～236	承受较大载荷和要求一定的气密性或耐蚀性等较重要零件,如汽缸、齿轮、气缸体等
		195	148～222	
		170	134～200	
		160	129～192	
	HT250	270	175～262	
		240	164～247	
		220	157～236	
		200	150～225	
孕育铸铁	HT300	290	182～272	承受高载荷和要求耐磨和高气密性重要零件,如重型机床、剪床、压力机、高压液压件
		250	168～251	
		230	161～241	
	HT350	340	199～298	
		290	182～272	
		260	171～257	

7.4.2　球墨铸铁的牌号及用途

球墨铸铁的牌号用"QT"及其后的两组数字表示。其中"QT"表示"球铁"二字的汉语拼音字首,后面的两组数字分别表示最低抗拉强度和最低伸长率。例如 QT400-18 表示抗拉强度不低于 400MPa、伸长率不小于 18% 的球墨铸铁。

由于球墨铸铁具有许多优良的性能,因此广泛地用于机械制造、交通运输、冶金化工等工业部门,并可通过合金化和各种热处理后,用以代替铸钢和锻钢来制造一些受力复杂、性能要求高的零件,如用球墨铸铁代替 45 钢和 35CrMo 钢制造 1500～3000kW 柴油机曲轴、凸轮轴、齿轮和连杆等。

球墨铸铁的主要缺点是凝固时的收缩率较大,对球化处理前的铁水要求很严格,故熔炼

和铸造工艺要求都很高。此外,减振性不如灰铸铁。

各种球墨铸铁的力学性能和用途见表7-2。

表 7-2　球墨铸铁的牌号、力学性能和用途

牌　号	基体组织	力　学　性　能				用　途
		σ_b/MPa	$\sigma_{0.2}$/MPa	δ/%	HBS	
		不小于				
QT400-18	铁素体	400	250	18	130～180	承受冲击、振动的零件
QT400-15	铁素体	400	250	15	130～180	
QT450-10	铁素体	450	310	10	160～210	
QT500-7	铁素体＋珠光体	500	320	7	170～230	机器座架、传动轴、飞轮等
QT600-3	珠光体＋铁素体	600	370	3	190～270	载荷大、受力复杂的零件
QT700-2	珠光体	700	420	2	225～305	
QT900-2	贝氏体或回火马氏体	900	600	2	280～360	高强度齿轮

7.4.3　其他铸铁简介

7.4.3.1　可锻铸铁

可锻铸铁是将一定化学成分的白口铸铁坯件在高温下经长时间的石墨化退火或脱碳热处理而得到的具有团絮状石墨的一种铸铁。

按热处理方法不同,可锻铸铁分为两类:

1) 黑心可锻铸铁(即铁素体可锻铸铁)和珠光体可锻铸铁:黑心可锻铸铁和珠光体可锻铸铁是在中性气氛中由白口铸铁坯件经高温石墨化退火而制得。

2) 白心可锻铸铁:白心可锻铸铁是由白口铸铁坯件在氧化性气氛中经脱碳退火而制得。

我国目前以生产黑心可锻铸铁为主,白心可锻铸铁很少采用。

A　可锻铸铁的成分和生产过程　黑心可锻铸铁和珠光体可锻铸铁的生产过程分两个步骤:

第一步是铸出白口铸铁坯件。如果铸件不是完全的白口组织,一旦有片状石墨形成,则在随后的退火过程中,由渗碳体分解的石墨将会沿已有的石墨片析出而得不到团絮状石墨组织。为此,必须控制化学成分,使之具有较低的碳、硅含量,保证在一般的冷却条件下得到完全的白口组织,其成分通常是:含碳量:2.4%～2.8%,含硅量:0.4%～1.4%,含锰量:0.5%～0.7%,含磷量≤0.1%,含硫量≤0.2%。

第二步是石墨化退火。将白口铸铁坯件加热至900～980℃,此时,珠光体已转变成奥氏体,在此温度下经过长时间(30h 左右)保温,使渗碳体分解成团絮状石墨,此为第一期石墨化。然后在缓冷过程中,奥氏体将沿已形成的团絮状石墨表面再析出二次石墨,到共析转变温度范围(790～770℃)用极慢的冷却速度冷却。如图 7-3 曲线

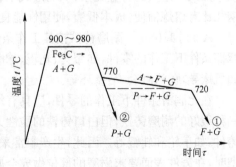

图 7-3　可锻铸铁的石墨化退火

107

1中实线所示,或者冷却到略低于共析温度作长时间的保温(20h左右),如图7-3虚线所示,进行第二期石墨化,最后得到铁素体可锻铸铁。退火周期为40～70h左右。如果通过共析转变温度时的冷却速度较快,则因共析转变时的石墨化完全被抑制,最终得到珠光体可锻铸铁,如图7-3曲线2所示。珠光体可锻铸铁只有第一期石墨化,退火周期大为缩短。

B 可锻铸铁的性能、牌号及用途 与灰铸铁相比,可锻铸铁具有较高的强度和韧性,可用于制作承受冲击和振动的零件。如汽车、拖拉机的后桥外壳、管接头、低压阀门等。与球墨铸铁相比,具有质量稳定、铁水处理简单、易于组织流水线生产等优点,尤其是薄壁件,采用球墨铸铁容易形成白口,而用可锻铸铁较为合适。但可锻铸铁退火时间长,生产过程较为复杂,因而生产率低,成本高,其应用在一定程度上受到限制。

可锻铸铁的牌号分别用"KTH"(黑心可锻铸铁)、"KTZ"(珠光体可锻铸铁)和"KTB"(白心可锻铸铁)以及后面两组数字表示,其中"KT"表示"可铁"二字的汉语拼音字首,第一组数字表示最低的抗拉强度(MPa),第二组数字表示最低的伸长率,黑心可锻铸铁和珠光体可锻铸铁的牌号、力学性能及用途见表7-3。

表7-3 黑心可锻铸铁和珠光体可锻铸铁的牌号、性能及用途

种类	牌 号	力 学 性 能				用 途
		σ_b/MPa	$\sigma_{0.2}$/MPa	δ/%	HBS	
		不 小 于				
黑心可锻铸铁	KTH300-06	300		6	不大于150	弯头、三通管件、中低压阀门等
	KTH330-08	330		8		扳手、犁刀等
	KTH350-10	350	200	10		汽车、拖拉机前后轮壳、减速机壳等
	KTH370-12	370		12		
珠光体可锻铸铁	KTZ450-06	450	270	6	150～200	载荷较高和耐磨损零件,如曲轴、万向接头、传动链等
	KTZ550-04	550	340	4	180～250	
	KTZ650-02	650	430	2	210～260	
	KTZ700-02	700	530	2	240～290	

7.4.3.2 合金铸铁

随着工业的发展,对铸铁的性能要求也愈来愈高,不仅要求具有一定的力学性能,还要求具有某些特殊性能,如良好的耐磨性、耐热性、耐蚀性等。为了获得上述特殊性能,常向铸铁中加入一定量的合金元素,从而形成了合金铸铁。合金铸铁与在相似条件下使用的合金钢相比有熔炼简便,成本低廉,使用性能良好等优点。但力学性能比合金钢低,脆性较大。

A 耐磨铸铁 耐磨铸铁按其工作条件的不同,大致可分为两大类:一类是在无润滑干摩擦条件下工作的零件,如犁铧、轧辊、球磨机零件等。另一类是在润滑条件下工作的零件,如机床导轨、汽缸套、活塞环等。

在无润滑条件下工作的零件,应具有均匀的高硬度组织,如前述的白口铸铁实际上就是一种很好的耐磨铸铁,但白口铸铁的脆性大,不能用于制作要求具有一定冲击韧性和强度的铸件,如车轮和轧辊等。因此,生产中常采用表面激冷的办法来获得冷硬铸铁。即在制造铸型时,在铸件表面要求耐磨的部位做成金属型,其余部位用冷却能力较低的砂型,同时适当调整铁水的化学成分(如降低硅的含量),使铸件表面得到白口组织,从而使整个铸件既具有

较高的强度和耐磨性,又能承受一定的冲击,这种铸铁称激冷铸铁或冷硬铸铁。

近年来,我国又研制成功了一种具有较好冲击韧性和强度的中锰耐磨球墨铸铁,即在稀土镁球墨铸铁中加入较多的锰量(Mn 为 5%～9.5%),硅量控制在 3.3%～5.0%范围,经球化及孕育处理,并适当控制冷却速度,从而获得马氏体、大量残余奥氏体、碳化物和球状石墨的组织,具有高的耐磨性和较好的抗冲击性,可代替高锰钢或锻钢制造矿山、水泥、煤粉加工设备和农业机械的一些耐磨零件。

在润滑条件下工作的零件,应具有软基体上分布着硬质点的组织,珠光体基体的灰铸铁基本符合上述要求,珠光体组织中的铁素体为软基体,渗碳体为硬质点。同时,石墨片也起储油和润滑的作用。但为了进一步提高灰铸铁的耐磨性,常加入少量的磷(0.4%～0.6%),形成磷化物的共晶体,这些细小的共晶体分布在珠光体基体上,由于其硬度很高,能有效地提高铸铁的耐磨性,但强度和韧性较差,故常加入铬、钼、钨、铜等合金元素,使组织细化,以进一步提高韧性和耐磨性。这种铸铁称为合金高磷铸铁。

B　耐热铸铁　铸铁的耐热性主要是指在高温下抗氧化和抗生长的能力。铸件在高温下工作时发生破坏的原因大致有两种情况:一是铸件与空气接触,表面产生氧化,二是铸件产生不可逆体积长大(也称生长,其原因主要是氧化性气体沿石墨片的边界和裂缝渗入内部,造成内部氧化,以及渗碳体在高温下分解成石墨等)。为了提高铸铁的耐热性,通常加入硅、铝、铬等合金元素,使表面形成一层致密的 SiO_2、Al_2O_3、Cr_2O_3 等氧化膜,保护内层不被氧化。另一方面可提高铸铁的相变点,使基体组织为单相铁素体,不会发生石墨化过程,因而提高了铸铁的耐热性。

耐热铸铁种类很多,如硅系、铝系、铬系、硅铝系等。目前我国广泛采用的是硅系和硅铝系耐热铸铁。耐热铸铁主要用于制造加热炉附件,如炉底板、烟道挡板、传递链构件、渗碳坩埚等。

C　耐蚀铸铁　铸铁的耐蚀性主要是指在酸、碱条件下抗腐蚀的能力。由于铸铁组织中存在有石墨、渗碳体、铁素体等不同相,它们在电解质中电极电位不同,形成微电池,其中铁素体电极电位低,构成阳极,石墨电极电位高,构成阴极,阳极不断溶解而被腐蚀。加入了合金元素以后,一方面可在铸件表面形成一层致密的保护膜,另一方面提高了铁素体的电极电位,因而提高了铸铁耐酸碱腐蚀能力。主要加入的合金元素有硅、铬、铝、钼、铜、镍等。

目前常用的耐蚀铸铁是高硅(硅含量为 14%～18%)铸铁,其金相组织为含硅铁素体＋石墨＋Fe_3Si_2,在腐蚀条件下高硅铸铁表面会形成致密、完整且耐磨性高的 SiO_2 保护膜,因而在含氧酸类和盐类介质中具有良好的耐磨性。但在碱性介质和盐酸、氢氟酸中,由于SiO_2 保护膜被破坏,故耐磨性较差。

对于在碱性介质中工作的零件,可采用含镍量为 0.8%～1.0%、含铬量为 0.6%～0.8%的抗碱铸铁。耐磨铸铁主要用于化工机械,如制造容器、管道、泵、阀门等。

复习思考题

1. 什么是铸铁? 它与钢相比有什么优点?
2. 什么是铸铁的石墨化? 影响铸铁石墨化的主要因素是什么?
3. 灰铸铁、球墨铸铁、可锻铸铁在组织上的根本区别是什么?

4. 在铸铁的石墨化过程中,如果第一、第二阶段完全石墨化,第三阶段或完全石墨化,或部分石墨化,或未石墨化,问各得到何种基体的铸铁?

5. 为什么一般机器的支架、机床床身及形状复杂的缸体常用灰铸铁制造?

6. 如何提高铸铁的抗拉强度和硬度? 铸铁的抗拉强度高,其硬度是否也一定高? 为什么?

7. 平均壁厚分别为 40mm 和 12mm 的两个铸件,为获得相同的抗拉强度(MPa),各应选择何种牌号灰铸铁? 在化学成分上(碳、硅含量)有何差别?

8. 形状和尺寸完全相同的三块铁碳合金,其中一块是白口铸铁,一块是灰铸铁,一块是低碳钢,试问用何种简便方法能迅速将它们分开?

9. 什么是孕育处理? 孕育处理的铸铁其组织和性能有什么变化?

10. 灰铸铁件因局部壁厚过小而形成了白口组织,此时应采用什么热处理方法才能获得正常组织?

11. 灰铸铁最适于制造哪类铸件? 并说明为何选用灰铸铁,而不选用铸钢?

12. 球墨铸铁是如何获得的? 它与相同基体的灰铸铁相比,其突出的性能特点是什么?

13. 球墨铸铁的主要热处理方法有哪些? 调质处理为什么适合球墨铸铁而不适于灰铸铁?

14. 为何灰铸铁不能用热处理提高力学性能,而球墨铸铁和可锻铸铁可以? 各需采用哪几种热处理方法? 作用如何?

15. 下列牌号各表示什么铸铁? 牌号中的数字表示什么意义?
    HT250,QT600-3,KTH330-08,KTZ450-06。

16. 下列说法对吗? 为什么?
    (1) 通过热处理可将片状石墨变成球状,从而改善铸铁的力学性能;(2)可锻铸铁因具有良好的塑性,故可进行锻造;(3)石墨化的第三阶段最易进行;(4)白口铸铁由于硬度很高,故可用来制造各种刀具。

17. 为什么铸铁牌号不用化学成分表示,而用力学性能表示?

18. 常用合金铸铁有哪些? 试述耐热铸铁合金化的原理?

8 有色金属

除黑色金属以外的其他金属统称为有色金属。虽然有色金属种类繁多,但在各种机械中通常使用的只有少数几种。尽管有色金属的使用量远低于黑色金属,但由于它们具有许多特殊的性能,因而已成为工业上不可缺少的材料。本章仅对铝、铜及其合金作介绍。

8.1 铝及其合金

8.1.1 纯铝

纯铝是银白色金属,具有面心立方晶格,无同素异晶转变。纯铝的熔点为 660℃,密度为 $2.7g/cm^3$,是一种轻金属材料。纯铝的导电性、导热性高,仅次于银和铜,其导电率约为铜的 64%。纯铝在空气中具有良好的抗蚀性,这是因为铝和氧的亲和能力很大,在空气中能使表面生成一层致密的 Al_2O_3 薄膜,保护了内部金属不被腐蚀。纯铝的气密性好,磁化率低,接近于非磁性材料。

纯铝的强度、硬度很低($\sigma_b = 80 \sim 100MPa$、20HBS),但塑性很高($\delta = 50\%$、$\psi = 80\%$)。通过加工硬化可提高纯铝的强度($\sigma_b = 150 \sim 250MPa$),但塑性有所降低。

纯铝可分为高纯度铝及工业纯铝两大种,前者供科研及特殊需求用,纯度可达 99.996%~99.999%。工业纯铝纯度为 99.7%~99.8%,常见的杂质有铁和硅,铝中所含杂质愈多,其导电性、抗腐蚀性和塑性就愈差。

根据杂质的含量,工业纯铝有八个牌号,分别用 L1、L2、L3、L4、L4-1、L5、L5-1、L6 表示,其中"L"是"铝"的汉语拼音字首,序号表示纯度,序号数愈大,则纯度愈低。

工业纯铝主要用于制作导电体,如电线、电缆,以及要求具有导热和抗大气腐蚀性能而对强度要求不高的一些用品和器具,如通风系统零件、电线保护导管、垫片和装饰件等。

8.1.2 铝合金

纯铝的强度低,不能用来制造承受载荷的结构零件,向铝中加入适量的硅、铜、镁、锰等合金元素,可得到具有高强度的铝合金,若再进行冷变形加工或热处理,可进一步提高强度。由于铝合金的比强度(即强度占其密度之比)高,并具有良好的耐蚀性和切削加工性。因此,在国民经济和航空工业中得到了广泛的应用。

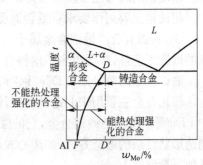

图 8-1 二元铝合金一般相图

8.1.2.1 铝合金的分类

二元铝合金一般按共晶相图结晶,如图 8-1 所示。图中 D 点是合金元素在 α 相中的最大溶解度,DF 是溶解度变化曲线。成分在 D' 左边的合金,在加热时能形成单相的固溶体组织,因其塑性好,适于压力加工,故称为形变铝合金。这种铝合金又可分为两类:成分在 F 点以左的合金,由于 α 固溶体成分不随温度变化,故不能采用热处理方法来强化,称为不能热处理强化的铝合金;成分在 F、D' 之间的铝合金,由于固溶体成分随温度而变化,故可采用热处理方法来强化,称为能热处理强化的铝合金。

成分在 D' 右边的铝合金,由于合金中有共晶组织,熔点低,流动性好,适于铸造,故称为铸造铝合金。

A 形变铝合金

a 不能热处理强化的铝合金 这种合金主要指 Al-Mn 系、Al-Mg 系合金,其特点是具有很高的抗蚀性,故常称为防锈铝合金。这种合金还具有良好的塑性和焊接性能,但强度较低,只有通过冷加工变形才能使其强化。

合金的牌号用"LF"("铝"及"防"二字的汉语拼音字首)加顺序号表示。如 LF5、LF21 等。

LF5、LF11 属于 Al-Mg 系合金,具有较高的耐蚀性,退火状态下塑性好,焊接性良好,但切削加工性差,主要用作管道、容器、铆钉及承受中等载荷的零件与制品。

LF21 为 Al-Mn 系合金,具有高的耐蚀性、良好的塑性和焊接性,但切削加工性不良,常用作需要弯曲或冷拉伸的零件,如容器、铆钉等。

b 能热处理强化的铝合金 这类合金一般含有两种以上的合金元素,最常用的有 Al-Cu-Mg 系,Al-Cu-Mg-Zn 系和 Al-Cu-Mg-Si 系。它们主要通过时效强化来提高力学性能,根据其性能特点和用途不同有以下几种:

硬铝合金:我国生产的硬铝合金牌号很多,但从成分来看,均属于 Al-Cu-Mg 系合金,加入铜和镁的目的是使之形成强化相,这种铝合金因能通过淬火时效处理而获得相当高的强度,故称硬铝,它在淬火时效状态下有较好的切削加工性,但耐蚀性较差。

硬铝的牌号用"LY"("铝"和"硬"二字的汉语拼音字首)加顺序号表示,如 LY11。

硬铝的应用很广,可轧成板材、管材和型材以制造各种铆接与焊接零件。LY1 和 LY10 具有较好的塑性,但强度较低,主要作铆钉用,故有"铆钉硬铝"之称。

LY11 是最早使用的一种硬铝,它的强度、塑性、耐蚀性在硬铝中属中等,用途较广泛,主要用来制造各种半成品。如轧材、锻材、冲压件等,也可制作螺旋桨叶片、蒙皮、梁及高载荷铆钉等重要零件。

超硬铝合金:超硬铝合金属于 Al-Cu-Mg-Zn 系合金,另外还常加入少量的铬、锰,它的强度在铝合金中最高,故称超硬铝。由于它含有铜、镁、锌等元素,这些元素与铝可形成多种复杂的固溶体与复杂的第二相,在时效过程中产生强烈的强化作用,因而其强度超过硬铝。

超硬铝的牌号用"LC"("铝"和"超"二字的汉语拼音字首)加顺序号表示,如 LC4。

超硬铝主要用作要求重量轻而受力较大的结构件,如飞机大梁、起落架、桁架等。

B 锻铝合金 锻铝合金属于 Al-Cu-Mg-Si 系合金和 Al-Cu-Mg-Ni-Fe 系合金,具有良好的锻造工艺性,故而得名。这种合金通过淬火时效可获得与硬铝相当的力学性能。

锻铝合金的牌号用"LD"("铝"和"锻"二字的汉语拼音字首)加顺序号表示,如 LD6。

锻铝合金主要用来制造各种锻件和模锻件,如航空发动机活塞、直升飞机的桨叶等。其中 LD6 是最常用的锻铝合金,它的强度与 LY11 相当,热塑性很好,在航空工业中广泛用于制造形状复杂的锻造零件,如离心式压缩机的叶轮、导风轮、飞机操纵系统中的摇臂、支架及其他复杂锻件。

常用形变铝合金的牌号、化学成分、力学性能及用途见表 8-1。

表 8-1 常用形变铝合金的牌号、化学成分、力学性能及用途

类别		牌号	化学成分/%					材料状态	力学性能			用途
			Cu	Mg	Mn	Zn	其他		σ_b/MPa	δ/%	HBS	
不能热处理强化的铝合金	防锈铝合金	LF5	0.10	4.8~5.5	0.3~0.6	0.20		M	280	20	70	焊接油箱焊条、铆钉以及中轻载零件等
		LF11	0.10	4.8~5.5	0.3~0.6	0.20	Ti 或 V 0.02~0.15	M	280	20	70	
		LF21	0.20	0.05	1.0~1.6	0.10	Ti 0.15	M	130	20	30	
能热处理强化的铝合金	硬铝合金	LY1	2.2~3.0	0.2~0.5	0.20	0.10	Ti 0.15	CZ	300	24	70	中等强度结构铆钉
		LY11	3.8~4.8	0.4~0.8	0.4~0.8	0.30	Ni 0.10 Ti 0.15	CZ	420	15	100	中等强度结构铆钉
	超硬铝合金	LC4	1.4~2.0	1.8~2.8	0.2~0.6	5.0~7.0	Cr 0.1~0.25	CS	600	12	150	结构中主要受力件
	锻铝合金	LD5	1.8~2.6	0.4~0.8	0.4~0.8	0.30	Ni 0.10 Ti 0.15	CS	420	13	105	形状复杂中等强度的锻件及模锻件
		LD6	1.8~2.6	0.4~0.8	0.4~0.8	0.30	Ni 0.10 Cr 0.1~0.2 Ti 0.02~0.1	CS	390	10	100	
		LD7	1.9~2.5	1.4~1.8	0.20	0.30	Ni 0.9~1.5 Ti 0.02~0.1	CS	440	12	120	高温下工作的复杂锻件

注：化学成分摘自 GB 3190—82《铝及铝合金加工产品的化学成分》；

M—退火，CZ—淬火＋自然时效，CS—淬火＋人工时效。

113

表8-2 部分铸造铝合金的牌号、代号、化学成分、力学性能及用途

类别	牌 号	代号	Si	Cu	Mg	Mn	其他	Al	铸造方法	热处理方法	σ_b/MPa	δ/%	HBS	用 途
铝硅合金	ZAlSi7Mg	ZL101	6.5~7.5		0.25~0.45			余量	金属型	淬火+不完全时效	202	2	60	形状复杂零件,如飞机仪器零件
									砂型	淬火+不完全时效	192	2	60	
									砂型变质处理	淬火+完全时效	222	1	70	
	ZAlSi12	ZL102	10.0~13.0					余量	金属型、砂型	退火	143	3	50	工作温度在200℃以下的高气密性和低载零件
									金属型、砂型变质处理	退火	133	4	50	
	ZAlSi9Mg	ZL104	8.0~10.5		0.17~0.30	0.2~0.5		余量	金属型	淬火+完全时效	231	2	70	在200℃以下工作的零件
									砂型变质处理	淬火+完全时效	222	2	70	
	ZAlSi5Cu1Mg	ZL105	4.5~5.5	1.0~1.5	0.4~0.6			余量	金属型	淬火+不完全时效	212	1	70	形状复杂,工作温度在250℃以下
									砂型	淬火+不完全时效	231	0.5	70	
铝铜合金	ZAlCu5Mn	ZL201		4.5~5.3		0.6~1.0	Ti 0.15~0.35	余量	砂型	淬火+自然时效	290	8	70	内燃机汽缸头、活塞等零件
									砂型	淬火+完全时效	330	4	90	
	ZAlCu10	ZL202		9.0~11				余量	砂型	淬火+完全时效	163		100	高温下工作零件
									金属型				100	
	ZAlCu4	ZL203		4.0~5.0				余量	砂型	淬火+不完全时效	212	3	70	中等载荷,形状较简单零件
铝镁合金	ZAlMg10	ZL301			9.5~11.0			余量	砂型	淬火+自然时效	280	9	60	在大气、海水中工作的零件
	ZAlMg5Si1	ZL303	0.8~1.3		4.5~5.5	0.1~0.4		余量	砂型		143	1	55	腐蚀介质作用下的中载荷零件
									金属型					
铝锌合金	ZAlZn11Si7	ZL401	6.0~8.0		0.1~0.3		Zn 9.0~13.0	余量	砂型	人工时效	241	2	80	结构形状复杂的仪器零件

C 铸造铝合金 用来制造铸件的铝合金称为铸造铝合金(简称铸铝)。铸造铝合金中常有较多的共晶组织,熔点较低,故流动性好,可以浇注成各种形状复杂的铸件。

根据主要合金元素的不同,铸造铝合金可分为四种:即 Al-Si 系,Al-Cu 系,Al-Mg 系,Al-Zn 系。铸造铝合金的代号用"ZL"加三位数字表示,"ZL"是"铸铝"二字的汉语拼音字首;第一位数字表示主要合金类别,如"1"表示铝硅系,"2"表示铝铜系,"3"表示铝镁系,"4"表示铝锌系;第二、三位数字表示合金的顺序号。

部分铸造铝合金的牌号、代号、成分、性能及用途见表 8-2。

a 铝硅合金 这类合金具有优良的铸造性能,如流动性好、收缩及热裂倾向小、密度小、有足够的强度、耐蚀性能好。加入铜、镁、锰等元素能形成复杂的强化相。含硅量为 10%~13% 是一种最典型的铝硅合金,属于共晶成分,通常称为硅铝明。经铸造后的组织是硅溶于铝中形成的 α 固溶体和硅组成的共晶体(α+Si),由于硅本身脆性大,又呈粗大针状分布在组织中,故使铝硅合金的力学性能大为降低。为了提高它的力学性能,常采用变质处理,即在浇注前向 820~850℃ 的合金液中加入质量为铝液 1%~3% 的变质剂(通常采用 2/3NaF 和 1/3NaCl 的混合盐),停留十多分钟后浇入铸型。由于变质剂的作用,使共晶成分和共晶温度发生了变化,即可使共晶点向右下方移动,如图 8-2 所示。因此,原来共晶成分的合金变成亚共晶合金,同时变质剂使共晶体中的硅细化,从而获得塑性好的 α 初晶和细小的共晶组织。经变质处理,ZL102(含硅量为 10%~13%)合金的抗拉强度为 σ_b=180MPa、伸长率 δ=8%,显著地改善了力学性能。

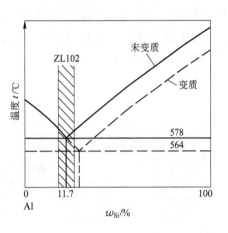

图 8-2 变质剂对 Al-Si 相图的影响

为了进一步提高铝硅合金的强度,可在亚共晶(含硅量为 4%~10%)合金中加入一些能形成强化相的合金元素,如铜、镁、锰,而制成 ZL101、ZL104、ZL105 等复杂合金。

b 铝铜合金 这类合金具有较高的耐热强度,可作高温(300℃ 以下)条件工作的零件。但由于组织中共晶体少,故铸造性能差,抗蚀性也不好,目前大部分被其他合金所代用。主要代号有 ZL201、ZL202、ZL203 等。

c 铝镁合金 这类合金的特点是密度小(小于 2.55g/cm³)、耐蚀性能好、强度高,但铸造性能差,易产生热裂和缩松,多应用于承受冲击、振动载荷和腐蚀条件下工作的零件,如海轮配件、泵用零件等。典型代号有 ZL301、ZL302 等。

d 铝锌合金 这类合金强度较高,但耐蚀性能差,若加入适量的锰、镁,可提高耐蚀性。另外工艺性很好,可用于在铸态下直接使用的零件,如汽车、飞机、仪表及医疗器械等零件。代号有 ZL401、ZL402 等。

8.1.2.2 铝合金的热处理

从钢的热处理中已知,含碳量较高的钢经淬火后可立即获得很高的硬度。铝合金则不同,能热处理强化的铝合金其强化机理与钢不同。把铝合金进行淬火,强度和硬度并不立即升高,并且塑性很好,但当淬火后的合金在室温下放置一段时间后,强度和硬度便会显著升高,塑性明显下降,并且放置时间愈长,强度、硬度愈高,直至趋于某一恒定值。淬火后铝合金的性能随时间发生明显变化的现象称为时效或时效硬化。时效如果在室温下进行称为自然时效,如果在高于室温的某一温度范围内(100～200℃)进行,则称为人工时效。例如铜含量为4%的铝铜合金,在淬火后并自然时效时,强度随时间的变化如图8-3所示。自然时效是缓慢进行的,在刚淬火后一段较短的时间(2h)内,强度、硬度变化不大,这段时间称为孕育期,铝合金在孕育期内有很好的塑性,可以进行各种冷变形加工(如铆接、弯曲等)。超过孕育期后,强度、硬度很快增高,经4～5昼夜达到最大值。

为了加速时效的进行,可采用人工时效,即把淬火后的铝合金加热到一定温度,使之发生时效硬化。人工时效温度愈高,时效进行得愈快,但所达到的强度值愈低。温度过高,合金反而变软,这种由于时效温度过高、时间过长,使强度、硬度下降的现象称为过时效。但温度过低(如－50℃),时效则不能进行。铝合金时效温度与强度间的关系变化曲线如图8-4所示。从图中可看出,当时效温度超过150℃,保温一定时间后,合金即开始软化,温度愈高,软化速度也愈快。

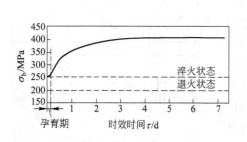

图 8-3　含铜量为 4% 的铝合金自然时效曲线

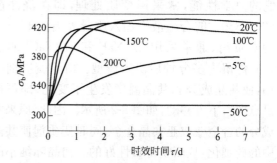

图 8-4　人工时效温度对强度的影响

8.2　铜及其合金

铜在地壳中储藏量有限,故价格较贵。铜及其合金品种很多,目前工业上使用的铜及铜合金主要有工业纯铜、黄铜、青铜等。

8.2.1　纯铜

纯铜是一种玫瑰红色的金属,表面形成氧化铜膜后,外观呈紫红色,故常称紫铜。它是通过电解方法制取的,故也称电解铜。纯铜的熔点为1083℃,密度为 8.9g/cm³,具有面心立方晶格,无同素异晶转变。工业中使用的纯铜为99.5%～99.95%。

纯铜具有高的导电性、导热性及良好的塑性和耐蚀性,但强度较低($\sigma_b = 200 \sim$ 250MPa),不能通过热处理强化,只能通过冷加工变形强化。纯铜中的杂质对纯铜的性能有很大影响,主要杂质有铅、铋、氧、硫、磷等。杂质使导电性降低。此外,铅和铋与铜形成低熔点的共晶体(Cu＋Pb)和(Cu＋Bi),共晶温度分别为 270℃ 和 326℃,这些共晶体常分布在晶界上,当将铜进行热压力加工时(温度为820～860℃),这些共晶体已经熔化,破坏了晶界的结合力,在外力作用下,容易产生断裂,这种现象称为热脆。相反,硫、氧也与铜形成(Cu＋Cu₂S)和(Cu＋Cu₂O)的共晶体,这些共晶体虽然熔点高,但脆性大,在冷压加工时易产生破裂,这种现象称为冷脆。

工业纯铜的代号用 T("铜"的汉语拼音字首)加顺序号表示,共有三个号:T1、T2、T3,序号愈大,纯度愈低。

纯铜广泛用于制造电线、电缆、电刷、铜管以及作为配制合金的原料。

8.2.2 铜合金

纯铜因其强度低而不能作为结构材料,工业中广泛使用的是铜合金,常用的铜合金有黄铜和青铜两大类,另外还有白铜。

8.2.2.1 黄铜

黄铜是以锌为主要合金元素的铜合金,若按其化学成分可分为普通黄铜和特殊黄铜两大类,根据生产方法的不同,又可分为压力加工黄铜和铸造黄铜两大类。

A 普通黄铜 普通黄铜是铜和锌组成的二元合金,锌加入铜中提高了合金的强度、硬度和塑性,并且改善了铸造性能。黄铜的组织和力学性能与含锌量的关系如图 8-5 所示。由图可看出:在平衡状态下,锌含量<39%时,锌可全部溶于铜中,形成单相的 α 固溶体,合金具有良好的塑性,适宜于冷、热压力加工。若含锌量再增加,组织中会出现 β 相,即形成电子化合物 CuZn 为基的固溶体,其结构为体心立方晶格,高温下具有良好的塑性,可进行热变形。但因 β 相在 456~468℃时发生有序化转变,变成很脆的 β 相而不能进行冷变形。当含锌量超过 45%~47%时,黄铜的组织全部呈 β 相,塑性降低。当含锌量超过 50%,组织中出现以电子化

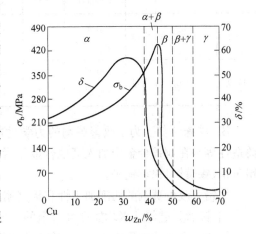

图 8-5 黄铜的组织和力学性能
与含锌量的关系

合物 Cu_5Zn_8 为基的固溶体 γ 相,强度和塑性都很低,无实用价值。所以工业黄铜中的含锌量一般不超过 47%,经退火后可以是单相 α(其合金相应称单相黄铜)或双相 α+β(其合金相应称双相黄铜)。

黄铜的抗蚀性能较好,与纯铜接近。单相黄铜又比双相黄铜好,经冷加工的黄铜制品,因有残余应力,在潮湿的大气或海水中,特别在氨的介质中易发生自动开裂(即所谓季裂)现象。黄铜的季裂随含锌量的增加而加剧,一般可用低温退火(250~350℃、保温 1~3h)来消除残余应力而防止季裂现象。

压力加工普通黄铜的代号,用黄字的汉语拼音字首"H"加数字表示,数字表示铜的含量百分数,如 H68,表示含铜量为 68%、含锌量为 32%的普通黄铜。

普通黄铜中,最常用的代号有 H68、H62。H68 为单相黄铜,具有较高的强度和优良的冷变形性能,适宜于在常温下用冲压和深冲法制造形状复杂的工件,多用于国防工业上制造弹壳、冷凝器管等。H62 为双相黄铜,适宜于热压力加工,具有较高的强度和耐蚀性,广泛用于制造散热器、油管、螺钉、弹簧及各种金属网等。

常用压力加工普通黄铜的代号、成分、性能及用途见表 8-3。

表 8-3　压力加工普通黄铜的代号、成分、力学性能及用途

| 代号 | 化学成分/% | | 加工状态 | 力学性能 | | | 用　途 |
	Cu	Zn		σ_b/MPa	δ/%	HBS	
H96	95.1~97.0	余量	退火 变形加工	240 450	50 2		导管,冷凝管,散热管、片用导电零件
H80	79.0~81.0	余量	退火 变形加工	320 640	52 5	53 145	造纸网,薄壁管,波纹用管及建筑用品
H70	68.5~71.5	余量	退火 变形加工	320 660	53 3	150	弹壳,热交换器,造纸用管,机械和电器用零件
H68	67.0~70.0	余量	退火 变形加工	320 660	55 3	150	复杂的冷冲件和深冲件
H62	60.5~63.5	余量	退火 变形加工	330 600	49 3	56 164	销钉,铆钉,螺母,垫圈,导管,夹线板等
H59	57.0~60.0	余量	退火 变形加工	390 500	44 10	163	机械、电气用零件,焊接件及热冲压件

　　B　特殊黄铜　为了改善黄铜的力学性能、耐蚀性能或某些工艺性能(如切削加工性、铸造性等),在铜锌合金中加入其他合金元素(如铅、锡、铝、锰、硅等)即可形成特殊黄铜,如铅黄铜、锡黄铜、铝黄铜等。

　　加铅可改善黄铜的切削加工性和提高耐磨性,加锡主要是为了提高耐蚀性。

　　铝、镍、锰、硅等元素均能提高合金的强度和硬度,还能改善合金的耐蚀性。

　　特殊黄铜可分为压力加工用和铸造用两种,前者加入的合金元素较少,使之能溶入固溶体中,以保证有足够的变形能力。后者因不要求有很高的塑性,为了提高强度和铸造性能,可加入较多的合金元素。

　　特殊黄铜的代号依次由"H"("黄"字汉语拼音字首)、主加元素符号、铜的含量的百分数、合金元素含量的百分数组成。例如 HSn62-1 表示含锡为 1%、含铜为 62%,其余为锌含量的锡黄铜。若为铸造黄铜,则在代号前冠以"Z"("铸"字的汉语拼音字首),其后加上基体金属铜和合金元素符号以及合金元素的含量的百分数表示,例如 ZCuZn31Al2。

　　部分压力加工特殊黄铜的代号、成分、力学性能及用途见表 8-4。部分铸造黄铜的牌号、成分、力学性能及用途见表 8-5。

表 8-4　部分压力加工特殊黄铜的代号、成分、力学性能及用途

| 类别 | 代号 | 化学成分/% | | | 制品种类
或铸造方法 | 力学性能 | | | 用　途 |
		Cu	其　他	Zn		σ_b/MPa	δ/%	HBS	
铅黄铜	HPb63-3	62~65	Pb 2.4~3.0	余量	板、带 线、棒	670	4	88	钟表零件,汽车、拖拉机及一般零件
	HPb61-1	59~61	Pb 0.6~1.0	余量	板、带 线、棒	670	4	HRB 8	一般机械结构零件

类别	代号	化学成分/%			制品种类或铸造方法	力学性能			用　途
		Cu	其　他	Zn		σ_b/MPa	δ/%	HBS	
锡黄铜	HSn90-1	88～91	Sn 0.25～0.75	余量	板、带	520	5	82	汽车、拖拉机弹性套管，船舶零件
	HSn62-1	61～63	Sn 0.7～1.1	余量	板、带线、棒	700	4	HRB 95	
铝黄铜	HAl59-3-2	57～60	Al 2.5～3.5 Ni 2.0～3.0	余量	管	650	15	155	强度要求高的耐蚀零件
硅黄铜	HSi80-3	79～81	Si 2.5～4.0	余量	板棒、管	600	4	110	船舶及化工机械零件，可作耐磨青铜的代用材料

表 8-5　部分铸造黄铜的牌号、成分、力学性能及用途

类别	代　号	化学成分/%			制品种类或铸造方法	力学性能			用　途
		Cu	其　他	Zn		σ_b/MPa	δ/%	HBS	
						不　小　于			
硅黄铜	ZCuZn16Si4	79～81	Si 2.5～4.5	余量	砂型 金属型	345 390	15 20	88.5 98.0	接触海水工作的配件及水泵、叶轮和在空气、淡水、油、燃料以及工作压力在 4.5MPa 和 250℃以下蒸汽中工作的零件
铅黄铜	ZCuZn40Pb2	58～63	Pb 0.5～2.5	余量	砂型 金属型	220 280	15 20	78.5 88.5	一般用途的耐磨、耐蚀零件
铝黄铜	ZCuZn35Al6Fe3Mn3	60～66	Al 4.5～7.0 Fe 2.0～4.0 Mn 1.5～4.0	余量	砂型 金属型	725 740	10 7	157.0 166.5	适用于高强度、耐磨零件
	ZCuZn31Al2	66～68	Al 2.0～3.0	余量	砂型 金属型	295 390	12 15	78.5 88.5	适用于压力铸造
锰黄铜	ZCuZn40Mn3Fe1	53～58	Mn 3.0～4.0	余量	砂型 金属型	440 490	18 15	98.0 108.0	耐海水腐蚀的机械零件以及 300℃以下工作的管配件
	ZCuZn40Mn2	57～60	Mn 1.0～2.0		砂型 金属型	345 390	20 25	78.5 88.5	在空气、淡水、海水、蒸汽（小于 300℃）和各种液体、燃料中工作的零件和阀体

8.2.2.2　青铜

除黄铜和白铜以外的其他铜合金习惯上都称青铜，其中含有锡的称锡青铜，不含锡的则称无锡青铜(也称特殊青铜)。常用青铜有锡青铜、铝青铜、铍青铜、铅青铜等。

青铜一般都具有高的耐蚀性、较高的导电性、导热性及良好的切削加工性。

青铜也分压力加工用和铸造用两大类,青铜的代号依次由"Q"("青"的汉语拼音字首)、主加元素符号、主加元素的含量的百分数、其他元素的含量的百分数组成。例如,代号 QSn4-3 表示锡含量为 4%、其他元素锌含量为 3%、其余为铜含量的锡青铜。如果是铸造用青铜,代号之前加"Z"字。例如代号 ZCuSn10Pb1 表示锡含量为 10%、其他元素铅含量为 1%、其余为铜含量的铸造锡青铜。

A 锡青铜 以锡为主要添加元素的铜基合金称为锡青铜。锡青铜具有较高的强度、硬度和良好的耐蚀性能。

锡在铜中可形成固溶体,也可形成金属化合物,因此,根据锡的含量不同,锡青铜的组织和性能也不同。图 8-6 是锡青铜的组织和力学性能与含锡量的关系。由图可知:含锡量<7%时,锡溶于铜中形成 α 固溶体,具有良好的塑性,并随含锡量的增加,强度、塑性均增加;当含锡量>7%以后,由于组织中出现硬而脆的 δ 相(以化合物 $Cu_{31}Sn_8$ 为基的固溶体),塑性急剧下降;当含锡量继续增加到 20% 时,由于过多的 δ 相的存在,使合金变脆,强度也降低。因此,一般冷热加工用的锡青铜含锡量均小于 7%,含锡量大于 7% 的只适宜铸造。

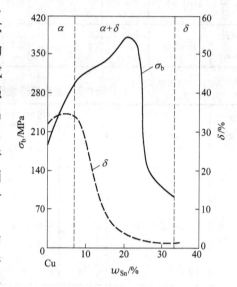

图 8-6 锡青铜的组织和力学性能
与含锡量的关系

锡青铜铸造时,因结晶温度范围较大,故流动性差,易形成分散缩孔,铸件致密度不高,但铸件收缩率小,金属利用率高,故锡青铜适宜于铸造形状复杂、壁厚变化较大且致密度要求不高的零件。

锡青铜在盐酸、硫酸和氨水中的抗蚀性能较差,但在大气、海水和无机盐溶液中却有极好的抗蚀性。

为了提高锡青铜的铸造性能、力学性能、耐磨性能和切削加工性,常加入磷、铅、锌、镍等合金元素,形成多元锡青铜。

B 铝青铜 以铝为主要添加元素的铜合金称为铝青铜,铝青铜属无锡青铜。一般含铝量为 5%~10%。它的特点是具有高的强度、耐蚀性和抗磨能力,并能进行热处理强化。铸造铝青铜还具有结晶温度范围小,流动性好,形成晶内偏析和分散缩孔的倾向小等优点。因此铝青铜是一种用途很广的铸造及压力加工材料,宜作机械、化工、造船及汽车工业中的齿轮、蜗轮、轴套、阀门等零件。

C 铍青铜 以铍为主要添加元素的铜合金称为铍青铜。一般含铍量为 1.6%~2.5%。铍青铜不仅具有高的强度和硬度,而且具有高的弹性极限、疲劳极限、耐蚀性、良好的导电性和导热性,以及抗磁、受冲击不产生火花等优点。在工艺方面,它承受冷、热压力加工的能力很强,铸造性能也好。主要用于制作各种精密仪器、仪表的重要弹性元件,耐蚀、耐磨零件,如钟表齿轮,航海罗盘、仪器中的零件,防爆工具和电焊机电极等。但铍青铜价格昂贵,工艺复杂,故应用受到限制。一般铍青铜是在压力加工后的淬火状态供应,工厂用它制成零件后,可不再进行淬火而只进行时效。

D 铅青铜 铅青铜多作耐磨材料使用,在高压(25~30MPa)及高速(8~10m/s)工作条件下,有高的疲劳强度;与其他耐磨合金比较,在冲击载荷的作用下开裂倾向小,并且有较高的导热性。铅青铜被广泛用来制造高载荷的轴瓦,是一种重要的轴承合金。

除上述几种常用的青铜外,尚有硅青铜、锰青铜、钛青铜等。

复习思考题

1. 根据二元合金一般相图,说明铝合金是如何分类的。
2. 什么是铝合金热处理强化方法? 简述其强化机理。
3. 形变铝合金可分为哪几类? 主要性能特点是什么?
4. 何谓铸造铝硅合金的变质处理? 试述经变质处理后其力学性能得到提高的原因。
5. 下列零件采用何种铝合金来制造?

   火车车厢内食物桌上镶的金属框;飞机用铆钉;飞机大梁及起落架;发动机缸体及活塞;小电机机壳。
6. 用 LY11 合金冲压成要求强度高的复杂零件,制造时合金应处于什么状态? 为什么?
7. 铜合金主要分为哪两类? 试述锡青铜的主要性能特点和应用。
8. 与普通黄铜相比,铝黄铜、硅黄铜、铅黄铜的性能特点如何?
9. 指出下列牌号(或代号)的具体金属或合金的名称,并说明字母和数字的含义。

   L2,LF21,LY11,LC4,ZL102,ZL301,H68,HPb60-1,ZCuZn16Si4,QSn6.5-0.4,QBe2,ZCuAl10Fe3。

第二篇 金属塑性变形理论

9 塑性变形的力学基础

研究金属的塑性变形需要考虑的很重要的一个因素就是加工过程中的变形力学条件。实践证明,虽然导致金属产生不同变形的因素很多,但力对金属的加工成型具有非常直接的影响。

9.1 力与变形

金属的塑性变形是在外力的作用下产生的。而物体之间的这种作用力可存在于直接接触时,也可存在于相互分开时。如锻造时锤头与金属间的相互作用力,这种力是作用在接触面上的,称为表面力。而磁力、重力等是相互分开时也存在的作用力,这种力作用于整个体积上,称为体积力。金属塑性加工中所研究的外力,是指表面力而不包括体积力。

9.1.1 外力

金属在外力作用下产生塑性变形。外力主要有作用力和约束反力。

（1）作用力　压力加工时设备的可动部分对工件所作用的力叫作用力,又叫主动力。如锻压时,锤头的机械运动对工件施加的压力 P（图 9-1）;拉拔时,拉丝钳对工件作用的拉力 P（图 9-2）;挤压时,活塞的顶头对工件的挤压力 P（图 9-3）等。

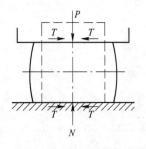

图 9-1　自由锻造

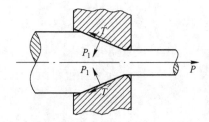

图 9-2　拉拔

作用力的大小取决于工件变形时所需能量的多少,它可以由仪器实测,也可用理论和经验的方法计算出来。

（2）约束反力　工件在主动力的作用下,其运动受到工具其他部分的限制促成工件的变形,且工件变形时与工具的摩擦力均称为约束反力。约束反力有正压力和摩擦力。

1）正压力:沿工具与工件接触面的法线方向阻碍金属整体移动或金属流动的力,并垂直指向变形工件的接触面。如图 9-1 中的 N 和图 9-2 中的 P_1。

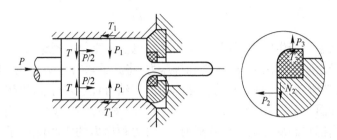

图 9-3 挤压

2）摩擦力：沿工具与工件接触面的切线方向阻碍金属流动的剪切力，其方向与金属质点流动方向或变形趋势相反，如图 9-1 中的 T 和图 9-2 中的 T。

9.1.2 内力与应力

物体在不受外力作用时，也存在着内力。它是物体内原子之间相互作用的吸引力和排斥力，这种引力和斥力的代数和为零。因此使得金属（固体）保持一定的形状和尺寸。但当物体受外力作用时，且其质点的运动受到阻碍时，为平衡外力而在物体内部产生了抵抗外力的力，这种抵抗变形的力就是我们所研究的内力。

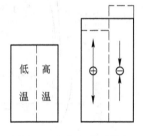

由此可见，在外力作用下金属内部会产生与之相平衡的内力抵抗变形；同时还会为维护自身的相平衡也产生一定的内力。如不均匀变形，不均匀加热（或冷却）及金属相变等过程产生的内力。如图 9-4 所示，右边温度高，左边温度低，造成右边的热膨胀大于左边，但由于金属是一个整体，因此温度高的一侧将受到温度低的一侧的限制，不能独立膨胀到应有的伸长量而受到压缩；同样，温度低的一侧在另一侧的影响下受拉而增长。此时，金属内部产生了一对相互平衡的内力，即拉力和压力。

图 9-4 左右温度不均匀引起的自相平衡内力

轧件轧后的不均匀冷却造成的弯曲、瓢曲及金属相变等都会使工件内部产生内力。内力的强度称为应力，即单位面积上作用的内力称为应力。一般所说的应力，应理解为一极小面积 ΔF 上的总内力 ΔP 与其面积 ΔF 的比值的极限，其数学表达式为：

$$\sigma = \lim_{\Delta F \to 0} \frac{\Delta P}{\Delta F} \tag{9-1}$$

只有当内力是均匀作用于被研究的截面时，才可以用一点的应力大小来表示该截面上的应力。如果内力分布不均匀，则不能用某点的应力表示所研究截面上的应力，而只能用内力与该截面的比值表示。此值称为平均应力，即：

$$\sigma_{平均} = \frac{P}{F} \tag{9-2}$$

式中　$\sigma_{平均}$——平均应力；

　　　　P——总内力；

　　　　F——内力作用的面积。

9.1.3 变形

金属在受力状态下产生内力,且其形状和尺寸也发生变化的现象称为变形。

金属依靠原子之间的作用力(吸引力和排斥力)将原子紧密地结合在一起。而金属变形时,所施加的外力必须克服其原子间的相互作用力与结合能。原子间的相互作用力和能同原子间距的关系如图 9-5 所示。由图可知,当两个原子相距无限远时,它们相互作用的引力和斥力均为零。当把它们从无限远处移近时,其引力和斥力的大小随原子间距的变化而变化,但在原子间距 $r=r_0$ 处时,引力和斥力相等,即原子间相互作用的合力为零,此时原子间的势能为零。由此可见,当 $r=r_0$ 时原子间的位能最低,而原子在 r_0 处最稳定,处于平衡位置。图 9-6 为一理想晶体中的原子点阵及其势能曲线示意图。显然,在 AB 线上的原子处于 A_0、A_1、A_2 等位置上时最为稳定。如果 A_0 处的原子要移到 A_1 位置上,就必须越过高为 h 的"势垒"才有可能。

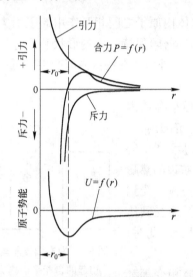
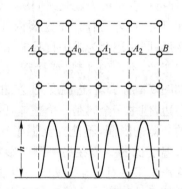

图 9-5 原子间的作用力和能同原子间距(r)的关系　　图 9-6 理想晶体中的原子排列及其位能曲线

在外力作用下,原子间原有的平衡被打破,原子由原来的稳定状态变为不稳定状态。此时,原子间距发生变化,原子的位置发生偏移,一旦外力去除,原子仍可恢复到原来的平衡位置,使变形消失。这就是弹性变形。因此,弹性变形实质上是指当所施加的外力或能不足以使原子跨越势垒时所产生的变形,即可完全恢复原有状态的变形。

但当外力大到可以使原子跨越势垒而由原有的一种平衡达到另一种新的平衡,且外力去除后,原子也不能恢复到原有位置的变形就是塑性变形。

由此可见,金属变形的形式取决于外力的大小。那么,金属在发生塑性变形以前,必然先发生弹性变形,即由弹性变形过渡到塑性变形,这就是所谓的弹—塑性变形共存定律。

9.2 应力状态及其图示

9.2.1 一般概念

外力的作用导致金属产生了内力,同时金属压力加工过程中,力是从不同的方向作用于

124

金属的,因而在金属内部会相应地产生复杂的应力状态。为了研究变形体内变形时的应力状态,在变形体内取一无限小的正六面体(可视为一点),在每个面上都作用着一个全应力,如图 9-7(a)所示。将全应力按取定的坐标轴方向进行分解,每个全应力均能分解为一个法向应力(正应力)和两个切向应力,如图 9-7(b)所示。

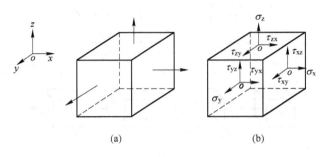

图 9-7 单元六面体上作用应力图

σ 表示法向应力,σ_x、σ_y 和 σ_z 分别表示与 x 轴、y 轴和 z 轴垂直面上的法向应力,并规定与坐标轴方向一致者为正,反之为负。

τ 表示切向应力,在与 x 轴垂直的面上,有 τ_{xy} 与 τ_{xz},分别表示指向 y 向与 z 向的切应力;在与 y 轴、z 轴垂直的面上有切应力 τ_{yz}、τ_{yx} 及 τ_{zx}、τ_{zy},所指方向与坐标轴方向一致者为正,反之为负。

由上述可知,一点的应力状态取决于对应坐标方向的三个全应力矢量或相应的九个分量。由力矩平衡条件,位于彼此对称位置上的切应力彼此相等,即:

$$\tau_{xy} = \tau_{yx}, \ \tau_{yz} = \tau_{zy}, \ \tau_{zx} = \tau_{xz}$$

由张量理论,可认为只存在法向应力的分量,而切应力的分量为零。因此将垂直主轴方向的平面称为主平面,作用在主平面上的应力(法向应力)称为主应力,三个主应力分别用符号 σ_1、σ_2、σ_3 表示。且规定 σ_1 是最大的主应力,σ_3 是最小的主应力,σ_2 为中间主应力,即 $\sigma_1 > \sigma_2 > \sigma_3$。

因此,确定点的应力状态,只要研究主坐标系下主应力的大小和方向就可以了。

9.2.2 应力状态图示

应力状态图示是用来表示所研究的某一点(或所研究物体的某部分)在三个互相垂直的主轴方向上,有无主应力存在或主应力方向如何的定性示意图。

在压力加工过程中,将变形体的长、宽、高方向近似认为与主轴方向一致,与长、宽、高垂直的截面看成是主平面,按主应力的存在情况和主应力方向,应力状态图示由两种线应力状态、三种平面应力状态和四种体应力状态共同组成九种可能的应力状态形式。如图 9-8 所示。

在压力加工过程中,变形体内的应力状态与外力的大小和方向有关。图 9-9 举出了各种加工方法下的应力状态图示的例子。但最常见的是体应力状态图形。在体应力状态图(图 9-8(c))中,应力符号相同的(T_1 与 T_4)称为同号应力图;应力符号不同的(T_2 与 T_3)称为异号应力图。在同号应力图 T_1 中,若三个主应力相等,即 $\sigma_1 = \sigma_2 = \sigma_3$(相当于三相均匀压缩)时若金属内部无空隙、疏松和其他缺陷,则不会产生滑移,也就是说理论上讲是不可能产

125

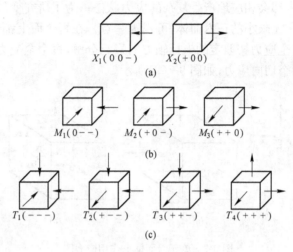

图 9-8 可能的应力状态图示

(a)线应力状态;(b)面应力状态;(c)体应力状态

生塑性变形的。但实际上三相均匀压缩,可使金属内存在的缝隙贴紧,消除裂纹等缺陷,有利提高金属的强度和塑性。这种三向相等的压缩应力称为静水压力。用 σ_m 表示,即

$$\sigma_m = \frac{\sigma_1 + \sigma_2 + \sigma_3}{3} \tag{9-3}$$

金属压力加工中,使金属产生塑性变形,不可能采用 $\sigma_1 = \sigma_2 = \sigma_3$ 的 T_1 应力状态,但在粉末制品生产中,可采用静水压力应力状态进行压力成型。相反,三向拉应力状态会破坏塑性很高的金属的连续性而导致断裂。因此直接采用 T_4 应力状态也是有害无益的。

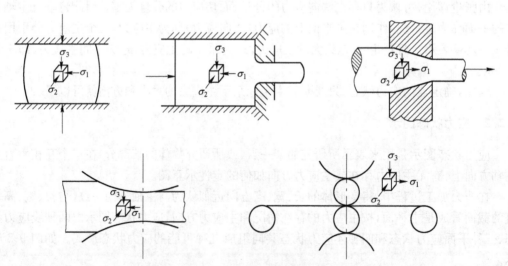

图 9-9 不同加工条件下的应力状态图示

对于异号应力状态 T_2 和 T_3,不论三个应力数值是否相等,均可产生塑性变形。其中 T_2 应力状态图在压力加工中应用较普遍,例如:棒材、管材、线材等的拉拔,带钢的张力轧制,斜轧穿孔等。而 T_3 应力状态图的应用在带底容器的冲压成型及锻造开口冲孔中有所体现。

综上所述,不同的加工条件,会导致不同的应力状态,同时产生不同的变形效果。

126

9.3 变形图示与变形的力学图示

9.3.1 变形图示

当变形体处于一定的应力状态,并在主应力的方向上产生不能恢复的塑性变形时,这种变形称为主变形。因此,变形物体中任意一点的变形状态可以用三个主变形表示。而用来表示三个主变形是否存在及其变形方式的图示即为主变形状态图示(简称变形图示),见图9-10。如图所示,如果没有变形就不画箭头;如果变形为延伸,则箭头向外指,如果为压缩变形,则箭头向内指,但应注意,箭头的长短不表示变形的大小。

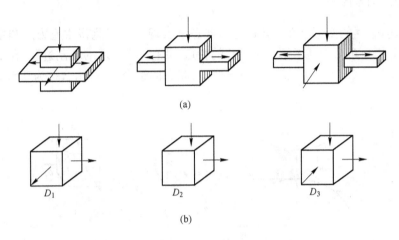

(a)

D_1 D_2 D_3

(b)

图 9-10 三种可能的变形图示
(a)变形方式;(b)变形图示

9.3.2 主变形的方向

由于金属的塑性变形受体积不变条件的限制,虽然加工方式很多,但只存在三种可能的变形方式,如图9-10(a)所示,其相应的变形图示如图9-10(b)所示。

D_1 变形图示,表示一向压缩,两向伸长。如平锤头锻压或平辊轧制矩形断面(或有宽展的轧制)时的变形图示。

D_2 变形图示,表示一向缩短,一向伸长,第三个方向变形为零。如轧制薄而宽的板带时(可忽略宽展时)的变形图示。

D_3 变形图示,表示两向压缩,一向伸长。如拉拔和挤压时的变形图示。

压力加工过程中的金属变形具有连续性和整体性,它们可以由一种变形过渡到另一种变形。图9-11为一方形断面的变形物体,经过不同形状的矩形模孔时的挤压过程与变

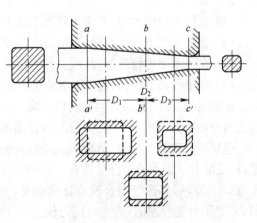

图 9-11 方形断面工件在矩形
喇叭模具中的变形过程

127

形图示。

由图可知,a-a'、b-b'和c-c'为变形过程中的三个截面。在a-a'截面处,即坯料与模孔开始接触处,此处的模孔宽度较坯料宽度大;在b-b'截面处,模孔宽度与坯料宽度相等;在c-c'截面处,进入的坯料宽度和高度均比模孔大,挤出模孔后的制品断面为一小方形。由此,这个变形过程的变形图示是由$D_1 \rightarrow D_2 \rightarrow D_3$。而其主变形的方向也在不断地变化。

由上述例子可以看出,为充分发挥金属的塑性,采用最容易的减小变形金属断面积的变形图示为目的时,使金属在两个方向上产生压缩的D_3是最为有利的,而D_1的变形图示最为不利。主变形的方向是受到工具的几何形状限制的,而与其应力状态类型无关。

9.3.3 变形的力学图示

如前所述,金属的变形是在一定的应力状态下实现的。因此将主应力图和主变形图结合起来进行分析更可全面地了解加工过程的特点。图 9-12 所示的轧制过程,在变形区内任意一点 A 处,为 $T_1(---)$状态与 $D_1(-++)$状态的组合,这种组合称为变形力学图示。

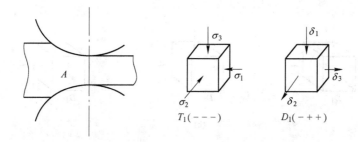

图 9-12　轧制时变形区中任一点 A 处的变形力学图示

变形力学图示在压力加工中的重要性,可通过下面的例子来说明。例如将短而粗的圆柱体坯料,加工成为细长的圆棒材,它可以由 D_3 变形图示得到。但确定压力加工方法并不是简单的事。因为同一种产品可以用不同的压力加工方法得到,而不同的方法有不同的应力状态,加工的难易程度、生产效率也不一样。上述例子至少可以用以下四种方法来完成这种产品的加工:

(1) 用简单拉伸方法,其应力状态图示为 $X_2(+00)$;

(2) 在挤压机上进行挤压,其应力状态图示为 $T_1(---)$;

(3) 在孔型中进行轧制,其应力状态图示为 $T_1(---)$;

(4) 在拉拔机上经模孔拉拔,其应力状态图示为 $T_2(+--)$。

由此可见,不同的应力状态会使金属产生组织和性能的差异,同时影响到产品的质量。因此合理地确定金属的变形力学图示,正确地选择加工方法,是极为重要的。

金属塑性变形过程中,其应力状态有九种类型,而其变形图示有三种方式。从数学角度考虑,变形力学图示的组合可能有 $3 \times 9 = 27$ 种,但实际生产中可能的变形力学图示只有 23 种(图 9-13),另外四个组合没有物理意义。对应力状态 $X_1(00-)$来说,其变形图示中 D_2 和 D_3 是不可能存在的;同样对应力状态 $X_2(+00)$来说,D_1 和 D_3 也是不存在的。

虽然应力状态图示和变形图示的组合多种多样,但理论上可以证明,当三个主应力的大小和符号已经确定时,相应的变形图示是惟一的,它们之间有确定的对应关系。这种关系是

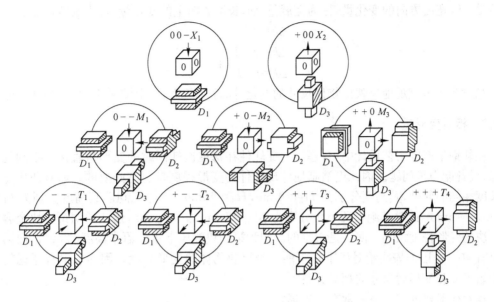

图 9-13　应力状态图及变形图示的可能组合

由三个主应力 σ_1、σ_2、σ_3 分别减去平均应力(静水压力)σ_m,余下的应力分量$(\sigma_1-\sigma_m)$、$(\sigma_2-\sigma_m)$、$(\sigma_3-\sigma_m)$和符号与变形图示一致。

例如,若变形体内三个主应力分别为$\sigma_1=60MPa$,$\sigma_2=-60MPa$,$\sigma_3=-240MPa$,此时

$$\sigma_m=\frac{\sigma_1+\sigma_2+\sigma_3}{3}=\frac{60+(-60)+(-240)}{3}=-80MPa$$

$$\sigma_1-\sigma_m=60-(-80)=140MPa$$

$$\sigma_2-\sigma_m=-60-(-80)=20MPa$$

$$\sigma_3-\sigma_m=-240-(-80)=-160MPa$$

由计算结果判定:在主应力 σ_1 和 σ_2 方向为延伸变形,在 σ_3 方向为压缩变形。因此其变形图示为 D_1,其变形力学图示为 $T_2(+--)\times D_1(++-)$。

9.4　变形量的表示方法

在压力加工过程中,为了体现其变形程度的大小,常将三个变形方向作为主轴方向,同时分别用高度、宽度、长度来表示三个方向上的尺寸,其中高度由 H 变为h,称为压缩;宽度由 B 变为b,称为宽展,长度由 L 变为l,称为延伸。如图9-14 所示。

表示变形量(变形程度)的大小的方法有多种,以下分别介绍。

9.4.1　绝对变形量

绝对变形量分别表示变形前后三个主应力方向上的线变形量,即高度方向尺寸的变化量,称为

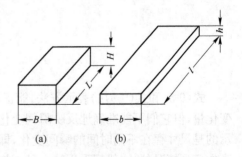

图 9-14　轧件变形前后尺寸的变化
(a)变形前;(b)变形后

压下量 Δh，宽度方向的变化量，称为宽展量 Δb，长度方向上的变化量，称为延伸量 Δl。

$$\left.\begin{aligned}\Delta h &= H-h \\ \Delta b &= b-B \\ \Delta l &= l-L\end{aligned}\right\} \tag{9-4}$$

绝对变形量直观地反映出物体尺寸的变化，同时计算简单。因此在生产中，应用普遍。

9.4.2 相对变形量

在轧钢生产的工艺设计中，合理地分配轧件在每道次轧制时的变形量直接关系到轧制质量、设备能力等问题。因此更清晰地体现轧件的变形程度是很有必要的。如有两块宽度和长度相同的轧件，其高度分别为 $H_1 = 4\text{mm}$，$H_2 = 10\text{mm}$，经过轧制后其高度分别为 $h_1 = 2\text{mm}$，$h_2 = 6\text{mm}$，此时其绝对压下量分别为 $\Delta h_1 = 2\text{mm}$，$\Delta h_2 = 4\text{mm}$，这能说明第二块金属比第一块的变形程度大吗？回答是否定的。因为第一块的压下量为原来高度的 50%，而第二块只有 40%。因而表明绝对压下量不能正确反映物体的变形程度。因为它没有考虑轧件与原始尺寸和变形后尺寸的相对关系。

相对变形量的表示方式常有三种形式：

（1）绝对变形量与原始线尺寸的比值，即

$$\left.\begin{aligned}\varepsilon_1 &= \frac{\Delta h}{H} \times 100\% \\[2mm] \varepsilon_2 &= \frac{\Delta b}{B} \times 100\% \\[2mm] \varepsilon_3 &= \frac{\Delta l}{L} \times 100\%\end{aligned}\right\} \tag{9-5}$$

（2）绝对变形量与变形后的相应线尺寸的比值，即

$$\left.\begin{aligned}\varepsilon_1' &= \frac{\Delta h}{h} \times 100\% \\[2mm] \varepsilon_2' &= \frac{\Delta b}{b} \times 100\% \\[2mm] \varepsilon_3' &= \frac{\Delta l}{l} \times 100\%\end{aligned}\right\} \tag{9-6}$$

（3）物体变形后与变形前相应的线尺寸比值的自然对数，即

$$\left.\begin{aligned}e_1 &= \ln \frac{h}{H} \\[2mm] e_2 &= \ln \frac{b}{B} \\[2mm] e_3 &= \ln \frac{l}{L}\end{aligned}\right\} \tag{9-7}$$

式(9-5)和式(9-6)的表示方法，能正确地体现出变形程度，且反映了单位尺寸上的相对变化量，但它们不能准确地反映瞬间变化关系，因而被认为是近似主变形。而式(9-7)所表示的是尺寸存在不同时间的瞬间变化，即称为真实变形。但实际应用中，除了计算精确度较高的变形情况外，一般都采用第一种。如拉拔生产中断面收缩率的表示，即

$$\psi = \frac{F_0 - F}{F_0} \times 100\%$$

式中 ψ——断面收缩率；

F_0、F——变形前后的断面积。

9.4.3 变形系数

压下系数 $\eta = \dfrac{H}{h}$

宽展系数 $\omega = \dfrac{b}{B}$ (9-8)

延伸系数 $\mu = \dfrac{l}{L}$

由式(9-8)可以看出，系数 η 与 μ 总是大于 1 的数值，而 ω 的值，则当有宽展存在时，$\omega > 1$；当宽展为零时，$\omega = 1$，此时可认为

$$\eta \approx \mu \tag{9-9}$$

原因是金属变形前后的体积是不变的。即 $HBL = hbl$（$F_0 L = F_n l$），而当宽展为零时，即 $B = b$。由此可认为 $HL = hl$，则可得

$$\mu = \frac{l}{L} = \frac{F_0}{F_n} = \frac{H}{h} = \eta \tag{9-10}$$

因此，式(9-10)可以用于简化计算过程。

9.4.4 总延伸系数、部分延伸系数和平均延伸系数

在压力加工过程中，多数情况不是一次成型。因而研究各道次变形量与总变形量及其关系是很必要的。

假设坯料的断面积为 F_0，长度为 L，经 n 道次变形后，成品断面积为 F_n，长度为 l_n。则每一道次的延伸系数应该为：

$$\mu_1 = \frac{F_0}{F_1} = \frac{l_1}{L}$$

$$\mu_2 = \frac{F_1}{F_2} = \frac{l_2}{l_1}$$

$$\vdots$$

$$\mu_n = \frac{F_{n-1}}{F_n} = \frac{l_n}{l_{n-1}}$$

将各道次延伸系数相乘，得到

$$\mu_1 \times \mu_2 \times \cdots \times \mu_n = \frac{F_0}{F_1} \times \frac{F_1}{F_2} \times \cdots \times \frac{F_{n-1}}{F_n} = \frac{F_0}{F_n}$$

$$= \frac{l_1}{L} \times \frac{l_2}{l_1} \times \cdots \times \frac{l_n}{l_{n-1}} = \frac{l_n}{L}$$

由此可得出结论：总延伸系数等于各道次延伸系数的乘积。即

$$\mu_z = \frac{F_0}{F_n} = \mu_1 \times \mu_2 \times \cdots \times \mu_n \tag{9-11}$$

按此式，可写出总延伸系数与平均延伸系数的关系为

$$\mu_z = \frac{F_0}{F_n} = \bar{\mu}^n \tag{9-12}$$

故平均延伸系数应为

$$\bar{\mu} = \sqrt[n]{\mu_z} = \sqrt[n]{\frac{F_0}{F_n}} \tag{9-13}$$

由此可导出轧制道次与断面积及平均延伸系数的关系为

$$n = \frac{\ln F_0 - \ln F_n}{\ln \bar{\mu}} \tag{9-14}$$

9.5 外摩擦

金属发生塑性变形时,变形金属与工具相接触表面之间存在着阻碍金属自由流动的作用,称为外摩擦。

外摩擦普遍存在于工具和变形金属的接触面之间,它对金属的变形过程产生很大影响,因此,对压力加工过程中外摩擦进行讨论,具有很重要的实际意义。

9.5.1 外摩擦的特点

在压力加工过程中工具与金属间的外摩擦与普通机械摩擦有很大差别。主要体现在以下几个方面。

9.5.1.1 摩擦面上的单位压力很大

热变形时单位压力通常为 $98\sim490N/mm^2$,而冷加工可达 $490\sim2450N/mm^2$,有时会更高。但重负荷的轴承上,其单位压力不超过 $20\sim40N/mm^2$。由于单位压力很大,造成工具表面弹性压扁;同时,润滑剂被挤走或变成极薄的膜,都将使摩擦状态改变。

9.5.1.2 接触表面不断更新和扩大

伴随着加工过程的进行,工件的形状和尺寸不断变化,同时金属的表面也会随着金属质点的流动出现新旧交替的变化,从而使得摩擦系数不断发生变化,同时工具的表面也在使用过程中不断变化。

9.5.1.3 摩擦对之间的差异很大

处于压力加工中的工具,其强度和刚度很大,因此只发生弹性变形;而被加工的金属却发生塑性变形。这样就会导致变形金属和工具在接触表面产生很大的滑动,如冷轧带钢时相对滑动速度可达8m/s。

9.5.1.4 接触表面温度高

在热加工中工件的变形温度可达1200℃,在冷加工中,由于接触面单位压力很高而相对滑动速度很大,造成接触表面温度急剧升高,这种剧烈的温度变化,将促使摩擦状态的复杂化。

9.5.1.5 变形金属表面组织是变化的

在高温下,金属表面迅速生成氧化层。而在不同温度条件下形成的不同深度的氧化层由于成分的不同,使得其组织结构不同,因此在金属变形时表面组织的变化也将引起摩擦系数发生变化。

9.5.2 摩擦定律

9.5.2.1 变形时摩擦的分类

根据压力加工中摩擦对接触表面的特征,可把外摩擦分为以下几类:

A 干摩擦 干摩擦是指变形金属和工具之间，没有任何黏性介质的薄膜而直接接触。但在压力加工中，由于氧化膜、气体和灰尘等的存在，真正的干摩擦是不存在的。通常所说的干摩擦是指接触面不加润滑剂的状态。

B 液体润滑摩擦 在润滑剂作用下，金属与工具完全被隔开，接触表面不再直接接触。这种摩擦叫做液体润滑摩擦。

C 边界摩擦 在液体摩擦条件下，随着接触面上压力的增加，润滑剂被挤走，致使金属与工具表面仅存在一层极薄的润滑膜（其厚度小于 0.001mm），严重时可能出现局部区域的粘连工具现象，这种摩擦状态称为边界摩擦。

在生产中，以上几种摩擦状态并不是截然分开的，而是常常出现混合摩擦状态。

9.5.2.2 摩擦定律

在干摩擦情况下，摩擦力的大小与接触表面的正压力、摩擦对的性质和状态有关。在干摩擦基础上，法国人库仑得出以下近似规律。即当摩擦对接触表面上其他条件相同（如表面状态、温度、金属的固有性质等）时，摩擦力与接触表面上的正压力成正比。这就是通常用的摩擦定律或称库仑定律。其数学表达式为

$$T = fP = f\sigma_N F \tag{9-15}$$

式中 T——摩擦力；

f——摩擦系数；

P——接触表面的正压力；

σ_N——接触表面的正应力；

F——摩擦对接触的宏观面积。

在接触面上，由摩擦力引起的单位面积上的切应力，称为平均摩擦应力，以 τ_K 表示，则

$$\tau_K = \frac{T}{F}$$

即 $$T = \tau_K F = f\sigma_N F$$

故 $$f = \frac{\tau_K}{\sigma_N} \tag{9-16}$$

式(9-16)表明，摩擦应力与正应力成正比。因此，在一定范围内，随着正压力的增加，摩擦对之间的凸牙与凹坑相互嵌入更深，则摩擦力增加，同时平均摩擦力也相应增大。如图 9-15 所示。

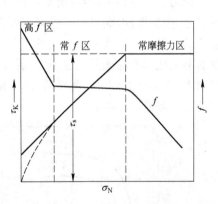

图 9-15 干摩擦过程中 τ_K、f 与 σ_N 的关系

9.5.3 影响摩擦系数的因素

根据摩擦定律，可知摩擦力的大小与摩擦系数是息息相关的。下面就对摩擦系数的影响因素作出分析。

9.5.3.1 工具的表面状态

工具表面状态的不同，会导致摩擦系数的变化。工具表面光洁，摩擦系数就小，反之则大。如初轧时为提高咬入能力，常将轧辊表面刻痕或堆焊以加大摩擦系数。但在冷轧时，为提高产品质量和降低能耗，就应尽可能提高辊面光洁度，以降低摩擦系数。

9.5.3.2　金属的表面状态

金属变形时,其表面状态的变化会对摩擦系数造成显著影响,特别是变形的开始道次。如钢锭表面非常粗糙会使摩擦系数增大。随着轧制过程的进行,金属表面的凹凸不平将被压平,而出现工具表面的压痕,因此接触表面的摩擦此时又与工具的表面状态有密切关系。

影响金属表面状态变化的因素有:金属的化学成分,氧化层的厚度、性质,变形金属的温度及表面加工状况等。一般认为,高温加工时,炉生氧化层粗而厚,使摩擦系数增大,而炉生氧化层脱落后再生的氧化层细而薄,使摩擦系数减小。

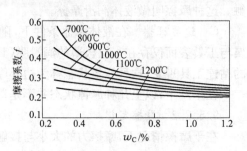

图 9-16　摩擦系数与钢中含碳量的关系

9.5.3.3　变形金属和工具的化学成分

金属的成分不同,摩擦系数也不同。如在一定温度范围内,钢的含碳量增加,摩擦系数将会减小。如图 9-16 所示。

另外,不同成分的工具对摩擦也有一定影响。如钢辊的摩擦系数较铸铁辊的摩擦系数大。

9.5.3.4　接触面上的单位压力

单位压力对摩擦系数的影响和表面摩擦状态有关。一般随接触表面单位压力的增加,金属与工具接触面的相互嵌入深度增大,因而引起摩擦系数增加。图 9-17 所示的两组曲线的变化表明,摩擦系数随单位压力的增加而增大到一定阶段后,又趋于稳定。

9.5.3.5　变形温度

压力加工过程中,金属的变形温度是不断变化的。而温度的变化又会导致诸如金属表面状态、金属性能、润滑效果等诸多因素的变化。因此,变形温度对摩擦系数的影响是非常复杂的。根据大量实验资料与实践观察,得出图 9-18 所示的关系曲线。当温度较低时,较硬的薄氧化膜使摩擦系数较小,当温度较高时,由于氧化膜的增厚,金属强度的降低,导致摩擦增大,但温度高到一定程度后,随温度的继续升高,在加工后,氧化膜脱落,新氧化膜起到润滑作用而使摩擦系数减小。

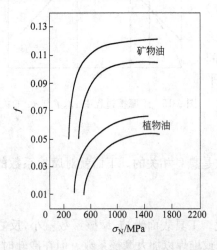

图 9-17　正压力对摩擦系数的影响

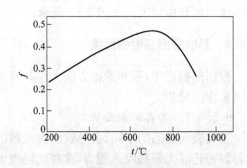

图 9-18　温度对钢的摩擦系数的影响

134

9.5.3.6 变形速度

许多实验结果表明,随变形速度的增加,摩擦系数降低。在干摩擦时,变形速度增加,表面凹凸不平部分来不及相互嵌入,则摩擦系数降低。在一定的润滑条件下,变形速度增加使得润滑层厚度增大,而使摩擦系数下降。

9.5.3.7 润滑剂

压力加工中采用润滑剂可以有效地降低摩擦系数,同时还可以起到降低变形时的能量消耗及冷却工具的作用。不同的工作条件,要采用不同的润滑剂,同时产生的润滑效果也不同。表9-1是用钢板塑压铜及铝时,各种液体润滑剂对摩擦系数影响的实验数据;表9-2是各种金属在不同条件下冷轧时所测得的摩擦系数值。

表 9-1　用钢板塑压铜和铝

润滑剂	摩擦系数		润滑剂	摩擦系数	
	铝	铜		铝	铜
不用润滑剂	0.10	0.36	C 号机油	0.07	0.12
工业用煤油	0.30	0.26	9 号重油	0.04	0.11
水	0.14	0.19	钠皂沫	0.03	—
变压器油	0.14	0.15	油酸	0.04	0.06
纯凡士林油	0.09	0.15			

表 9-2　冷轧金属时的摩擦系数

金 属	无 润 滑	煤 油 润 滑	矿物油润滑
钢	0.20～0.30	0.15～0.17	0.10～0.13
铜	0.20～0.25	0.13～0.15	0.10～0.13
铝	0.20～0.30	0.10～0.15	0.08～0.09
黄铜	0.12～0.15	0.06	0.05
锌	0.25～0.30	0.12～0.15	0.05

9.5.4　摩擦系数的计算

前面讨论了对摩擦系数的影响因素,可见确定摩擦系数的大小是要综合考虑上述因素的影响的。下面介绍的是轧制生产中常用的摩擦系数的计算方法。

9.5.4.1　热轧时的摩擦系数

艾克隆德根据影响摩擦系数的因素,提出了一个计算摩擦系数的经验公式,即

$$f = K_1 K_2 K_3 (1.05 - 0.0005t) \tag{9-17}$$

式中　K_1——轧辊材质的影响系数,对于钢轧辊 $K_1 = 1$,铸铁轧辊 $K_1 = 0.8$;

　　　K_2——轧制速度影响系数,可按试验曲线图 9-19 确定;

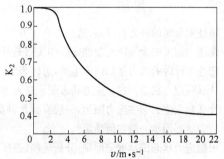

图 9-19　轧制速度的影响系数 K_2 值

K_3——轧件的材质影响系数,可根据表 9-3 所列实验数据选取;

t——轧制温度(700~1200℃间适用)。

表 9-3　轧件材质影响系数 K_3

钢　　种	钢　　号	K_3
碳 素 钢	20~70、T7~T12	1.0
莱 氏 体 钢	W18Cr4V、W9Cr4V2、Cr12、Cr12MoV	1.1
珠光体-马氏体钢	4Cr9Si2、5CrMnMo、5CrNiMo、3Cr13、CrMoMn、3Cr2W8	1.3
奥 氏 体 钢	0Cr18Ni9、4Cr14NiW2Mo	1.4
含纯铁体或莱氏体的奥氏体钢	1Cr18Ni9Ti、Cr23Ni13	1.47
纯 铁 体 钢	Cr25、Cr25Ti、Cr17、Cr28	1.55
含硫化物的奥氏体钢	Mn12	1.8

应当指出,对表 9-3 中 K_3 的选取要慎重,利用表中 K_3 值计算结果偏高。但目前尚缺乏这方面的深入研究,还不能对 K_3 进行修正。

9.5.4.2　冷轧时的摩擦系数

冷轧时的摩擦系数计算方法很多,采用下式较符合实际的结果:

$$f=K\left[0.07-\frac{0.1v^2}{2(1+v)+3v^2}\right] \tag{9-18}$$

式中　K——润滑剂的种类与质量影响系数,其值如表 9-4 所列;

v——轧制速度。

表 9-4　润滑剂种类对摩擦系数的影响

润 滑 条 件	K	润 滑 条 件	K
干摩擦轧制	1.55	用煤油乳化液润滑(含10%)	1.0
用机油润滑	1.35	用棉子油、棕榈油或蓖麻油润滑	0.9
用纱锭油润滑	1.25		

复习思考题

1. 塑性变形时的外力有哪些,这些力在压力加工中起何作用?
2. 在压力加工中金属产生塑性变形的实质是什么?
3. 塑性变形时的内力是如何产生的,怎样表示,内力有哪几种类型?
4. 什么叫应力状态?它与应力状态图示是否为一回事?
5. 什么叫主应力与主应力图示,一般有哪几种类型与形式?
6. 应力状态图示一般如何确定?
7. 根据应力状态图示确定原则,分析轧制、挤压、拉拔和锻压等几种加工形式的应力状态图示来源。
8. 何谓变形,有哪些形式?
9. 试分析某金属经过模孔拉拔后,能否不用力再顺利穿过该模孔?为什么?

10. 什么是主变形和主变形图示？有几种可能的变形图示？

11. 何谓变形力学图示？实际可能的变形力学图示有哪些？

12. 试分析拉拔时，金属棒在减径带与定径带部分的变形力学图示是否一样，为什么？

13. 变形量有哪些表示方法，常用的有哪些？

14. 何谓延伸系数，总延伸系数与道次延伸系数是何关系？

10 塑性变形基本规律

10.1 体积不变定律

10.1.1 体积不变定律及其方程

物体的质量等于体积和密度的乘积。质量不变是自然界普遍存在的定律。那么,在塑性变形时,金属的密度是否变化呢?

在实际生产中,铸态组织的沸腾钢锭,热轧前密度为 $6.9t/m^3$,轧制后为 $7.85t/m^3$,其体积大约减小了 13%。继续加工时其密度不再变化。因此可以说,除内部存在有大量气泡的沸腾钢锭或者有缩孔及疏松的镇静钢锭的前期加工外,热加工时,金属的体积是不变的。在冷加工时,金属的密度大约减少 0.1%～0.2%,显然所引起的体积变化是微不足道的。因此,得出以下结论:不论金属的冷加工或热加工,由于其密度变化很小(钢锭加工前期除外),可以认为变形前后金属的体积不变。即

$$V_0 = V_n = 常数 \tag{10-1}$$

式中　V_0——变形前金属体积;

　　　V_n——变形后金属体积。

如果变形前矩形断面的工件厚度、宽度、长度分别为 H、B、L,变形后变为 h、b、l,根据式(10-1)可以写成

$$HBL = hbl \tag{10-2}$$

或

$$\frac{l}{L} \cdot \frac{b}{B} \cdot \frac{h}{H} = 1 \tag{10-3}$$

等号两边取对数,则得到

$$\ln\frac{l}{L} + \ln\frac{b}{B} + \ln\frac{h}{H} = 0 \tag{10-4}$$

如果变形前后工件的断面是其他任意形状,根据体积不变定律可写成:

$$F_0 L = F_n l \tag{10-5}$$

或

$$\frac{F_0}{F_n} = \frac{l}{L} = \mu \tag{10-6}$$

式中　F_0, F_n——分别为变形前后工件的横断面面积;

　　　μ——延伸系数。

对于初轧生产,一般认为钢锭在前四个道次轧制时,其密度发生较大变化,因此,在计算前四道次轧件轧后长度时,可按下式计算:

$$HBL\rho_1 = hbl\rho_2$$

式中　ρ_1, ρ_2——分别为某道次轧制前后轧件的密度。

10.1.2 体积不变定律的应用

体积不变定律在工程设计和生产计算中应用十分广泛。特别是对于轧机间距的设计及

轧机轧后轧件长度的确定,采用体积不变定律来计算就显得轻而易举了。

例:用 120mm×120mm×1400mm 的方坯轧成 $\phi 25$mm 的圆钢,若加热时有 2%的烧损,问轧出的圆钢长度是多少?

已知:$H×B×L=120mm×120mm×1400mm,D=25mm$

求:l

解: $F_0=H×B=120×120×(1-2\%)=14112(mm^2)$

$$F_n=\frac{\pi D^2}{4}=\frac{1}{4}×3.14×25^2=491(mm^2)$$

因为　$F_0 L=F_n l$

所以　$l=\frac{F_0}{F_n}L=\frac{14112}{491}×1400=40238(mm)$

应当指出的是,由于弹塑性共存,因此就不得不考虑在某些加工条件下由弹性恢复引起的物体受载时的尺寸与卸载后尺寸的差别。所以,在工艺设计时要视具体情况而定。

10.2　最小阻力定律

10.2.1　最小阻力定律的概念

微观粒子理论认为金属是晶体,是由排列有序的原子组成的。那么,金属的变形实质上就是通过质点的流动体现的。而最小阻力定律就是用来定性地分析和确定金属塑性变形时质点的流动方向的。古布金将其陈述如下:当变形体的质点有可能沿不同方向移动时,则每一质点沿阻力最小的方向移动。

10.2.2　最小阻力定律的实验证明

最小阻力定律可以通过几个简单实验进行验证。如图 10-1(a)所示,当压缩一圆柱体时,与接触面平行的各截面中,所有质点都沿最短法线方向,即沿径向移动,所以变形后其断面形状仍然保持圆形。如图 10-1(b)所示,当压缩一正方形断面柱体时,其质点将沿垂直于各周边的最短路线移动。画出正方形断面的角平分线,可以判断出各区域内质点的流动方向是沿水平轴和垂直轴流动的质点数目最多,正方形断面变形后逐渐趋于圆形。如图 10-1

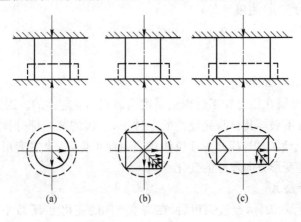

(a)　　　　　(b)　　　　　(c)

图 10-1　镦粗不同断面试样变形后的断面形状

(c)所示,当压缩一矩形断面柱体时,将矩形断面的四个角作角平分线,连接起来,断面被分为四个区域,各区域内的质点都沿垂直于矩形四个边的方向流动。可见向矩形长边方向流动的质点数目最多,变形后最初呈椭圆形断面,继续镦粗最终会达到各向阻力相等的圆形断面。

根据以上实验可以看出:工具和试样的接触面都存在着摩擦,若物体内性质均匀,接触面上摩擦系数又完全一致,质点向自由表面移动时,克服摩擦阻力所做的功和质点离自由表面的距离成正比。因此,离自由边界越近,阻力越小,金属质点也必然沿这个方向流动,即沿截面周边最短法线方向流动。这就是 A. Φ. 高洛文提出的最短法线法则。

金属在压力加工时,处于变形区的金属质点都可以按以上方式将它们划分到几个区域中,如图 10-2,图 10-3 所示。根据最小阻力定律,在 1、2 区域内的质点向宽度方向流动产生宽展,3、4 区域内的质点向长度方向流动产生延伸。因此可以判断出变形后的总延伸一定会大于总宽展。

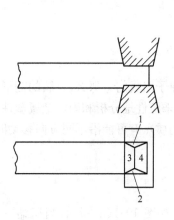

图 10-2　锻造时的变形区

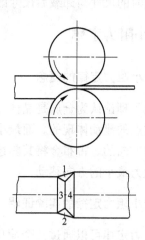

图 10-3　轧制时的变形区

最小阻力定律对于帮助分析各加工过程中质点的流动规律及掌握质点流动对产品和设备的影响具有十分重要的意义。

10.3　移位体积与变形速度

10.3.1　移位体积

10.3.1.1　移位体积的概念

前面已经提出,金属在压力加工过程中是遵循体积不变定律的。因此,可以认为金属的塑性变形实际上是在不破坏其自身完整性的条件下,金属的某一部分体积的位置转移。那么,位置改变部分的金属体积,就称为移位体积。由此可见,一个主变形方向的体积变化也必将造成其余两个主变形方向尺寸的变化。

10.3.1.2　推导公式

图 10-4 为一平行六面体,经过镦粗后,在高度方向的变化由 H 减小至 h,故变形过程的每个瞬间,高度方向都会有一小部分体积向其余两个方向转移,即

$$dV_h = F_x dh_x$$

式中 F_x——任一瞬间 h_x 高度时的截面积。

$$F_x = \frac{V}{h_x}$$

式中 V——六面体的体积。

则可得到

$$dV_h = \frac{V}{h_x} dh_x$$

在高度方向产生移位的体积为

$$\int dV_h = V \int_H^h \frac{1}{h_x} dh_x$$

得到

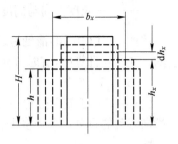

图 10-4　高度移位体积示意图

$$V_h = V \ln \frac{h}{H} \tag{10-7}$$

在高度方向的相对（或单位）移位体积为

$$\frac{V_h}{V} = \ln \frac{h}{H} \tag{10-8a}$$

同理可得宽度和长度方向的单位移位体积

$$\frac{V_b}{V} = \ln \frac{b}{B} \tag{10-8b}$$

$$\frac{V_l}{V} = \ln \frac{l}{L} \tag{10-8c}$$

由体积不变定律可知，沿高度方向体积的减小，必定等于沿宽度和长度方向移位体积的增加。即

$$-\frac{V_h}{V} = \frac{V_b}{V} + \frac{V_l}{V}$$

或

$$-\ln \frac{h}{H} = \ln \frac{b}{B} + \ln \frac{l}{L} \tag{10-9a}$$

整理上式得

$$\ln \frac{h}{H} + \ln \frac{b}{B} + \ln \frac{l}{L} = 0 \tag{10-9b}$$

其实式(10-9b)的结论在前面式(10-4)就已得出。它们表明的是：沿三个主变形方向的体积转移之代数和为零。将式(9-8)的变形系数代入式(10-9b)，则

$$\ln \frac{1}{\eta} + \ln \omega + \ln \mu = 0$$

或

$$\ln \omega + \ln \mu = -\ln \frac{1}{\eta}$$

即

$$\ln \omega + \ln \mu = \ln \eta$$

整理后，得

$$\frac{\ln \omega}{\ln \eta} + \frac{\ln \mu}{\ln \eta} = 1 \tag{10-10}$$

式中 $\dfrac{\ln \omega}{\ln \eta}$——宽度方向与高度方向移位体积的百分比；

$\dfrac{\ln\mu}{\ln\eta}$——长度方向与高度方向移位体积的百分比。

因此,由式(10-10)清楚地表明了沿高度方向的移位体积被如何分配到长度和宽度方向去的。在实际计算中,有时可直接用相关的变形系数计算出纵横变形的分配。

10.3.1.3 实例

例:在某加工变形过程中,已知 $B=210\text{mm}$,$b=230\text{mm}$,$\mu=1.35$,计算金属变形时纵向与横向流动的百分比各为多少?

解:

$$\omega=\frac{b}{B}=\frac{230}{210}=1.10$$

$$\ln\eta=\ln\mu+\ln\omega=\ln1.35+\ln1.10=0.40$$

$$\frac{\ln\mu}{\ln\eta}=\frac{0.30}{0.40}=0.75$$

$$\frac{\ln\omega}{\ln\eta}=\frac{0.10}{0.40}=0.25$$

由此可知,高度方向的移位体积中有 75% 移向长度方向,有 25% 移向宽度方向。

10.3.2 变形速度

10.3.2.1 变形速度的概念

变形速度是与轧制速度根本不同的概念。变形速度是变形程度对时间的变化率,它表示单位时间产生的应变。一般用最大主变形方向的变形程度来表示各种变形过程的变形速度。按定义,变形速度可表示为

$$\dot{\varepsilon}=\frac{\mathrm{d}\varepsilon}{\mathrm{d}t}$$

例如轧制或锻压时,用高度方向的变形速度表示,即

$$\dot{\varepsilon}=\frac{\mathrm{d}\varepsilon}{\mathrm{d}t}=\frac{\mathrm{d}h_x}{h_x}\Big/\mathrm{d}t=\frac{1}{h_x}\cdot\frac{\mathrm{d}h_x}{\mathrm{d}t}=\frac{v_z}{h_x} \tag{10-11}$$

由式(10-11)可以看出,工具的运动速度与变形速度是不同性质的概念,但变形速度与工具的瞬间移动速度 v_z 有关,同时还受到变形体瞬时厚度 h_x 的影响。

10.3.2.2 变形速度的表示

在各种压力加工过程中,其变形速度都是用平均变形速度$\bar{\varepsilon}$表示的。

A 锻压

$$\bar{\varepsilon}=\frac{\bar{v}_z}{h}\approx\frac{\bar{v}_z}{\dfrac{H+h}{2}}=\frac{2\bar{v}_z}{H+h}$$

或

$$\bar{\varepsilon}=\frac{\varepsilon}{t}=\frac{\ln\dfrac{H}{h}}{\dfrac{H-h}{\bar{v}_z}}=\frac{\bar{v}_z\ln\dfrac{H}{h}}{H-h} \tag{10-12}$$

式中 $\bar{v}_z$——工具平均压下速度。

B 轧制

计算轧制时平均变形速度的公式很多,下面仅介绍常见的两个公式。如图 10-5 所示,

假定接触弧中点的压下速度等于平均压下速度,即

$$\bar{v}_z = 2v\sin\frac{\alpha}{2} \approx 2v\frac{\alpha}{2} = v\alpha$$

故 $$\bar{\varepsilon} = \frac{\bar{v}_z}{h} = \frac{v\alpha}{\frac{H+h}{2}} = \frac{2v\alpha}{H+h}$$

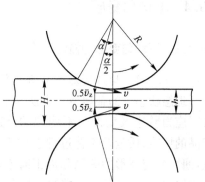

按几何关系导出 $\alpha \approx \sqrt{\frac{\Delta h}{R}}$,代入上式得

$$\bar{\varepsilon} = \frac{2v\sqrt{\frac{H-h}{R}}}{H+h} \qquad (10\text{-}13)$$

图 10-5　确定轧制时平均变形速度的简图

式中　R——轧辊半径;

v——轧辊圆周速度。

上式即为轧制时计算平均变形速度的艾克隆德公式。

采利柯夫导出的轧制时的平均变形速度公式为

$$\bar{\varepsilon} = \frac{\Delta h}{H} \cdot \frac{v}{\sqrt{R \cdot \Delta h}} \qquad (10\text{-}14)$$

式(10-13)、式(10-14)都是在一定假设条件下导出的近似计算公式。但式(10-13)计算精度较高且简便。

C　拉拔

拉拔时是使用长度方向的变形速度来表示的,即

$$\bar{\varepsilon} = \frac{\varepsilon}{t} = \frac{\ln\frac{l}{L}}{\frac{l-L}{v}} = \frac{v}{l-L}\ln\frac{l}{L} \qquad (10\text{-}15)$$

式中　v——平均拉伸速度。

10.3.2.3　实例

例:若在轧辊工作直径为 430mm,轧辊转速为 100r/min 的轧机上,将 $H \times B = 90\text{mm} \times 90\text{mm}$ 的方坯一道次轧成 $h \times b = 70\text{mm} \times 97\text{mm}$ 的矩形断面轧件,计算该道次的变形速度。

解:求压下量 Δh

$$\Delta h = H - h = 90 - 70 = 20(\text{mm})$$

计算轧制速度

$$v = \frac{\pi D n}{60} = \frac{3.14 \times 430 \times 100}{60} = 2250(\text{mm/s})$$

用艾克隆德公式计算

$$\bar{\varepsilon} = \frac{2v}{H+h}\sqrt{\frac{\Delta h}{R}} = \frac{2 \times 2250}{90+70}\sqrt{\frac{20}{430/2}} = 8.44(1/\text{s})$$

用采利柯夫公式计算

$$\bar{\varepsilon} = \frac{\Delta h}{H} \cdot \frac{v}{\sqrt{R\Delta h}} = \frac{20}{90} \times \frac{2250}{\sqrt{\frac{430}{2} \times 20}} = 7.63(1/\text{s})$$

143

10.4 不均匀变形

10.4.1 不均匀变形的概念

10.4.1.1 均匀变形与不均匀变形

理想状态下的金属变形常认为是均匀的。但在多种因素的影响下,金属在变形区内的实际应力状态及变形是不均匀的。这种状况给产品的性能、质量及工艺过程造成不良影响。因此,研究力与变形的关系和加工时不均匀变形的产生原因、后果及其防止措施等是十分必要的。

将一物体分为很多大小相等的小格,形成坐标网格,如图 10-6 所示。若变形体的原始高度为 H,宽度为 B,每个小格的原始高度为 H_x,宽度为 B_x;变形后高度为 h,宽度为 b,任意小格的高度为 h_x,宽度为 b_x,则在高度方向上的均匀变形条件为:

$$\frac{H_x}{h_x} = \frac{H}{h}$$

在宽度方向上的均匀变形条件为:

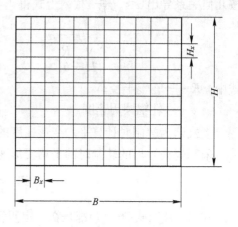

图 10-6　坐标网格

$$\frac{B_x}{b_x} = \frac{B}{b}$$

物体不仅在高度方向上变形均匀,并且在宽度方向上(且在长度方向上)变形也均匀时,才能称为均匀变形。否则,就为不均匀变形。如图 10-7 所示,在两个平砧之间镦粗圆柱体坯料时,可以观察到以下现象:当圆柱体的高度 H 与直径 d 的比值 H/d 较小时,变形后的

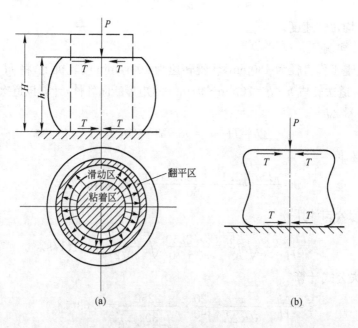

(a)　　　　　　　　　　　　(b)

图 10-7　圆柱体镦粗后的单鼓形和双鼓形

144

试件呈单鼓形(图 10-7a),而当 H/d 较大时,试件变形后呈两端凸出的双鼓形(图 10-7b)。这种不均匀变形的外在表现,实际上是由于试件内部变形的不均匀引起的。同时,其内部的不均匀变形也可以通过网格法进行观察。

10.4.1.2　基本应力与附加应力

金属塑性变形时,其内部的不均匀变形,不但会出现物体外形歪扭,内部组织不均匀,而且,还使变形体内应力分布不均匀。此时,除产生基本应力外,还伴随有附加应力的产生。

由于外力作用而产生的应力称为基本应力。由于物体内部的不均匀变形,为维持物体的整体平衡,在其内部各部分之间产生相互作用而引起的应力称为附加应力。

不均匀变形时,物体各部分不可能单独变形,而必然受到相邻部分的牵制,以保持其完整性。这样,在相对压下量较大而有较大延伸趋势的部分金属,将受到邻近变形量较小的金属对它的限制而不能充分地延伸,即受到附加压应力作用。相反,变形量较小的部分金属则被牵拉而具有发展延伸的趋势,此时受到附加拉应力作用。图 10-8 是凸面轧辊轧制矩形断面轧件时的情况。由于沿轧件宽度方向各部分压下不同,使得轧件边缘部分 a 的变形程度较小,中间部分 b 的变形程度大。若 a、b 部分彼此独立,则中间部分比边缘部分将产生更大的延伸。但事实上,其纵向延伸各部分趋于一致,由此,中部受边部的附加应力促使延伸减少,相应的边部受中部的附加拉应力,使延伸增加。

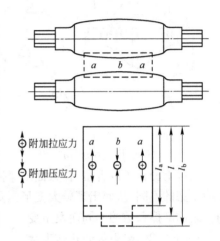

图 10-8　在凸形轧辊上轧制矩形坯的情况

l_a—若边缘部分自成一体时轧制后的可能长度;l_b—若中间部分自成一体时轧制后的可能长度;l—整个轧件轧制后的实际长度

由此可见,金属变形时的工作应力是基本应力与附加应力的代数和。它决定了金属塑性变形时各部分流动情况,同时也决定了金属的性能及质量。基本应力在负荷卸除后,随着弹性变形的恢复即行消失,而附加应力在塑性变形后,仍保留在物体内部形成残余应力。残余应力的存在通常会引起金属的塑性降低,化学稳定性差,导热、导电性降低,同时造成产品的外观缺陷,如翘曲等。因而轧钢生产中常用热处理的方法消除残余应力。

10.4.2　不均匀变形产生的原因

不均匀变形的产生主要受以下因素的影响:接触面上的外摩擦、变形区的几何因素、工具和变形体的轮廓形状、变形体内温度的不均匀分布、变形金属的性质不均及变形体的外端等。下面将分别讨论它们对变形及应力分布的影响。

10.4.2.1　接触面的外摩擦

如图 10-9 为镦粗圆柱体时摩擦力对变形及应力分布的影响。在压力 P 作用下,金属产生高度减小,横断面积增大的变形。若在接触面上无摩擦力影响(认为材料性能均匀),则产生均匀变形,如图 10-10 所示。但事实上,金属受摩擦力作用后其变形大致可分为三个区域(图 10-9):区域 Ⅰ 为难变形区,表层由于在很大的摩擦阻力下因此产生很小的变形;同时随着深度的增加摩擦力递减而形成一个锥形区域。区域 Ⅱ 为大变形区,该区域位于上、下两个难变形区之间的柱体中心部位,由于受到摩擦力影响小,因此水平方向受到压应力较小,故在轴向力作用下产生较大压缩变形,则径向有较大扩展。区域Ⅲ的外侧为自由表面,端面受摩擦影响小,其应力状态可认为受到轴向压缩及Ⅱ区的扩张作用。

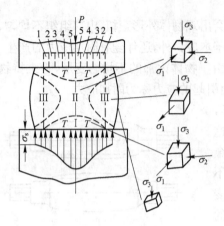

图 10-9 在塑压镦粗时摩擦力
对变形及应力分布的影响

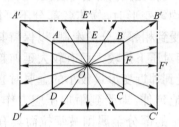

图 10-10 均匀镦粗时的放射性模型

由以上分析可以看出,接触面上摩擦力的作用,使得物体出现了三个区域的变形差异及应力状态的不同,从而出现较大变形区及难变形区。这些区域的大小,将随变形区几何因素与该表面摩擦系数的不同而发生变化。

10.4.2.2 变形区的几何因素

实验表明:金属在加工中其变形的不均匀性与变形区几何因素有关。如镦粗圆柱体时,当试样高度与直径比 $H/D \leqslant 2$ 时,出现单鼓形;当 $H/D > 2$ 且变形程度较小时则出现双鼓形,如图 10-7 所示。随着 H/D 的值的增大,金属中部随深度的加大它所承受的轴向压应力递减而处于弹性变形阶段或产生均匀塑性变形。同时Ⅰ区对Ⅱ区的径向扩张作用减小,因此导致柱体中段变形极小,最终形成双鼓形。

10.4.2.3 工具和变形体的轮廓形状

加工工具和变形体的轮廓形状的不同也会使变形体在某一方向上出现变形及应力分布的不均。不同孔型对相同矩形断面轧件的轧制将导致沿轧件宽度上的压下不同,而使轧件产生内部附加应力,造成应力的不均匀分布。这在以前讲到的在凸形轧辊上轧制矩形坯的例子中已得到验证。

另外,变形前物体形状对变形及应力分布的影响,可由下述实验进行分析:将一块矩形铅板的两边向里弯折后在平辊上轧制,弯折的部分压下大,自然延伸也大,将产生附加压应力;而中部压下小,延伸也小,产生附加拉应力。当边缘宽中部窄小时,若拉应力超过金属的断裂强度,则中部会发生断裂,如图 10-11(a)所示。若中部宽而边缘窄时,则中部不破裂,而边部将产生波浪纹,如图 10-11(b)所示。可见变形物体的形状对变形及应力的影响也是不容

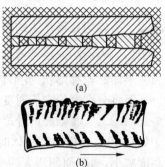

图 10-11 边缘部分压下量比中部
大时轧件变形情况
(a)产生中部破裂;(b)产生边部皱纹

忽视的。

10.4.2.4　变形体内温度分布不均匀

变形体的温度不同会造成低温部分变形抗力大,反之变形抗力小。在同一外力作用下,由于温度的差异必然导致金属的变形不同而造成物体附加应力的产生。且由于温度的不同,使物体在各部分产生不同的热膨胀,出现附加热应力,两种应力迭加后可能引起被加工金属某一部分产生裂纹或断裂。如板坯加热不足造成其上表面温度高,下表面温度低,轧制后出现两部分的变形不均,有可能导致缠辊的现象,如图 10-12 所示。

10.4.2.5　金属本身性质的不均匀

当金属内部的化学成分、组织结构、杂质以及加工硬化状态等分布不均匀时,都会使金属产生变形和应力分布不均。如当被拉伸金属内部存在球状杂质或其他缺陷时,变形时由于杂质与金属基体本身对外力的抗力不同会出现变形差异,且引起应力集中。

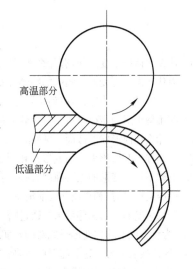

图 10-12　上下层温度不均
造成缠辊现象

此外,金属化学成分的不均匀及为多相组织时,其各部分变形难易程度会有不同,且冷加工时加工硬化的产生,残余应力的存在等都会导致变形及应力的不均匀分布。

10.4.2.6　变形体的刚端

在变形中,处于变形区以外的不直接承受工具作用的部分称为变形体的外端或刚端。

由于物体外端在加工时不直接承受加工工具的作用,因而其受力状态显然与变形区有所不同,这种受力状况的差异也必然导致各部分变形的区别。

10.4.3　不均匀变形的后果

金属的压力加工中,变形和应力的不均匀分布会给生产造成下列不良的影响:

(1) 单位变形力增高。不均匀变形时金属内部会产生附加应力。金属的变形为了克服附加应力的作用必然会产生附加能量消耗而增大外力,从而使变形抗力增加,造成单位变形力增高。

(2) 金属塑性降低。不均匀变形使单位变形力增高,当某处的工作应力最先达到金属自身强度极限时,便会出现断裂。因而使金属塑性降低。

(3) 产品质量下降。不均匀变形的产生究其根本是由于附加应力的产生引起的。而变形过程中的温度差别又严重的影响着附加应力的大小。当温度较低时,附加应力无法消除而在物体内形成残余应力,残余应力的存在使产品质量降低,因此残余应力的消除很重要。

另外,物体由于变形不均,会导致组织中晶粒大小的差别,从而在后续加工中引起组织、性能的不均匀,也会使质量下降,形成产品缺陷。

(4) 工具磨损不均匀,操作技术复杂。不均匀变形会使工具各部分磨损不均,降低工具使用寿命,同时,使工具设计及维护复杂化,特别是在生产中引起操作困难。如不均匀变形易引起轧件出辊后产生弯曲,造成导卫装置安装的复杂化。又如带钢连轧时,由于工具的磨损会使正常的连轧过程被破坏而使操作更加复杂等。

147

1. 什么叫体积不变定律,有什么意义?
2. 为什么说塑性变形过程中的物体体积与变形前后的体积不相等?
3. 什么叫最小阻力定律,有何实际意义?
4. 利用最小阻力定律分析小辊径轧制的优点。
5. 为什么任何形状的截面,其镦粗变形的最终结果会是圆形截面?
6. 什么样的变形称为均匀变形? 轧制过程是否是均匀变形? 为什么?
7. 引起不均匀变形的主要原因有哪些? 分析各因素是如何影响不均匀变形的。
8. 挤压圆棒材时,如果模孔处润滑不好而在棒材上可能出现周期环裂的原因是什么?
9. 不均匀变形引起哪些后果? 通过哪些措施可减少不均匀变形?
10. 为什么说不均匀变形是绝对的? 实际生产中如何利用不均匀变形?
11. 何谓残余应力? 它引起哪些后果? 有哪些措施可减少它?
12. 根据不均匀变形的原因,分析锤头敲打凿子时,凿子头部开花、刃口变钝的原因。

11 金属的塑性、变形抗力和屈服条件

11.1 金属的塑性

11.1.1 塑性与塑性指标

11.1.1.1 塑性

金属在压力加工中可能出现断裂。一旦出现断裂，加工过程就很难顺利地进行下去。为了顺利加工，就要求金属具有在外力作用下，能发生永久变形而不破坏其完整性的能力，这就是所谓的塑性。塑性的好坏用金属在断裂前产生的最大变形程度来表示，因此它也表示了压力加工时金属允许加工量的限度。

金属的塑性与柔软性是两个完全不同的概念。柔软性反映金属的软硬程度，表示变形的难易。而塑性则表示变形后所产生的变形量的大小。因此"软"的金属并不意味着可以有很大的变形程度，即不表示其塑性好，反之亦然。例如：室温下奥氏体不锈钢的塑性很好，可经受很大的变形而不破坏，但它的变形抗力很大，柔软性差；而工业纯铁较柔软，但在1000～1050℃轧制时会发生断裂，其塑性极差。由此可见，正确地区分柔软性与塑性是十分必要的。

11.1.1.2 塑性指标

金属的塑性受到诸如金属材料的化学成分、组织结构、变形温度、变形速度、应力状态等因素的影响。因此很难找出一种通用指标来描述不同加工状态下的金属的塑性。目前只能采用力学及工艺性能试验的方法来确定各种具体条件下的塑性指标。常用的塑性指标有：

（1）拉伸试验时的延伸率（$\delta\%$）与断面收缩率（$\varphi\%$）；

（2）冲击试验时的冲击韧性 a_k；

（3）扭转试验时的扭转周数 n；

（4）锻造及轧制时刚出现裂纹瞬间的相对压下量 ε。

此外还有深冲试验产生裂纹时的压进深度 h 和损坏前的弯折次数及扩口试验、压扁试验等相应的塑性指标等。图 11-1 表明了 W18Cr4V 高速钢的不同塑性指标。塑性指标的确定及研究目的就是为了选择合适的变形方法，确定相应的变形温度、变形速度、应力状态及许用的最大变形量。

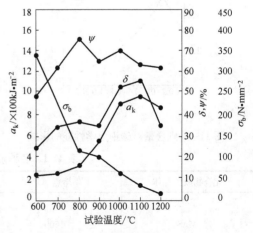

图 11-1 W18Cr4V 高速钢的塑性图

11.1.2 影响塑性的因素

影响金属塑性的因素很多，大致可分为下述几类。

11.1.2.1　金属的自然性质

金属的自然性质包括化学成分和组织状态。下面以钢为例,分析其对塑性的影响。

A　化学成分的影响　在碳钢中,Fe 和 C 是基本元素。在合金钢中,除 Fe 和 C 外还有诸如 Si、Mn、Cr、Ni、W、Mo、V、Co、Ti 等多种合金元素。此外,各类钢中还有一些杂质元素,如 S、P、N、H、O 等。不同的元素及其含量的多少决定了钢的塑性差别。

a　碳　碳在碳素钢中的存在形式有两种。当其以固溶体形式存在时,与钢中的铁形成铁素体或奥氏体,它们具有良好的塑性和较低的变形抗力。当碳含量超过铁对碳的固溶度时,多余的碳便会与铁形成化合物 Fe_3C(渗碳体)。而渗碳体则表现出高硬度,塑性几乎为零的特征,使得碳钢的塑性降低。同时钢的塑性随含碳量的递增而递减,如图 11-2 所示。

b　硫　硫是钢中的有害杂质。它几乎不溶于钢中,在钢中常与其他元素形成硫化物。这些硫化物,除硫化镍外,熔点一般都还较高。但当它们相互形成共晶体时,熔点则很低且分布于晶界处。在加热温度较高时,产生熔化而形成液相,造成热脆(红脆),使钢的塑性降低。图 11-3 说明硫对低碳钢塑性的影响。但钢中加入锰,可以有效地消除硫的有害作用。其原因在于锰与硫的亲和力较强,从而可以取代钢中其他易引起热脆的硫化物,形成熔点较高的硫化锰(如表 11-1),同时硫化锰常以球状形式存在,使钢的塑性提高。

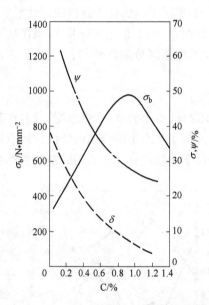

图 11-2　碳含量对碳钢力学性能的影响　　　图 11-3　硫对低碳钢塑性的影响

表 11-1　各种硫化物和共晶体熔点

化合物或共晶体	熔点/℃	化合物或共晶体	熔点/℃
FeS	1199	FeS-MnS	1179
MnS	1600	Mn-MnS	1575
MoS_2	1185	MnS-MnO	1285
NiS	797	$Ni-Ni_3S_2$	645
Fe-FeS	985	$2FeS-Ni_3S_2$	885
FeS-FeO	910		

c 磷 磷在钢中含量不大时,在热加工范围内对塑性影响不大。但在冷状态下时,会使钢强度、硬度增高,塑性降低,即产生冷脆现象。磷含量大于 0.1% 时,冷脆现象明显。此外,磷还会引起高温回火脆性,一般认为这与磷在奥氏体晶界上的偏聚有关。

d 氮 低碳钢中固溶的氮较大时,在室温时由于过饱和会以 FeN 形式析出,出现形变时效。在 300℃ 左右加工时出现蓝脆现象,使钢的塑性降低。

e 氢 氢对热加工时钢的塑性没有明显影响。但氢含量较高时,在热加工后快速冷却时会产生白点。冷加工时会产生氢脆现象。

f 氧 氧在钢中固溶量很少,主要以氧化物夹杂形式存在,分布于晶界上,造成塑性的降低。

以上阐述的是碳钢中的元素对碳钢塑性的影响,而合金元素对钢性能的影响主要体现如下:

a 镍 镍可以提高纯铁的强度和塑性,抑制晶粒长大。但镍钢导热性差,因此加热速度受限制。另外镍含量过高会造成热变形钢的塑性降低,特别是它加剧了硫化物沿晶界以薄膜形式的存在,促使红脆的发生。

b 铬 铬降低钢的导热性,同时铁素体类高铬钢在高温加热时会使晶粒明显粗化而影响塑性。

c 钨、钼、钒 在钢中形成稳定碳化物,抑制奥氏体晶粒长大。但含量较大时,会使塑性降低。

d 铅、锡、砷、锑、铋 这五种低熔点元素在钢中的溶解度很小,其熔点如表 11-2 所示。在钢中未溶解的过剩的这些元素,其化合物和共晶体在晶界上分布,加热时会使金属失去塑性,因此被称为高温合金中的"五害"。

表 11-2 低熔点元素的熔点

元　素	熔点/℃	元　素	熔点/℃
锡	231	砷	817
铋	271	硫	113
铝	327	磷	44
锑	630		

e 铜 实践表明,当铜含量达到 0.15%~0.30% 时,会在热加工钢的表面产生龟裂。

f 稀土元素 稀土元素的加入,可降低钢中气体含量,并与铅、锡、铋等形成高熔点化合物,消除其有害作用。此外,钢中加入稀土元素还可以细化晶粒,提高塑性。但稀土元素本身熔点低,在钢中溶解度低,当加入量过多时,产生晶界偏析而降低性能。

B 组织状态的影响

不同晶体结构的金属,塑性不同。一般来说,面心立方结构的金属塑性最好,体心立方结构的次之,密排六方结构的金属塑性最差。

纯金属与合金相比,一般纯金属塑性较好。

单相组织同多相组织比较,一般单相较多相塑性好。这是由于各相性能差别,引起变形难易程度的不同,如 Ni-Cr 奥氏体不锈钢中,若出现 α 铁素体相,则塑性降低。当 α 铁素体含量较大时,塑性加工就有困难。但超塑性条件下变形时,双相钢却有利于塑性的提高。

另外,在双相或多相组织中,第二相的性质、数量、晶粒的大小、形态和分布又分别对塑性有较大的影响。这些影响在前面的化学成分对塑性影响中有所提及,这里不再赘述。

此外,组织中晶粒的细化有利于塑性提高,反之则低。且铸态组织由于存在着宏观缺陷和组织、成分的不均匀性也会降低材料塑性。

11.1.2.2 变形温度的影响

变形温度对塑性影响的一般规律是温度升高,塑性改善。因为温度升高,位错的活动能力提高,热激活的作用加大,可能出现新的滑移系,促使塑性变形的进行。同时温度升高有利于回复和再结晶过程的发展,促进由于变形造成的破坏和缺陷的修复。

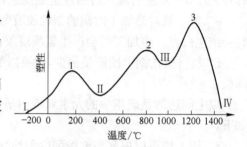

图 11-4　变形温度与钢的塑性的关系曲线

但温度的变化会导致金属组织结构的变化,因此这种双重的影响导致材料塑性随温度的变化曲线如图 11-4 所示。曲线中用 I、II、III、IV 表示塑性降低区(凹谷),用 1、2、3 表示塑性增高区(凸峰)。

在区域 I 中,塑性极低,到-200℃时塑性几乎完全消失。此时原子活动能力极低,且分布于晶界的某些组织在低温状态下出现脆化。如含磷高于 0.08%和砷高于 0.3%的钢轨,在-40~-60℃时呈脆性。

在区域 II 中,位于 200~400℃范围内,为蓝脆区。由于动态形变时效使某些析出物分布于晶界使塑性降低。

在区域 III 中,位于 800~950℃时,为红脆区(又称热脆区)。由于相变产生了不均匀变形,造成附加应力,且硫的存在也使塑性降低成为可能。

在区域 IV 中,由于处于接近熔化的温度,极易产生过热和过烧,削弱晶界强度。

应当指出,不同金属和合金的组织结构随温度的变化规律不同。因此,其塑性随温度变化曲线也不一定完全一致。理论意义上讲,并非所有的碳钢都一定会出现四个脆性区,如不存在动态形变时效时,就不会出现蓝脆区。

11.1.2.3 变形速度的影响

变形速度对塑性的影响较复杂。一般认为,当变形速度不大时,随变形速度升高塑性降低;而在变形速度较大时,随变形速度升高塑性增加,如图 11-5 所示。一方面,变形速度增高加剧了加工硬化,且不利于回复和再结晶,导致位错堆积,造成塑性降低(I 区)。另一方面,在高变形速度区,变形热效应引起金属温度升高,使硬化得到一定程度的消除且位错密度降低,又使金属塑性有所改善。这种综合作用的结果实际上是与变形时温度的变化密不可分的。因此定量

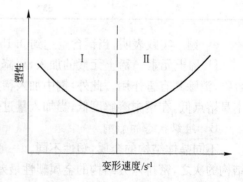

图 11-5　变形速度对塑性的影响

地分析不同变形速度下金属的塑性需对各类金属进行研究。由于高能成型,特别是爆炸成型的工艺,使难加工的金属钛和耐热合金可以得到良好成型,大大提高了金属的塑性。

11.1.2.4　变形力学条件的影响

A　应力状态的影响　金属的塑性变形,受拉应力越少,压应力越多,其塑性越好。因为拉应力的作用有可能引起内部缺陷的扩大,而压应力的作用有利于金属内部缺陷的压合、修复,并使金属组织致密。因此,从提高塑性的角度来看,应力状态图中三向压应力图较好,两压一拉次之,两拉一压更次之,三向拉应力对塑性最不利。

B　变形状态的影响　一般认为,压缩变形有利于塑性发挥,而延伸变形则有损于塑性。所以主变形图中压缩分量越多,对发挥塑性越有利。即两向压缩、一向延伸的主变形图最好,一向压缩、一向延伸次之,一向压缩、两向延伸的主变形图最差。这是因为金属中(特别是铸锭)不可避免地存在着如气孔、夹杂、缩孔、空洞等缺陷,经一向压缩、两向延伸后,使点状缺陷变为面缺陷,对塑性危害大;但经两向压缩、一向延伸的变形后,面缺陷也可被压缩变成线缺陷,减少其危害,如图 11-6 所示。

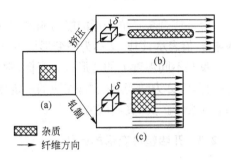

图 11-6　主变形图对金属中缺陷的影响
(a)未变形的情况;(b)经两向压缩一向延伸
变形后的情况;(c)经一向压缩两向延伸
变形后的情况

11.1.2.5　其他因素

实验和生产经验均说明变形金属的体积增大时,塑性变坏。这是因为在平均单位体积的缺陷数量相同的条件下,体积大的缺陷分布更不均匀,薄弱点更集中。就铸锭来说,大锭的表面质量一般都较差,而小锭的致密性相对要好一些,组织也较均匀。

另外,实验还表明,在不连续变形(或多次变形)情况下,可以提高金属的塑性。特别是对于难变形的耐热合金采用多次小变形量的加工方法可以使塑性提高 2.5～3 倍,如Cr23Ni13。这是由于不连续变形的每次变形量小,产生的应力小,不易超过金属的塑性极限,且每次变形间隔内,可以发生软化,使塑性有一定程度的恢复。

除以上各因素,周围介质和气氛在很多情况下都可能对金属塑性产生影响。例如镍及其合金在含硫的煤气炉中直接加热时会产生红脆,钛在加热或退火时应避免在含氢的气氛中进行,否则将吸收氢气生成 TiH_2 导致变脆等。因此对易与外部介质发生作用而产生不良影响的金属或合金,无论在加热、退火时,还是在加工中均应采用保护气氛。

11.1.3　金属的超塑性

1920 年,德国人罗森汉(W. Rosen hain)发现 Zn-Cu-Al 三元共晶组织在冷轧后具有玻璃或沥青般非晶体材料的特征。同时人们不断发现:在一定条件下,某些金属材料的延伸率大大超过 100%,最大达到 1000%,甚至 2000%。1946 年,苏联包奇瓦尔(А. А. Bовар)等人把这些现象称为"超塑性(Superplasticity)"。到 1962～1964 年间,得到认可。现在,人们把能超过 100%延伸率的材料称为超塑材料。

超塑性到目前为止可归纳为细晶超塑性和相变超塑性。其中,细晶超塑性是指具有稳定超细等轴晶粒组织的材料上出现的超塑性行为。这种材料晶粒比一般材料小,多在 $5\mu m$ 以下。这种超塑性是在特定恒温下发生的,又称为恒温超塑性或静超塑性。而相变超塑性产生在应力作用下且发生多次循环相变,因而又称为动超塑性。如纯铁和低碳钢,在一定载荷下,在 A_{c_3} 温度上下反复加热、冷却,每次循环发生一次 $\alpha \rightleftharpoons \gamma$ 的相变,便可以得到一次跳跃式的均匀延伸,多次循环即可得到累积的大延伸量。

11.2 变形抗力与屈服条件

11.2.1 变形抗力及其表示

金属或合金抵抗变形的能力叫做变形抗力(变形阻力),通常以单向拉伸试验时的屈服极限 σ_s 值表示,因此又称为静变形抗力。在不同条件下有不同的表示指标。

反映不同温度下的变形抗力指标,常称为暂时变形抗力;反映不同变形速度下的变形抗力指标,常称为动变形抗力;相应的一定变形温度、变形速度及变形程度的变形抗力指标,称为真实变形抗力(真实应力)。

11.2.2 开始塑性变形的条件

11.2.2.1 极限应力状态与塑性方程

金属屈服意味着塑性变形的开始,它取决于金属本身的性能和所处的应力状态。金属开始塑性变形时的应力状态称为极限应力状态。单向拉伸时,若拉应力 σ_1 达到金属的屈服极限 σ_s 时便发生屈服。那么,在复杂应力状态下,即 $\sigma_2 \neq 0, \sigma_3 \neq 0$ 时,各应力分量与 σ_s 和 τ_s 的关系如何时会使金属发生屈服呢? 这个关系就是本节所要研究的开始塑性变形的条件,即屈服条件或屈服准则。这一问题应由极限状态理论解决,所谓极限状态理论即用以研究弹性变形已经终了,塑性变形即将开始时主应力与屈服极限之间的关系理论。表示这一关系的数学方程式,即为"塑性方程式"。它可以分析和确定塑性变形时工件内的应力分布及接触面上的应力分布。

不同材料屈服条件不同。理想状态下的材料是均质的,即由多晶体组成的材料是各向同性的,但大的冷变形会导致各向异性。

由于金属的变形是弹-塑性共存的,因此实际金属材料在拉伸曲线的比例极限下是理想弹性的,而在此极限以上达到屈服极限时产生塑性变形。而变形中又不断产生硬化,造成屈服条件的变化(图 11-7 所示为各种材料真实应力应变曲线及某些简化模式)。为此,为找到尽量简单而实用的屈服条件,对实际金属做若干假定:

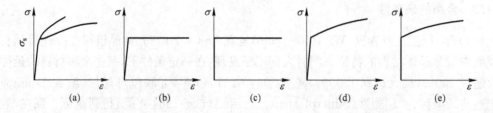

图 11-7　真实应力应变曲线及某些简化模式

(a)实际金属材料;(b)理想弹塑性;(c)理想刚塑性;(d)弹塑性硬化;(e)刚塑性硬化

(1) 金属是各向同性的均质体。

(2) 假定金属有明显的屈服极限。一般金属的应力—应变曲线在屈服极限附近有圆角,如图 11-8(a)。假定 AB 和 CB 线的交点 B 为屈服点,且拉伸变形到 C 点后卸载到 E 点;若再同向拉伸,则在 C' 点屈服,如图 11-8(b),简化后认为卸载和加载均沿 DE 进行,且假定 $DE /\!/ AB$,如图 11-8(c)。

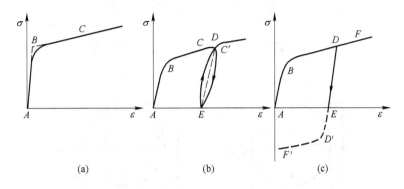

图 11-8 应力—应变曲线

(a)确定屈服极限的方法;(b)实际卸载和再加载曲线;(c)受预拉伸材料的包辛格效应

(3) 无包辛格效应。如图 11-8(c)所示,金属拉伸变形到 D 点,卸载到 E 点后再同向拉伸,则在 D 点附近屈服,应力—应变曲线为 EDF;但若卸载到 E 后反向压缩,则应力—应变曲线为 $ED'F'$。可见后者屈服极限小于前者,这就是包辛格效应。在求解压力加工力学问题时,认为随应力方向变化,屈服极限不变,即无包辛格效应。

(4) 金属屈服不受球应力分量或静水压力影响。对致密性好的高塑性金属影响不大。

11.2.2.2 最大切应力理论(Tresca 屈服条件)

在多晶体塑性变形实验中,当试样明显屈服时,会出现与主应力呈 45°角的吕德斯带,因此推想塑性变形的开始与最大切应力有关。如图 11-9(a)的异号应力状态,在 MM' 面上的切应力:

$$\tau' = \sigma_1 \cos\theta_n \sin\theta_n$$
$$\tau'' = \sigma_3 \sin\theta_n \cos\theta_n$$

切应力总和为

$$\tau_n = \tau' + \tau'' = \frac{\sigma_1 + \sigma_3}{2} \sin 2\theta_n$$

当 $\theta = 45°$ 时切应力为最大值

$$\tau_n = \tau_{\max} = \frac{\sigma_1 + \sigma_3}{2} \tag{11-1}$$

对同号应力状态如图 11-9(b)所示:

$$\tau_n = \tau_{\max} = \frac{\sigma_1 - \sigma_3}{2} \tag{11-2}$$

所谓最大切应力理论,就是假定对同一金属在同样变形条件下,无论是简单应力状态或是复杂应力状态,当作用于物体的最大切应力达到某个极限值时,物体便开始塑性变形。即对同号应力状态:

$$\tau_{\max} = \frac{\sigma_1 - \sigma_3}{2} = K \tag{11-3}$$

155

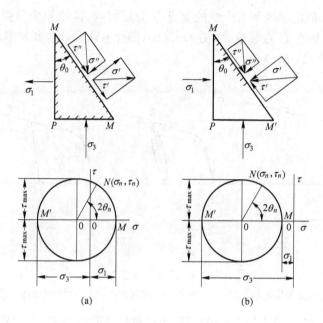

图 11-9 异号和同号应力状态

(a)异号应力状态；(b)同号应力状态

由假定可知,切应力极限 K 与应力状态无关,即所有应力状态的 K 值都一样。则可由单向拉伸(或压缩)确定 K。

单向拉伸时

$$\tau_n = \tau_{\max} = \frac{\sigma_1}{2} = \frac{\sigma_s}{2}$$

切应力的极值由式(11-3)得

$$K = \tau_{\max} = \frac{\sigma_s}{2}$$

同号应力状态

$$\sigma_1 - \sigma_3 = \sigma_s \tag{11-4}$$

异号应力状态

$$\sigma_1 + \sigma_3 = \sigma_s \tag{11-5}$$

薄壁管扭转时,即纯剪应力状态下,如图 11-10 所示。

$$\sigma_x = \sigma_y = \sigma_z = 0$$

$$\tau_{yz} = \tau_{zx} = 0$$

$$\tau_{xy} \neq 0$$

纯剪时主应力计算如下:

$$\sigma_1 = \frac{\sigma_x + \sigma_y}{2} + \sqrt{\left(\frac{\sigma_x - \sigma_y}{2}\right)^2 + \tau_{xy}^2} = \tau_{xy}$$

$$\sigma_3 = \frac{\sigma_x + \sigma_y}{2} - \sqrt{\left(\frac{\sigma_x - \sigma_y}{2}\right)^2 + \tau_{xy}^2} = -\tau_{xy}$$

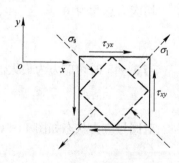

图 11-10 纯剪应力状态

则得

$$\sigma_1 = -\sigma_3 = \tau_{xy} = \tau_{yx}$$

屈服时

$$\sigma_1 = -\sigma_3 = \tau_{xy} = K$$

由式(11-1)可得

$$\tau_{\max} = \frac{\sigma_1 + \sigma_3}{2} = \frac{2\sigma_1}{2} = K = \frac{\sigma_s}{2}$$

所以 $\qquad\qquad\qquad\qquad \sigma_1 + \sigma_3 = 2K = \sigma_s$ (11-6)

Tresca 屈服条件计算简单，但未反映中间主应力 σ_2 的影响，存在一定误差。

11.2.2.3　形变能定值理论(Mises 屈服条件)

形变能定值理论认为：金属的塑性变形开始于使其体积发生弹性变化的单位变形势能积累到一定限度时的塑性状态，而这一限度与应力状态无关。

由材料力学可知，当仅有一个应力作用时，在此应力方向上产生的弹性变形为 ε，此时单位体积的弹性能为：

$$U_x = \frac{1}{2}\varepsilon\sigma_s = \frac{\sigma_s^2}{2E}$$ (11-7)

式中　E——弹性模数。

在体应力状态下的单位弹性变形能应为：

$$U_T = \frac{1}{2}(\varepsilon_1\sigma_1 + \varepsilon_2\sigma_2 + \varepsilon_3\sigma_3)$$ (11-8)

根据广义虎克定律，式中三个主变形与主应力之间的关系为：

$$\left.\begin{aligned}
\varepsilon_1 &= \frac{1}{E}[\sigma_1 - \gamma(\sigma_2 + \sigma_3)] \\
\varepsilon_2 &= \frac{1}{E}[\sigma_2 - \gamma(\sigma_3 + \sigma_1)] \\
\varepsilon_3 &= \frac{1}{E}[\sigma_3 - \gamma(\sigma_1 + \sigma_2)]
\end{aligned}\right\}$$ (11-9)

式中　γ——泊松系数。

将式(11-9)各项代入式(11-8)整理后得：

$$U_T = \frac{1}{2E}[\sigma_1^2 + \sigma_2^2 + \sigma_3^2 - 2\gamma(\sigma_1\sigma_2 + \sigma_2\sigma_3 + \sigma_3\sigma_1)]$$

在塑性变形条件下 $\gamma = \frac{1}{2}$。根据形变能定值理论 $U_T = U_x$：

$$\sigma_1^2 + \sigma_2^2 + \sigma_3^2 - \sigma_1\sigma_2 - \sigma_2\sigma_3 - \sigma_3\sigma_1 = \sigma_s^2$$

将上式整理后得出体应力状态下的塑性方程式：

$$\frac{1}{\sqrt{2}}\sqrt{(\sigma_1 - \sigma_2)^2 + (\sigma_2 - \sigma_3)^2 + (\sigma_3 - \sigma_1)^2} = \sigma_s$$ (11-10)

塑性方程式(11-10)表示在体应力状态下，金属由弹性变形过渡到塑性变形时，三个主应力与金属变形抗力之间所必备的数学关系。为便于应用，对式(11-10)简化。

假定三个主应力关系为：$\sigma_1 > \sigma_2 > \sigma_3$(按代数值)，即 σ_2 在 σ_1 和 σ_3 之间变化。下面讨论三种特殊情况：$\sigma_2 = \sigma_1$；$\sigma_2 = \sigma_3$；$\sigma_2 = \frac{\sigma_1 + \sigma_3}{2}$。将这三种特殊情况中的 σ_2 分别代入式(11-10)得：$\sigma_2 = \sigma_1$ 时，$\sigma_1 - \sigma_3 = \sigma_s$

$\sigma_2 = \frac{\sigma_1 + \sigma_3}{2}$ 时，$\sigma_1 - \sigma_3 = \frac{2}{\sqrt{3}}\sigma_s = 1.155\sigma_s$

$\sigma_2 = \sigma_3$ 时,$\sigma_1 - \sigma_3 = \sigma_s$

一般情况可写成: $\qquad\qquad \sigma_1 - \sigma_3 = m\sigma_s = K$ $\qquad\qquad\qquad$ (11-11)

此式即为屈服条件的简化形式。

由上式可见:根据 Mises 屈服条件所得结果和 Tresca 屈服条件下所得结果一致;仅在 $\sigma_2 = (\sigma_1 + \sigma_3)/2$ 时,两者有差异。

Mises 屈服条件考虑了 σ_2 的作用,由以上分析可以看出,由于 σ_2 在 σ_1 和 σ_3 之间变化,则 $m = 1 \sim 1.155$,因此实际 σ_2 对变形抗力的影响是不大的。

任何塑性理论都以一定的假定为基础,因此,其塑性条件必有一定的片面性和适用范围。实验证实,形变能定值理论更接近实验结果。

利用塑性方程,可以分析各因素(如轧件宽度、轧辊直径等)对变形抗力的影响并计算变形时所需外力。

在计算时应注意:若按代数值 $\sigma_1 > \sigma_2 > \sigma_3$ 进行运算时,各主应力应按代数值代入塑性方程;若以 σ_1 为作用力方向的主应力,即 σ_1 为绝对值最大的主应力,则按绝对值规定 $\sigma_1 > \sigma_2 > \sigma_3$ 时,σ_s 与 σ_1 符号应相同,拉应力为正,压应力为负。

例一:镦粗 45 号圆钢,坯料断面直径为 $50mm$,$\sigma_s = 313N/mm^2$,$\sigma_2 = -98N/mm^2$,若接触表面主应力均匀分布,求开始塑性变形时所需的压缩力。

解:若代数值 $\sigma_1 > \sigma_2 > \sigma_3$ 时,

因工件为圆断面,则: $\qquad\qquad \sigma_1 = \sigma_2 , \ m = 1$

$$\sigma_1 - \sigma_3 = \sigma_s$$

$$\sigma_3 = \sigma_1 - \sigma_s = -98 - 313 = -411N/mm^2$$

则所需压缩力为: $\quad P = \dfrac{\pi D^2}{4}\sigma_s = \dfrac{3.14 \times 50^2}{4} \times 411 = 806587(N)$

若绝对值 $\sigma_1 > \sigma_2 > \sigma_3$ 时,

则: $\qquad\qquad\qquad \sigma_2 = \sigma_3 = -98N/mm^2 , \ m = 1$

$$(-\sigma_1) - (-\sigma_3) = -\sigma_s$$

$$\sigma_1 = \sigma_3 + \sigma_s = 313 + 98 = 411(N/mm^2)$$

压力 $\qquad\qquad P = \dfrac{\pi D^2}{4}\sigma_s = \dfrac{3.14 \times 50^2}{4} \times 411 = 806587(N)$

例二:若有一物体的应力状态为 -108、-49、$-49N/mm^2$,$\sigma_s = 59N/mm^2$,分析该物体是否开始塑性变形。

解:若代数值 $\sigma_1 > \sigma_2 > \sigma_3$ 时,

则: $\qquad\qquad\qquad \sigma_1 = \sigma_2 = -49N/mm^2 , \ m = 1$

$$\sigma_1 - \sigma_3 = -49 - (-108) = 59N/mm^2 = \sigma_s$$

符合屈服条件可以开始塑性变形。

若绝对值 $\sigma_1 > \sigma_2 > \sigma_3$ 时,

则: $\qquad\qquad\qquad \sigma_2 = \sigma_3 = -49(N/mm^2) , \ m = 1$

$$(-\sigma_1) - (-\sigma_3) = -\sigma_1 + \sigma_3 = -108 + 49 = -59(N/mm^2)$$

而 $\qquad\qquad\qquad m\sigma_s = 1 \times (-59) = -59(N/mm^2)$

满足变形条件可以开始塑性变形。

11.2.3 影响变形抗力的因素

变形抗力是受金属或合金的化学成分、组织结构、变形温度、变形速度、变形程度等因素影响的。下面分别介绍。

11.2.3.1 化学成分的影响

碳钢中的碳及一些杂质元素(如磷)对变形抗力的影响较大。碳以固溶体形式存在时,使钢具有较低变形抗力。但当它以渗碳体形式存在时,则使钢随渗碳体含量的增加,变形抗力增大。碳钢中的有害元素磷能溶于铁素体中,使钢的强度、硬度明显提高,抗力增大。

合金钢中由于合金元素的加入提高了钢的变形抗力。当合金元素溶于固溶体(α-Fe,γ-Fe)时,由于晶格畸变,使变形抗力提高。

而合金元素与钢中的碳形成碳化物时,由于其形状、大小和分布的不同,对变形抗力会有不同程度的影响。一般如 Nb、Ti、V 等元素的碳化物弥散分布时,变形抗力明显提高,而热状态下其变形抗力又有所下降。除此之外,合金元素还会通过改变钢中的相组织,提高再结晶温度,降低再结晶速度等方式影响钢的变形抗力。

总之,化学成分对钢的变形抗力的影响是错综复杂的,它同时受具体加工条件的影响,不可单一而论。

11.2.3.2 组织结构的影响

一定的化学成分情况下,钢的组织不同会引起不同的变形抗力。一般单相组织(纯金属或固溶体)比多相组织抗力低。其原因在于:一方面组织的多相性造成各相性能差别引起变形不均,产生附加应力,造成抗力增大。另一方面是由于第二相的存在,其自身性质、形状、大小、数量和分布的不同引起抗力的差别。若硬而脆的第二相弥散分布,则变形抗力明显提高;若以片层状分布,则变形抗力大大提高;若以网状分布,则使抗力减小,脆性增大。

另外,晶粒细化也会使钢变形抗力增大。在外力作用下,某一晶粒的位向变化时,会对相邻的不同取向的晶粒造成附加应力同时在晶界处形成位错塞积,而塞积位错的开动又依赖于更大的外加应力与附加应力的合作用,当外加应力不变时,附加应力的增大是靠细化了的多个晶粒的滑移而产生的,因此细化晶粒在提高金属塑性的同时,也增大了金属的变形抗力。

11.2.3.3 变形温度的影响

一般认为:随温度升高,变形抗力降低。但在升温过程中,某些温度区间由于过剩相的析出或相变等原因,使变形抗力增加(也可能降低)。因此不同金属在不同温度下的抗力无统一规定可言。由图 11-11、图 11-12 可以看出不同金属在不同温度下延伸率 $\delta\%$、强度极限 σ_b 及断面收缩率 $\psi\%$ 的变化趋势的比较。

总结温度升高,金属变形抗力降低的原因有以下几个方面:

(1) 发生了回复与再结晶。回复与再结晶过程,使冷变形后的金属内部应力逐步消除,其变形抗力也完成了由有所降低到明显降低的变化。

(2) 临界剪应力降低。金属原子间的结合力随温度增大而减弱,这是由于原子活动能力加大所致,因此金属滑移变形时的临界剪应力降低。

(3) 金属组织结构发生变化。温度的升高,导致金属发生相变(可能由多相变为单相),也会使变形抗力下降。

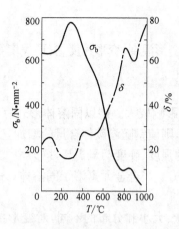

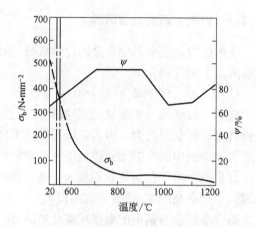

图 11-11　碳钢的延伸率 δ 和强度极限　　　　　图 11-12　1Cr13 的 ψ 和 σ_b
　　　 σ_b 随温度变化的曲线　　　　　　　　　　　随温度变化的曲线

（4）热塑性（或扩散塑性）作用的加强。温度升高，使金属原子具有了由一种平衡达到新的平衡的能量，因此当外力作用时，它会沿应力场梯度方向移动，产生塑性变形，即热塑性。热塑性随温度升高而增大，因此变形抗力降低。

（5）晶界滑动作用的加强。室温下晶界滑动可忽略不计，但随温度的增高，晶界滑动抗力显著降低。且晶界滑动减小了相邻晶粒间的应力集中，造成高温下变形抗力的降低。

11.2.3.4　变形速度的影响

变形速度对变形抗力的影响通常体现在随变形速度的提高而使变形抗力增大。它以强化—恢复理论为依据，认为在塑性变形时，金属同时经历强化和软化（恢复与再结晶）两个过程。而金属的软化是在一定的速度条件下进行的。因此当变形速度较大时，由于不能充分软化而造成抗力增大。同时，认为由变形速度的提高导致原子无序迁移加剧，引起抗力增大。

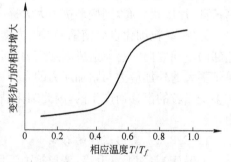

图 11-13　变形抗力的相对
增加与温度的关系

但变形速度对变形抗力相对增加的影响并非单一进行，它同时与变形温度有关。图 11-13 形象地表示了变形抗力的相对增加与温度的关系：即在冷变形温度范围内，变形速度的增加仅使变形抗力有所增加或基本不变；而在热变形温度范围内，会引起变形抗力的明显增大。当然，变形速度对抗力的影响是一个复杂的问题，因此就所有金属而言并无统一结论。

11.2.3.5　变形程度的影响

变形程度是变形抗力的又一重要影响因素。冷状态下，随着加工硬化的加剧，金属随变形程度的增大其抗力显著提高，造成强化，这一点由图 11-14 所示的加工硬化曲线便可以看出。此外，金属的强化不仅仅产生在冷加工中，在热状态下也存在，只是在变形程度较小时，随变形程度增大，其变形抗力增大较快。而当变形程度达到 $20\% \sim 30\%$ 时，变形抗力的强化达到极限，即不会随变形程度的继续增大而增大，而是保持不变或有所下降，如图 11-15 所示。

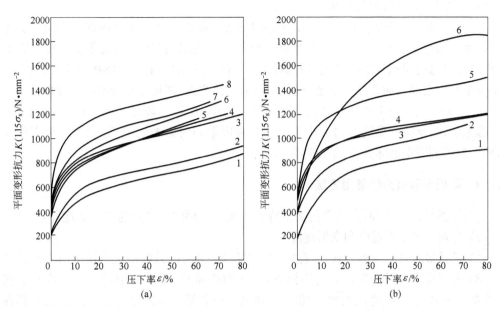

图 11-14　加工硬化曲线

（a）普碳钢

1—0.08%C；2—0.17%C；3—0.36%C；4—0.51%C；5—0.66%C；6—0.81%C；7—1.03%C；8—1.29%C

（b）合金钢

1—镍；2—铁素体不锈钢；3—1.8%硅钢；4—2.7%硅钢；5—80%Ni,20%Cr；6—奥氏体不锈钢

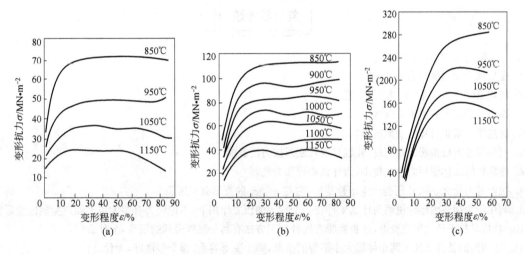

图 11-15　各种不同温度下钢 $B2$ 的强化曲线

变形速度：(a)$\dot{\varepsilon}=3\times10^{-4}s^{-1}$；(b)$\dot{\varepsilon}=3\times10^{-2}s^{-1}$；(c)$\dot{\varepsilon}=100s^{-1}$

11.2.3.6　应力状态的影响

由图 11-9 可以分析出：同号应力图示比异号应力图示变形抗力大。例如，用相同金属在相同模具上进行挤压和拉拔，其变形抗力是前者大于后者，这是由于虽然在两种加工方式下，σ_1 的方向不同，$\sigma_2=\sigma_3$，但根据式(11-4)、式(11-5)，σ_3 的作用是相反的。因此在得出上述结论的同时，不难看出在同号主应力图中，随 σ_2、σ_3 的变化，变形抗力也是变化的。

161

11.2.3.7 其他因素的影响

A 尺寸因素 小试样比大试样具有较高的变形抗力。这与试样内部组织结构分布与相对接触表面有关。组织不均匀,变形抗力则大。当组织均匀时,大试样相对接触表面积(变形体的接触表面积与体积之比)和相对表面积(变形体的表面积与体积之比)都较小。因此由外摩擦引起的三向压应力状态就弱,同时散热速度慢,都将导致变形抗力较低。

B 变形不均匀性 由于不均匀变形,必然引起附加应力,将导致变形抗力增加。

综上所述,金属变形抗力的大小是受到各种因素同时影响的结果。对冷、热变形的不同,要针对不同因素具体分析,不可等同视之。

11.2.4 降低变形抗力的常用方法

对金属的压力加工而言,变形抗力的降低是极为重要的。主要通过以下途径:

(1) 合理选择变形温度和变形速度。

(2) 选择最有利的变形方式。应选择具有异号主应力图或静水压力较小的变形方式。

(3) 采用良好的润滑剂。通过润滑剂,减小摩擦系数,降低变形抗力。如冷轧加润滑油,冷挤压中采用磷化、皂化处理,镦粗时采用高塑性和低变形抗力的金属垫等方法,都在不同程度上降低了变形抗力。

(4) 减小工、模具与变形金属的接触面积(直接承受变形力的面积)。减小变形抗力的工艺措施很多:如合理设计工具,使金属具有良好的流动条件;改进操作方法以减小不均匀变形,采用张力轧制,改变应力状态等。根据具体情况,具体分析选用。

复习思考题

1. 什么叫变形抗力,如何表示?

2. 变形抗力和硬度的关系如何?

3. 何谓极限应力状态,何谓塑性方程?

4. 影响变形抗力的因素有哪些?

5. 通过哪些措施可降低变形抗力?

6. 利用塑性方程说明轧件宽度、轧辊直径对变形抗力的影响。

7. 冷轧机的工作辊径为什么较小,为什么要带张力轧制?

8. 拉丝时为什么 $\sigma_1 < \sigma_s$ 还能产生塑性变形,它与 $\sigma_1 > \sigma_s$ 的变形有何区别?

9. 利用最大切应力理论说明为什么工件在三个相等的压力作用下,不论应力有多大也不能产生塑性变形?

10. 拉拔时易于产生塑性变形,是否意味着这种加工方法有利于发挥金属的塑性,为什么?

11. 在相同的条件下加工两个体积大小不等的金属,哪个变形容易,哪个塑性好,为什么?

12. 冷、热变形中的变形抗力随变形程度的增加而增大的原因是否相同,为什么?

13. 变形抗力越大,说明变形越困难,故其塑性也越差对吗,为什么?

12　塑性变形中的断裂

断裂是金属变形过程中的一个重要阶段。它与金属塑性变形的关系非常密切。同时它也是工程上一个长期存在的问题。就断裂本身而言它意味着金属的破坏，即金属塑性状态的结束。因此，研究金属的破坏及断裂现象，讨论其断裂实质，分析其影响因素，对于有效地控制及合理地利用金属的塑性是十分重要的。

12.1　断裂的基本类型

由于金属的变形温度、加载速度和应力状态的不同，断裂可分成许多类型。但根据断裂前发生塑性变形的情况，断裂大体上可以分为两类：一类叫做脆性断裂，一类叫做韧性断裂（延性断裂）。从微观角度来看，晶体被分成两部分是由于图 12-1 所示的两种过程之一的积累结果：(a)垂直于原子结合面产生撕裂；(b)沿滑移面发生滑移变形。由过程(a)发生的断裂为脆性断裂；由过程(b)造成的断裂为延性断裂。断裂的宏观表现，以拉伸试验为例，可有如图 12-2 的各种类型。

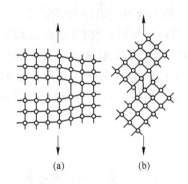

图 12-1　从微观的原子论来看断裂的两种形式

(a)脆性断裂(正断)；(b)延性断裂(切断)

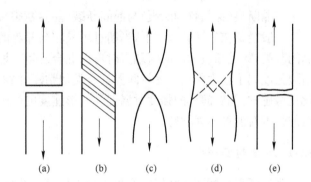

图 12-2　金属试样拉伸时断裂类型

12.1.1　脆性断裂

金属未出现明显的塑性变形前就发生的断裂，称为脆性断裂。脆性断裂在断口外观上没有明显塑性变形迹象，只有细致的观测才能在断口附近发现少量的塑性变形痕迹。脆性断裂的破断面和拉伸应力接近于正交，而拉伸试样的断口平齐如图 12-2(a)，在单晶体试样中表现为沿解理面的解理断裂。所谓解理面，一般都是晶面指数比较低的晶面。表 12-1 给出了部分金属解理面的晶体学数据。在多晶体试样中可能出现两种情况：一是沿解理面的穿晶断裂，从断口可以看到解理亮面；二是沿晶界的晶间断裂，断口呈颗粒状。后一种情况与晶界上的脆化因素（例如沉淀相的析出、杂质及溶质原子的偏聚等）有关。实践证明：密排六方和体心立方结构的金属都会发生脆断现象，而面心立方金属，在一般情况下不会发生脆断，除非在晶界上存在有脆化的因素。

表 12-1 部分金属晶体的解理面

晶 体 结 构	材 料	解 理 面
体 心 立 方	Fe、W、Mo、Cr	(100)
密 排 六 方	Zn、Be	(0001)
	Bi	(111)
菱 形 体 心	Sb	$(11\bar{1})$

12.1.1.1 解理断裂

金属的解理断裂通常是在一定条件下才出现的,如在低温条件下,当应力达到一定数值时,便以极快的速度沿着一定的结晶学平面(解理面)发生解理断裂,断裂面平滑而光亮。解理断裂的断面是典型的脆性断口,脆性材料多半以这种形式断裂。一般在没有显著塑性变形前即可发生解理断裂。但也可以在发生了相当大的塑性变形(塑性材料)之后出现。如单晶体的锌在−185℃进行拉伸,即可以在变形约 200％后发生沿(0001)面平滑的解理断裂。解理断裂的裂纹,在金属中以极快的速度传播,其数量级可以达到声波在金属中传播速度(钢中声速为 4800~5000m/s),脆性解理断裂的裂纹传播速度可达到 1030m/s。

12.1.1.2 穿晶断裂与晶间断裂

穿晶断裂(穿晶解理断裂)与晶间断裂(晶界断裂)是多晶体金属的脆性断裂形式。

一般金属在较高的温度下,当超过了晶粒与晶界的等强度温度时,便由穿晶断裂转变为晶间断裂,穿晶断裂和晶间断裂有时可以混合发生。许多试验证明,晶粒间界对材料的高温断裂强度起了很大作用。晶粒间界具有类似粘滞性物质的性质,它对温度和变形速度的变化是敏感的,晶粒间界的强度对温度和变形速度的敏感性是相对于晶粒本身而言的,因为晶粒的强度对温度不太敏感。

12.1.2 延性断裂

延性断裂在断裂前金属已经历了相当显著的塑性变形。它主要表现为穿晶断裂,而延性的晶间断裂,只有在高温下金属发生蠕变时才能见到。延性断裂的具体表现形式有以下几种:一种是切变断裂,例如密排六方金属单晶体,沿基面做大量滑移后就会发生这种形式的断裂,其断裂面就是滑移面,如图 12-2(b)所示;另一种是试样在塑性变形后出现细颈,一些塑性非常好的材料(金、铅、铁的单晶体等),断面收缩率几乎达 100％,可以拉缩成一点才断开,如图 12-2(c)所示;对于塑性一般的金属,断裂由试样中心开始,然后沿图 12-2(d)所示的虚线断开,形成杯锥状断口。杯锥状断口有如图 12-3 所示的两种形式,(a)为圆柱形试样延性破断的典型形式,一般钢与合金多发生此种断裂;(b)为双杯锥形断裂,纯金属的断裂属于这种情况的较多。图 12-2(e)所示的为平面断口,几乎未产生局部收缩,断面收缩率较小,较脆的高碳钢延性断裂常见到这种情况。还应指出,产生杯锥断口和平面断口的延性断裂,在破断面上呈灰色,用肉眼可看到纤维状,所以亦称为纤维状断口。

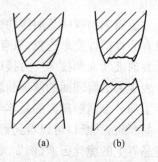

(a)　　　　　　(b)

图 12-3 杯锥状断口
(a)杯锥形断口;(b)双杯锥形断口

表 12-2　金属断裂的分类

分 类 标 准	应 用 的 名 词	
断裂前的塑性变形	延　性	塑　性
晶体学特征	切　变	解　理
断口的面貌	纤　维	颗粒或亮面

综上所述,断裂类型的一些名称可归纳于表 12-2 中。应当注意,这些分类不是绝对的,例如实际上有的断口可能一部分是纤维状的,而另一部分是颗粒状的。脆性断裂和延性断裂虽然存在着差别,但有时很难明确划出两者的分界线。另外,在特殊的试验条件下,断裂也还有专门的名称。例如,在交变载荷下的断裂称为疲劳断裂;高温蠕变引起的晶间断裂称为蠕变断裂等等。

12.2　压力加工中金属的断裂

金属压力加工中,有可能先产生塑性变形,再产生延性断裂,或者无明显塑性变形而产生脆性断裂,其断裂种类是受许多因素的影响的。

12.2.1　影响断裂类型的因素

12.2.1.1　变形温度的影响

试验表明:一般的金属与合金(面心立方的除外)在温度变化时会发生延性—脆性转变现象,即 t_k 以上为延性断裂,t_k 以下为脆性断裂。在 t_k 处断面收缩率会突然下降,如图 12-4。因此将 t_k 称为脆性临界温度。同时认为:当 $t>t_k$ 时,材料先产生塑性变形后发生延性断裂,而 $t<t_k$ 时,材料会发生脆性断裂。

12.2.1.2　变形速度的影响

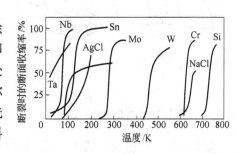

图 12-4　温度对不同材料断面收缩率的影响

试验同时表明:金属的断裂性质受临界变形速度 ε_k 的影响。当变形速度大于 ε_k 时,产生脆性断裂,反之产生延性断裂。

12.2.1.3　应力状态的影响

金属受到的任何应力均是正应力与切应力之合力。切应力促成了位错的移动,而正应力促成裂缝的发展。因此,任何增加正应力与切应力之比的应力状态,都会增加金属的脆性。除此之外,应力分布的均匀性也决定了金属的脆性大小。

12.2.2　锻压时的断裂

金属锻压时常出现如图 12-5(a)、(b)所示的侧面纵裂。其产生原因在于镦粗试验中Ⅲ区的鼓形处受到环向拉应力。同时受加工温度影响造成晶粒间强度降低,形成晶界拉裂。使裂纹与环向拉应力垂直,或低温锻造时出现穿晶切断,使裂纹与环向拉应力呈 45°角。如图 12-5(b)所示。

一般可采用以下措施防止开裂:

(1) 减少工件与工具间的接触摩擦以减小鼓形;

（2）加软垫加大金属接触表面的变形量；

（3）活动套环和包套镦粗，通过增加径向压应力作用减小环向拉裂。

12.2.3 锻压延伸与轧制时的断裂

锻压延伸与轧制时的断裂状况如图 12-5（c）、（d）、（e）、（f）、（g）及图 12-6。它们分别是锻压延伸或轧制时产生的内部纵裂（图 12-5（c）、（d）、（e））、内部横裂（图 12-5（f））、角裂（图 12-6（b））、端裂（劈头）（图 12-6（c））和轧板时产生的边裂（图 12-6（d））和中部裂纹（图 12-6（e））。这些断裂的产生在不同程度上与金属变形的应力状态、工具及工件形状、温度变化、变形程度及分布等各因素有关。因此应视具体情况采取不同措施进行改善。

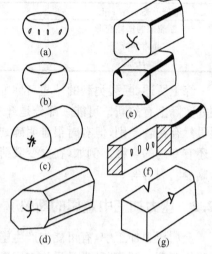

图 12-5　锻压时断裂的主要形式

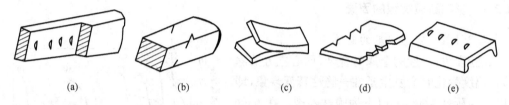

图 12-6　轧制时断裂的主要形式

12.2.4 挤压与拉拔时的断裂

金属挤压时常出现如图 12-7 所示的断裂，严重时呈竹节状裂口。这是由于挤压时金属受挤压缸及模壁摩擦造成此处质点流动受阻，因此可采用润滑剂防止断裂。而拉拔时金属的内部横裂（如图 12-8 所示），是由于内外不均匀变形引起，可通过改变模具变形区尺寸加以缓解、防止或减轻裂纹。

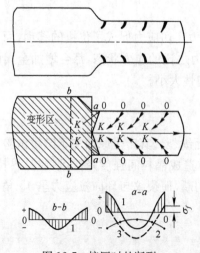

图 12-7　挤压时的断裂

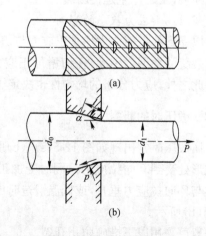

图 12-8　拉制时的断裂

（a）拉制时的内裂；（b）拉制过程

总之,金属的断裂形式是多种多样的,不同的加工方式及加工条件引起的断裂原因不同,应具体分析加以解决。

复习思考题

1. 断裂的类型及研究断裂的意义。
2. 塑性变形促使裂口成核的具体机理。
3. 物体在塑性变形中的断裂如何发展?
4. 锻压与轧制产生断裂的主要形式有哪些? 有何防止措施?
5. 影响断裂的因素主要有哪些?
6. 能否说断裂是不均匀变形发展的结果,为什么?

第三篇 轧制理论

轧制理论是研究和阐明轧制过程中所发生的各种现象,探明这些现象的基本规律并利用这些规律去解决轧制生产中的实际问题,以达到改善轧制生产的一门学科。学习轧制理论应掌握归纳方法,运用所得的结论去解决实际问题,给各种工程计算,如轧辊孔型设计、轧钢车间设计、拟定操作规程及改进轧制工艺等提供充分的理论依据。

13 轧制过程的建立

轧制是轧件被轧辊与轧件之间的摩擦力拉入变形区产生塑性变形的过程,通过轧制使轧件具有满足要求的尺寸、形状和性能。按操作方法与变形特点可将轧制分为纵轧、横轧和斜轧等几种。本书仅就纵轧的一些问题进行讨论。

13.1 简单轧制条件

为简化轧制理论的研究,首先对轧制过程附加一些假设条件,即简单轧制条件。这些条件是:

(1) 对于轧辊方面:两个轧辊为直径相等的圆柱体,其材质与表面状况相同,两轧辊平行且中心线在同一垂直平面内,两轧辊的弹性变形忽略不计(即认为轧辊完全是刚性的),两轧辊都传动且转速相等。

(2) 对于轧件方面:轧制前后轧件的断面均为矩形或方形,轧件内部各部分组织和性能相同,表面状况,特别是和轧辊相接触的两水平表面的状况相同。在轧制过程中,除轧辊对轧件的作用力外,无任何外力作用于轧件上。

当符合这些条件时,轧辊与轧件接触面上的外摩擦系数相同,每一轧辊对轧件的压下量相等,轧制过程对称于中间轧制水平面。

显然,上述理想的轧制条件在实际轧制过程中是很难同时具备的,一般仅有部分条件存在或近似存在。在生产过程中,各种轧制实际上都是非简单轧制情况,例如:单辊传动的叠轧薄板轧机;轧件上除轧制力外,还有张力或推力存在,如带前后卷筒的冷轧带轧机和各种类型的连轧机;轧辊直径不等或转速不等,如劳特式轧机;在变形不均匀的孔型中轧制;轧件温度不均匀,等等。

实际上,即或在简单轧制时,也没有如上所述的条件。因为变形沿轧件断面的高度和宽度上不可能是完全均匀的,轧制压力和摩擦力沿接触弧长度的分布不可能是完全均匀的,轧辊和轧机其他零件也不可能是完全刚性的。当然也会因与实际情况有差异而产生一定的误差,因而我们对使用在理想的简单轧制条件下所建立起来的计算公式时,要作一些必要的修正,或在计算过程中采用一些等效值,如平均压下量或平均轧辊直径等。但另一方面也可以肯定,由简单轧制条件得出的计算公式还是可以用于生产实践的,一般情况下不必另外建立

168

新的计算公式。

13.2 实现轧制的条件

13.2.1 变形区及变形区主要参数

在轧制过程中,轧件与轧辊接触并产生塑性变形的区域称为变形区。如图 13-1 所示的 $ABCD$ 区域。

变形区的主要参数有:

轧辊直径 D 或半径 R;

压下量 $\Delta h = H - h$;

宽展量 $\Delta b = B_h - B_H$;

接触弧:轧辊与轧件接触的弧 AB、CD 弧;

咬入角:接触弧所对应的圆心角 α;

变形区长度:接触弧的水平投影 l。

由图可知,$BE = OB - OE = R - R\cos\alpha = R(1 - \cos\alpha)$。

因为
$$BE = \frac{\Delta h}{2}$$

所以
$$\Delta h = D(1 - \cos\alpha) \tag{13-1}$$

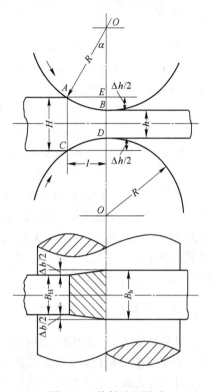

图 13-1 轧制过程图示

显然,轧辊直径 D 一定时,咬入角 α 越大,则压下量 Δh 越大,从而咬入越困难。

在 $\triangle OAE$ 中:
$$AE^2 = R^2 - OE^2 = R^2 - (R - BE)^2$$

式中,$AE = l$; $BE = \dfrac{\Delta h}{2}$

则
$$l^2 = R^2 - \left(R - \frac{\Delta h}{2}\right)^2$$

$$l = \sqrt{R\Delta h - \frac{\Delta h^2}{4}}$$

式中,$\dfrac{\Delta h^2}{4}$ 较 $R\Delta h$ 要小得多,可以忽略。

即
$$l = \sqrt{R\Delta h} \tag{13-2}$$

13.2.2 轧辊咬入轧件的条件

建立正常的轧制过程,首先要使轧辊咬入轧件。轧辊咬入轧件是有一定条件的,简称咬入条件。轧件通过辊道或其他方式送往轧辊与轧辊接触时,轧件给轧辊两个力,如图 13-2 所示,即法向力 N_0 与切向力 T_0(摩擦力,它阻碍轧辊旋转,故与轧辊旋转方向相反)。而每个轧辊给轧件两个反作用力 N 和 T(与 N_0、T_0 大小相等,方向相反)。轧辊作用在轧件上的力 T 的水平分力 $T_x = T\cos\alpha$ 是咬入力,即前拉力;N 的水平分力 $N_x = N\sin\alpha$ 是阻止力,即后推力。

显然,使轧辊咬入轧件的条件必须是:
$$2T_x \geqslant 2N_x$$
即
$$2T\cos\alpha \geqslant 2N\sin\alpha$$

设 f 和 β 是轧辊与轧件之间的摩擦系数和摩擦角（$f=\tan\beta$），根据摩擦定律:
$$T=fN \quad 代入上式$$
$$2fN\cos\alpha \geqslant 2N\sin\alpha$$
所以
$$f \geqslant \tan\alpha \quad 或 \quad \tan\beta \geqslant \tan\alpha$$
即
$$\beta \geqslant \alpha \tag{13-3}$$

故得,咬入条件为:轧辊与轧件之间的摩擦系数 f 必须大于等于咬入角 α 的正切,或轧辊与轧件之间的摩擦角 β 必须大于等于咬入角 α。否则,轧辊就不能咬入轧件,轧制过程就不能建立。可见,轧辊咬入轧件是依靠轧辊与轧件接触面间的摩擦力而实现的。

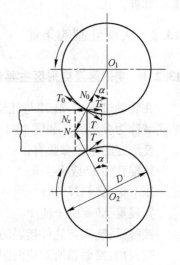

图 13-2 轧辊咬入轧件时的受力图

13.2.3 轧件充填变形区的过程

轧件被咬入后,立即进入继续充填变形区的过程。

为了便于分析比较,我们暂且规定轧件是在临界条件即 $\beta=\alpha$ 时被咬入的。进入变形区后的情况,如图 13-3 所示。

如果轧辊对轧件的平均径向单位压力沿接触弧是均匀分布的,那么便可以认为径向力的合力 N 作用点,就在这段接触弧的中央。在咬入开始时 N 与 T 的合力 P 的作用方向是垂直的,那么随着轧件向变形区内充填,合力作用点的位置也相应随之内移,这将使 P 力的作用方向逐步向轧件出口方向倾斜。即 T_x 逐步增加,N_x 相应减少,以致使水平方向上的摩擦力出现剩余,称为剩余摩擦力,其值为
$$P_x = T_x - N_x$$

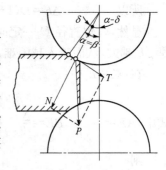

图 13-3 轧件在 $\alpha=\beta$ 的条件下
逐步进入变形区

因此,可以得出结论:由于剩余摩擦力的产生,随着轧件向变形区内的充填程度增加,而越来越有助于轧件顺利地通过变形区。

13.2.4 建立稳定轧制状态后的轧制条件

轧件完全充填辊缝后进入稳定轧制状态。如图 13-4 所示,此时径向力的作用点位于整个接触弧的中心,剩余摩擦力达到最大值。继续进行轧制的条件仍为 $2T_x \geqslant 2N_x$,它可写成:

$$T\cos\frac{\alpha}{2} \geqslant N\sin\frac{\alpha}{2}$$

$$\frac{T}{N} \geqslant \tan\frac{\alpha}{2}$$

170

而
$$\frac{T}{N}=f=\tan\beta$$

由此得出继续进行轧制的条件为：

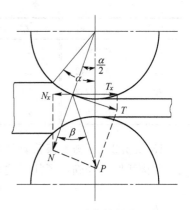

$$\beta\geqslant\frac{\alpha}{2} \quad 或 \quad \alpha\leqslant2\beta \qquad (13\text{-}4)$$

这说明，在稳定轧制条件已建立后，可强制增大压下量，使最大咬入角 $\alpha\leqslant2\beta$ 时，轧制仍能继续进行，即可利用剩余摩擦力来提高轧机的生产率。

13.2.5 最大压下量的计算方法

式(13-1)给出了压下量、轧辊直径及咬入角三者的关系，在直径一定的条件下，根据咬入条件通常采用如下两种方法来计算最大压下量。

图 13-4　稳定轧制阶段 α 和 β 的关系

13.2.5.1 按最大咬入角计算最大压下量

由式(13-1)不难看出：当咬入角的数值最大时，相应的压下量也是最大，即

$$\Delta h_{\max}=D(1-\cos\alpha_{\max}) \qquad (13\text{-}5)$$

在实际生产中，根据不同的轧制条件，所允许的最大咬入角值，如表 13-1 所示。

表 13-1　不同轧制条件下的最大咬入角

轧 制 条 件	摩擦系数 f	最大咬入角 $\alpha_{\max}/(°)$	比值 $\frac{\Delta h}{R}$
在有刻痕或堆焊的轧辊上热轧钢坯	0.45~0.62	24~32	$\frac{1}{6}\sim\frac{1}{3}$
热轧型钢	0.36~0.47	20~25	$\frac{1}{8}\sim\frac{1}{7}$
热轧钢板或扁钢	0.27~0.36	15~20	$\frac{1}{14}\sim\frac{1}{8}$
在一般光面轧辊上冷轧钢板或带钢	0.09~0.18	5~10	$\frac{1}{130}\sim\frac{1}{33}$
在镜面光泽轧辊（粗糙度达 0.05）上冷轧板带钢	0.05~0.08	3~5	$\frac{1}{350}\sim\frac{1}{130}$
辊面同前，用蓖麻油、棉籽油、棕榈油润滑	0.03~0.06	2~4	$\frac{1}{600}\sim\frac{1}{200}$

为简化计算，现将 $\alpha=3°\sim35°$ 时，相应的 $(1-\cos\alpha)$ 值列于表 13-2。

表 13-2　α 与 $(1-\cos\alpha)$ 值

$\alpha/(°)$	$1-\cos\alpha$	$\alpha/(°)$	$1-\cos\alpha$	$\alpha/(°)$	$1-\cos\alpha$	$\alpha/(°)$	$1-\cos\alpha$
3	0.00137	6	0.00548	9	0.01231	14	0.02970
3.5	0.00187	6.5	0.00643	9.5	0.01371	15	0.03407
4	0.00244	7	0.00745	10	0.01519	16	0.03874
4.5	0.00308	7.5	0.00856	11	0.01837	17	0.04370
5	0.00381	8	0.00973	12	0.02185	18	0.04894
5.5	0.00460	8.5	0.01098	13	0.02563	19	0.05448

$\alpha/(°)$	$1-\cos\alpha$	$\alpha/(°)$	$1-\cos\alpha$	$\alpha/(°)$	$1-\cos\alpha$	$\alpha/(°)$	$1-\cos\alpha$
20	0.06030	24	0.08645	28	0.11705	32	0.15195
21	0.06642	25	0.09367	29	0.12538	33	0.16133
22	0.07282	26	0.10121	30	0.13397	34	0.17096
23	0.07950	27	0.10899	31	0.14283	35	0.18085

13.2.5.2 根据摩擦系数计算压下量

前面我们已经确定了如下关系

$$f=\tan\beta; \quad \alpha_{max}=\beta$$

故

$$\tan\alpha_{max}=\tan\beta$$

根据三角关系可知

$$\cos\alpha_{max}=\frac{1}{\sqrt{1+\tan^2\beta}}=\frac{1}{\sqrt{1+f^2}}$$

将上述关系代入式(13-5),得出根据摩擦系数计算最大压下量的公式,即

$$\Delta h_{max}=D\left(1-\frac{1}{\sqrt{1+f^2}}\right) \tag{13-6}$$

式(13-6)为我们常用的重要公式。为简化计算,现将 $f=0.21\sim0.65$ 时相应的 $\left(1-\dfrac{1}{\sqrt{1+f^2}}\right)$ 值列于表 13-3 中。

表 13-3 f 与 $\left(1-\dfrac{1}{\sqrt{1+f^2}}\right)$ 值

f	$1-\dfrac{1}{\sqrt{1+f^2}}$	f	$1-\dfrac{1}{\sqrt{1+f^2}}$	f	$1-\dfrac{1}{\sqrt{1+f^2}}$
0.21	0.02135	0.36	0.05911	0.51	0.1092
0.22	0.02336	0.37	0.06214	0.52	0.1128
0.23	0.02544	0.38	0.06522	0.53	0.1164
0.24	0.02761	0.39	0.06835	0.54	0.1201
0.25	0.02986	0.40	0.07152	0.55	0.1238
0.26	0.03218	0.41	0.07475	0.56	0.1275
0.27	0.03457	0.42	0.07802	0.57	0.1312
0.28	0.03704	0.43	0.08133	0.58	0.1350
0.29	0.03957	0.44	0.08469	0.59	0.1387
0.30	0.04217	0.45	0.08808	0.60	0.1425
0.31	0.04484	0.46	0.09151	0.61	0.1463
0.32	0.04758	0.47	0.09498	0.62	0.1501
0.33	0.05037	0.48	0.09848	0.63	0.1539
0.34	0.05323	0.49	0.1020	0.64	0.1573
0.35	0.05614	0.50	0.1056	0.65	0.1616

13.2.6 改善咬入的基本措施

改善咬入促使轧辊咬入轧件的目的,在于增加压下量、减少轧制道次。为改善咬入情况,可采取如下措施:

1) 适当增大轧辊与轧件间的摩擦系数。在某些情况下,如初轧、开坯的轧辊,由于产品表面质量要求不高,可以在轧辊表面刻痕或用电焊堆焊,以增大摩擦系数。在型钢轧机以及其他对轧件表面质量有要求的轧机,则不能采用此法。对于由直流电机驱动的轧机如中厚板轧机,还可以采用低速咬入,高速轧制的方法改善轧辊对轧件的咬入。

2) 适当减小咬入角。由咬入角与压下量关系的公式可知,减小咬入角的方法是增大轧辊直径和减小压下量。但是,轧辊直径的增加是有一定限度的,而减小压下量必然使轧制道次增加,是不可取的。在实际生产中采用以较小的咬入角将轧件咬入轧辊后,利用剩余摩擦力,再增大咬入角。如在轧制钢锭时采用小头入钢的方法和带钢压下、强迫咬入等方法。

13.3 平均工作辊径与平均压下量

前面所提到的计算公式,适用于在平辊上轧制矩形或方形断面轧件,即均匀压缩的变形情况。在生产异型断面钢材时,多数是轧件在孔型内轧制宽度上压下不均匀。在不均匀压缩变形时,各公式中的有关参数必须用其等效值——平均工作辊径和平均压下量来计算。

13.3.1 平均工作辊径

轧辊与轧件相接触处的直径称为工作辊径。与此工作辊径相应的轧辊圆周速度称为轧制速度。当忽略轧辊与轧件之间的滑动时,可以认为轧制速度等于轧件离开轧辊的速度。

如图 13-5 所示,平辊的工作辊径 D_K 就是轧辊的实际直径,它与轧辊的假想原始直径 D 的关系为

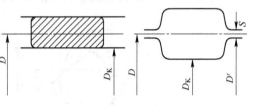

图 13-5 在平辊或箱形孔型中轧制

$$D_K = D - h \tag{13-7}$$

式中 h——轧件的轧后厚度,平辊轧制时等于辊缝值。

假想原始直径是认为两轧辊靠拢,没有辊缝时两轧辊轴线间距离。在箱形孔型中轧制时,工作辊径为孔型的槽底直径,它与辊环直径 D' 的关系为

$$D_K = D' - (h - S) \tag{13-8}$$

相应的轧制速度为

$$v = \frac{\pi n}{60} D_K \tag{13-9}$$

式中 S——辊缝值;

n——轧辊转速。

在多数孔型中轧制时,轧辊的工作直径为变值,因而轧槽上各点的线速度也是变化的。但由外区作用和轧件整体性的限制,轧件横截面上各点仍将以某一平均速度 $\bar{v}$ 离开轧辊,我们称与 $\bar{v}$ 相应的轧辊直径为平均工作辊径 $\bar{D}_K$,即

$$\overline{D}_K = \frac{60}{\pi n}\overline{v}$$

通常用平均高度法近似确定平均工作辊径,即把断面较为复杂的孔型的横断面面积 q 除以该孔型的宽度 b,得该孔型的平均高度 $\overline{h}$,如图 13-6 所示, $\overline{h}$ 对应的轧辊直径即为平均工作辊径:

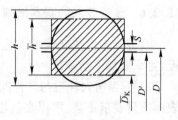

图 13-6　在非矩形断面孔型中轧制

$$\overline{D}_K = D - \overline{h} = D - \frac{q}{b} \tag{13-10a}$$

或者

$$\overline{D}_K = D' - \left(\frac{q}{b} - S\right) \tag{13-10b}$$

13.3.2　平均压下量

在计算非矩形断面轧件的压下量时,轧制前与轧制后轧件的平均高度之差为平均压下量。轧件平均高度为与轧件断面相等条件下,宽度与非矩形轧件相同的矩形高度。如图 13-7 所示的不均匀压缩平均压下量为:

$$\Delta \overline{h} = \overline{H} - \overline{h} = \frac{Q}{B} - \frac{q}{b} \tag{13-11}$$

式中　Q、B——分别为轧制前轧件横断面积和轧件宽度;

　　　　q、b——分别为轧制后轧件横断面积和轧件宽度。

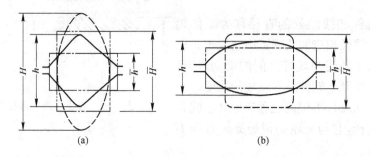

图 13-7　不均匀压缩时的平均压下量

13.4　三种典型轧制情况

实验证明,对同一金属在不同温度、速度条件下,决定轧制过程本质的主要因素是轧件和轧辊尺寸。

在咬入角、轧辊直径和压下量皆为定值时,轧件厚度与轧辊直径的比值 H/D 和相对压下量 $\varepsilon = (\Delta h/H)\%$ 的变化,对轧件变形特征和力学特征均产生直接影响,其中又主要取决于相对压下量 $\varepsilon\%$ 的值。有三种典型轧制情况,它们都具有各自明显的力学、变形和运动特征。

如图 13-8(a) 所示的第一种轧制情况,即以大压下量轧制薄轧件的轧制过程,其相对压下量 $\varepsilon = 34\% \sim 50\%$, H/D 值较小;如图 13-8(b) 所示的第二种轧制情况,即中等压下量轧制中等厚度轧件的轧制过程,其相对压下量约为 $\varepsilon = 15\%$;如图 13-8(c) 所示的第三种轧制情况,即以小压下量轧制厚轧件的轧制过程,其相对压下量约为 $\varepsilon = 10\%$ 以下, H/D 值较大。

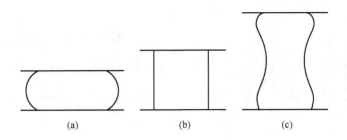

图 13-8　轧件横断面的变化情况

(a)第一种轧制情况；(b)第二种轧制情况；(c)第三种轧制情况

13.4.1　第一种轧制情况

在第一种轧制情况下，单位接触面积上的轧制压力(单位压力)沿接触弧的分布曲线有明显的峰值，而且压下量越大，单位压力越高，且峰值越尖，尖峰向轧件出口方向移动如图 13-9。这是因为此种情况变形区的接触面积与变形区体积之比，即 $\dfrac{F}{V}=\dfrac{2l\overline{B}}{lBh}=\dfrac{2}{h}$ 很大，表面摩擦阻力所起的作用大，由摩擦引起的三向应力状态加强，因而单位压力加大，而且单位压力的峰值出现在摩擦力方向改变的地方，即由摩擦力引起的三向压应力最强的地方。

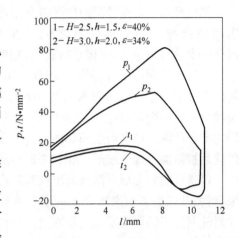

图 13-9　薄件轧制时单位压力 p 和单位摩擦力 t 沿接触弧之分布

另一方面，由于工具形状的影响，金属纵向流动阻力小于横向流动阻力，金属质点大部分沿纵向延伸，导致轧件宽展很小。同时由于相对压下量很大，使变形深透到整个变形区高度，结果使轧件变形后沿横断面呈单鼓形，如图 13-8(a)所示。

薄件轧制时，轧件与轧辊接触表面基本上都是滑动区，并且也基本上与平面断面假设吻合，即在变形区长度不同的横断面上，各金属质点的纵向移动速度基本一致。

但平面断面假设，即变形前为一垂直平面，变形后仍然是一垂直平面，是在理想条件下(变形均匀，没有宽展，接触面上全部发生滑动)才可能存在。在实际轧制条件下，宽展、变形不均匀是不可避免的，因而在薄件轧制时，轧件通过变形区时各横断面沿其高度上，速度发生变化，如图 13-10(a)所示。靠近表层，由于受摩擦阻力影响，金属表面质点速度与轧辊表面速度相差要比按理想的平面断面假设要小一些；在后滑区，金属横断面中心部分要比表面速度慢，而在前滑区，金属横断面中心部分要比表面速度高。

13.4.2　第三种轧制情况

第三种轧制情况相当于初轧开始道次或板坯立轧道次。这类轧制过程的单位压力，沿其接触弧分布曲线在变形区入口处具有峰值，且向出口方向急剧降低，如图 13-11 所示。此时，单位压力分布与单位摩擦力分布之间已无明显联系，说明此时摩擦力已不起主要影响。

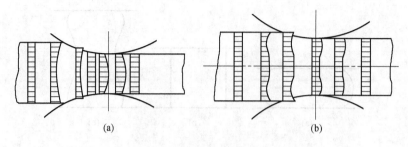

图 13-10　轧件金属质点沿横断面之速度图示
(a)轧薄轧件；(b)轧厚轧件

第三种典型轧制情况的变形特征是在金属表面质点与轧辊表面质点之间产生粘着。H/D 值越大，$\varepsilon\%$ 越小，摩擦系数越大，则粘着区越大。另一方面，由于在变形区内变形不深透，轧件高度上的中间部分没有发生塑性变形，只是接近表层的金属产生塑性变形，整个断面不均匀变形严重。结果产生局部强迫宽展而使轧件轧后横断面出现双鼓形，如图 13-8(c)所示。

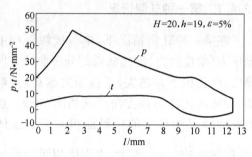

图 13-11　第三种轧制情况 p、t 沿接触弧的分布

厚件轧制时变形不深透而出现双鼓形的现象，可由外区的影响来解释。可以认为轧件尺寸对轧制过程的影响基本上是通过外摩擦和外区的综合作用。如图 13-12(a)所示，在变形区 $ABCD$ 以外的区域为外区，但在变形不均匀的情况下，如在第一种轧制情况时，实际变形区可能扩展到几何变形区之外图 13-12(b)，而在第三种轧制情况时，外区也可能伸展到几何变形区的内部，如图 13-12(c)。外摩擦和外区的作用是一个互相竞争的过程。在薄件轧制时，变形区的外表面和轧辊的接触表面所占比例大，因而表面摩擦阻力的影响大。而对厚件轧制的情况，接触表面积与变形区体积之比值 $2/\bar{h}$ 很小，表面摩擦阻力的影响很小，此时由于起主要作用的外区限制金属压下变形，使三向压应力增强，单位压力加大。若局部压下量越大，压力的增加幅度也越大。

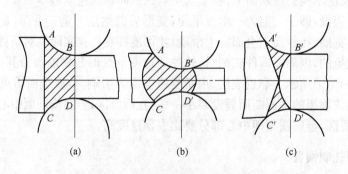

图 13-12　理想变形区与实际变形区

在整个变形区内，由于轧辊形状的影响，变形区长度上各点的压下量分布是不均匀的。

如图 13-13 所示,在 x_1 和 x_4 这两个相等线段内,入口处的压下量 Δh_1 远大于 Δh_4,由于局部的压下量大,相应的压力增加的程度也越大,因此,单位压力的峰值靠近变形区入口处。

对于厚轧件轧制的情况,由于接触表面产生粘着,金属表面速度等于轧辊表面速度;而变形区中部由于没有变形,可近似视为刚体运动,只有在邻近表面的区域由于塑性变形才与轧辊产生相对运动,如图 13-10(b)所示。

13.4.3 第二种轧制情况

第二种轧制情况为中等厚度轧件的轧制过程。由图 13-14 可以看出,其单位压力分布曲线没有明显峰值,而且单位压力比第一种轧制情况和第三种轧制情况都要小。

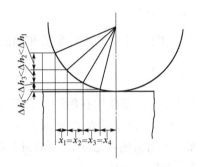
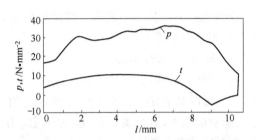

图 13-13　变形区内压下量的分布　　　　图 13-14　第二种轧制情况 p、t 分布曲线

对第二种典型轧制情况,外摩擦和外区的影响都有,但都不严重。压缩变形刚好深透到整个变形区高度,变形比较均匀,如图 13-8(b)所示,变形后轧件两侧面基本平直。

由上述的实验结果可见,对理想轧制过程的假设,即单位压力和单位摩擦力均匀分布,轧件在变形区内各横断面质点运动速度均匀而且与辊面有相对滑动,轧件沿高度与宽度变形均匀,与实际情况有很大差别。然而,理想的简单轧制条件假设是必要的,因为经过这样的"科学抽象",我们更容易建立起轧制过程的概念。但我们绝不能停留在这个阶段,而应以它为基础进一步深入研究各种轧制过程。

13.5 轧制变形区的应力状态

轧制过程中,变形区内的应力状态,不仅影响到单位压力的大小,还影响到轧件的变形状态。例如,在轧制同一金属的情况下,一个不施加前、后张力,一个施加张力来轧制薄板,有张力时会使纵向压应力减小,甚至可能出现纵向拉应力。因此,它比不施加张力的轧件,更容易纵向延伸,而使宽展减小。在前张力作用下,金属质点更容易向轧件出口方向流动,使前滑增加,而且轧制单位压力也比不施加张力的低。

影响轧制变形区内应力状态的因素很复杂,而且是互相影响的。下面分别讨论各个因素对轧制应力状态的影响。

13.5.1 工具形状和尺寸的影响

轧制时,与轧件直接接触的轧辊是圆柱形,沿轧件宽度上为直线,而沿轧制方向却为圆弧形。这就不仅需要研究工具尺寸的影响,而且需要研究工具形状的影响。不论多么复杂的工具形状,都可归结为三种简单形式的组合:一种为凸形工具,另一种为平板工具,第三种为凹形工具,如图 13-15 所示。

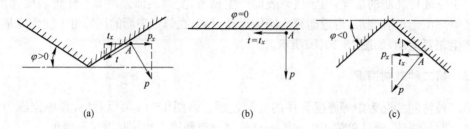

(a)　　　　　　　　　　(b)　　　　　　　　　　(c)

图 13-15　三种工具形状

(a)凸形工具;(b)平板工具;(c)凹形工具

针对图 13-15 所示工具和工件接触面右方的 A 点,我们来研究工具对金属作用的单位压力 p 和单位摩擦力 t。

13.5.1.1　凹形工具

对凹形工具,即工具形状角 $\varphi<0$ 时,p,t 的水平分力 p_x,t_x 都作用在阻碍金属流动的方向,使金属在水平方向的压应力 σ_x 的绝对值增大。φ 角越小(即 φ 的绝对值越大),压应力 σ_x 的绝对值越大,对金属来说,是三向压应力状态越强。如前所述,此时变形前的圆柱体工件,变形后将变成单鼓形。

13.5.1.2　平板工具

对平板工具,$\varphi=0,p_x=0,t_x$ 阻碍金属水平方向流动,因而对变形体形成水平方向的压应力。接触面摩擦系数越大,三向压应力状态越强。变形后仍为单鼓形。

13.5.1.3　凸形工具

对凸形工具,$\varphi>0,p,t$ 之水平分量作用在相反方向,此时 t_x 阻碍金属水平流动,而 p_x 帮助金属水平流动。因而按 t_x,p_x 的大小不同,出现不同的应力状态,如图 13-16 所示。

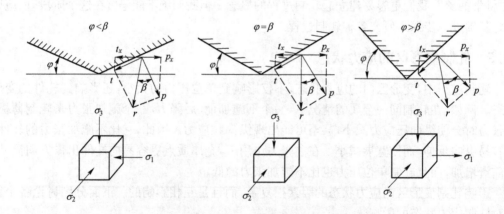

图 13-16　凸形工具压缩时的应力状态

(1) 当 $t_x>p_x$,即 $fp\cos\varphi-p\sin\varphi>0$ 时,变形体水平方向为压应力状态,此时由摩擦系数 f 与摩擦角 β 关系知 $\tan\beta=f$,即此时

$$\tan\beta > \tan\varphi$$

可见,当 $\varphi < \beta$ 时,金属仍处于三向压应力状态。

(2) 当 $p_x = t_x$ 时,由上述分析可知 $\varphi = \beta$。由于此时金属所受外力的水平分量之和为零,金属处于单向压应力状态,即工具形状因素消除了外摩擦的影响,若变形前金属为圆柱形,变形后仍为圆柱体。

(3) 当 $t_x - p_x < 0$ 时,$\varphi > \beta$,金属在水平方向作用有拉应力,接触面附近金属质点水平流动变得更容易,此时若变形前为圆柱体的工件,变形后将成为上下直径变粗,中部较细的形状。

若取高向压缩主应力为最小主应力,$\sigma_3 = -p$,纵向力 $t_x - p_x$ 引起压应力为最大主应力,$\sigma_1 = -q$,按屈服条件可得

$$(-q) - (-p) = K$$

即
$$p - q = K \tag{13-12}$$

或
$$p = K + q$$

如前所述,对凸形工具压缩,当 $\varphi > \beta$ 时,因 σ_1 与 σ_3 异号,即 p 与 q 异号,有 $p = K - q$。面对凸形工具压缩时 $\varphi = \beta$ 的情况,因 $\sigma = 0$,即 $q = 0$,此时有

$$p = K$$

对凸形工具压缩时的 $\varphi < \beta$ 情况,以及平板压缩($\varphi = 0$)、凹形工具压缩($\varphi < 0$),应力状态均为三向受压的条件,$p = K + q$。

由上述分析可知,当工具角由 $\varphi > \beta$ 依次减小为 $\varphi = \beta$、$\varphi < \beta$、$\varphi = 0$、$\varphi < 0$ 时,水平主应力 σ_1 将由 $\sigma_1 > 0$,依次减小为 $\sigma_1 = 0$、$\sigma_1 < 0$,并且水平压应力不断增强,由公式(13-12)可知,工具对工件的单位压力 p 之绝对值也不断相应增大。这种变化规律由图 13-17 反映得更为清楚。

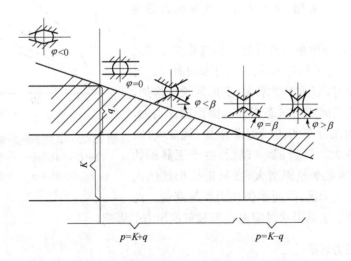

图 13-17 工具形状对工件变形和单位压力的影响

轧制时,沿轧制方向可将轧辊看成凸形工具,只不过沿变形区长度工具角值是变化的。因此,经过上面的分析,对轧制条件下金属的应力状态就不难理解了。如图 13-18 所示,当轧件原始厚度 H、压下量 Δh 均相同,而轧辊直径 D 不同时,轧辊直径增大,接触弧长度 l 亦

179

增大,外摩擦影响的程度也加大。所以,轧辊直径的大小反映了摩擦的影响;另一方面,在 Δh 相同时,轧辊直径减小,咬入角 α 加大。由图 13-19 可看出,随咬入角 α 增大,正压力的水平分量 p_x 增加,纵向压应力将减小。如前所述,这将使 q 减小、p 降低。从这一点上,可以看出用小直径轧辊轧制的优越性。

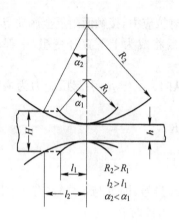

图 13-18　轧辊直径的影响

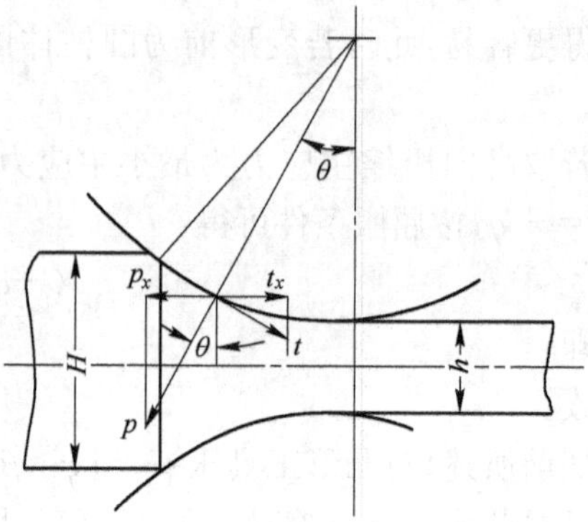

图 13-19　轧制水平力的影响

例如,当轧制带钢时,轧件轧前厚度为 1.96mm,相对压下量为 30%,辊径分别为 89mm 和 190mm,大辊比小辊接触面积大 44%,而轧制压力则高 80%。图 13-20 给出了在不同辊径下,以不同压下量轧制时的轧制力资料。轧件厚度为 2mm,宽为 30mm,摩擦系数 $f=0.1$,由图可看出,轧辊直径对轧制压力影响较大。

图 13-21 为在摩擦系数及轧辊直径与轧件厚度之比值一定条件下,咬入角对单位压力的影响曲线。可以看出,当 $\alpha<\beta$ 时,随压下量增大,变形区长度增加,外摩擦的影响使三向应力状态增强。因而随 σ 增加,单位压力随接触弧分布的曲线逐渐增高,到 $\alpha=\beta$ 时单位压力增至最大。但当 $\alpha>\beta$ 以后,由于工具形状的影响,正压力的水平投影增大,在靠近变形区的入口处出现纵向拉应力区,因而单位压力明显降低。此曲线清晰地反映了工具形状对应力状态和单位压力的影响。

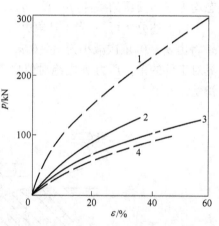

图 13-20　轧辊直径对轧制压力的影响
1—$D=184.8$mm；2—$D=92.4$mm；
3—$D=61.9$mm；4—$D=45.8$mm

13.5.2　外摩擦力影响

为了说明摩擦系数对轧制压力的影响,我们以一个平板压缩为例。在不同摩擦系数 f 情况下,用成分及性质相同的一些试样,在压力机上进行平板压缩,每次测定总压力,并将总压力除以接触面积得其平均单位压力 $\bar{p}$。由实验结果看出,$\bar{p}$ 随摩擦系数增大而增大,如图 13-22 所示。

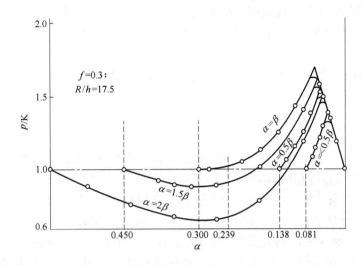

图 13-21　单位压力分布曲线形状随 α 的变化

在接触表面为理想的光滑表面的情况下进行平板压缩,工件的应力状态为单向压应力状态。如图 13-17 所示,改变工具与金属接触表面的形状,使工具角 φ 与摩擦角 β 相等,也可以消除接触面摩擦的影响;同时这也可作为实测摩擦系数的一种方法。在图 13-22 的条件下,无摩擦影响时的 $\bar{p}=K=392\text{N/mm}$。

摩擦除使轧制平均单位压力增加外,还给轧制过程带来一系列如第 9 章所述的不良影响。

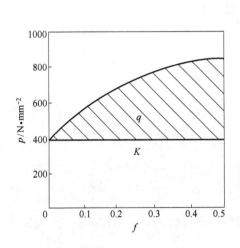

图 13-22　摩擦系数对平均单位压力的影响

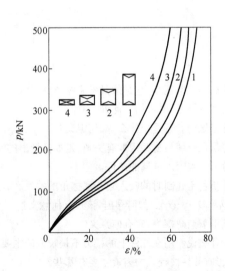

图 13-23　轧件尺寸因素的影响

13.5.3　外力的作用

在钢坯连轧机上,由于机架之间相互作用,可能使轧件承受推力。在冷连轧带钢轧机或轧机前后有卷取机时,会使轧件受张力。当轧件在入口侧或出口侧作用有张力,会使纵向压

应力 σ_1 绝对值减小,甚至出现纵向拉应力,由公式(13-12)可知,此时会使轧制单位压力 p 降低。反之,若轧件作用有推力,会使变形区内金属作用的纵向压应力 σ_1 绝对值增大,从而使轧制单位压力增大。

在轧件作用有前后张力时,由于轧制压力降低,使轧机弹性变形减小,可增加压下量。

13.5.4 轧件尺寸的影响

为了对轧件尺寸的影响有一个实质性的了解,我们仍以平板压缩为例来说明。在相同的工具条件下,压缩直径相同(均为 19mm),高度分别为 38、19、11.2 、6.35mm 的圆柱体,虽然接触表面摩擦条件相似,接触面积相同,但在变形程度相同时,压力是不相同的。由图 13-23 所示的实验结果可看出,在相对压下量相同时,试件越薄,变形所需单位压力越大。如 40% 的变形量,对 38mm 的高试件,压力为 156800N,而对 6.35mm 的薄试件,压力则为 225400N,而从绝对压下量来说,后者的压下量还要小些。这是因为试件越薄,变形深透程度越大,三向压应力状态越强,单位压力也越大。

但在研究轧件尺寸的影响时,常常包含着其他因素的影响,使单一影响因素不能保持。例如压下量的改变,要导致咬入角改变,使工具形状因素也起作用,对厚轧件轧制时,又不可能像平板压缩那样没有外区的影响。在厚件轧制时,由于变形不深透,变形区内各部分有不同的自然延伸变形,而刚性的外区又力图使各部分取得一致的延伸。因此,产生了各部分之间互相平衡的附加应力,也将使轧制平均单位压力增大。

复习思考题

1. 什么是简单轧制,它必须具备哪些条件,其特征如何?
2. 何谓变形区,变形始于何处,为什么?
3. 变形区的参数是指什么,如何定义?
4. 变形区长度与哪些因素有关,它是如何导出的?
5. 分析轧辊咬入金属的条件。
6. 分析稳定轧制时的咬入角与摩擦角的关系。
7. $\Delta h = D(1-\cos\alpha)$ 如何导出,该式有何意义?
8. 何谓剩余摩擦力,它有何意义?
9. 为什么说作用在轧件上的推力不是咬入的主要条件,推力是否有利于咬入,为什么?
10. 影响轧件被咬入的因素主要有哪些?
11. 轧制生产中通过哪些措施可以改善咬入条件?
12. 何谓平均工作直径,为什么要讨论平均工作直径?
13. 孔型咬入与平辊咬入有何区别?
14. 为什么说有孔型的咬入能力较平辊的咬入能力强?
15. 何谓三种典型轧制,它有何意义?
16. 热轧钢板时,咬入角在 $15° \sim 22°$ 之间,求相应的 $\dfrac{\Delta h}{D}$ 值。

17. 厚度 $H=100mm$ 的轧件在 $D=500mm$ 的轧机上轧制,若最大允许咬入角为 $20°$,求:
   (1) 最大允许压下量;
   (2) 若在 $D=500mm$ 轧机上以延伸系数等于 2 进行该道次轧制,咬入角应为多少才行(设轧制时宽展可忽略)?
   (3) 轧辊直径多大时才能以咬入角为 $20°$、延伸系数等于 2 的情况下完成该道次轧制(设 $\Delta b=0$)?

18. 简要说明三种典型轧制情况各自的力学特征,以及造成这些现象的原因。

14 轧制时的宽展、前滑和后滑

14.1 宽展的种类与组成

14.1.1 宽展及研究宽展的意义

在轧制过程中,轧件的高度受压缩而减小,金属在高度上的移位体积除向纵向流动产生延伸变形外,也向横向流动产生变形,称为横变形。轧制前后轧件沿横向尺寸的绝对差值称为绝对宽展,简称宽展,以 Δb 表示,即

$$\Delta b = b - B \tag{14-1}$$

式中　b、B——分别为轧后与轧前轧件的宽度。

宽展是轧制时客观存在的现象,所以必须掌握其变化规律并正确计算它。在生产中常常要根据给定的坯料尺寸和压下量来确定轧制后的产品尺寸,或者已知轧后尺寸和压下量来确定所需的坯料尺寸。这是拟定轧制工艺时经常遇到的问题。要解决这类问题,首先要知道被压下金属的移位体积是如何沿轧制方向和宽展方向分配的,也即如何分配延伸和宽展的。因为只有知道了延伸及宽展的大小以后,按体积不变条件才有可能在已知轧前坯料尺寸及压下量的前提下,计算轧后产品尺寸,或者根据轧后轧件的尺寸,来推算轧制前所需要的坯料尺寸。由此可见,研究轧制过程中的宽展的规律具有很大的实际意义。

宽展在实际生产和孔型设计中得到了广泛的应用。在孔型设计中,必须正确地确定宽展的大小,否则不是孔型不能充满,就是过充满,如图 14-1 所示。这两种情况都可能造成废品。由于问题本身的复杂性,到目前为止,还没有一个能适应多种情况下准确地计算宽展的理论公式。所以在生产实际中,习惯于使用一些经验公式和数据,来适应各自的具体情况。

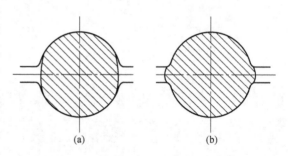

图 14-1　由于 Δb 计算不准产生的缺陷
(a)未充满;(b)过充满

14.1.2 宽展的种类

在不同的轧制条件下,轧件在轧制过程中展宽的形式是不同的。根据金属沿横向流动的自由程度,宽展可分为自由宽展、限制宽展和强制宽展。

14.1.2.1 自由宽展

自由宽展是指轧件在轧制过程中,被压下的金属体积可以沿横向自由流动,除受来自轧辊的摩擦阻力外,不受其他任何阻碍和限制。因此,自由宽展的轧制是轧制变形中最简单的情况。在平辊上或者是沿宽度上有很大富余的扁平孔型内轧制时,均属这种情况。此时轧辊对轧件作用的压力的横向水平分量为零,对金属质点横向流动不产生直接影响。

14.1.2.2 限制宽展

限制宽展是指轧件在轧制过程中,被压下金属与具有变化辊径的孔型两侧壁接触,金属质点的横向流动,除受摩擦阻力影响外,还受轧辊对轧件作用力的横向水平分量的阻碍,如图 14-2 所示,因而轧件断面被迫取得孔型侧边的轮廓形状。由于受到孔型侧壁的限制,使横向移动体积减小,所以形成的宽展比自由宽展要小。在个别情况下,如在图 14-3 所示的斜配孔型中,宽展可能为负值。

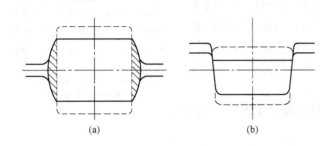

图 14-2　限制宽展
(a)箱形孔内的宽展;(b)闭口孔内的宽展

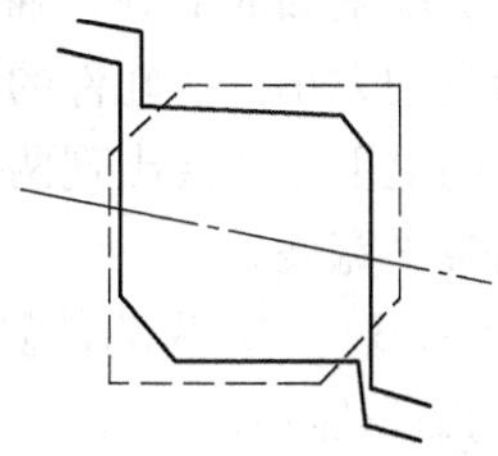

图 14-3　在斜配孔型内的宽展

14.1.2.3 强制宽展

在凸形孔型中轧制时,轧件受孔型凸峰的切展,或在有强烈局部压缩的变形条件下,金属的横向流动受到强烈的推动,使轧件横向尺寸增加,这种变形叫强制宽展。由于此时出现有利于横向流动的条件,强制宽展大于自由宽展。

图 14-4 表示出强制宽展的两种例子。在第一种情况下,由于孔型凸峰强烈的局部压缩,凸峰处轧辊对轧件作用力的横向水平分力强烈迫使金属横向流动。而对第二种情况,能自由横向流动的两侧部分金属受强烈压缩,其自然延伸大于轧件整体的实际延伸变形,由于轧件整体性的限制,使一部分被压缩的金属被迫横向流动,也形成强制宽展。

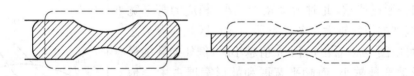

图 14-4　强制宽展

应指出,在孔型中轧制时,由于孔型侧壁的作用和宽度上压缩的不均匀性,以及有时还受到很大的轧辊直径差的影响,实际上金属变形主要是限制宽展或强制宽展。

14.1.3　宽展的分布

14.1.3.1　宽展沿横断面高度上的分布

在简单压缩条件下,当摩擦系数 $f=0$ 时,宽展沿试件高度均匀分布,即原来是矩形断面的试件,变形后仍为矩形。但这种情况是不可能存在的,因为接触面不可能没有摩擦存在。在轧制时,没有摩擦就不可能咬入,当然也不能进行轧制。

由于接触面上存在摩擦阻力,接触面附近金属的横向流动必然比离接触面较远的金属小些,即宽展沿高度上分布不均匀。当相对压下量较大、变形深透时,会使变形后的轧件边缘出现单鼓形。如图 14-5 所示,这种单鼓形宽展由三部分组成:

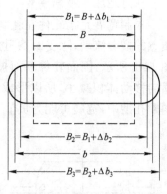

$\Delta b_1 = B_1 - B$,是轧件在轧辊的接触表面上,由于产生相对滑动使轧件宽度增加的部分,称滑动宽展。

$\Delta b_2 = B_2 - B_1$,称为翻平宽展,是由于接触面摩擦阻力的原因,使轧件侧面的金属在变形过程中翻转到接触表面上,使轧件宽度增加的部分。翻平宽展可由实验证实它的存在,并测量它的大小。在轧件的上下表面涂以黑色颜料,轧制后在轧件的上下表面会出现两条非黑色的窄条边缘,其宽度之和即为翻平宽展。

图 14-5　宽展沿轧件断面高度的分布

$\Delta b_3 = B_3 - B_2$,为轧件侧面变为鼓形而产生的宽度增加量,称为鼓形宽展。

显然,轧件的总宽展量为 $\Delta b = \Delta b_1 + \Delta b_2 + \Delta b_3$。

通常将轧件轧后断面化为同一厚度的等面积矩形,其宽度 b 与轧前宽度 B 之差,称为平均宽展:

$$\overline{\Delta b} = b - B \tag{14-2}$$

前已述及,当相对压下量较小、H/D 值较大时,变形不深透,轧件轧后侧面产生双鼓形,并可能由此引起边裂及边缘凹陷等缺陷。因此在轧制大板坯时,为减少此缺陷,应采用立辊(或立轧)轧制。

滑动宽展、翻平宽展和鼓形宽展的数值,依赖于摩擦系数和变形区几何参数的变化而不同。它们有一定的变化规律,但至今定量的规律尚未掌握,只能依靠实验和初步的理论分析,了解它们之间的定性关系。例如摩擦系数 f 值越大,不均匀变形越严重,此时滑动宽展越小,相应的翻平宽展和鼓形宽展的值就越大。各种宽展与变形区几何参数之间的关系可由图 14-6 看出,当 $l/\bar{h}$ 值越小时,例如初轧的最初道次,滑动宽展越小,而翻平宽展和鼓形宽展占主导地位。这是因为当 $l/\bar{h}$ 值越小,粘着区越大,接触面金属的滑动难以进行,故宽展主要为鼓形和翻平宽展组成。

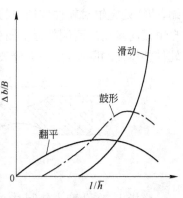

图 14-6　各种宽展与 $l/\bar{h}$ 值的关系

14.1.3.2　宽展沿轧件宽度上的分布

宽展沿宽度分布的理论有两种假说。第一种假说认为,宽展沿轧件宽度是均匀分布的。这种假说认为,当轧件在宽度上均匀压下时,由于外区的作用,各部分延伸也是均匀的。根据体积不变条件,在轧件宽度上各部分的宽展也应均匀分布。这就是说,若轧制前把轧件在宽度上分成几个相等的部分,则在轧制后这些部分的宽度仍应相等,如图 14-7 所示。

实验指出,对于宽而薄的轧件,宽展很小甚至忽略不计时,可以认为宽展沿宽度均匀分布。其他情况,尤其对厚而窄的轧件,宽展均匀分布假说不符合实际。因此,这种假说是有局限性的。

第二种假说认为,变形区可以分为四个区域,两边的区域为宽展区,中间为前后两个延伸区,如图 14-8 所示。

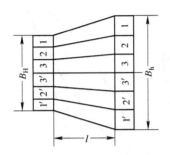
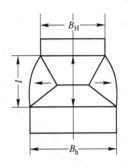

图 14-7　宽展沿宽度均匀分布的假说　　　　图 14-8　变形区分区图示

变形区分区假说也不完全准确。许多实验均证明变形区中金属质点的流动轨迹并不严格按所画的区间流动。但它能定性描述变形时金属沿横向和纵向流动的总趋势。如宽展区在整个变形区面积中所占面积大,则宽展就大;并且认为宽展主要产生于轧件边缘,这是符合实际的。这个假说便于说明宽展现象的性质,可作为推导宽展计算公式的原始出发点。

14.2　影响宽展的因素

宽展的大小与一系列轧制因素有关系。这些因素可归结为两类。一类是表示变形区特征的几何因素,如轧件宽度、高度、轧辊直径、变形区长度等。另一类是影响变形区内作用力的物理因素,如摩擦系数、轧制温度、金属的化学成分及变形速度等。几何因素和物理因素的综合影响,不仅限于变形区应力状态,同时涉及到轧件的纵向和横向变形的特征。

轧制时高向压下的金属体积如何分配给延伸和宽展,由最小阻力定律和体积不变条件来支配。根据体积不变条件可知,轧件在高度方向压缩的移位体积必定等于宽度方向增加和纵向增长的体积之和,而高度方向移位体积有多少分配于横向流动,则受最小阻力定律的制约。若金属横向流动阻力较小,则大量质点作横向流动,表现为宽展较大;反之,若纵向流动阻力很小,则金属质点大量纵向流动而造成宽展很小。由此可看出,宽展的大小主要决定于阻止金属流动的纵向与横向阻力的比值。

下面对影响宽展的几个主要因素进行分析。为方便起见,在分析一个因素的影响时,认为其他因素不变化。

14.2.1　压下量的影响

实验表明,随压下量增加,宽展也增加,如图 14-9(b)所示。这是因为一方面随高向移位体积加大,宽度方向和纵向移位体积都相应增大,宽展也自然加大。另一方面,当压下量增大时,变形区长度增加,变形区形状参数 $l/\overline{B}$ 增大,使纵向塑性流动阻力增加,根据最小阻力定律,金属质点沿流动阻力较小的横向流动变得更加容易,因而宽展也应加大。

由图 14-9(a)看出,当 $H=C$ 或 $h=C$ 时,随相对压下量 $\dfrac{\Delta h}{H}$ 增加,Δb 的增加速度快;而 $\Delta h=C$ 时,Δb 的增加速度较慢,这是因为,当 H 或 h 为常数时,要增加 $\dfrac{\Delta h}{H}$,必须增加 Δh,这

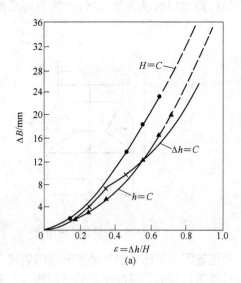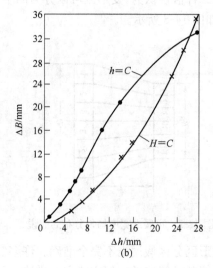

图 14-9 宽展与压下量之间的关系

(a)当 Δh、H、h 为常数,低碳钢在 $t=900℃$,$v=1.1\text{m/s}$ 时,Δb 与 $\dfrac{\Delta h}{H}$ 的关系;

(b)条件同(a),当 H、h 为常数时,Δb 与 Δh 的关系

样就使变形区长度 l 增加,因而纵向阻力增加,延伸减小,宽展 Δb 增加;同时,Δh 增加,将使金属压下体积增加,也促使 Δb 增加,二者综合作用的结果,将使 Δb 增加得更快。而 Δh 为常数时,增加依靠 H 减小来达到的,这时变形区长度 l 不增加,所以 Δb 的增加速度较前者慢些。

14.2.2 轧辊直径的影响

如图 14-10 的实验曲线表明,随轧辊直径增大,宽展量增大。这是因为随轧辊直径增大,变形区长度增大,由接触面摩擦力所引起的纵向流动阻力增大,根据最小阻力定律,此时金属的延伸变形减小,而宽展增大。

此外,研究轧辊直径对宽展的影响时,还应注意到轧辊辊面呈圆柱体,沿轧制方向是圆弧形的辊面,对轧件产生有利于延伸的水平分力,使摩擦力产生的纵向流动阻力影响减小,因而使延伸增大,即使在变形区长度等于轧件宽度时,延伸也总是大于宽展。由图 14-11 可看出,当在 Δh 不变条件下,轧辊直径加大时,变形区长度增大而咬入角减小,轧辊对轧件作用力的纵向水平分力减小,即轧辊形状所造成的有利于延伸变形的趋势减弱,因而也有利于宽展加大。由图 14-11 还可看出,当轧辊直径增大时,变形区中宽展区增大。这些方面都可说明 Δb 随轧辊直径增大而增大的原因。

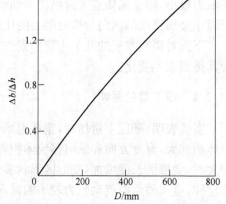

图 14-10 宽展系数 $\dfrac{\Delta b}{\Delta h}$ 与

轧辊直径的关系

14.2.3 轧件宽度的影响

实验结果表明,轧件宽度对宽展的影响规律如图 14-12 所示。在所研究的宽度范围内,对不同的相对压下量 ε%,宽展量在轧件宽度较小时,随宽度的增加而增大,并在一定宽度时达最大值;随后,当轧件宽度继续增大,宽展减小。对不同的相对压下量,宽展变化曲线上升或下降的速度不同,对应最大宽展的轧件宽度也有所不同。出现这个现象的原因如下。

如前所述,按接触表面金属流动的趋势,可将变形区分为前、后滑区和左、右两个宽展区,如图 14-13 所示。假设变形区长度一定,当变形体宽度由 $B_1 < l$ 增加到 $B_2 = l$ 时,宽展区是逐渐增加的,因而宽展也逐渐增加;而由 $B_2 = l$ 增加到 $B_3 > l$,宽度区大小不再变化,而延伸区(前、后滑区)却逐渐增加,仅从这一点看,此时绝对宽展量不会再

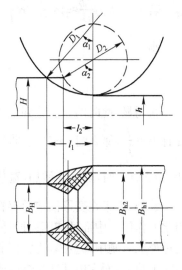

图 14-11 轧辊直径对宽展的影响

加是无疑的了。但为什么当轧件宽度大到一定值后,宽展量会随宽度增加而减小呢? 这可由下列两个方面加以说明。

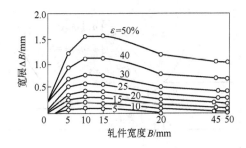

图 14-12 轧件宽度与宽展的关系

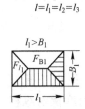
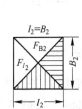
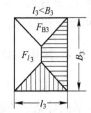

图 14-13 变形体宽度不同时,宽展区与延伸区的变化图示

一般说来,变形区长度增大,纵向流动阻力增大,金属质点横向流动变得更容易,因而宽展增大,变形区平均宽度增加,横向流动阻力增加,宽展减小,可以认为宽展与变形区长度成正比,而与变形区平均宽度成反比,即

$$\Delta b \varpropto \frac{l}{B} = \frac{\sqrt{R \cdot \Delta h}}{\dfrac{B+b}{2}} \tag{14-3}$$

比值 $l/\overline{B}$ 的变化,实际上反映了金属质点纵向流动阻力与横向流动阻力的变化。由此式可看出,轧件宽度 B 增加,宽展减小,当轧件宽度很大时,宽展趋近于零,即出现平面变形状况。

由于轧辊形状的影响,通常认为当 $l/\overline{B}=2$ 时,纵、横方向塑性流动阻力相等(而对平锤头镦粗平行六面体时,则是 $l/\overline{B}=1$ 时,纵、横塑性流动阻力相等),此时对应有纵横变形相等,即

$$\ln \frac{b}{B} = \ln \frac{l}{L} = \frac{1}{2} \ln \frac{H}{h}$$

若近似认为$\frac{\Delta b}{B}\approx\ln\frac{b}{B}$，$\ln\frac{l}{L}\approx\frac{\Delta l}{L}$，

则

$$\Delta b\approx\frac{B}{2}\ln\frac{H}{h} \tag{14-4}$$

$$\Delta l\approx\frac{B}{2}\ln\frac{H}{h} \tag{14-5}$$

很明显，此时的宽展达到最大值，即对应着图 14-12 中曲线的顶峰点。既然曲线的顶点处有 $\overline{B}=\frac{l}{2}$，那么图 14-12 中曲线反映的规律应叙述为：当 $\overline{B}<\frac{l}{2}$ 时，随宽度增加，宽展增加；当 $\overline{B}>\frac{l}{2}$ 时，随宽度增加，宽展减小。

此外，由于在变形区前后存在着外区，刚性的外区有力图使变形区内各部分金属变形均匀化的作用。中部延伸区通过外区使边部宽展区金属与延伸区一起纵向流动，边部金属也通过外区牵制中部金属，力图使其产生较小的延伸。这样，由于外区的作用，在边部产生纵向附加拉力，而在中部产生纵向附加压应力。当轧件宽度大到一定程度后，宽展区面积在变形区中所占比例减小，而延伸区面积所占比例增大（参看图 14-13），即延伸变形随宽度增加而越来越占优势。因此，宽度很大的轧件轧制时，边部的纵向附加拉应力很大，而中部纵向附加压应力很小。其结果是：轧件的实际延伸变形与延伸区的自然延伸变形相近，而宽展区金属在大的附加拉应力作用下纵向流动，导致轧件实际宽展量很小而可以忽略不计。

由于边部纵向附加拉应力的作用，在轧制板坯或钢板时，若金属本身有低倍组织缺陷，则可能形成裂边。

14.2.4 摩擦系数的影响

一般来说，变形区的长度总是小于其宽度，摩擦对宽展的影响可以归结为摩擦对纵横方向塑性流动阻力比的影响。

用 R_x 和 R_y 分别表示纵向延伸和横向宽展的阻力。如图 14-14 所示，对后滑区，纵向塑性流动阻力为

$$R_x=T_{1x}-P_{1x}$$

在横向，由于辊身是平的，所以宽展的塑性流动阻力为

$$R_y=T_1=fP_1$$

因而纵向与横向塑性流动阻力比为

$$R_1=\frac{R_x}{R_y}=\frac{T_{1x}-P_{1x}}{fP_1} \tag{14-6}$$

由图 14-14 可见

$$P_{1x}=P_1\sin\frac{\alpha+\gamma}{2}$$

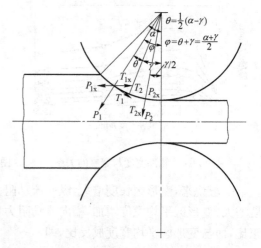

图 14-14　变形区塑性流动阻力示意图

190

$$T_{1x} = T_1 \cos \frac{\alpha + \gamma}{2} = fP_1 \cos \frac{\alpha + \gamma}{2}$$

代入式(14-6)中得到

$$R_1 = \cos \frac{\alpha + \gamma}{2} - \frac{1}{f} \sin \frac{\alpha + \gamma}{2} \tag{14-7a}$$

在前滑区

$$R_2 = \frac{T_{2x} + P_{2x}}{T_2} \tag{14-7b}$$

而

$$P_{2x} = R_{2x} \sin \frac{\gamma}{2}, \quad T_2 = fP_2, \quad T_{2x} = fP_2 \cos \frac{\gamma}{2}$$

代入式(14-7b),并整理后得

$$R_2 = \cos \frac{\gamma}{2} + \frac{1}{f} \sin \frac{\gamma}{2} \tag{14-7c}$$

由于实际轧制情况 $\gamma/2$ 只有几度,可以认为 $R_2 = 1$,这相当于把前滑区看成平面压缩。所以,纵横阻力比主要决定于后滑区,即主要决定于式(14-7a)。由式(14-7a)可以看出,当摩擦系数 f 增加时,R_1 增加,即阻碍延伸的作用增大,促进了宽展。

应指出,式(14-7a)只适用于 $l/\overline{B}$ 较小,即短变形区的情况。对于长变形区,随着 f 的增大,宽展可能保持不变。

图 14-15 中曲线表示了摩擦系数对宽展的影响。由图可知,轧辊表面粗糙时,可使摩擦系数 f 增加,从而使宽展增加。

以上的理论分析和实验结果说明,宽展随摩擦系数的增加而增加。由此可以推断,轧制过程中,凡是影响摩擦的因素,都对宽展有影响。前面已经讲过,摩擦系数除与轧辊材质、轧辊辊面光洁度有关系外,还与轧制温度、轧制速度、润滑状况及轧件化学成分等因素有关。下面分别进行简要讨论。

14.2.4.1 轧辊化学成分的影响

由经验公式(14-7a)可以看出,由于钢轧辊的摩擦系数比铸铁轧辊要大,因而在钢轧辊上轧制时的宽展比铸铁轧辊上轧制的要大。

14.2.4.2 轧制温度的影响

轧制温度对宽展影响的实验曲线如图 14-16 所示。由图可以看出,轧制温度对宽展影

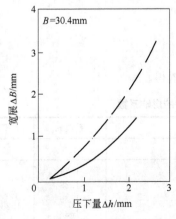

图 14-15　宽展与压下量、辊面状况的关系
实线—光面辊;虚线—粗糙表面轧辊

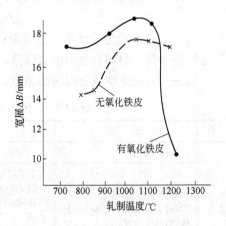

图 14-16　轧制温度对宽展的影响

191

响规律和轧制温度对摩擦系数的影响基本上一致。金属表面的氧化铁皮对宽展有很大影响。在低温阶段，有氧化铁皮的轧件宽展，远大于无氧化铁皮轧件的宽展。而在高温阶段（大约 1050℃以上），由于氧化铁皮开始起润滑作用，摩擦系数降低，因而随温度升高 Δb 急剧下降。而对无氧化铁皮轧件，高温时宽展无明显降低。

由此可得出结论，在热轧条件下，轧制温度主要是通过氧化铁皮的性质影响摩擦系数，从而间接影响宽展。

14.2.4.3 轧制速度的影响

为研究轧制速度对宽展的影响，有人作过这样的实验，其条件是：在轧辊直径为 340mm 的二辊轧机上，轧制速度在 0.3～7m/s 的范围内，轧件宽度为 40mm，轧后高度 $h=10$mm，轧件在导管中加热，在轧机前去掉导管进行一道轧制，轧制温度相同，都是 1000℃左右，每次轧制压下量不同。根据所测数据，得出如图 14-17 所示的实验曲线。由图中可看出，在所有的压下量条件下，轧制速度在 1～2m/s 范围内，宽展量 Δb 有最大值；当轧制速度提高时，宽展降低；轧制速度提高到一定程度后，宽展保持恒定。这与轧制速度对摩擦系数的影响规律是一致的。

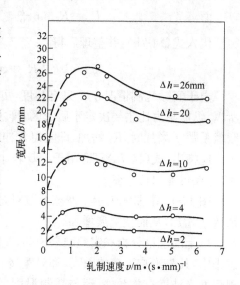

图 14-17　宽展与轧制速度的关系

14.2.4.4 金属化学成分的影响

金属性质对宽展的影响主要是化学成分对摩擦系数的影响，一般是通过轧制时产生的氧化铁皮的多少及其性质，对摩擦系数产生影响。这种影响是比较复杂的。为确定轧件化学成分对宽展的影响，前苏联学者齐西柯夫作了大量钢种的宽展试验，所得试验结果列入表 14-1 中。从这个表中可以看出，合金钢的宽展比碳素钢大些。

按一般公式计算出的宽展，很少考虑合金元素的影响。为了确定合金钢的宽展，必须将按一般公式计算所得的宽展值乘以表 14-1 中的系数 m，即

$$\Delta b_合 = m\Delta b_计 \tag{14-8}$$

式中　$\Delta b_计$——按一般公式计算的宽展量；

　　　$\Delta b_合$——所求得的合金钢的宽展量；

　　　m——考虑化学成分影响的系数，由表 14-1 查得。

表 14-1　钢的化学成分对宽展的影响系数

组　别	钢　　种	钢　号	系数 m	平均值
1	普通碳素钢	10 号钢	1.0	
2	珠光体—马氏体钢 （珠光体钢，珠光体—马氏体钢，马氏体钢）	T7A（碳素工具钢） GCr15（轴承钢） 16Mn（结构钢） 4Cr13（不锈钢） 38CrMoAl（合金结构钢） 4Cr10Si2Mo（不锈耐热钢）	1.24 1.29 1.29 1.33 1.35 1.35	1.25～1.32

组 别	钢 种	钢 号	系数 m	平均值
3	奥氏体钢	4Cr14Ni14W2Mo 2Cr13Ni4Mn9(不锈耐热钢)	1.36 1.42	1.35~1.4
4	带残余相的奥氏体(铁素体、莱氏体)钢	1Cr18Ni9Ti(不锈耐热钢) 3Cr18Ni25Si2(不锈耐热钢) 1Cr23Ni13(不锈耐热钢)	1.44 1.44 1.53	1.4~1.5
5	铁素体钢	1Cr17Al5(不锈耐热钢)	1.55	
6	带有碳化物的奥氏体钢	Cr15Ni60(不锈耐热合金)	1.62	

14.2.5 轧制道次的影响

实验证明,在总压下量相同的条件下,轧制道次越多,总的宽展量越小。因为用较多道次轧制时,每一道次的压下量均较小,根据前面的分析可知,压下量小时,变形区长度小,纵向塑性流动阻力也较小,将有利于纵向延伸变形而不利于宽展。

14.2.6 后张力的影响

实验证明,后张力对宽展有很大影响,而前张力对宽展影响很小。这是因为轧件变形主要产生在后滑区。图 14-18 表示了在 $\phi300$ 轧机上轧制焊管坯时得到的后张力对宽展影响的数据。图中的纵坐标 $C=\dfrac{\Delta b}{\Delta b_0}$,$\Delta b$ 为有后张力时的实际宽展量,

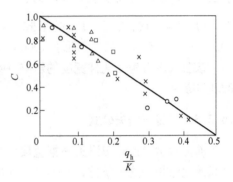

图 14-18　后张力对宽展的影响

Δb_0 为无后张力时的宽展量。横坐标为 $\dfrac{q_h}{K}$,其中 q_h 为作用在入口断面上单位后张力,K 为平面变形抗力,$K=1.15\sigma_s$。由图可知,当后张力 $q_h=\dfrac{K}{2}$ 时,轧件宽展为零。在 $q_h<\dfrac{K}{2}$ 时,$c=\dfrac{\Delta b}{\Delta b_0}$ 随 $\dfrac{q_h}{K}$ 增大成直线关系减小。这是因为在后张力作用下使金属质点纵向塑性流动阻力减小,必然使延伸增大,宽展减小。在 $\alpha>\beta$ 条件下轧制时,由于工具形状的影响,在后滑区靠近入口端形成的拉应力区内,Δb 很小的原因,也可以由此解释。

14.3 宽展的计算公式

由于影响宽展的因素很多,一般公式中很难把所有的影响因素全部考虑进去,甚至一些主要因素也很难考虑正确。如厚件轧制时出现的双鼓形宽展与薄件轧制时的单鼓形宽展,其性质不同,很难用同一公式考虑。现有的宽展计算公式,多数都只考虑几个影响因素,而用一个系数估计其他因素的作用。如果把这些公式应用于得出这些公式或系数的条件中,计算结果一般接近于实际情况。现选择几个比较典型、切合实际而又常用的公式加以介绍和分析。

14.3.1 若兹公式

1900 年德国学者若兹根据实际经验提出如下宽展计算公式:

$$\Delta b = k \cdot \Delta h \qquad (14\text{-}9)$$

式中　k——宽展系数,其值为 0.35~0.48。

此公式只考虑了压下量的影响,其他因素的影响都包含在系数 k 中。在具体生产条件下,若轧制条件变化不大时,系数 k 也变化不大。这时用若兹公式形式简单,便于使用,计算结果也比较准确,为工厂技术人员经常使用,但系数 k 的值要有大量经验数据时,才能选择得较为准确。

14.3.2　彼德诺夫—齐别尔公式

该公式为

$$\Delta b = C \frac{\Delta h}{H} \sqrt{R\Delta h} \qquad (14\text{-}10)$$

1917 年俄国学者彼德诺夫根据变形金属往横向和纵向流动的体积与其克服摩擦阻力所需要的功成正比这个条件,导出了上述形式的公式。1930 年德国学者齐别尔在研究了接触表面的摩擦力并发现阻碍延伸的趋势正比于接触弧长度 $\sqrt{R\Delta h}$、相对压下量 $\frac{\Delta h}{H}$ 的基础之上,提出了类似公式(14-10)的形式。对系数 C 作了重新规定,一般为 0.3,在温度高于 1000℃时,$C=0.35$;在温度低于 1000℃或硬度大时,系数 C 可选择大些。

该公式没有考虑轧件宽度的影响,所以这个公式不能用于轧件宽度小于或等于其厚度的轧制条件。

14.3.3　巴赫契诺夫公式

前苏联学者巴赫契诺夫根据金属压缩后往横向和高向移位体积之比与其相应的变形功之间的比值相等这个条件,于 1950 年提出的宽展计算公式为

$$\Delta b = 1.15 \frac{\Delta h}{2H} \sqrt{R\Delta h - \frac{\Delta h}{2f}} \qquad (14\text{-}11)$$

该公式考虑了压下量、变形区长度和摩擦系数的影响。在公式推导过程中,也考虑了轧件宽度和前滑的影响,但公式(14-11)是在忽略宽度影响时的简化形式。这个公式正如作者本人分析证明的,对宽轧件,即 $B/2\sqrt{R\Delta h}>1$ 时,计算结果是正确的。轧制时的摩擦系数 f 用公式(9-17)计算。

14.3.4　艾克隆德公式

艾克隆德认为宽展决定于压下量及接触面上纵横阻力的大小,并由此出发,得出直接计算轧件轧后宽度的公式:

$$b = \sqrt{4m^2(H+h)^2\left(\frac{1}{B}\right)^2 + B^2 + 4ml(3H-h)} - 2m(H+h)\frac{l}{B} \qquad (14\text{-}12)$$

式中,$m = \dfrac{1.6fl - 1.2\Delta h}{H+h}$;　$l = \sqrt{R\Delta h}$。

摩擦系数 f 由公式(9-17)计算。

艾克隆德公式考虑的因素比较全面,实用范围较广,计算结果也相当符合实际情况,但计算较为复杂。

194

例：已知轧前轧件断面尺寸 $H \times B = 100\text{mm} \times 200\text{mm}$，轧后厚度 $h = 70\text{mm}$，轧辊材质为铸钢，工作辊直径 $D_k = 65\text{mm}$，轧制速度 $v = 4\text{m/s}$，轧制温度 $t = 1100\text{℃}$，轧件材质为低碳钢，用各公式计算该道次 Δb。

解：（1）用艾克隆德公式计算摩擦系数 f

因为轧辊材质为铸钢，所以 $K_1 = 1$；

由 $v = 4\text{m/s}$，查图 9-19 得 $K_2 = 0.8$；

因为轧件材质为碳素钢，所以 $K_3 = 1$

故　　　$f = K_1 K_2 K_3 (1.05 - 0.0005t) = 0.8(1.05 - 0.0005 \times 1100) = 0.4$

（2）计算压下量及变形区长度

$$\Delta h = H - h = 100 - 70 = 30(\text{mm})$$

$$l = \sqrt{R\Delta h} = \sqrt{\frac{65}{2} \times 30} = 98.7(\text{mm})$$

（3）按若兹公式计算宽展量：因轧制温度较高，轧件材质又是低碳钢，系数 K 可取下限，即

$$K = 0.35$$

故　　　　$\Delta b = 0.35\Delta h = 0.35 \times 30 = 10.5(\text{mm})$

（4）按彼德诺夫—齐别尔公式计算 Δb：因轧制温度高于 1000℃，取系数 $C = 0.35$，故

$$\Delta b = 0.35 \frac{\Delta h}{H} \sqrt{R\Delta h} = 0.35 \times \frac{30}{100} \times 98.7 = 10.4(\text{mm})$$

（5）按巴赫契诺夫公式计算 Δb

$$\Delta b = 1.15 \frac{\Delta h}{2H} \left(\sqrt{R\Delta h} - \frac{\Delta h}{2f} \right) = 1.15 \times \frac{30}{2 \times 100} \left(98.7 - \frac{30}{2 \times 0.4} \right) = 10.6(\text{mm})$$

（6）按艾克隆德公式计算 Δh

$$m = \frac{1.6fl - 1.2\Delta h}{H + h} = \frac{1.6 \times 0.4 \times 98.7 - 1.2 \times 30}{100 + 70} = 0.16$$

$$A = 2m(H + h)\frac{1}{B} = 2 \times 0.16 \times (100 + 70) \times \frac{98.7}{200} = 26.85$$

$$\Delta b = \sqrt{A^2 + B^2 + 4ml(3H - h)} - A$$
$$= \sqrt{26.85^2 + 200^2 + 4 \times 0.16 \times 98.7 \times (3 \times 100 - 70)} - 26.85 = 208.2(\text{mm})$$

故　　　　$\Delta b = b - B = 208.2 - 200 = 8.2(\text{mm})$

14.4　轧制时的前滑与后滑

14.4.1　前滑的测定与表示方法

轧制时轧件沿长度方向所产生的纵变形，称为延伸。变形量的大小以延伸系数表示。前滑是伴随轧件纵变形时所发生的一种现象。

如果沿轧辊圆周预先刻有某种凹入的痕迹，轧制后在轧件的表面上就会留下相应的凸痕，如图 14-19 所示。对凸、凹痕分别进行测量后，得到辊面上的凹痕距为 l，轧件上的凸痕距为 L。经比较可以发现 $L > l$。

轧辊与轧件各自移动的距离 l 与 L，是在同一个时间内完成的。造成 $L > l$ 现象的原

因,是由于在出口截面轧件的离辊速度大于轧辊的线速度所致。即在出口截面

轧辊的线速度为 $v=\dfrac{l}{t}$

轧件的运动速度为 $v_h=\dfrac{L}{t}$

式中的 $L>l$,故 $v_h>v$,把这种现象称为前滑。

前滑表示为 $S_h=\dfrac{v_h-v}{v}=\dfrac{v_h}{v}-1$ (14-13)

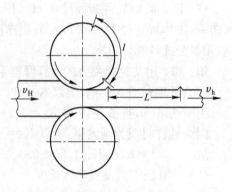

图 14-19 前滑的实测方法

式中 v_h/v——前滑系数,以 K_h 表示。根据实测,通常 $K_h=1.03\sim1.07$,个别情况下可达 1.1。

相应,在入口截面,轧件前进的速度 v_H 小于该点轧辊线速度的水平分速度 $v\cos\alpha$,通常把这种现象称为后滑。其表示为

$$S_H=\frac{v\cos\alpha-v_H}{v\cos\alpha}=1-\frac{v_H}{v\cos\alpha} \tag{14-14}$$

式中 $\dfrac{v_H}{v\cos\alpha}$——后滑系数,以 K_H 表示。

14.4.2 前滑区、后滑区与中立面

在出口截面轧件的速度大于轧辊线速度。沿变形区轧辊线速度的水平分速度与相应轧件各点的前进速度,均为连续的变量,如图 14-20 所示。

任一点轧辊线速度的水平分速度,即

$$v_x=v\cos\alpha_x \tag{14-15}$$

式中 α_x——与变形区中任一截面高度相应的圆心角,$\alpha_x=\alpha\sim0$。

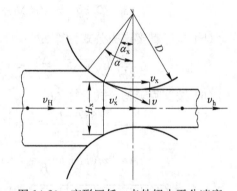

图 14-20 变形区任一点轧辊水平分速度 v_x 与相应截面上轧件前进速度 v'_x

相应截面上轧件前进速度可以根据流经变形区任一截面金属的"秒体积不变"的原则确定,在宽展忽略不计($B_x\approx b$)的情况下,则

$$H_xB_xv'_x=hbv_h$$

故 $$v'_x=\frac{hbv_h}{H_xB_x}\approx\frac{hv_h}{H_x} \tag{14-16}$$

式中 H_x 与 B_x——变形区中任一截面的高度与宽度。

变形区中任一截面的高度为

$$H_x=h+D(1-\cos\alpha_x)$$

将上式代入式(14-16)后得

$$v'_x=\frac{v_h}{1+\dfrac{D}{h}(1-\cos\alpha_x)} \tag{14-17}$$

由式(14-15)、式(14-17)不难看出:在一定的轧制条件下(即 D/h 与 v_h 均为定值时),与

196

变形区内任一截面 H_x 相应的轧辊水平分速度 v_x 与轧件运动速度 v_x'，均为所对应圆心角 α_x 的函数。为说明 v_x 与 v_x' 在变形区内的变化规律，在这里先设定一轧制条件：$D/h=3$，$v_h/v=1.05$，$\alpha_x=0°\sim30°$。现将在不同 α_x 角度下所得的 v_x 与 v_x' 值列于表 14-2，其变化规律如图14-21所示。

表 14-2　$\alpha_x=0°\sim30°$ 时 v_x 与 v_x' 数值 $\left(\dfrac{D}{h}=3,v_h=1.05v\right)$

$\alpha_x/(°)$	$v_x=v\cos\alpha_x$	$v_x'=\dfrac{1.05v}{1+3(1-\cos\alpha_x)}$
0	$1.0v$	$1.05v$
5	$0.99v$	$1.04v$
10	$0.98v$	$0.99v$
15	$0.96v$	$0.96v$
20	$0.94v$	$0.89v$
25	$0.90v$	$0.82v$
30	$0.86v$	$0.76v$

应该指出：在有前滑存在的轧制条件下（即 $v_h>v$ 时），上述设定只能影响 v_x 与 v_x' 的具体大小，而对其变化的规律无关。这也就是说图 14-21 可视为一个说明定性关系的示意图。

根据图 14-21 可以得出如下结论：

1) 从出口截面 B—B 至截面 K—K 之间，$v_x'>v_x$，即轧件对轧辊有一相对向前的滑动，这一区域称为前滑区；

2) 从入口截面 A—A 至截面 K—K 之间，$v_x>v_x'$，即轧件对轧辊有一相对向后的滑动，这一区域称为后滑区；

3) 对截面 K—K 而言，$v_x=v_x'$，即轧件及轧辊线速度的水平分速度一致，故称此为中立面（临界面）。中立面与出口截面间的圆心角称为中立角（临界角），以 γ 表示。

此外，根据很多研究认为，在前滑区与后滑区之间并非一定为一中立面，而是一个过渡区域——黏着区，在此区域内后滑已然终了，但前滑尚未开始。据研究，黏着区的大小与很多轧制因素有关，其中主要的有接触表面的摩擦系数与金属本身的黏性系数，当摩擦系数越大或黏性系数越低时，黏着区就越大。此外，黏着区的大小也随着接触弧长与轧件平均高度之比 $2\sqrt{\Delta hR}/(H+h)$ 的减小而增加，前滑与后滑区将相应减小。如图 14-22 所示，图中(a)为接触弧较长且轧件较薄时的情况；(b)为轧件较厚时的情况。如若轧件的平均厚度超过接触弧长时，则滑动区可能消失，而黏着区将遍及整个变形区。

目前还没有对黏着区进行较精确的计算方法。根据初步估算，黏着区的长度约为

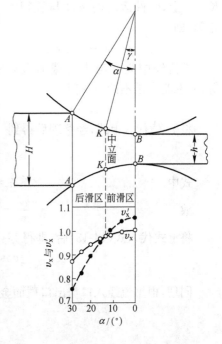

图 14-21　变形区中 v_x 与 v_x' 的变化分析
$(v_h/v=1.05,D/h=3,\alpha_x=0°\sim30°)$

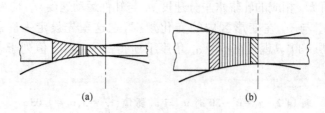

图 14-22　黏着区与滑动区

热轧时 $\qquad$ $l_{\mathrm{n}} \approx (0.5 \sim 2.0)\bar{h}$

冷轧时 $\qquad$ $l_{\mathrm{n}} \approx (0.3 \sim 1.0)\bar{h}$

14.4.3　前滑的计算方法

14.4.3.1　芬克前滑公式

计算前滑的公式很多,较为常见的为芬克前滑公式。这一公式的推导,是建立在一系列假设条件上的。其中有:

1) 金属变形是均匀的,在变形区中任一垂直横截面上轧件的运动速度是一致的;

2) 沿整个接触弧,各点的摩擦系数相等,且为一常数;

3) 轧制时宽展很小,可以忽略不计;

4) 轧辊为一刚体,无弹性压扁。

根据前节所述,如图 14-23 可知,在中立面 K—K 上,轧件运动的速度与轧辊水平分速度相等,即

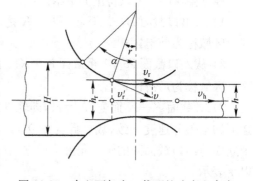

图 14-23　中立面与出口截面的速度和高度

$$v_{\mathrm{r}} = v\cos\gamma$$

按流经中立面与出口截面金属秒体积相等,并忽略宽展不计时,得到

$$h_{\mathrm{r}}v_{\mathrm{r}} = hv_{\mathrm{h}}$$

将 v_{r} 值代入上式,经整理后得到

$$\frac{v_{\mathrm{h}}}{v} = \frac{h_{\mathrm{r}}\cos\gamma}{h}$$

式中 $\qquad$ $h_{\mathrm{r}} = h + D(1 - \cos\gamma)$

故 $\qquad$ $\dfrac{v_{\mathrm{h}}}{v} = \dfrac{h + D(1 - \cos\gamma)}{h}\cos\gamma$

将上式代入式(14-13)后,即得芬克前滑公式,即

$$S_{\mathrm{h}} = \frac{\cos\gamma\left[h + D(1 - \cos\gamma)\right]}{h} - 1 \qquad (14\text{-}18)$$

同理,根据流经入口与出口截面金属秒体积相等的原则,可推导出后滑公式,即

$$v_{\mathrm{H}}HB = v_{\mathrm{h}}hb$$

$$v_{\mathrm{H}} = \frac{hb}{HB}v_{\mathrm{h}} = \frac{v_{\mathrm{h}}}{\mu}$$

按式(14-14) $\qquad$ $S_{\mathrm{H}} = 1 - \dfrac{v_{\mathrm{H}}}{v\cos\alpha}$

故
$$S_H=1-\frac{\cos\gamma[h+D(1-\cos\gamma)]}{\mu h\cos\alpha}$$
(14-19)

14.4.3.2 前滑简化公式

为简化计算,在芬克前滑公式的基础上,可简化为如下两种形式:

(1) 特列兹金简化前滑公式

当 γ 很小时,可认为

$$\cos\gamma\approx1$$

$$1-\cos\gamma=2\sin^2\frac{\gamma}{2}\approx\frac{\gamma^2}{2}$$

将上值代入式(14-18),得到

$$S_h=\frac{R}{h}\gamma^2$$
(14-20)

(2) 艾克隆德简化前滑公式

式(14-18)可以化为如下形式,即

$$S_h=(1-\cos\gamma)\left(\frac{D}{h}\cos\gamma-1\right)$$

最后得到艾克隆德简化公式为

$$S_h=\frac{\gamma^2}{2}\left(\frac{D}{h}-1\right)$$
(14-21)

以上二简化式中 γ 为中立角,单位为弧度。

在实际应用中对前滑多使用简化公式进行计算。因通常对后滑并不进行计算,这里对式(14-19)也就不多加讨论了。

显然,我们无论采用哪个公式计算前滑,现在都还存在有一个未能解决的问题,这就是在下一节中将讨论的中立角 γ 问题。

14.4.4 中立角

为确定前滑的数值,必须要解决中立角的计算问题。

这里首先从变形区中摩擦力作用方向的讨论开始。根据图14-21的分析结果不难看出,由于在变形区中轧辊速度 v_x 与轧件运动速度 v'_x 的不同,相应在后滑区与前滑区中轧辊对轧件摩擦力的作用方向也不同。后滑区中 $v_x>v'_x$,摩擦力作用方向与咬入时的情况相同,促使轧件通过变形区;在前滑区中则正好相反,$v_x<v'_x$,摩擦力作用方向与轧件运动方向相反。如以 N_H 与 N_h 分别表示后滑区与前滑区中的径向压力,则相应的摩擦力 T_H 与 T_h 的作用方向,如图14-24所示。

这里还要附带说明一下有关剩余摩擦力的问题。如图14-25所示,在后滑区中的摩擦力 T_H,可将其分为三部分:一部分用以平衡前滑区中摩擦力 T_h 的作用;另一部分抵消了径向力的水平分力 N_x 推动轧件向外的影响;再一部分就是所谓的剩余摩擦力,其大小为 $T_H-N_x-T_h$。在剩余摩擦力的作用下产生了前滑,这就是前滑的实质。我们在讨论实现轧制条件一章中,已提到过剩余摩擦力的问题。应指出在以上讨论中及图14-25中均将摩擦力 T_H 与 T_h 近似地看作为水平力。

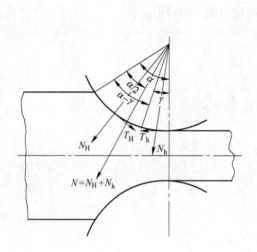

图 14-24　前滑区与后滑区中的径向
压力和摩擦力作用的方向

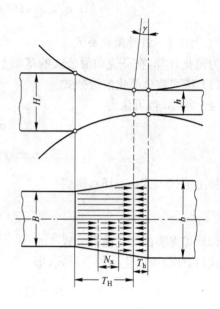

图 14-25　前滑区与后滑区中的摩擦力

下面继续讨论确定中立角的问题。按图14-26,中立角的计算公式,是在以下假设条件的基础上导出来的,即咬入角的数值不大,摩擦力 T_H 与 T_h 可近似视为二水平力;沿咬入弧径向单位压力 p 分布均匀,N 为 N_H 与 N_h 的等效力,且各径向力作用于相应接触弧的中央;前滑区与后滑区的摩擦系数相等;宽展忽略不计。

根据变形区中水平方向作用力相互平衡的条件可知

$$\Sigma X = T_H - N_x - T_h = 0 \qquad (14\text{-}22)$$

式中　T_H——后滑区中轧件所受之水平摩擦力

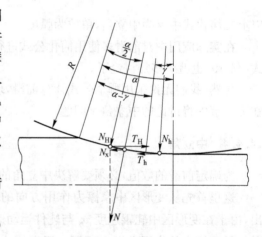

图 14-26　轧件所受水平力的近似分析

$$T_H \approx N_H f = (\alpha - \gamma) R p f \overline{B}$$

T_h——前滑区中轧件所受之水平摩擦力

$$T_h \approx N_h f = \gamma R p f \overline{B}$$

N_x——径向总压力 N 的水平分力,$N = N_H + N_h$

$$N_x = N \sin \frac{\alpha}{2} = \overline{B} \alpha R p \sin \frac{\alpha}{2} \approx \frac{\alpha^2}{2} R p \overline{B}$$

将以上各值代入式(14-22),并经整理后,得出 α,β 与 γ 三个特征角的关系式,即

$$\gamma = \frac{\alpha}{2} \left(1 - \frac{\alpha}{2f} \right)$$

$$\gamma = \frac{\alpha}{2}\left(1 - \frac{\alpha}{2\beta}\right) \tag{14-23}$$

现对式(14-23)讨论如下：

当 $\alpha = 0$ 或 $\alpha = 2\beta$ 时，$\gamma = 0$；

当式(14-23)的一阶导数为零时，可求得中立角的最大值，即

$$\frac{d\gamma}{d\alpha} = \frac{1}{2} - \frac{\alpha}{2\beta} = 0$$

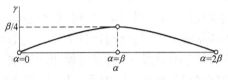

在 $\alpha = \beta$ 时(临界咬入条件下)，γ 有最大值

$$\gamma_{max} = \frac{\beta}{4} \tag{14-24}$$

按以上讨论，可得 α，β 与 γ 之间的关系，如图 14-27所示。

图 14-27 咬入角、摩擦角与中立角之间的关系

14.4.5 影响前滑的因素

轧制时影响前滑的因素很多，其中主要有：辊径 D、摩擦系数 f、压下率 $\Delta h/H$、轧件厚度与孔型形状等。

14.4.5.1 辊径的影响

由简化前滑公式(14-20)或(14-21)可以看出，前滑值随辊径的增加而增加(其他条件不变时)。这是由于 D 增加，α 就要减小，而在摩擦角 β(即摩擦系数)保持不变的条件下，剩余摩擦相对增加，前滑也随之增加。

14.4.5.2 摩擦系数的影响

实验证明，在其他变形条件相同的情况下，摩擦系数越大，前滑也越大。这是由于摩擦系数增大，剩余摩擦增加的结果。这一点也可以通过中立角和前滑计算公式得到证实，即摩擦系数(或摩擦角)增加，中立角增加，前滑也增加。

另外，也不难得出结论，凡是影响摩擦系数的因素，如轧制温度、轧件与轧辊材质、轧制速度等，也同样会影响前滑。

14.4.5.3 相对压下量的影响

相对压下量的影响，实质上也就是高度单位移位体积的影响。

由实验曲线图 14-28 可以看出，前滑量随相对压下量的增加而增加，此乃为相对压下量的增加，促使延伸系数相应增大的结果。

下面再对图 14-28 中曲线变化的规律加以说明。图中曲线以 Δh 等于常数时前滑的增加最为显著，因为在此条件下相对压下量的增加仅意味着轧前高度 H 的减少，而咬入角 α 的数值并不受到影响，即此刻是在不减少剩余摩擦的条件下增加延伸系数的。而当 h 或 H 为常数的条件下，情况就不同了，因为无论在哪种条件下增大

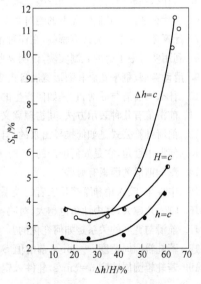

图 14-28 相对压下量与前滑的关系

201

相对压下量,都意味着增大压下量 Δh,即都是在减少了剩余摩擦条件下,而增加延伸系数的,故后者前滑的增加较前者缓慢。

14.4.5.4 轧件宽度的影响

轧件宽度对前滑的影响,可用实验曲线图 14-29 说明。当宽度小于某一定数值时(在本实验中为 40mm),随宽度增加,前滑也增加;而宽度超过上述定值后,宽度如再增加,前滑将继续保持为一稳定数值。这是因为随宽度增加宽展减少,所以延伸相应增加,前滑也增加;而当宽度增加到一定限度后,$\Delta b \approx 0$,即宽度趋于稳定数值,故延伸相应稳定,前滑也就不变了。

14.4.5.5 张力的影响

显而易见,增加前张力有助于减少金属向前流动的阻力,故能使前滑增加。反之,增加后张力则使前滑减小。

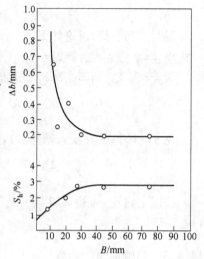

图 14-29 轧件宽度对前滑的影响
(铅试样:$\Delta h = 1.2, D = 158.3\text{mm}$)

复习思考题

1. 什么叫宽展,它有几种类型?
2. 宽展在轧制生产中有何意义?
3. 影响宽展的主要因素有哪些?
4. 为什么说增加相对压下量较增加绝对压下量使宽展增加得快?
5. 为什么在轧制情况下增加摩擦系数会使宽展增大?
6. 为什么在任何轧制情况下的绝对宽展量较延伸量小得多?
7. 计算宽展的常用公式有哪些,在何种情况下应用较为合理?
8. 利用实习中了解的轧制实例,说明哪些是自由宽展、限制宽展和强制宽展。
9. 滑动宽展、翻平宽展和鼓形宽展各占多大比例与哪些因素有关? 请给以定性说明。
10. 什么叫前滑与后滑,它是如何产生的?
11. 前滑值有几种表示方法,其物理意义如何?
12. 前滑计算公式是如何推导出来的,有几种常用计算公式?
13. 何谓中性角,它是如何确定的?
14. 影响前滑的因素有哪些?
15. 中性角、咬入角和摩擦角三者的关系如何?
16. 咬入角越大,其中性角也越大,对吗?
17. 前滑与宽展的关系是如何变化的?
18. 若轧辊圆周速度 $v = 3\text{m/s}$,前滑值 $S_h = 8\%$,求轧件出辊速度。
19. 若轧辊圆周速度 $v = 3\text{m/s}$,轧件入辊速度为 1m/s,延伸系数 $u = 1.8$,求前滑值。

15 轧 制 压 力

15.1 轧制压力的概念

通常所谓轧制压力是指安装在压下螺丝下的测压仪实测的总压力,即轧件给轧辊的总压力的垂直分量。只有在简单轧制情况下,轧件对轧辊的合力方向才是垂直的。如图 15-1 所示。

若假设轧件沿宽度方向接触面上的单位压力均匀分布,并如图 15-2 所示,变形区内某一微分体上作用有轧辊对轧件的单位压力 p 和单位摩擦力 t,则轧制压力可用下式求得:

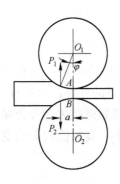
图 15-1 简单轧制时轧制压力的方向

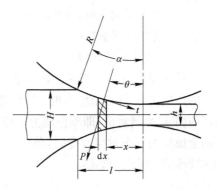
图 15-2 后滑区内作用于轧件微分体上的力

$$P = \overline{B}\left(\int_0^l p\cos\theta \frac{\mathrm{d}x}{\cos\theta} + \int_{l_r}^l t\sin\theta \frac{\mathrm{d}x}{\cos\theta} - \int_0^{l_r} t\sin\theta \frac{\mathrm{d}x}{\cos\theta} \right) \tag{15-1}$$

式中　θ——变形区内任一微分体对应的轧辊圆心角;

$\overline{B}$——变形区内轧件的平均宽度,$\overline{B}=\dfrac{B+b}{2}$;

l_r——中性面到出口断面的距离;

l——变形区长度。

显然,$\dfrac{\mathrm{d}x}{\cos\theta}$ 为轧件在变形区内某一微分体与轧辊的接触弧长。上式中第一项为各微分体上作用的单位压力 p 垂直分量的和,第二项和第三项分别为后滑区和前滑区各微分体上作用的单位摩擦力 t 垂直分量的和。第二项和第三项符号相反,是因为后滑区和前滑区上摩擦力的方向相反。

由(15-1)式可以看出,一般通称的轧制压力或实测的轧制总压力,并非仅为轧制单位压力的合力,而是轧制单位压力、单位摩擦力的垂直分量之和与接触面积的乘积。但式中第二项、第三项与第一项相比,其值甚小,生产中完全可以忽略,即

$$P = \overline{B}\int_0^l p\cos\theta \frac{\mathrm{d}x}{\cos\theta} = \overline{B}\int_0^l p\mathrm{d}x \tag{15-2}$$

这样,轧制压力为微分体上的单位压力 p 与该微分体接触表面积之水平投影面积乘积

的总和。

实际计算轧制压力时,常用单位压力的平均值 $\bar{p}$ 来代替 p,此时,式(15-2)为

$$p = \bar{B}\,\bar{p}\int_0^l \mathrm{d}x = \overline{pB}l = \bar{p}F \tag{15-3}$$

式中　$\bar{p}$——平均单位压力;

F——轧辊与轧件实际接触面积的水平投影,简称接触面积。

$$F = \bar{B}l = \frac{B+b}{2}l \tag{15-4}$$

这样,确定轧制压力可归结为确定平均单位压力和接触面积这两个基本问题。

平均单位压力决定于被轧制金属的变形抗力和变形区的应力状态。

$$\bar{p} = mn_\sigma\sigma_s \tag{15-5}$$

式中　m——考虑中间主应力影响的系数,在 $1\sim1.15$ 范围内变化,若忽略宽展,认为轧件产生平面变形,$m=1.15$;

n_σ——应力状态系数;

σ_s——金属的变形抗力。

应力状态系数决定于变形区内金属的应力状态。如各种外部条件的影响使轧制方向(纵向)的压应力 σ_1 绝对值增大时,为了使之向压应力状态下的轧件产生塑性变形,高度方向的压应力 σ_3 之绝对值,即单位压力也应增大。应力状态系数就是表示外部条件影响使变形区内金属应力状态发生改变时,单位压力随着增大或减小。其数值按影响变形区应力状态的主要因素,由下式确定:

$$n_\sigma = n_\sigma' n_\sigma'' n_\sigma''' \tag{15-6}$$

式中　n_σ'——考虑外摩擦影响的系数;

n_σ''——考虑外区影响的系数;

n_σ'''——考虑张力影响的系数。

金属的变形抗力,是在一定变形温度、变形速度和变形程度下,单向应力状态下的瞬时屈服极限。不同钢种的变形抗力由实验资料确定。平面变形条件下的变形抗力,称平面变形抗力,一般用 K 表示:

$$K = 1.15\sigma_s \tag{15-7}$$

此时的平均单位压力计算公式为

$$\bar{p} = n_\sigma K \tag{15-8}$$

而当轧件宽展较明显时,只能用公式(15-5)计算平均单位压力。

轧制压力的确定,在轧制理论研究和轧钢生产中都有重要意义。轧制压力是机械设备和电气设备设计中的原始数据,对于进行轧钢设备各零件的强度或刚度计算、主电机容量选择或校核轧制压力来说,是必须事先掌握的参数。制定合理的轧制工艺规程,强化现有轧机的工作,改进原有产品的生产工艺,都必须正确地了解生产工艺中轧制压力的大小。因此从轧制理论上研究单位压力沿接触弧上的分布规律,对正确计算轧制压力、轧制力矩,研究变形区内的应力和变形规律,使轧制理论精确化,具有十分重要的意义。

不同的轧机,以及在不同的轧制条件下,轧制力均有很大波动范围。下面列举几种轧机最大轧制压力的经验数据:

厚板轧机和板坯轧机(辊身长度 2000mm)	15~20MN
1100~1200mm 初轧机	10~15MN
900~1000mm 初轧机	9~12MN
连续式薄板轧机(辊身长度 2000mm)	
粗轧机组	10~18MN
精轧机组	12~16MN
连续式冷轧机(辊身长度 2000mm)	15~20MN
可逆式冷轧机(辊身长度 3000mm)	20~30MN
630mm 连续式钢坯轧机	3~4MN
大型轧钢机	4~7MN
中型轧钢机	2~5MN
小型轧钢机	1.5~4MN
冷轧带钢(宽 300mm)	3~3.5MN

15.2 接触面积的计算

15.2.1 简单轧制情况

如前所述,简单轧制条件下的接触面积可用下式计算:

$$F=\bar{B}l=\frac{B+b}{2}\sqrt{R\Delta h} \tag{15-9}$$

15.2.2 孔型中轧制

在孔型中轧制时,由于轧辊上刻有孔型,轧件进入变形区和轧辊接触是不同时的,压下量也沿轧件宽度变化,这时的接触面的水平投影已不为梯形。在这种情况下,可用下述两种方法来确定接触面积。

15.2.2.1 按平均接触弧长计算

$$F=\frac{B+b}{2}\sqrt{\bar{R}\Delta\bar{h}} \tag{15-10}$$

式中 $\bar{R}$——轧辊平均工作半径,用公式(13-10)计算;

$\Delta\bar{h}$——平均压下量,计算方法如公式(13-11)计算。

平均压下量 $\Delta\bar{h}$ 对一些经常使用的孔型(如图 15-3),也可用下列经验公式计算:

菱形轧件进菱形孔型(图 15-3(a)) $\Delta\bar{h}=(0.55\sim0.6)(H-h)$

方轧件进椭圆孔型(图 15-3(b)) $\Delta\bar{h}=H-0.7h$(对扁椭圆)

$\Delta\bar{h}=H-0.85h$(对圆、椭圆)

椭圆轧件进方孔型(图 15-3(c)) $\Delta\bar{h}=(0.65-0.7)H-(0.55\sim0.6)h$

椭圆轧件进圆孔型(图 15-3(d)) $\Delta\bar{h}=0.85H-0.79h$

也可以用下列近似公式计算延伸孔型的接触面积:

椭圆轧件进方孔型 $F=0.75b\sqrt{R(H-h)}$

方轧件进椭圆孔型 $F=0.54(B+b)\sqrt{R(H-h)}$

菱形轧件进菱形或方形孔型 $F=0.67b\sqrt{R(H-h)}$

式中　R——孔型中央位置的轧辊半径。

其余尺寸均如图所标注。

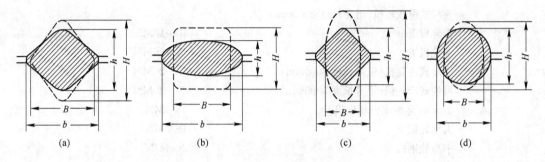

(a)　　　　　　(b)　　　　　　(c)　　　　　　(d)

图 15-3　在几种常用孔型中轧制

15.2.2.2　按作图法确定接触面积

图 15-4 是用作图法,把孔型和在孔型中的轧件一起,画出三面投影,得出轧件与孔型相贯面的水平投影,其面积即为接触面积。图中俯视图有剖面线的部分为不考虑宽展时的接触面积,虚线加宽部分系根据轧件轧后宽度近似画出的接触面积。

15.2.3　考虑弹性压扁时的接触面积

当轧制单位压力较高时,如冷轧薄板或带钢热轧的精轧机组后几架轧制,轧件较薄,温度较低,轧件和轧辊都将产生明显的局部弹性压缩,使接触弧几何形状改变,导致接触弧长增加(图 15-5),而接触弧长加大,又会导致单位轧制压力增加。因此考虑弹性压扁时的变形区长度,常常需要反复运算,才能得出较准确的数值。

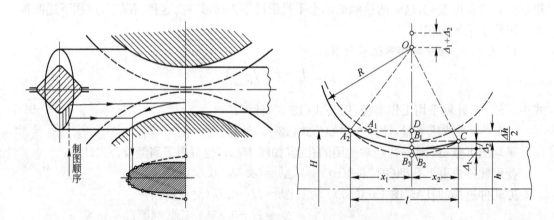

图 15-4　用作图法确定接触面积　　　　图 15-5　轧辊弹性压扁后的接触弧长度

若忽略轧件的弹性变形,根据两个圆柱体弹性压扁的公式推得:

$$l' = x_1 + x_2 = \sqrt{R\Delta h + x_2^2} + x_2 = \sqrt{R\Delta h + (cp\overline{R})^2} + cp\overline{R}$$

式中　c——系数,$c = \dfrac{8(1-\nu^2)}{\pi E}$,对钢轧辊,弹性模数 $E = 2.165 \times 10^5 \, \text{N/mm}^2$,泊松系数 $\nu = 0.3$,则 $c = 1.075 \times 10^{-5} \, \text{mm}^2/\text{N}$;

$\bar{p}$——平均单位压力；

R——轧辊半径。

一般先计算出没有考虑弹性压扁时的轧制压力 p，而后按此压力计算轧制辊压扁的变形区长度 l'；再根据此 l' 值重新计算轧制压力 p'，用 p' 来验算所求的 l'，得出 l''。若 l' 与 l'' 相差较大，尚需反复运算，直至其差值较小为止。

此时的接触面积 $$F=Bl' \tag{15-11}$$

15.3 平均单位压力的计算

15.3.1 确定平均单位压力的方法

确定平均压力的方法有以下三种：

(1) 理论计算法：是建立在理论分析的基础上，用计算公式确定单位压力。通常，都是首先确定变形区内单位压力分布形式及大小，然后再确定平均单位压力。其中最常见的方法是力学方法，也叫工程近似解法。

(2) 实测法：是在轧钢机上放置专门设计的压力传感器，将力的信号转换成电信号通过放大或直接送往测量仪表把它记录下来，从而获得实测的轧制压力资料。由实测的轧制总压力除以接触面积，便求出平均单位压力。

(3) 经验公式和图表法：是根据大量的实测统计进行一定的数学处理，抓住一些主要影响因素，以建立起经验公式或图表。

目前，上述方法在确定平均单位压力时都得到广泛的应用，它们各有优缺点。理论方法虽说是一种较好的方法，但由于其计算繁杂，现在还不能说已经建立了令人满意的包括各种轧制方式、各种轧制钢种的具有较高精度的公式，以致应用时常感困难。而实测方法，如果在相同的实验条件下应用，可能得到较为满意的结果，然而又受到条件的限制。总之，目前情况是公式很多，参数选用各异，各公式又有其一定的适用范围。因此在计算平均单位压力时，上述方法不仅都在应用，甚至在同一设计计算中由于一些条件的限制也可能采用不同的公式或方法。

15.3.2 卡尔曼单位压力微分方程

卡尔曼微分方程应用较普遍，很多单位压力的公式都是由它派生出来的。它是在下列基本假设条件下导出的：

(1) 假定轧件宽度与厚度之比值、宽度与变形区长度之比值都很大，宽展可以忽略不计，认为轧件产生平面变形。

(2) 认为轧件在轧制前的横截面，在变形区产生塑性变形过程中以及变形结束后，均仍为一平面。即变形区内任一横截面上，金属水平流动速度都是均匀的。

(3) 在横截面上无切应力作用，水平法线应力沿断面高度均匀分布，轧件纵向、横向、高度方向均与主应力方向一致。

(4) 认为轧辊和机架不产生弹性变形，而轧件只有塑性变形而无弹性变形产生。

如图 15-6 所示。用垂直方向的两个无限接近的平面，在后滑区内截取一个微分体 $abcd$，其厚度为 $\mathrm{d}x$，其高度由 $2y$ 变化到 $2(y+\mathrm{d}y)$，轧件宽度（即为微分体宽度）为 B，其弧长可近似为弦长，$ab \approx \overline{ab} = \dfrac{\mathrm{d}x}{\cos\theta}$

作用在 ab 弧上的力，有单位压力 p 和单位摩擦力 t。在后滑区，接触面上金属质点向轧辊转动方向相反的方向滑动，故摩擦力应指向轧制方向。这样，p 和 t 在接触弧 ab 上的合力的水平投影为

$$2B\left(p\frac{\mathrm{d}x}{\cos\theta}\sin\theta - t\frac{\mathrm{d}x}{\cos\theta}\cos\theta\right)$$

根据假设 3，若作用在微分体两侧的应力为 σ_x 和 $\sigma_x + \mathrm{d}\sigma_x$，则作用在微分体两侧的合力为

$$2B\sigma_x y - 2B(\sigma_x + \mathrm{d}\sigma_x)(y + \mathrm{d}y)$$

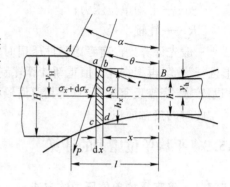

图 15-6　变形区任意微分体的受力情况

根据力的平衡条件，所有作用力在水平轴上的投影的代数和应该为零，即

$$\Sigma X = 0$$

$$2\sigma_x yB - 2(\sigma_x + \mathrm{d}\sigma_x)(y + \mathrm{d}y)B + 2p\tan\theta\,\mathrm{d}x B - 2t\,\mathrm{d}x B = 0 \tag{15-12}$$

由假设 1 知，变形区内轧件宽度 B 为常数，可由各项同时除以 B 而消掉。由几何关系取 $\tan\theta = \dfrac{\mathrm{d}y}{\mathrm{d}x}$；将上式整理并略去二次微量 $\mathrm{d}\sigma_x \mathrm{d}y$；各项除以 $y\mathrm{d}\sigma_x$，得到微分方程为

$$\frac{\mathrm{d}\sigma_x}{\mathrm{d}x} - \frac{p - \sigma_x}{y}\frac{\mathrm{d}y}{\mathrm{d}x} + \frac{t}{y} = 0 \tag{15-13}$$

前滑区摩擦力 t 的方向与后滑区相反，而前滑区微分体的平衡条件与后滑区相同，故前滑区的平衡微分方程为

$$\frac{\mathrm{d}\sigma_x}{\mathrm{d}x} - \frac{p - \sigma_x}{y}\frac{\mathrm{d}y}{\mathrm{d}x} - \frac{t}{y} = 0 \tag{15-14}$$

为对上述微分方程式求解，必须先确定变量 p 与应力 σ_x 之间的关系，由假设 3，知微分体上水平压应力 σ_x、垂直压应力 σ_y 均为主应力。设 $\sigma_3 = -\sigma_y$，则有

$$\sigma_3 = -\left(p\cos\theta\frac{\mathrm{d}x}{\cos\theta}B + t_\varphi\sin\theta\frac{\mathrm{d}x}{\cos\theta}B\right)\frac{1}{B\mathrm{d}x}$$

由于第二项比第一项小得多，可忽略，即

$$\sigma_3 = -p\frac{\mathrm{d}x}{\cos\theta}B\cos\theta\frac{1}{B\mathrm{d}x} = -p$$

同时，设 $\sigma_1 = -\sigma_x$，代入屈服条件 $\sigma_1 - \sigma_3 = K$，得

$$-\sigma_x - (-p) = K$$

$$p - \sigma_x = K \tag{15-15}$$

将上式写成 $\sigma_x = p - K$，对其微分得 $\mathrm{d}\sigma_x = \mathrm{d}p$，代入微分方程 (15-13)、(15-14)，可得著名的卡尔曼单位压力微分方程式为

$$\frac{\mathrm{d}p}{\mathrm{d}x} - \frac{K}{y}\frac{\mathrm{d}y}{\mathrm{d}x} \pm \frac{t}{y} = 0 \tag{15-16}$$

式中最后一项取正，表示后滑区，取负，则为前滑区。

15.3.3　采利柯夫公式

要对微分方程 (15-16) 求解，还必须知道单位摩擦力 t 沿接触弧的变化规律、接触弧方

程及边界上的单位压力（边界条件）。各研究者所取的条件不同，因而有很多不同解法，得到不同结果。下面介绍采利柯夫对卡尔曼单位压力微分方程求解所得到的平均单位压力计算公式，即采利柯夫公式。

假设单位摩擦力遵从库仑干摩擦定律，并认为沿接触弧各点摩擦系数为常数，即

$$t = fp \tag{15-17}$$

将式(15-17)代入式(15-16)，得

$$\frac{\mathrm{d}p}{\mathrm{d}x} - \frac{K}{y}\frac{\mathrm{d}y}{\mathrm{d}x} \pm \frac{fp}{y} = 0 \tag{15-18}$$

此线性微分方程的一般解为

$$p = \mathrm{e}^{\mp \int \frac{f}{y}\mathrm{d}x}\left(c + \int \frac{K}{y}\mathrm{e}^{\pm \int \frac{f}{y}\mathrm{d}x}\mathrm{d}y\right) \tag{15-19}$$

由于咬入角 α 较小，接触弧可以用其对应的弦代替。如图 15-7 所示，设弦 AB 的方程为

$$y = ax + b$$

在轧件出口处，$x=0$，$y=\dfrac{h}{2}$，即截距 $b=\dfrac{h}{2}$；在入口处，$x=l$，$y=\dfrac{H}{2}$，故方程的斜率 $a=\dfrac{H-h}{2}\Big/l$。这样，接触弧所对弦的方程为

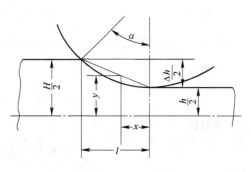

图 15-7　以弦代弧

$$y = \frac{\Delta h}{2l}x + \frac{h}{2} \tag{15-20}$$

对上式微分，可得

$$\mathrm{d}x = \frac{2l}{\Delta h}\mathrm{d}y \tag{15-21}$$

将 $\mathrm{d}x$ 之值代入式(15-19)，得

$$p = \mathrm{e}^{\mp \int \frac{\delta}{y}\mathrm{d}y}\left(c + \int \frac{K}{y}\mathrm{e}^{\pm \int \frac{\delta}{y}\mathrm{d}y}\mathrm{d}y\right) \tag{15-22}$$

式中　$\delta = \dfrac{2fl}{\Delta h}$。

对上式进行运算，得到后滑区为

$$p_{\mathrm{H}} = \mathrm{e}^{-\ln y^{\delta}}\left(c + \int \frac{K}{y}\mathrm{e}^{\ln y^{\delta}}\mathrm{d}y\right) = y^{-\delta}\left(c + \int Ky^{\delta-1}\mathrm{d}y\right) = c_{\mathrm{H}}y^{-\delta} + \frac{K}{\delta} \tag{15-23}$$

对前滑区，同样可得

$$p_{\mathrm{h}} = c_{\mathrm{h}}y^{\delta} - \frac{K}{\delta} \tag{15-24}$$

为确定积分常数 c_{H}、c_{h}，若以 q_{h}、q_{H} 分别代表作用在轧件上的前、后张应力，此时的边界条件为：

当 $x=0$，$y=\dfrac{h}{2}$ 时，$\sigma_{\mathrm{x}}=-q_{\mathrm{h}}$，由式(15-15)可得

$$p_{\mathrm{h}} = K - q_{\mathrm{h}} = K\left(1 - \frac{q_{\mathrm{h}}}{K}\right) = \xi_{\mathrm{h}}K \tag{15-25}$$

代入式(15-24)，有

$$\xi_h K = c_h\left(\frac{h}{2}\right) - \frac{K}{\delta}$$

所以

$$c_h = \frac{K}{\delta}(\xi_h\delta+1)\left(\frac{h}{2}\right)^{-\delta}$$

当 $x=l$、$y=\dfrac{H}{2}$ 时，$\sigma_x=-q_H$，得

$$P_H = K - q_H = K\left(1-\frac{q_H}{K}\right) = \xi_H K \tag{15-26}$$

代入式(15-23)得

$$\xi_H K = c_H\left(\frac{H}{2}\right)^{-\delta} + \frac{K}{\delta}$$

所以

$$c_H = \frac{K}{\delta}(\xi_H\delta-1)\left(\frac{H}{2}\right)^{\delta}$$

将 c_H、c_h 之值代入式(15-23)、式(15-24)，并以 $\dfrac{h_x}{2}$ 代替 y，得到

后滑区

$$p_H = \frac{K}{\delta}\left[(\xi_H\delta-1)\left(\frac{H}{h_x}\right)^{\delta}+1\right] \tag{15-27}$$

前滑区

$$p_h = \frac{K}{\delta}\left[(\xi_h\delta+1)\left(\frac{h_x}{h}\right)^{\delta}-1\right] \tag{15-28}$$

式中　p——变形区内任意断面上的单位压力；

　　　K——平面变形条件下的变形抗力；

　　　δ——系数，$\delta=2fl/\Delta h$，$l=\sqrt{R\Delta h}$；

　ξ_H、ξ_h——张力系数。

$$\xi_H = \left(1-\frac{q_H}{K}\right), \quad \xi_h = \left(1-\frac{q_h}{K}\right)$$

而当前、后张力为零时，$\xi_h=\xi_H=1$，故

对于后滑区

$$p_H = \frac{K}{\delta}\left[(\delta-1)\left(\frac{H}{h_x}\right)^{\delta}+1\right] \tag{15-29}$$

对于前滑区

$$p_h = \frac{K}{\delta}\left[(\delta+1)\left(\frac{h_x}{h}\right)^{\delta}-1\right] \tag{15-30}$$

分析以上描述单位压力沿接触弧上分布规律的方程时，可以看出，单位压力的大小决定于外摩擦系数、轧件厚度、压下量、轧辊直径、作用在轧件上的前、后张力以及金属变形抗力等。

图15-8～图15-11为根据方程(15-27)～(15-30)所得到的单位压力沿接触弧分布的曲线。各因素对单位压力的影响用单位压力 p 与平面变形抗力 K 的比值 n 来表示。

图15-8为在压下量一定条件下 $\left(\varepsilon=\dfrac{\Delta h}{H}=30\%\right)$，摩擦系数 f 不同所得的单位压力分布曲线。由这些曲线看出，摩擦系数越大，单位压力的峰值越高，因而单位压力和平均单位压力越大。

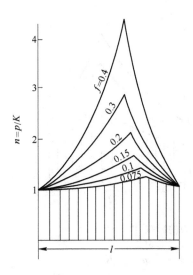

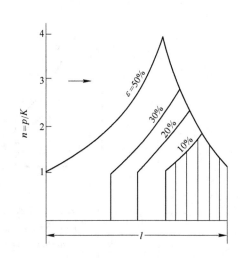

图 15-8　摩擦系数对单位压力分布的影响
（$\varepsilon=30\%,a=5°46',h/D=1.16\%$）

图 15-9　压下量对单位压力分布的影响
（$h=1\text{mm},D=200\text{mm},f=0.2$）

图 15-9 表示单位压力的分布与压下量的关系。在其他条件不变时,随压下量增大,单位压力及平均单位压力都增大。在产品厚度一定时,增加压下量,引起变形区长度增加,因而轧制压力将进一步增大。

比值 D/h 是影响轧制压力的重要因素之一。由图 15-10 可知,当轧辊直径或接触弧长增加,或轧件厚度减小时,轧制压力增加。这不仅是因为接触面积增加,同时也因为单位压力本身也增加。

前、后张力对单位压力的影响由图 15-11 可看出,前张力使前滑区的单位压力降低,后张力使后滑区的单位压力降低,并且后张力比前张力的影响要大。前、后张力越大,单位压力降低越明显。

由式 15-2 知,轧制压力

$$P=\frac{B+b}{2}\int_0^l p\mathrm{d}x$$

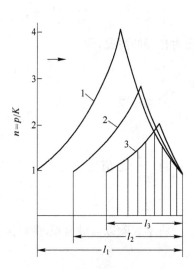

图 15-10　比值 D/h 对单位
压力分布的影响
1—$D=700\text{mm},D/h=350,l=17.2\text{mm}$;
2—$D=400\text{mm},D/h=200,l=13\text{mm}$;
3—$D=200\text{mm},D/h=100,l=8.6\text{mm}$

将式(15-29)、式(15-30)代入上式,即可得到轧制压力的数值。为使积分变量一致,把 $2y=h_x$ 代入式(15-21),得

$$\mathrm{d}x=\frac{l}{\Delta h}\mathrm{d}h_x \tag{15-31}$$

$$P=\frac{B+b}{2}\frac{l}{\Delta h}\frac{K}{\delta}\left\{\int_{h_y}^H\left[(\delta-1)\left(\frac{H}{h_x}\right)^\delta+1\right]+\int_h^{h_y}\left[(\delta+1)\left(\frac{h_x}{h}\right)^\delta-1\right]\mathrm{d}h_x\right\} \tag{15-32}$$

积分上式并简化后得

211

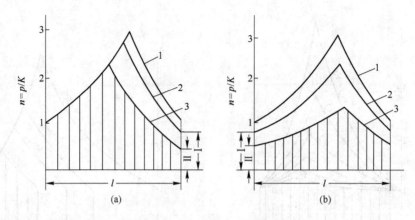

图 15-11 张力对单位压力的影响

(a)$1-q_h=0$；$2-q_h=0.2K$；$3-q_h=0.5K$；

(b)$1-q_h=q_H=0$；$2-q_h=q_H=0.2K$；$3-q_h=q_H=0.5K$

$$P=\frac{B+b}{2}\frac{l}{\Delta h}\frac{Kh_y}{\delta}\left[\left(\frac{H}{h}\right)^\delta+\left(\frac{h_y}{h}\right)^\delta-2\right] \tag{15-33}$$

上式中以 $\dfrac{h_y}{h}$ 来表示 $\dfrac{H}{h_y}$，在中性面上，即 $h_x=h_y$ 时，由式(15-29)、式(15-30)算出的单位压力相等的情况，即

$$\frac{1}{\delta}\left[(\delta-1)\left(\frac{H}{h_y}\right)^\delta+1\right]=\frac{1}{\delta}\left[(\delta+1)\left(\frac{h_y}{h}\right)^\delta-1\right] \tag{15-34}$$

由此可得

$$\left(\frac{H}{h_y}\right)^\delta=\frac{1}{\delta-1}\left[(\delta+1)\left(\frac{h_y}{h}\right)^\delta-2\right] \tag{15-35}$$

将 $\left(\dfrac{H}{h_r}\right)$ 之值代入式(15-33)，得轧制压力计算公式为

$$P=\frac{B+b}{2}\frac{2lh_y}{\Delta h(\delta-1)}K\left[\left(\frac{h_r}{h}\right)^\delta-1\right] \tag{15-36}$$

将上式除以接触面积，则得到计算平均单位压力 $\bar{p}$ 的采利柯夫公式：

$$\bar{p}=\frac{P}{BL}=\frac{P}{\frac{B+b}{2}l}$$

即

$$\bar{p}=K\left(\frac{2h}{\Delta h(\delta-1)}\right)\left(\frac{h_r}{h}\right)\left[\left(\frac{h_r}{h}\right)^\delta-1\right] \tag{15-37a}$$

或

$$\bar{p}=K\frac{2(1-\delta)}{\varepsilon(\delta-1)}\left(\frac{h_r}{h}\right)\left[\left(\frac{h_r}{h}\right)^\delta-1\right] \tag{15-37b}$$

式中，$\varepsilon=\dfrac{\Delta h}{H}$，$\delta=\dfrac{2fl}{\Delta h}=f\sqrt{\dfrac{2D}{\Delta h}}$。

$\dfrac{h_r}{h}$ 的值可由式(15-34)找出，简化后为

$$\frac{h_r}{h}=\left[\frac{1+\sqrt{1+(\delta^2-1)\left(\frac{H}{h}\right)^\delta}}{\delta+1}\right]^{\frac{1}{\delta}} \tag{15-38}$$

212

公式(15-37)也可写成

$$\bar{p} = n'_\sigma K$$

$$n'_\sigma = \frac{2(1-\varepsilon)}{\varepsilon(\varepsilon-1)} \left(\frac{h_r}{h}\right) \left[\left(\frac{h_r}{h}\right)^\delta - 1\right] \tag{15-39}$$

此时对薄件认为 $n''_\sigma \approx 1$，当无前后张力时，$n'''_\sigma = 1$。

为简化平均单位压力计算，将由公式(15-39)表示的 n'_σ 与 δ、ε 的函数关系作成图 15-12 所示的曲线。可以看出，当 ε、f、D 增加时，平均单位压力急剧增大，当 ε、δ 较小时，可采用图 15-12(b)所示的局部放大曲线。

公式(15-37)为采利柯夫于 1939 年提出，它只表示了外摩擦对平均单位压力的影响。

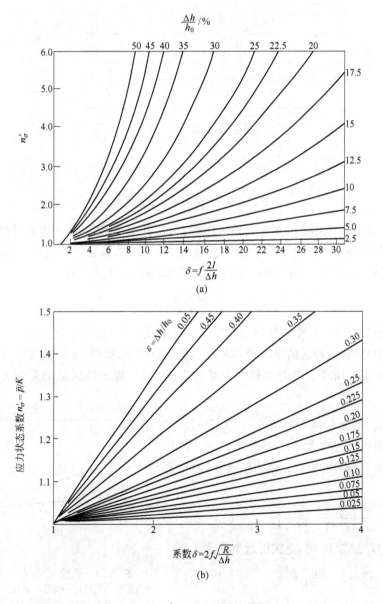

图 15-12　n'_σ 与 ε、δ 的关系曲线

在采利柯夫以后的著作中,综合了多人的研究成果,提出了计算应力状态系数 n_σ 的公式(15-6),扩展了采利柯夫公式的应用范围。其中外摩擦影响系数 n_σ' 用公式(12-39)计算,外影响系数 n_σ'' 和张力影响系数 n_σ''' 的计算方法如下所述。

根据前面的分析,当 $l/\bar{h}<1$ 时,接触弧上的摩擦力对单位压力的影响很小,可以认为 $n_\sigma' \approx 1$。但实验证明,在厚件轧制时,即 $l/\bar{h}<0.5\sim1$ 的情况下,平均单位压力比 $l/\bar{h}>0.5\sim1$ 时为大。这主要是由于在变形区内沿断面高度变形分布不均匀,在外区的作用下出现附加应力的缘故,为了比较在有外区和没有外区存在的情况下,平均单位压力的变化,斯米尔诺夫用不同金属在压力机上作了镦粗试验,所得结果如图 15-13 所示。

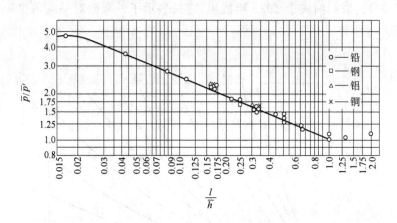

图 15-13　系数 n_σ'' 与 $l/\bar{h}$ 的关系

在图 15-13 中,用比值 $\bar{p}/\bar{p}'$ 作为外区影响系数,其中 $\bar{p}$ 和 $\bar{p}'$ 分别为有外区和无外区存在时的平均单位压力。由曲线图可看出,当比值 $l/\bar{h}>1$ 时,外区影响很小,可以认为 $n_\sigma'' \approx 1$。根据实验资料,在比值 $l/\bar{h}$ 为 $0.05\sim1$ 时,外区影响系数由下式计算。

$$n_\sigma'' \approx \left(\frac{l}{h}\right)^{-0.4} \tag{15-40}$$

勃洛夫曼研究了在孔型中轧制时外区对平均单位压力的影响。实验表明,在方形、菱形及圆形孔型中轧制时,外区的影响较 $\bar{b}/\bar{h}$ 大的矩形断面小,如图 15-14 所示。

采利柯夫根据斯米尔诺夫和勃洛夫曼的实验数据,提出外区影响系数 n 的如下计算公式:

$$n_\sigma''=1+2.6e^{-3\left(0.4+\frac{1}{h}\right)^2} \tag{15-41}$$

当轧件前后张力较大时,如冷轧带钢,必须考虑张力对单位压力的影响。张力影响系数可用下式计算:

$$n_\sigma'''=1-\frac{\delta}{2K}\left(\frac{q_{\mathrm{H}}}{\delta-1}+\frac{q_{\mathrm{h}}}{\delta-1}\right) \tag{15-42a}$$

在 $\delta=2fl/\Delta h \geqslant 10$ 时,上式可近似认为:

$$n_\sigma''' \approx 1-\frac{q_{\mathrm{H}}-q_{\mathrm{h}}}{2K} \tag{15-42b}$$

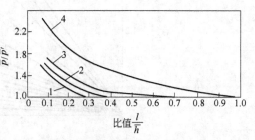

图 15-14　系数 n_σ'' 与 $l/\bar{h}$ 的关系
1—方形断面轧件;2—圆形断面轧件;3—菱形断面轧件;4—矩形断面轧件

q_{H}、q_{h} 分别为作用在轧件上的张应力,即

$$q_h = \frac{Q_H}{bh}, \qquad q_H = \frac{Q_H}{BH}$$

式中,Q_h、Q_H 分别为作用在轧件上的前、后张力,B、H 为轧件轧制的宽度和厚度,b、h 为轧后的宽度和厚度,K 为平面变形抗力。

当轧件无纵向外力作用时,$n'''_\sigma = 1$。若纵向外力为推力时,Q_h、Q_H 取负值。

采利柯夫公式应用范围较广泛,可用于热轧,也可用于冷轧,可用于薄件轧制,也可用于厚件轧制。但其解析的计算过程比较复杂,又不适用于计算机控制。此外,该公式推导过程中的全滑动平断面假设与热轧条件有一定出入。因此,除前苏联外,在热轧机的轧制压力数学模型中较少使用。

例一: 在 $D = 500\text{mm}$ 轧辊材质为铸铁的轧机上轧制低碳钢板,轧制温度为 $950℃$,轧件尺寸 $H \times B = 5.7\text{mm} \times 600\text{mm}$,$\Delta h = 1.7\text{mm}$,$K = 86\text{N/mm}^2$,求轧制压力。

解:
$$f = 0.8(1.05 - 0.0005t) = 0.8 \times (1.05 - 0.0005 \times 950) = 0.46$$

$$l = \sqrt{R\Delta h} = \sqrt{250 \times 1.7} = 20.6(\text{mm})$$

$$\delta = \frac{2fl}{\Delta h} = \frac{2 \times 20.6 \times 0.46}{1.7} = 11$$

$$\varepsilon = \frac{\Delta h}{H} = \frac{1.7}{5.7} = 30\%$$

查图 15-12 得 $n'_\sigma = 2.9$

因为
$$\frac{l}{h} = \frac{20.6 \times 2}{5.7 + 4} = 4.2 > 1, \qquad \text{所以 } n''_\sigma = 1$$

$$P = n'_\sigma KBL = 2.9 \times 86 \times 600 \times 20.6 = 3.08(\text{MN})$$

例二: 在 $\phi1300/\phi400 \times 1200\text{mm}$ 四辊冷轧机上轧制钢种为 B2F 的带钢,第一道由 $H_0 = 1.85\text{mm}$ 轧到 $H = 1\text{mm}$,第二道轧到 $h = 0.5\text{mm}$,第二道前张力 $Q_h = 5 \times 10^4\text{N}$,后张力 $Q_H = 8 \times 10^4\text{N}$,轧件宽度 $B = 1000\text{mm}$,用乳化液润滑,$f = 0.05$,求第二道轧制压力。

解:
$$q_H = \frac{Q_H}{BH} = \frac{8 \times 10^4}{1 \times 10^3 \times 1} = 80(\text{N/mm}^2)$$

$$q_h = \frac{Q_h}{bh} = \frac{5 \times 10^4}{1 \times 10^3 \times 0.5} = 100(\text{N/mm}^2)$$

$$l = \sqrt{R\Delta h} = \sqrt{200 \times 0.5} = 10(\text{mm})$$

$$\delta = \frac{2fl}{\Delta h} = \frac{2 \times 0.05 \times 10}{0.5} = 2$$

$$\varepsilon = \frac{\Delta h}{H} = \frac{0.5}{1} = 50\%$$

由图 15-12(b)查得 $n'_\sigma = 1.36$

$$\varepsilon_H = \frac{H_0 - H}{H_0} = \frac{1.85 - 1}{1.85} = 46\%$$

$$\varepsilon_h = \frac{H_0 - h}{H_0} = \frac{1.85 - 0.5}{1.85} = 73\%$$

$$\bar{\varepsilon} = 0.4\varepsilon_H + 0.6\varepsilon_h = 0.4 \times 0.46 + 0.6 \times 0.73 = 62\%$$

由加工硬化曲线图 11-14 查得 $\sigma_s = 700(\text{N/mm}^2)$

$$\bar{K} = 1.15\sigma_s = 1.15 \times 700 = 805(\text{N/mm}^2)$$

$$\bar{p}'=n'_\sigma\overline{K}=1.36\times805=1095\,(\mathrm{N/mm^2})$$

$$C=\frac{8(1-\upsilon^2)}{\pi E}=\frac{8\times(1-0.3^2)}{3.14\times2.1\times10^5}=1.1\times10^{-5}\,(\mathrm{mm^2/N})$$

$$l'=CR\bar{p}+\sqrt{R\Delta h+(CR\bar{p})^2}$$

$$=1.1\times10^{-5}\times200\times1095+\sqrt{200\times0.5+(1.1\times10^{-5}\times200\times1095)^2}$$

$$=12.7\,(\mathrm{mm})$$

$$n'''_\sigma=1-\frac{\delta}{2K}\Big(\frac{q_\mathrm{H}}{\delta-1}+\frac{q_\mathrm{h}}{\delta-1}\Big)=1-\frac{2}{2\times805}\Big(\frac{80}{2-1}+\frac{100}{2-1}\Big)=0.78$$

$$\bar{p}=n'_\sigma n'''_\sigma\overline{K}=1.36\times0.78\times1095=1162\,(\mathrm{N/mm^2})$$

$$P=\bar{p}L'B=1162\times12.7\times1000=14.8\,(\mathrm{MN})$$

15.3.4 恰古诺夫公式

前苏联学者恰古诺夫于 1930 年发表的平均单位压力计算公式如下：

$$\bar{p}=n'_\sigma K=n'_\sigma n_\mathrm{t}\sigma_\mathrm{b} \tag{15-43}$$

式中 σ_b——经退火的钢在室温下（20℃）的强度极限，可以根据实验资料获得。对碳素钢可按图 15-15 确定；

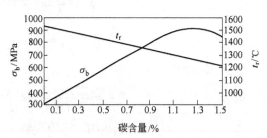

图 15-15 碳素钢的熔化温度 t_r 与强度极限 σ_b

    n_t——取决于钢的熔化温度 t_r 与轧制温度 t 的温度系数，根据轧制温度不同，可以按以下两种情况分别计算。

当 $t>(t_\mathrm{r}-575℃)$ 时，

$$n_\mathrm{t}=\frac{t_\mathrm{r}-75-t}{1500} \tag{15-44}$$

当 $t<(t_\mathrm{r}-575℃)$ 时，

$$n_\mathrm{t}=\Big(\frac{t_\mathrm{r}-t}{1000}\Big)^2 \tag{15-45}$$

外摩擦条件的影响系数 n'_σ 按以下两种情况分别确定：

当 $\dfrac{l}{h}\leqslant1$ 时，$n'_\sigma=1$

当 $\dfrac{l}{h}>1$ 时，$n'_\sigma=1+f\Big(\dfrac{l}{h}-1\Big)=1+\dfrac{1}{3}\Big(\dfrac{2\sqrt{R\Delta h}}{H+h}-1\Big) \tag{15-46}$

在恰古诺夫公式中，摩擦系数 f 通常均取 $\dfrac{1}{3}$。

恰古诺夫公式没有考虑变形速度的影响，对轧制速度不大的可逆式热轧机、叠轧薄板轧机及横列式型钢轧机，变形速度对平均单位压力的影响是不大的，此公式可用来计算这类轧机轧制碳钢或合金钢时的平均单位压力。

例：在轧辊直径为 735/500/735mm、轧辊材质为铸铁的劳特式轧机上，轧制 Q235 钢，轧制尺寸 $H=75\mathrm{mm}$，$h=60\mathrm{mm}$，$B=1700\mathrm{mm}$，轧制温度 $t=1185℃$，求轧制压力。

216

解：轧辊平均工作半径

$$\bar{R}=\frac{Dd}{D+d}=\frac{735\times500}{735+500}=298\,(\text{mm})$$

$$\Delta h=H-h=75-60=15\,(\text{mm})$$

$$l=\sqrt{\bar{R}\Delta h}=\sqrt{298\times15}=66.8\,(\text{mm})$$

$$\frac{l}{\bar{h}}=\frac{2l}{H+h}=\frac{2\times66.8}{75+60}=0.99$$

所以

$$n'_\sigma=1$$

Q235 钢含碳量为 0.09%～0.15%，查图 15-15 可得

$$\sigma_b=372\text{N/mm}^2, \quad t_r=1475\,℃$$

因为

$$t_r-575=1475-575=900<t$$

所以

$$n_t=\frac{t_r-75-t}{1500}=\frac{1475-75-1185}{1500}=0.143$$

$$\bar{p}=n_t\sigma_b=0.143\times372=53.2\,(\text{N/mm}^2)$$

$$P=\bar{p}Bl=53.2\times1700\times66.9=6.05\,(\text{MN})$$

15.3.5 斯通公式

斯通在研究冷轧薄板的平均单位压力时，考虑到轧辊直径与轧件厚度之比值很大，而且轧制单位压力很大，轧辊发生显著的弹性压扁现象，轧辊与轧件实际接触弧长度增大，因而可以近似将冷轧薄板看成轧件厚度为 $\bar{h}$ 的平行平板压缩，如图 15-16 所示。轧件的平均厚度 $\bar{h}=\frac{H+h}{2}$，其中 H、h 分别为轧制前后的轧件厚度。

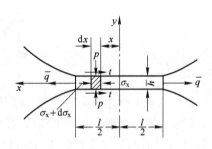

图 15-16　变形区内单元体的受力图示

设在 z 轴方向单元体的尺寸，即轧件宽度为 B，由单元体的平衡条件可得

$$-\sigma_x\bar{h}B+(\sigma_x+\mathrm{d}\sigma_x)\bar{h}B+2tB\mathrm{d}x=0$$

整理后得

$$\frac{\mathrm{d}\sigma_x}{\mathrm{d}x}+\frac{2t}{\bar{h}}=0 \tag{15-47}$$

根据塑性条件 $\sigma_1-\sigma_3=K$，设 $\sigma_1=-\sigma_x$，$\sigma_3=-p$，可得 $p-\sigma_x=K$，于是有 $\mathrm{d}\sigma_x=\mathrm{d}p$。将此关系代入式(15-47)，求得

$$\frac{\mathrm{d}p}{\mathrm{d}x}+\frac{2t}{\bar{h}}=0$$

假设接触面全滑动，单位摩擦力 $t=fp$，故由上式可得

$$\frac{\mathrm{d}p}{p}=-\frac{2f}{\bar{h}}\mathrm{d}x \tag{15-48}$$

假设变形区的入口和出口断面上作用有平均水平法线应力(张应力)

$$\bar{q}=\frac{q_H+q_h}{2}$$

式中　q_H、q_h——入口和出口断面的张应力。

由塑性条件，在入口和出口断面处有如下边界条件

217

$$p_0 = p_1 = \overline{K} - \overline{q}$$

于是,将方程式(15-48)在 p 范围内积分,求得如下单位压力公式

$$p = (\overline{K} - \overline{q}) e^{\frac{2f}{h}(\frac{l'}{2} - x)} \tag{15-49}$$

设板宽为 p,则轧制力为

$$p = B \int_{\frac{l'}{2}}^{\frac{l'}{2}} p \, dx = \frac{B(\overline{K} - \overline{q})\overline{h}}{f} (e^{\frac{fl'}{h}} - 1) \tag{15-50}$$

这样,平均轧制单位压力为

$$\overline{p} = \frac{P}{Bk'} = (\overline{K} - \overline{q}) \left(\frac{e^{\frac{fl'}{h}} - 1}{\frac{fl'}{h}} \right) \tag{15-51}$$

当无张力时,上式可写成

$$\overline{p} = K \left(\frac{e^{\frac{fl'}{h}} - 1}{\frac{fl'}{h}} \right) \tag{15-52}$$

公式(15-51)、(15-52)中右边括弧内的项为应力状态系数 n_σ'

$$n_\sigma' = \frac{e^{\frac{fl'}{h}} - 1}{\frac{fl'}{h}} = \frac{e^x - 1}{x} \tag{15-53}$$

式中 $\quad x = \frac{fl'}{h}$;

l'——考虑弹性压扁后的变形区长度;

$\overline{K}$——平面变形抗力的平均值,$\overline{K} = 1.15\overline{n}_{so}$。

弹性压扁后的接触弧长由式(15-11)为

$$l' = CR\overline{p} + \sqrt{R\Delta h + (CR\overline{p})^2}$$

对上式两端同时乘以 $f/\overline{h}$,并令 $a = CR$,得

$$\frac{fl'}{h} = \frac{af}{h} \overline{p} + \sqrt{\left(\frac{fl}{h} \right)^2 + \left(\frac{af}{h} \right)^2 \overline{p}^2}$$

上式整理后为

$$\left(\frac{fl'}{h} \right)^2 - \left(\frac{fl}{h} \right)^2 = 2 \left(\frac{fl'}{h} \right) \left(\frac{af}{h} \right) \overline{p} \tag{15-54}$$

将式(15-51)代入式(15-54),化简后为

$$\left(\frac{fl'}{h} \right)^2 = 2af \frac{f}{h} (\overline{K} - \overline{q})(e^{\frac{fl'}{h}} - 1) + \left(\frac{fl}{h} \right)^2 \tag{15-55}$$

设 $y = 2a \frac{f}{h} (\overline{K} - \overline{q})$,$z = \frac{fl}{h}$,并由 $x = \frac{fl'}{h}$,则式(15-55)可写成

$$x^2 = (e^x - 1)y + z^2 \tag{15-56}$$

为使用方便,将公式(15-56)作成曲线图 15-17。

使用曲线图 15-17 和表 15-1 可使计算过程简化,其计算步骤如下:

(1) 由已知条件计算出 $\overline{h}$、$\overline{q}$、l、g,再由该道次积累压下率的平均值 $\overline{\varepsilon}$ 由加工硬化曲线查出平均变形抗力 $\overline{\sigma}_s$,并由 $\overline{K} = 1.15\overline{\sigma}_s$ 算出平面变形抗力的平均值 p;

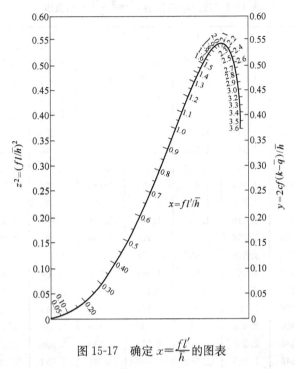

图 15-17　确定 $x=\dfrac{fl'}{h}$ 的图表

（2）计算出 y 和 z^2 的值，并在图15-17上将此两点连成一直线，与曲线之交点即所求之 x 值；

（3）由 $x=\dfrac{fl'}{h}$ 算出弹性压扁后的接触弧长 l' 并由表 15-1 根据 x 值查出 $n'_\sigma=\dfrac{e^x-1}{x}$ 之值；

（4）由公式(15-51)算出平均单位压力 $\bar{p}$；

（5）由 $P=\bar{p}Bl'$ 计算轧制压力。

在电子计算机上进行计算，用图表不方便。为此可将 e^x 展开为幂级数

$$e^x=1+x+\frac{x^2}{2!}+\frac{x^3}{3!}+\cdots$$

$$e^x-1=x+\frac{x^2}{2!}+\frac{x^3}{3!}+\cdots$$

由此可将公式(15-51)写成

$$\bar{p}=(\bar{K}-\bar{q})\frac{e^x-1}{x}=(\bar{K}-\bar{q})\left(1+\frac{x}{2}\right)$$

即
$$p=(\bar{K}-\bar{q})\left(1+\frac{fl'}{2\bar{h}}\right) \tag{15-57}$$

公式(15-57)中的 l' 用公式(15-11)计算。

例题：已知冷轧带钢 $H=1\text{mm}, h=0.7\text{mm}, \bar{K}=500\text{N/mm}^2, \bar{q}=200\text{N/mm}^2, f=0.05$，$B=120\text{mm}$，在 $D_y=200$ 的四辊轧机上轧制，求轧制压力 p。

解：
$$l=\sqrt{R\Delta h}=\sqrt{\frac{200}{2}\times(1-0.7)}=5.5(\text{mm})$$

表 15-1　应力状态系数 $n'_\sigma = \dfrac{e^x-1}{x}$ 的数值表

x	0	1	2	3	4	5	6	7	8	9
0.0	1.000	1.005	1.010	1.015	1.020	1.025	1.031	1.036	1.041	1.046
0.1	1.052	1.057	1.062	1.068	1.073	1.079	1.084	1.090	1.096	1.101
0.2	1.107	1.113	1.119	1.124	1.130	1.136	1.142	1.148	1.154	1.160
0.3	1.166	1.172	1.179	1.185	1.191	1.197	1.204	1.210	1.217	1.223
0.4	1.230	1.236	1.243	1.249	1.256	1.263	1.270	1.277	1.283	1.290
0.5	1.297	1.304	1.312	1.319	1.326	1.333	1.340	1.384	1.355	1.363
0.6	1.370	1.378	1.385	1.393	1.401	1.409	1.416	1.424	1.432	1.440
0.7	1.448	1.456	1.464	1.473	1.481	1.489	1.498	1.506	1.515	1.523
0.8	1.532	1.541	1.549	1.558	1.567	1.576	1.585	1.594	1.603	1.613
0.9	1.622	1.631	1.641	1.650	1.660	1.669	1.679	1.689	1.698	1.708
1.0	1.718	1.728	1.738	1.749	1.759	1.769	1.780	1.790	1.801	1.811
1.1	1.822	1.833	1.844	1.855	1.866	1.877	1.888	1.899	1.910	1.922
1.2	1.933	1.945	1.965	1.968	1.980	1.992	2.004	2.016	2.029	2.041
1.3	2.053	2.066	2.078	2.091	2.104	2.117	2.130	2.143	2.156	2.169
1.4	2.182	2.196	2.209	2.223	2.237	2.250	2.264	2.278	2.293	2.307
1.5	2.321	2.336	2.350	2.365	2.380	2.395	2.410	2.425	2.440	2.445
1.6	2.471	2.486	2.502	2.518	2.534	2.550	2.556	2.582	2.559	2.615
1.7	2.632	2.649	2.665	2.682	2.700	2.717	2.734	2.752	2.770	2.787
1.8	2.805	2.823	2.842	2.860	2.879	2.897	2.916	2.935	2.954	2.973
1.9	2.993	3.012	3.032	3.052	3.072	3.092	3.112	3.132	3.153	3.174
2.0	3.195	3.216	3.237	3.258	3.280	3.301	3.323	3.345	3.368	3.390
2.1	3.412	3.435	3.458	3.481	3.504	3.528	3.551	3.575	3.599	3.623
2.2	3.648	3.672	3.697	3.722	3.747	3.772	3.798	3.824	3.849	3.876
2.3	3.902	3.928	3.995	3.982	4.009	4.036	4.064	4.092	4.120	4.148
2.4	4.176	4.205	4.234	4.263	4.292	4.322	4.352	4.382	4.412	4.442
2.5	4.473	4.504	4.535	4.567	4.598	4.630	4.662	4.695	4.728	4.760
2.6	4.794	4.827	4.861	4.895	4.929	4.964	4.999	5.034	5.069	5.105
2.7	5.141	5.177	5.213	5.250	5.287	5.235	5.362	5.400	5.439	5.477
2.8	5.516	5.555	5.595	5.643	5.675	5.715	5.756	5.797	5.838	5.880
2.9	5.922	5.965	6.007	6.050	6.094	6.138	6.182	6.226	6.271	6.316
3.0	6.362	6.408	6.454	6.501	6.548	6.595	6.643	6.691	6.740	6.789
3.1	6.838	6.888	6.938	6.988	7.040	7.091	7.143	7.195	7.247	7.300
3.2	7.354	7.408	7.462	7.517	7.572	7.628	7.684	7.740	7.797	7.855
3.3	7.913	7.971	8.030	8.090	8.150	8.210	8.271	8.322	8.394	8.456
3.4	8.519	8.852	8.646	8.710	8.775	8.841	8.907	8.973	9.040	9.108

$$\bar{h} = \frac{1+0.7}{2} = 0.85 (\text{mm})$$

$$z^2 = \left(\frac{fl}{h}\right)^2 = \left(\frac{0.05 \times 5.5}{0.85}\right)^2 = 0.1$$

$$a = cR = 1.1 \times 10^{-5} \times 100 = 1.1 \times 10^{-3} (\text{mm}^3/\text{N})$$

$$y = 2a\frac{f}{h}(\bar{K}-\bar{q}) = 2 \times 1.1 \times 10^{-3} \times \frac{0.05}{0.85} \times (500-200) = 0.039$$

由图 15-17 查得 $x=\dfrac{fl'}{h}=0.34$

由表 15-1 查得 $n'_\sigma=\dfrac{e^x-1}{x}=1.191$

$$l'=0.34\,\dfrac{\bar{h}}{f}=0.34\times\dfrac{0.85}{0.05}=5.78\,(\mathrm{mm})$$
$$\bar{p}=(\bar{K}-\bar{q})n'_\sigma=(500-200)\times1.191=357\,(\mathrm{N/mm^2})$$
$$P=\bar{p}Bl'=357\times120\times5.78=247.6\times10^3\,(\mathrm{N})$$

复习思考题

1. 何谓轧制力,其大小和方向如何考虑?
2. 金属与轧辊的接触面积如何确定?
3. 轧制过程中对轧制力影响的因素有哪些?
4. 单位压力沿接触弧是怎样分布的,为什么?
5. 卡尔曼方程导出的条件是什么?
6. 采利柯夫平均单位压力公式是怎样解析出卡尔曼方程的,计算公式中考虑了哪些影响因素?
7. 已知工作辊主传动的 $\phi1200/\phi700\mathrm{mm}$ 四辊轧机,$n=80\mathrm{r/min}$ 钢种为 $\mathrm{B_2F}$,轧制温度为 $1050\mathrm{℃}$,轧前 $H\times B=20\times1400\mathrm{mm}$,$\Delta h=5\mathrm{mm}$,分别用采利柯夫、西姆斯和恰古诺夫公式计算轧制压力。
8. 在初轧机上轧制 $\mathrm{B_3F}$ 钢锭的某道次,将 $H\times B=640\times325\mathrm{mm}$ 轧成 $h\times b=185\times135\mathrm{mm}$,轧制温度为 $1050\mathrm{℃}$,$n=70\mathrm{r/min}$,$D=1050\mathrm{mm}$,用采利柯夫和有关公式计算轧制压力。
9. 在 $D=800\mathrm{mm}$ 轧机上轧制 $\phi140\mathrm{mm}$ 圆钢,轧前为椭圆,其边缘尺寸为 $H\times B=185\times135\mathrm{mm}$,软件为 $0.5\%\mathrm{Mn}$ 的 45 钢,当辊缝为 $20\mathrm{mm}$,$t=980\mathrm{℃}$,$n=80\mathrm{r/min}$ 时,用艾克隆德公式计算轧制压力。
10. 在 $\phi1300/\phi400\times1200\mathrm{mm}$ 的四辊轧机上,用 $1.35\times1000\mathrm{mm}$ 的带坯轧成 $0.38\times1000\mathrm{mm}$ 的带卷,钢种为 $\mathrm{B_2F}$,第二道由 $h=1.0\mathrm{mm}$ 轧成 $0.5\mathrm{mm}$,$v=5\mathrm{m/s}$,前张力为 $5\times10^4\mathrm{N}$,后张力为 $8\times10^4\mathrm{N}$,$f=0.05$,用采利柯夫公式和斯通公式计算轧制压力。

16 轧制力矩与主电机容量校核

16.1 辊系受力分析

16.1.1 简单轧制情况下辊系受力分析

简单轧制情况下,作用于轧辊上的合力方向,如图 16-1 所示,即轧件给轧辊的合压力 P 的方向与两辊连心线平行,上下辊之 P 大小相等,方向相反。

此时转动一个轧辊所需力矩,应为力 P 和它与轧辊轴线力臂的乘积,即

$$M_{1,2} = Pa \tag{16-1}$$

或

$$M_{1,2} = P\frac{D}{2}\sin\varphi \tag{16-2}$$

式中 φ——合压力 P 作用点对应的圆心角。

转动两个轧辊所需的力矩为

$$M = 2Pa \tag{16-3}$$

式中 a——力臂。

$$a = \frac{D}{2}\sin\varphi$$

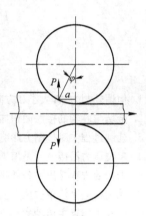

图 16-1 简单轧制时作用于轧辊上力的方向

16.1.2 单辊驱动时辊系受力分析

单辊驱动通常用于叠轧薄板轧机。此外,当二辊驱动轧制时,一个轧辊的传动轴损坏,或者两辊单独驱动,其中一个电机发生故障时都可能产生这种情况。

在下辊驱动的情况下,轧件对上辊作用的合力如为 P_1,如果忽略上辊轴承的摩擦,则 P_1 之方向应指向轧辊轴心,见图 16-2。因为上辊为非驱动辊且均匀转动,这只有在该辊上的所有作用力对轧辊轴心力矩之和等于零时才可能。

现在决定于下辊力的方向。因为根据原始条件,轧件所受之力来自轧辊,轧辊均匀运动,故显然下辊合力 P_2 应与 P_1 平衡,这只有在 P_2 与 P_1 大小相等($P_1 = P_2 = P$),且于一直线上而方向相反的情况下才有可能。

下辊即驱动辊,其转动所需要力矩可用力与力臂之积表示,即

$$M_2 = Pa_2 \tag{16-4}$$

而

$$a_2 = (D+h)\sin\varphi \tag{16-5}$$

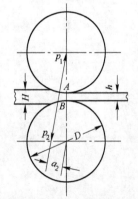

图 16-2 下辊单独驱动时轧辊上作用力的方向

16.1.3 具有张力作用时的辊系受力分析

假定轧制进行之一切条件与简单轧制过程相同,只是在轧件

222

入口及出口处作用有张力 Q_H 及 Q_h,如图 16-3 所示。

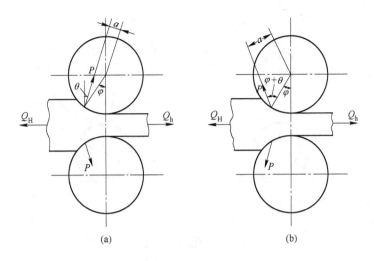

图 16-3 有张力时轧辊上作用力的方向

如果前张力 Q_h 大于后张力 Q_H,此时作用于轧件上的所有力为了达到平衡,轧辊对轧件合压力的水平分量之和必须等于两个张力之差,即

$$2P\sin\theta = Q_h - Q_H \qquad (16\text{-}6)$$

由此可以看出,在轧件上作用有张力轧制时,只有当 $Q_h = Q_H$ 时,轧件给轧辊的合压力 P 才是垂直的,在大多数情况下 $Q_h \neq Q_H$,因而合压力的水平分量不可能为零,当 $Q_h > Q_H$ 时,轧件给轧辊的合压力 P 朝轧制方向偏斜一个 θ 角,如图 16-3(a)所示;当 $Q_h < Q_H$ 时,则 P 向轧制的反方向偏斜一个 θ 角,θ 角可根据式(16-6)求出

$$\theta = \arcsin \frac{Q_h - Q_H}{2P} \qquad (16\text{-}7)$$

可以看出,此时(即当 $Q_h > Q_H$ 时),转动两个轧辊所需力矩(轧制力矩)为

$$M = 2Pa = PD\sin(\varphi - \theta) \qquad (16\text{-}8)$$

由上式也可看出,随 θ 角的增加,转动两个轧辊所需的力矩减小,当 θ 角增加到 $\theta = \varphi$ 时,则 $M = 0$,在此情况下力 P 通过轧辊中心,且整个轧制过程仅靠前张力(更确切些是靠 $Q_h - Q_H$ 之值)来完成的。也即相当于空转辊组成的拉拔过程了。

16.1.4 四辊轧机辊系受力分析

四辊式轧辊受力情况有两种,即由电动机驱动两个工作辊或由电动机驱动两个支承辊。下面仅研究驱动两个工作辊的受力情况。

如图 16-4 所示,工作辊要克服下列力矩才能转动。首先为轧制力矩,它与二辊式情况下完全相同,是以总压力 P 与力臂 a 之乘积确定,即 Pa。

其次为使支承辊转动所需施加的力矩,因为支承辊是不驱动的,工作辊给支承辊的合压力 P_0 应与其轴承摩擦圆相切,以便平衡于同一圆相切的轴承反作用力。如果忽略滚动摩擦,可以认为 P_0 的作用点在两轧辊的连心线上,如图 16-4(a)所示,当考虑滚动摩擦时,P_0 的作用点将离开两轧辊的连心线,并向轧件运动方向移动一个滚动摩擦力臂 m 的数值。

223

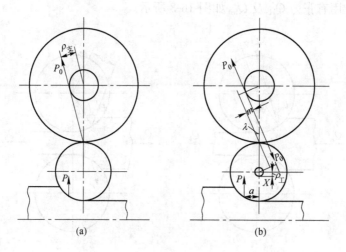

图 16-4　驱动工作辊时四辊轧机受力情况

使支承辊转动的力矩为 $P_0 a_0$。

而
$$a_0 = \frac{D_\text{工}}{2}\sin\lambda + m \qquad\qquad (16\text{-}9)$$

式中　$D_\text{工}$——工作轧辊辊身直径；

λ——P_0 力与轧辊连心线之间的夹角；

m——滚动摩擦力臂，一般 $m = 0.1 \sim 0.3\text{mm}$。

$$\sin\lambda = \frac{\rho_\text{支} + m}{\dfrac{D_\text{支}}{2}}$$

式中　$D_\text{支}$——支承辊辊身直径；

$\rho_\text{支}$——支承辊轴承摩擦圆半径。

所以
$$P_0 a_0 = p_0\left(\frac{D_\text{工}}{2}\sin\lambda + m\right) = P_0\left[\frac{D_\text{工}}{D_\text{支}}\rho_\text{支} + m\left(1 + \frac{D_\text{工}}{D_\text{支}}\right)\right] \qquad (16\text{-}10)$$

式中的第一项相当于支承辊轴中的摩擦损失，第二项是工作辊沿支承辊滚动的摩擦损失。

另外，消耗在工作辊轴承中的摩擦力矩为工作辊轴承支反力 X 与工作辊摩擦圆半径 $\rho_\text{工}$ 的乘积。因为工作辊靠在支承辊上，且其轴承具有垂直的导向装置，轴承反力应是水平方向的，以 X 表示。

从工作辊的平衡条件考虑，P、P_0 和 X 三力之间的关系可用力三角形图示确定出来，即

$$P_0 = \frac{P}{\cos\lambda} \qquad\qquad (16\text{-}11)$$

$$X = P\tan\lambda \qquad\qquad (16\text{-}12)$$

显然，欲使工作辊转动，施加的力矩，即

$$M = Pa + P_0 a_0 + X\rho_\text{工} \qquad\qquad (16\text{-}13)$$

16.2　轧制力矩的确定

在传动轧辊所需的力矩中，轧制力矩是最主要的。确定轧制力矩一般采用两种方法，即按轧制力计算和利用能耗曲线计算。

16.2.1 按金属对轧辊的作用力计算轧制力矩

对于轧制矩形断面的轧件,如钢板、带钢、钢坯等,按作用在轧辊上的总压力确定轧制力矩,可给出比较精确的结果。

在确定了金属作用在轧辊上的压力 P 的大小及方向之后,欲计算轧制力矩需要知道合力的作用角 φ 或合力作用点到轧辊中心连线的距离。知道 φ 角便可按合力 P 作用方向确定力臂 a 的数值,或将 φ 角及力 P 的数值代入前节中导出的公式(16-3)、(16-4)、(16-8)、(16-13)中去,直接计算轧制力矩的数值。在实际计算中,通常借助于力臂系数来确定合压力作用角 φ 或合压力作用点的位置。力臂系数 ψ 可根据实验数据确定。

在简单轧制时,力臂系数可表示为

$$\psi = \frac{\varphi}{a} = \frac{a}{l}$$

因此,在简单轧制情况下,转动两个轧辊所需力矩

$$M = 2P\psi l = 2P\psi \sqrt{R\Delta h} \tag{16-14}$$

由于在轧制矩形断面轧件时,有

$$P = F\bar{p}, \quad F = \frac{B_H + B_h}{2} \sqrt{R\Delta h}$$

于是轧制力矩可表示为

$$M = \bar{p}\psi(B_H + B_h)R\Delta h \tag{16-15}$$

对于力臂系数 ψ,很多人进行了实验研究,他们在生产条件或实验条件下,在不同的轧机上对于不同的轧制条件,测出金属对轧辊的压力和轧制的力矩,然后按下式计算力臂系数

$$\psi = \frac{M}{2P \sqrt{R\Delta h}} \tag{16-16}$$

E.C.洛克强在初轧机和板坯轧机上进行了实验研究,结果表明,力臂系数决定于比值 $\frac{l}{h}$,见图 16-5 和图 16-6。随比值 $\frac{l}{h}$ 的增大,力臂系数 ψ 减小,在轧制初轧坯时由 0.55 减小至 $0.35 \sim 0.3$;在热轧铝合金板时由 0.55 减小到 0.45。

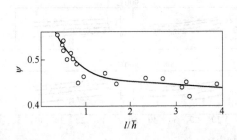

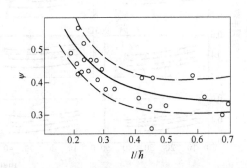

图 16-5　ψ 与比值 $\frac{l}{h}$ 的关系(轧 LY16 铝合金板时)　　图 16-6　轧初轧坯时 ψ 与比值 $\frac{l}{h}$ 的关系

T.瓦尔克维斯特在 340mm 实验轧机上,对热轧时的力臂系数进行了详细的研究。他将实验结果用曲线 $\psi = f(\varepsilon)$ 给出,其中一部分如图 16-7 和图 16-8 所示。相应钢种的化学成

分见表 16-1。对于低碳钢系数 ψ 在 $0.34 \sim 0.47$ 范围内变化。在轧件比较厚时,系数 ψ 具有较大的数值,随轧制温度的减小和压下量的增大,系数 ψ 稍有所降低。对于高碳钢及其他钢种,曲线的变化在性质上相似,但系数 ψ 的变化范围较大。如对于含碳 1.03% 的碳钢,系数 $\psi=0.3 \sim 0.49$,对于高速钢($W17.8\%$、$Cr4.65\%$),系数 $\psi=0.28 \sim 0.56$。

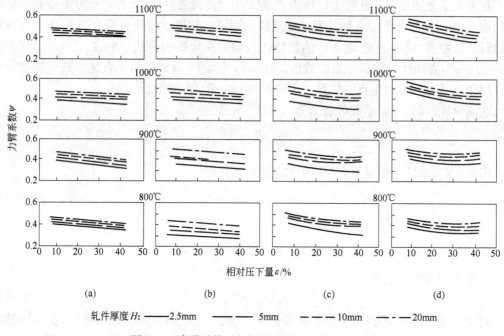

图 16-7　力臂系数 ψ 与相对压下量 ε 的关系曲线

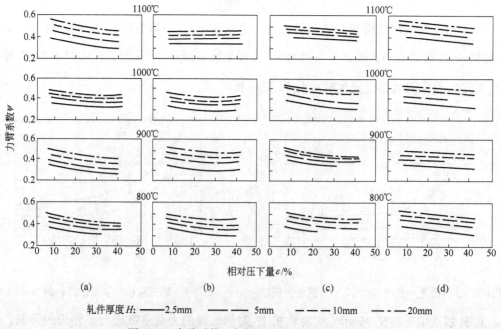

图 16-8　力臂系数 ψ 与相对压下量 ε 的关系曲线

表 16-1　钢的化学成分

No.	C	Si	Mn	P	S	Cr	Ni	W	Mo	V
1	0.10	0.21	0.47	0.063	0.026	—	—	—	—	—
2	1.03	0.22	0.27	0.030	0.026	—	—	—	—	—
3	0.55	0.26	0.46	0.017	0.013	0.95	2.94	—	0.31	—
4	1.28	0.20	0.35	0.024	0.010	0.17	—	—	—	—
5	0.10	0.50	0.40	0.016	0.017	16.7	20.6	—	—	—
6	0.34	0.18	0.46	0.017	0.015	14.3	0.22	1.18	—	—
7	2.01	0.38	0.02	0.020	0.020	13.5	—	—	—	0.20
8	0.74	0.25	0.39	0.032	0.011	4.65	—	17.8	0.44	1.12

在美国力臂系数在热轧方坯时取 0.5;在热轧圆钢时取 0.6;在闭式孔型中轧制时取 0.7。在热带钢连轧机上,对前几个机座取 0.48,对后几个机座取 0.39。

H. 福特根据在不同的压下量下冷轧厚度不同的低碳钢带及纯铜带的实验数据,按公式(16-16)确定了力臂系数 ψ,其所得结果见表 16-2。

表 16-2　冷轧时的力臂系数值

轧件的材料	轧件厚度/mm	轧辊表面状态	系　数 ψ
碳钢(C0.2%)	2.54	光泽表面	0.40
碳钢(C0.2%)	2.54	普通光表面	0.32
碳钢(C0.2%)	2.54	普通光表面无润滑	0.33
碳钢(C0.11%)	1.88	光泽表面	0.36
碳钢(C0.7%)	1.65	光泽表面	0.35
铜	2.54	光泽表面	0.40
铜	1.27	普通表面	0.40
铜	1.9	普通表面	0.32
铜	2.54	普通表面	0.33

注:无说明的均用 40A 真空泵润滑轧辊表面。

16.2.2　按能耗曲线确定轧制力矩

在许多情况下按轧制时的能量消耗确定轧制力矩是比较方便的,因为在这方面积累了一些实验资料,如果轧制条件相同时,其计算结果也较可靠。在轧制非矩形断面时,由于确定接触面积和平均单位压力比较复杂,常采用这种方法计算轧制力矩。

在一定的轧机上由一定规格的坯料轧制产品时,随着轧制道次的增加,轧件的延伸系数增大。根据实测数据,按轧材在各轧制道次后得到的总延伸系数和 1t 轧件由该道次轧出后累积消耗的轧制能量所建立的曲线,称为能耗曲线。

轧制所消耗的功 A 与轧制力矩之间的关系为

$$M=\frac{A}{\theta}=\frac{A}{\omega t}=\frac{AR}{vt} \tag{16-17}$$

式中　θ——轧件通过轧辊期间轧辊的转角:

$$\theta=\omega t=\frac{v}{R}t \tag{16-18}$$

227

ω——角速度；

t——时间；

R——轧辊半径；

υ——轧辊圆周速度。

利用能耗曲线确定轧制力矩,其单位能耗曲线对于型钢等轧制时一般表示为每吨产品的能耗与累积延伸系数,如图 16-9 所示。而对于板带材轧制一般表示为每吨产品的能量消耗与板带厚度的关系,如图 16-10 所示。第 $n+1$ 道次的单位能耗为 $(a_{n+1}-a_n)$,如轧件质量为 G,则该道次之总能耗为

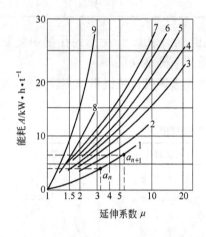
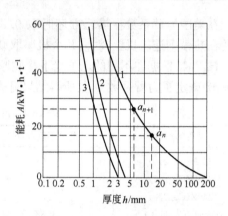

图 16-9 开坯、型钢和钢管轧机的典型能耗曲线　　图 16-10 板带钢轧机的典型能耗曲线

$$A=(a_{n+1}-a_n)G, \text{ kW} \cdot \text{h} \tag{16-19}$$

因为轧制时的能量消耗一般是按电机负荷测量的,故按上述曲线确定的能耗包括轧辊轴承及传动机构中的附加摩擦损耗,但除去轧机的空转损耗,并且不包括与动力矩相对应的动负荷的能耗。因此,按能量消耗确定的力矩是轧制力矩 M 和附加摩擦力矩 iM_f 之总和。

根据公式(16-18)和(16-19)得

$$M+iM_f=\frac{9.8 \times 102 \times 3600(a_{n+1}-a_n)RG}{t\upsilon} \tag{16-20}$$

如果用 $G=F_hL_h\rho, t=\dfrac{L_h}{\upsilon_h}=\dfrac{L_h}{\upsilon(1+S_h)}$ 代入上式,整理后得

$$M+iM_f=1800(a_{n+1}-a_n)\rho F_h D(1+S_h) \tag{16-21}$$

式中　G——轧件质量；

ρ——轧件密度；

D——轧辊工作直径；

F_h——该道次后轧件横断面积；

S_h——该道次前滑值；

i——传动比。

取钢的 $\rho=7.8\text{t/m}^3$,并忽略前滑的影响,则

$$M+iM_f=14010(a_{n+1}-a_n)F_h D, \text{ kN} \cdot \text{m} \tag{16-22}$$

228

由于能耗曲线是在现有的一定的轧机上,在一定的温度、速度条件下,对一定规格的产品和钢种测得的。所以在实际计算时,必须根据具体的轧制条件选取合适的曲线。在选取时,通常应注意以下几个问题。

1)轧机的结构及轴承的型式应该相似。如用同样的金属坯料轧制相同的断面产品,在连续式轧机上,单位能耗较横列式的轧机上小,在使用滚动轴承的轧机上单位能耗要比采用普通滑动轴承的轧机低 $10\%\sim60\%$。

2)选取的能耗曲线的轧制温度及其轧制过程应该接近。因为热轧时温度对轧制压力的影响很大。

3)曲线对应的坯料的原始断面尺寸,应与欲轧制的坯料相同或接近,在热轧时可大于欲轧制的坯料的断面尺寸。

4)曲线对应的轧制品种和最终断面尺寸应与欲轧制的轧件相同或接近。例如在断面尺寸和延伸系数相同的条件下,轧制钢轨消耗的能量比轧制圆钢和方钢的大。因为在异形孔型中轧制时金属与轧辊表面间的摩擦损失比较大,轧件的不均匀变形要消耗附加能量,并且钢轨的表面积大,散热和温降低。

5)曲线对应的金属应与欲轧制的金属相同或接近,以保证变形抗力值相近。

6)对于冷轧,曲线对应的工艺润滑条件和张力数值应与考虑的轧制过程相近。

16.3 轧机传动力矩的组成和计算

在轧制过程中,主电动机轴上传动轧辊所需力矩由轧制力矩、附加摩擦力矩、空转力矩和动力矩组成,用下式表示:

$$M_\Sigma = \frac{M}{i} + M_f + M_K + M_d \tag{16-23}$$

式中　M——轧制力矩,即用于轧件塑性变形所需之力矩;

　　　M_f——克服轧制时发生在轧辊轴承、传动机构中的附加摩擦力矩;

　　　M_K——空转力矩,即克服空转时的摩擦力矩;

　　　M_d——动力矩,即轧辊速度变化时的惯性力矩。

组成传动轧辊的力矩的前三项为静力矩,即

$$M_j = \frac{M}{i} + M_f + M_K \tag{16-24}$$

公式(16-24)是指轧辊作匀速转动时所需力矩,这三项对任何轧机都是必不可少的。在一般情况下以轧制力矩为最大,只有在旧式轧机上,由于轴承中的摩擦损失过大,有时附加摩擦力矩才有可能大于轧制力矩。

在静力矩中,轧制力矩是有效部分,至于附加摩擦力矩和空转力矩是由于轧机的零件和机构的不完善引起的有害力矩。

这样换算到主电动机轴上的轧制力矩与静力矩之比的百分数称为轧机的效率 η_0

$$\eta_0 = \frac{\dfrac{M}{i}}{\dfrac{M}{i} + M_f + M_K}\% \tag{16-25}$$

轧机效率随轧制方式和轧机结构不同(主要是轧辊轴承构造)而在相当大的范围内变

化,即 $\eta_0 = 0.5 \sim 0.95$。

16.3.1 附加摩擦力矩的确定

附加摩擦力矩由轧辊轴承中的摩擦力矩和传动机构中的摩擦力矩两部分组成。

16.3.1.1 轧辊轴承中的附加摩擦力矩 M_{f1}

对上下两个轧辊共四个轴承而言,此力矩的值为

$$M_{f1} = \frac{P}{2} f_1 \frac{d_1}{2} \times 4 = P d_1 f_1 \tag{16-26}$$

式中　P——作用在四个轴承上的总负荷,它等于轧制力;

　　　d_1——轧辊辊颈直径;

　　　f_1——轧辊轴承的摩擦系数,它取决于轴承的构造和工作条件:

　　　　　滑动轴承金属衬热轧时,$f_1 = 0.07 \sim 0.10$

　　　　　滑动轴承金属衬冷轧时,$f_1 = 0.05 \sim 0.07$

　　　　　滑动轴承塑料衬,$f_1 = 0.01 \sim 0.03$

　　　　　液体摩擦轴承,$f_1 = 0.003 \sim 0.004$

　　　　　滚动轴承,$f_1 = 0.003$

16.3.1.2 传动机构中的摩擦力矩 M_{f2}

这部分力矩即指减速机座,齿轮机座中的摩擦力矩,此传动系统的附加摩擦力矩,根据传动效率按下式计算

$$M_{f2} = \left(\frac{1}{\eta} - 1 \right) \frac{M + M_{f1}}{i} \tag{16-27}$$

式中　M_{f2}——换算到主电机轴上的传动机构的摩擦力矩;

　　　η——传动机构的效率,即从主电机到轧机的传动效率,一般齿轮传动的效率取 $0.96 \sim 0.98$,皮带传动效率取 $0.85 \sim 0.90$。

换算到主电机轴上总的附加摩擦力矩为

$$M_f = \frac{M_{f1}}{i} + M_{f2} \tag{16-28}$$

16.3.2 空转力矩的确定

空转动力矩是指空载转动轧机主机列所需力矩。通常是根据转动部分零件的重量在轴承中引起的摩擦力来计算。

在轧机主机列中有许多零件,如轧辊、连接轴、人字齿轮及齿轮等等,各有不同重量及不同的轴颈直径和摩擦系数。因此,必须分别计算。显然,空转力矩应等于所有转动零件空转力矩之和,即

$$M_K = \sum \frac{G_i f_i d_i}{2 i_i} \tag{16-29}$$

式中　G_i——该零件的重量;

　　　f_i——该零件轴承的摩擦系数;

　　　d_i——该零件的轴颈直径;

　　　i_i——电动机与该零件的传动比。

按上式计算甚为繁杂，通常可按经验办法来确定。即

$$M_K = (0.03 \sim 0.06)M_n \tag{16-30}$$

式中　M_n——电动机的额定力矩。

对新式轧机可取下限，对旧式轧机可取上限。

16.3.4　动力矩

动力矩只发生在某些轧辊不匀速转动的轧机上，如带飞轮的轧机和在每个轧制道次中进行调速的可逆式轧机等。动力矩的大小可按下式确定：

$$M_d = J \frac{d\omega}{dt} \tag{16-31}$$

式中　$\dfrac{d\omega}{dt}$——角加速度，$\dfrac{d\omega}{dt} = \dfrac{2\pi}{60}\dfrac{dn}{dt}$；

　　　J——惯性力矩，通常用回转力矩 GD^2 表示：

$$J = mR^2 = \frac{GD^2}{4g} \tag{16-32}$$

　　　D——回转体直径；

　　　G——回转体重量；

　　　R——回转体半径；

　　　m——回转体质量；

　　　g——重力加速度；

　　　n——回转体转速。

于是，动力矩可以表示为

$$M_d = \frac{GD^2}{38.2} \frac{dn}{dt} \tag{16-33}$$

应该指出，式中的回转体力矩 GD^2 应为所有回转体零件的力矩之和。

16.4　主电机容量校核

为了校核主电机容量，除了要知道负荷的大小外，由于轧制过程中力矩是变化的，还必须知道负荷随着时间的变化规律，即所谓负荷图，又称力矩图。而绘制力矩图时往往要借助于表示轧机工作状态的轧制图表。

16.4.1　轧制图表与静力矩图

图 16-11 所示的上半部分，表示一列两架轧机第一架轧 3 道，第二架轧 2 道，并且无交叉过钢的轧制图表。图示中的 t_1，t_2，…，t_5 为道次的轧制时间，可通过计算确定，即为轧件轧后的长度 L 与平均轧制速度 v 的比值，t_1'，t_2'，…，t_5' 为道次间的间隙时间，其中 t_3' 为轧件横移时间，t_5' 为前后两轧件的间隔时间。对各种间隙时间，可以进行实测或近似计算。

图 16-11 的下半部分，表示了轧制过程主电机负荷随机时间变化的静力矩图。在轧制时间内，主电机的反抗力矩为该道的静力矩，即 $M_j = \dfrac{M}{i} + M_f + M_K$，在间隙时间内则只有 M_h。主电机负荷变化周而复始的一个循环，即轧件从进入轧辊到最后离开轧辊并送入下一

轧件为止的过程,称为轧制节奏。

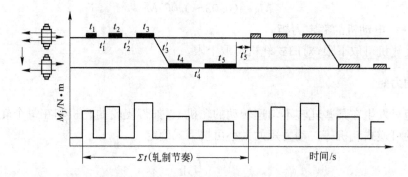

图 16-11　单根过钢时的轧制图表与静力矩图(横列式轧机)

在上述的轧机上,如轧制方法稍加改变,使每架轧机可轧制一根轧件,其轧制图表的形式如图 16-12 所示。由于两架轧机由一个主电机传动,因此,静力矩图就必须在两架轧机同时轧制的时间内进行叠加,但空转力矩不叠加。显然,在该情况下的轧制节奏时间缩短了,而主电机的负荷加重了。

根据轧机的布置、传动方式和轧制方法的不同,其轧制图表的形式是有差异的,但绘制静力矩图的叠加原则不变,如图 16-13 所示为不同传动方式的静力矩形式。

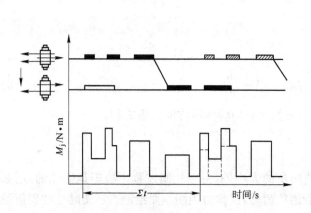

图 16-12　交叉过钢时的轧制图表与
静力矩图(横列式轧机)

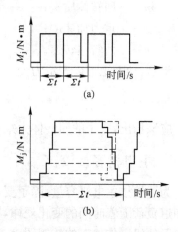

图 16-13　静力矩图的其他形式
(a)纵列式或单独传动的连轧机;
(b)集体传动的连轧机

16.4.2　不同轧制条件下的动力矩图绘制

在某种轧制条件下,由于轧辊的转动不匀速而产生动力矩。对于这种有动力矩的轧制,在选择或校核主电机的容量时,是不可忽视的主要因素之一。

在轧制过程中,由于使轧辊产生不匀速转动的形式不同,导致动力矩图的形式也不相同。但不论何种形式的动力矩图的绘制,均是在静力矩图的基础上进行的。下面就常见的两种动力矩图的绘制作一些必要的介绍。

232

16.4.2.1 带飞轮的轧机动力矩

在某些非可逆式的轧机上,为了均衡主电机在轧制和间隙时间的传动负荷,一般在减速机的高速轴上装有一只或一对飞轮。因此,当考虑飞轮影响时,在电机轴上的传动负荷为:

$$M_{电}=M_j+\frac{GD^2}{38.2}\times\frac{dn}{dt} \qquad (16-34)$$

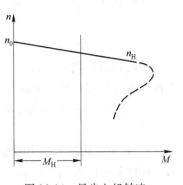

图 16-14 异步电机转速 n 与负荷 M 的关系

为了解出上式,需找出转速与力矩和时间的关系,在带有飞轮传动的装置中,大多数选用异步电动机作为主电机,在计算飞轮传动装置时,都假设电机转速的下降正比于负荷的增加,如图 16-14 所示。其数学表达式为:

$$n=a-b\cdot M_{电} \qquad (16-35)$$

常数 a 和 b 在电机特性中给出。以 n_0 表示负荷为零时的电机转速(同步转速),并以 n_H 表示负荷为额定力矩 M_H 时的电机转速,这样得到:

$$a=n_0; \quad b=\frac{n_0-n_H}{M_H}$$

则式(16-35)可以写成:

$$n=n_0\left(1-\frac{n_0-n_H}{n_0}\cdot\frac{M_{电}}{M_H}\right) \qquad (16-36)$$

式中,$\frac{n_0-n_H}{n_0}$ 比值为电机额定转差率,用 S_H 表示,一般为 $3\%\sim10\%$。

对式(16-36)求导数,得:

$$\frac{dn}{dt}=-\frac{S_H}{M_H}\cdot n_0\cdot\frac{dM_{电}}{dt}$$

这样式(16-34)可写成:

$$M_{电}=M_j-\frac{GD^2}{38.2}\times\frac{S_H}{M_H}\times n_0\times\frac{dM_{电}}{dt}$$

整理后得到带飞轮的传动装置时的基本微分方程式:

$$\frac{dM_{电}}{M_{电}-M_j}=-\frac{38.2M_H}{GD^2n_0S_H}dt=-\frac{1}{T}dt \qquad (16-37)$$

式中,$T=\frac{GD^2n_0S_H}{38.2M_H}$,称为电机的飞轮惯性常数,其值决定于飞轮尺寸与电机特性。

将式(16-37)积分后得:

$$\ln(M_{电}-M_j)=-\frac{t}{T}+C$$

常数 C 从初始条件得到,当 $t=0$ 时

$$M_{电}=M_0$$

由此得出:

$$M_{电}=M_j-(M_j-M_0)e^{-t/T} \qquad (16-38)$$

该式为轧制时的动态方程,它表明传动力矩按指数曲线变化,此曲线的渐近线为一直线。此直线平行于时间坐标,且与距离坐标为 M_i,如图 16-15 所示。

233

在传动装置空转期间，$M_j = M_K$，且 $M_0 = M_K$ 时，将会得到间隙时间的负荷动态方程：

$$M_{电} = M_K + (M_0 - M_K) \cdot e^{-t/T} \tag{16-39}$$

式中 M_0——初始力矩。

当轧制道次很多时，利用上述两方程解析作图很浪费时间。因此，在实际计算中通常采用样板曲线作图。样板曲线的作法与使用如下：

1）用负荷图的比例按下列方程式把样板图画在纸板上：

$$M' = M'_j(1 - e^{-t/T}) \tag{16-40}$$

式中 M'_j——轧制节奏中的最大静力矩。

作样板时的时间数值取 $t=0$ 到 $t=4T$，经过 $4T$ 后曲线实际上与渐近线重合在一起，如图 16-16 所示。

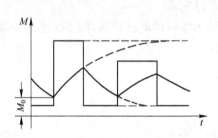
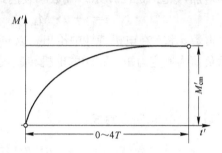

图 16-15 带飞轮的传动负荷与时间的变化关系　　图 16-16 样板曲线绘制

2）将已作成的样板曲线（按曲线剪下）叠放在静负荷图上，使曲线与初始输出力矩 M_0 相切，渐近线与时间坐标平行或与静力矩的直线重合。图 16-17(a) 为轧制时的飞轮负荷变化曲线。

3）将样板曲线转 180°叠放，可画出间隙时间的飞轮负荷变化，如图 16-17(b) 所示。

应该指出，初始力矩 M_0 较难确定，可以确定该点比 M_K 稍大，在一个周期内，通过一个或两个始点与终点是否重合来确定。如果重合，该点为 M_0；不重合可再进行由起点到终点，并返回起点的过程。由此可见，在没有确定 M_0 时，往返的过程只能用轻微的点在负荷图上作标记，而不能直接用实线画出负荷变化。

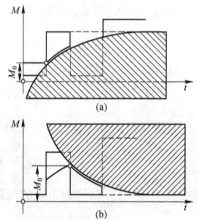

图 16-17 按样板曲线绘制带
飞轮的传动负荷
(a)$M'_j > M_{电}$；(b)$M'_j < M_{电}$

16.4.2.2 可调速轧机的传动负荷图

可调速轧机通常是以直流主电机驱动的，这种轧机的工作制度，不论可逆还是非可逆，一般轧辊是在低速下咬入轧件，然后提高轧辊转速，而在该道次终了以前，又降低轧辊的转速，如图 16-18(a) 所示。因此，轧件通过轧辊的时间由三个部分组成：加速、等速（有时因轧件短而无等速阶段）及减速三个阶段。在这种轧机上轧制，每个道次的轧制过程，实际上有五个阶段。如果以 a 表示角加速度，一般取 $30 \sim 60$r/min/s；以 b 表示减速度，一般取 $40 \sim 80$r/min/s。

则有：

A 空载启动阶段　由空载转速 n_K 上升到轧件咬入的转速 n_1 时的传动力矩为：

$$M_1 = M_K + \frac{GD^2}{38.2} \times a \qquad (16\text{-}41)$$

B 咬入轧件后的加速阶段　此时转速由 n_1 上升至稳定（等速）轧制速度 n_2，其传动力矩为：

$$M_2 = M_j + \frac{GD^2}{38.2} \times a \qquad (16\text{-}42)$$

C 等速轧制阶段　不变传动力矩为：

$$M_3 = M_j \qquad (16\text{-}43)$$

D 轧制减速阶段　转速由 n_2 下降到 n_3，其传动力矩为：

$$M_4 = M_j - \frac{GD^2}{38.2} \times b \qquad (16\text{-}44)$$

E 空载制动阶段　转速又由 n_3 降至零，其力矩为：

$$M_5 = M_K - \frac{GD^2}{38.2} \times b \qquad (16\text{-}45)$$

式中　GD^2——推算至电机轴上的轧机旋转部分与电动机电枢的飞轮力矩。

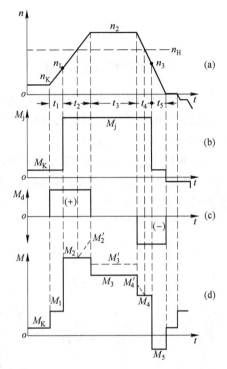

图 16-18　可调速轧机主电机的转速、扭矩与时间的关系

上述五个阶段相对的时间为：

启动阶段：

$$t_1 = \frac{n_1 - n_K}{a} \qquad (16\text{-}46)$$

轧件咬入后的加速阶段：

$$t_2 = \frac{n_2 - n_1}{a} \qquad (16\text{-}47)$$

轧制减速阶段：

$$t_4 = \frac{n_2 - n_3}{b} \qquad (16\text{-}48)$$

空载制动阶段：

$$t_5 = \frac{n_3}{b} \qquad (16\text{-}49)$$

稳定轧制阶段的时间视轧件的长度 L 而定，而长度为：

$$L = \frac{\pi D}{60} \left(\frac{n_1 + n_2}{2} \times t_2 + n_2 t_3 + \frac{n_2 + n_3}{2} \times t_4 \right)$$

由此可得等速轧制阶段的时间为：

$$t_3 = \frac{60L}{\pi D n_2} - \frac{1}{n_2} \left(\frac{n_1 + n_2}{2} \times t_2 + \frac{n_2 + n_3}{2} \times t_4 \right) \qquad (16\text{-}50)$$

式中　D——轧辊直径。

当转速大于电机的额定转速 n_H 时，电机将在弱磁状态下工作。此时在相应阶段的传动力矩值应当修正，修正后的扭矩如图 16-18(d)中的虚线所示，其方法为：

$$M_2' = M_2 \frac{n_2}{n_H} \qquad (16\text{-}51)$$

235

$$M'_3 = M_3 \frac{n_2}{n_H} \tag{16-52}$$

$$M'_4 = M_4 \frac{n_2}{n_H} \tag{16-53}$$

16.4.3 电机的过载与发热校核

为了保证电机的正常工作,在轧制时,电机必须同时满足不过载和不发热。校核时,通常是以轧制的一个节奏时间内负荷作为依据的。

16.4.3.1 过载校核

这种校核通常是以轧制时,电机轴上所承受的最大传动负荷 M_{max} 与电机的额定力矩 M_H 的比值关系来反映的,不同的轧制条件其比值是不同的。这种比值,一般称为电机的过载系数,用 K 表示。

A 直流电机

$$K = \frac{M_{max}}{M_H} = 2.5 \sim 3.0 \tag{16-54}$$

B 交流电机(不带飞轮)

$$K = \frac{M_{max}}{M_H} = 1.5 \sim 3.0 \tag{16-55}$$

C 带飞轮的交流主电机

$$K = \frac{M_{max}}{M_H} = 4.0 \sim 6.0 \tag{16-56}$$

由此可以看出,在飞轮的轧制时,对电机的选取可以小一些。轧制时的倍数越大,说明飞轮的作用越显著。

16.4.3.2 发热校核

要保证电机在正常的运转条件下不发热,就要控制运转时的工作电流 I 不超过电机允许的额定电流 I_H。由于在一个节奏时间内,其负荷是变化的,因此,反映电机发热的工作电流,应以等效(或均方根)电流 $I_{均}$ 表示,即 $I_{均} \leqslant I_H$,根据工作电流与反抗力矩成正比的关系,可得

$$M_{均} \leqslant M_H \tag{16-57}$$

而

$$M_{均} = \sqrt{\frac{M_1^2 \cdot t_1 + M_2^2 \cdot t_2 + \cdots + M_n^2 t_n}{\Sigma t}} = \sqrt{\frac{\Sigma M_i^2 t_i}{T}} \tag{16-58}$$

式中　　　　$M_{均}$——均方根力矩;

M_1、M_2、$\cdots$、M_n——节奏时间内每一瞬时的负荷;

t_1、t_2、$\cdots$、t_n——与上述力矩对应的负荷时间;

T——节奏(周期)时间。

对于有飞轮时的每一瞬时负荷是曲线变化,因此式(16-58)中的 M_1、M_2、$\cdots$、M_n 的计算可近似为:

$$M_1 = \sqrt{\frac{m_1^2 + m_1 m_2 + m_2^2}{3}} \tag{16-59}$$

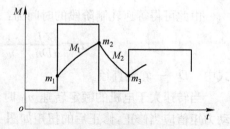

图 16-19　有飞轮时每一瞬时
负荷的计算对应点

$$M_2 = \sqrt{\frac{m_2^2 + m_2 m_3 + m_3^2}{3}} \qquad (16\text{-}60)$$

同理可计算出 M_n 之值。

式中 m_1、m_2、m_3——如图 16-19 中各点,其值据样板曲线或在比例的负荷图中换算出。

复习思考题

1. 何谓轧制力矩,它与哪些因素有关?

2. 简单轧制过程的轧制力矩有何特点,为什么要研究简单轧制?

3. 单辊驱动考虑辊颈摩擦时,为什么轧件给被动辊的作用力与摩擦圆相切是偏向出口方向?

4. 支辊与工作辊间的滚动力臂偏向出口侧,为什么?

5. 轧制时的张力是如何改变轧制力矩的,是前张力的作用大,还是后张力的作用大,为什么?

6. 在型材轧机上轧制,两个轧辊产生的轧制力矩是否相等,其差值如何计算?

7. 四辊轧机的轧制力矩如何考虑,是否与不同的传动辊有关,为什么?

8. 工作辊主传动与支辊主传动的传动力矩是否相等,为什么?

9. 作用在电机轴上的传动力矩由哪几部分组成?

10. 空转力矩的实质是被传动部件所产生的摩擦力矩对吗,为什么?

11. 附加摩擦力矩与空转力矩有何实质性的区别?

12. 在相同的条件下轧制,利用能耗曲线在主轴和电机轴上测得的轧制力矩是否相等,为什么?

13. 使用能耗曲线时应考虑哪些问题?

14. 某 $\phi650$ 开坯轧机的某一个道次的轧制力 $P = 13 \times 10^5\,\text{N}$。轧辊的工作直径为 470mm,压下量为 27.5mm,辊颈直径为 380mm,轴承为胶木轴瓦,轧机的传动效率为 0.93,速比为 4.5 时,求该道次的轧制力矩和附加摩擦力矩。

15. 何谓轧制图表,绘制静力矩图为什么要借助于轧制图表?

16. 带飞轮的轧机力矩有何特点,如何绘制?

17. 电机飞轮的惯性常数与哪些因素有关,该常数有何作用?

18. 带飞轮的传动负荷为什么是曲线变化,它说明什么问题?

17 轧制时的弹塑性曲线与张力方程

一般用弹塑性曲线来表示轧件和轧机的相互作用。在轧机自动控制、轧机结构设计等方面都要应用弹塑性曲线。

17.1 轧件的塑性曲线

影响轧制负荷的因素也将影响轧机的压下能力,也就影响了轧件轧制的厚度。由于问题复杂,用公式表示十分困难,而且精度不高,用图表却可以表现得清楚一些,表示这一关系的就叫做塑性曲线,如图 17-1 所示,纵坐标表示轧制压力,横坐标表示轧件厚度。下面我们分析各种因素对轧机塑性曲线的影响情况。

17.1.1 变形抗力的影响

如图 17-2 所示,当轧制的金属变形抗力较大(曲线 2)时则曲线较陡。在同样轧制压力下,所轧成的轧件厚度要厚一些,即 $h_2 > h_1$。

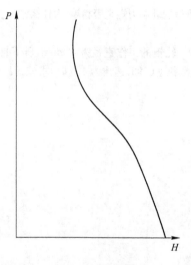

图 17-1 轧件塑性曲线

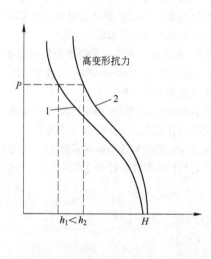

图 17-2 变形抗力的影响

17.1.2 摩擦系数的影响

图 17-3 反映了摩擦的影响。摩擦系数越大,压力越大,轧制厚度也越大(曲线 2)。

17.1.3 张力的影响

张力的影响也可以用类似的图反映出来(图 17-4),张力越大,轧出的厚度也就越薄(曲线 1 $q_1 > 0$;曲线 2 $q_2 = 0$;q 为张力)。

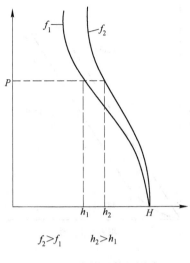

$f_2 > f_1$ $h_2 > h_1$

图 17-3　摩擦系数的影响

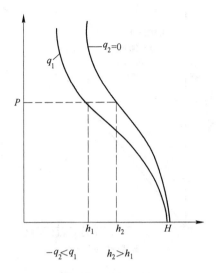

$-q_2 < q_1$ $h_2 > h_1$

图 17-4　张力的影响

17.1.4　轧件原始厚度的影响

图 17-5 为轧件原始厚度的影响。同样负荷下，轧件越厚，轧制压下量越大；轧件越薄压下量越小。当轧件原始厚度薄到一定程度时，曲线将变得很陡。当曲线变为垂直时，说明在这个轧机上，无论施以多大压力，也不可能使轧件变薄，也就是达到"最小可轧厚度"的临界条件。至于其他一些因素的影响，都可用类似的曲线表示出来。

17.2　轧机的弹性曲线

在轧制压力作用下轧辊产生弹性压扁和弯曲，把它相加起来就构成轧辊的弹性变形。如果用轧辊弹性变形与压力绘成图表，则它们之间近似地呈直线关系。如图 17-6 所示即为四辊轧机的轧辊弹性曲线。它的弯曲度甚小，完全可以视为一条直线。

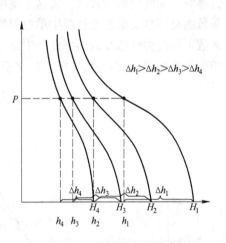

$\Delta h_1 > \Delta h_2 > \Delta h_3 > \Delta h_4$

图 17-5　轧件厚度的影响

同样，轧辊轴承及机架等在负荷作用下也要产生弹性变形，对于机架和轴承，也可以和轧辊一样相对于负荷做一条弹性曲线，由于装配表面的不平以及公差的存在，弹性曲线如图 17-7 所示，在最初有一弯曲阶段，过后则可视为直线。虽然机架断面很大，有足够的刚度，但由于机架立柱很高，即使单位变形不大，立柱的总的变形量也甚可观，完全不能忽略。

一般说来，一个中型四辊轧机在 4000～5000kN 负载作用下机架变形一般为 1mm，如果弹性变形小于此值，就被称为刚度良好的轧机了。

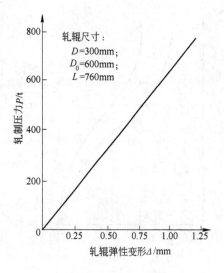

图 17-6　轧辊弹性曲线

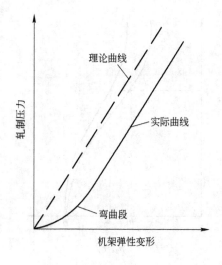

图 17-7　机架(包括轴承)弹性曲线

考虑了轧辊和轧机机架的弹性变形曲线后,整个轧机的弹性曲线则为它们的总和,图17-8 所示,为一小型四辊轧机的典型弹性曲线,如果把此曲线近似地视为直线,那么曲线的斜率对已知轧机则为常数。而这个斜率则称之为轧机的刚度系数,通常以 K 表示之。刚度系数的物理意义是使轧机产生单位弹性变形所需施加的负载量。因此,对某一轧机其刚度系数可通过弹性曲线的斜率计算出来。由于曲线下部有一弯曲线,那么所给予的直线已不相交于坐标原点,而在横坐标上相交于 s_0 处,如图 17-9 所示。此时

$$轧机变形＝s_0＋P/K \tag{17-1}$$

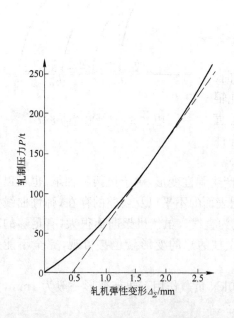

图 17-8　小型四辊轧机弹性曲线

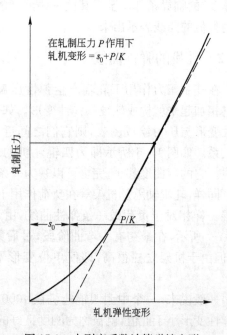

图 17-9　由刚度系数计算弹性变形

240

如果把轧机的辊缝也考虑进去,那么曲线将不由零开始(图 17-10)。根据这个曲线,可直接读出在一定辊缝和一定负荷下所能轧出的轧件厚度为

$$h=s+s_0+P/K=S+P/K \qquad (17-2)$$

式中　h——轧件轧后厚度;

　　　s——轧辊辊缝;

　　　s_0——表示弹性曲线弯曲段的辊缝值;

　　　P——轧制压力;

　　　K——轧机刚度系数。

从理论上讲,上式是精确的,但实际上有下面几个因素影响它的精确度:方程是建立在直线关系上,实际上它稍微有些弯曲,但由于轧机负载是在一定范围内,这就使误差不会太大;由于轧辊以及整个轧机在负荷作用下温度升高,而且温度的变化与轧制节奏有关,这就影响到 s 值,使其成为一个变值;轧辊的偏心度、椭圆度等都会带来一定的误差,而且由于轧辊偏心度造成轧件的厚度偏差是难以纠正的;轧件宽度也对它有一定的影响,因为 K 在同一轧机上随轧制的轧件宽度而有所差异。

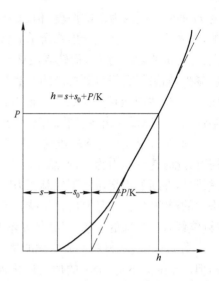

图 17-10　轧件尺寸在弹性曲线上的表示

显然,轧机的弹性曲线是轧辊弹性曲线和机架(包括轴承等)弹性曲线的和,设轧辊的刚度系数为 K_1,机架的刚度系数为 K_2,那么整个轧机的刚度系数为

$$\frac{1}{K}=\frac{1}{K_1}+\frac{1}{K_2} \qquad (17-3)$$

实际上,轧机的刚度系数很容易通过实测来得到。

17.3　轧制时的弹塑性曲线

把塑性曲线与弹性曲线画在同一个图上,这样的曲线图称为轧制时的弹塑性曲线(图 17-11)。

图 17-12 所示为已知轧机轧制带材时的弹塑性曲线,如实线所示,在一定负荷 P 下将厚

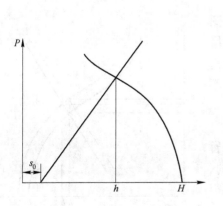

图 17-11　轧制弹塑性曲线

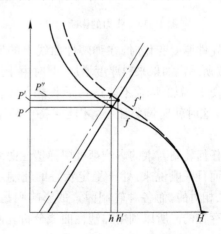

图 17-12　摩擦系数的影响

度 H 的轧件制成为 h 的厚度,但由于某些原因,例如润滑系统发生故障,致使摩擦系数增加,原来塑性曲线将变为虚线所示的状况。如果辊缝未变,由于压力的改变将出现新的平衡点,此时负荷增高为 P',而轧制最终厚度 h 增加变为 h',因此摩擦的增加使压力增加而压下量减少,如果仍希望得到规定的产品厚度 h,就应当调整压下,使弹性曲线将平行左移至链线外,与塑性曲线相交于新的平衡点,此时欲保持厚度 h 不变,压力将增加至 P'',因此由弹塑性曲线可以反映出各种轧制因素的影响。

图 17-13 所示,为冷轧机的弹塑性曲线,实际所示为在一定张力 q_1 的情况下轧制平衡情况,此时轧制压力为 P,产品厚度为 h,假设张力突然增加,其值达 q_2,塑性曲线将要移至虚线处,在新的平衡位置下轧制压力降低(P'),而厚度减薄(h'),此时辊缝仍未改变,说明了张力的影响,如使产品厚度仍保持 h 不变,那么就需调整压下,使辊缝稍许增加,弹性曲线右移(链线),达到新的平衡,以维持 h 不变,但由于张力的作用,轧制压力有所降低。

图 17-14 表示材料性质变化的情况。正常情况,在已知辊缝 s 条件下轧出产品厚度为 h,但由于退火不均,带材的加工硬化未完全消除,此时变形抗力增加,在这种情况下,轧制压力由 P 增至 P',而厚度由 h 增至 h',假设要保持产品厚度 h 不变,就需进一步压下,使辊缝减小,增加轧制压力。

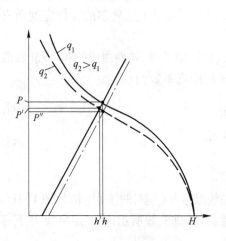

图 17-13 张力的影响

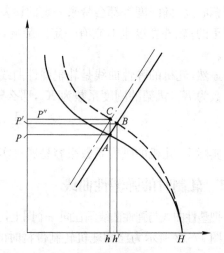

图 17-14 材料性质的影响

轧件厚度变化时,在弹塑性曲线上的反映如图 17-15 所示。如果来料厚度增加,此时由于压下量增加而使 P 增加,因而不能达到原来成品的厚度 h,而为 h',这时就应调整压下,才能保持产品厚度 h 不变。

任何轧制因素的影响都可用弹塑性曲线反映出来。而且一般说来,处于稳定状态的轧制过程是暂时的、相对的,而各种轧制因素的影响则是绝对的、大量存在的。所以利用弹塑性曲线分析轧制过程很方便。

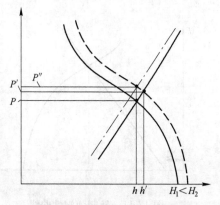

图 17-15 来料厚度变化的影响

上面仅仅做了一些简要的说明，实际上弹塑性曲线在已知条件下，完全可以定量地表示出来，这样它就会有更大的用途。

每个轧钢调整工都知道，要想改变带材厚度，譬如说，多压下 0.1mm，调整压下的距离就要大于0.1mm。如果带材比较软，那么稍大一些就可以了，如果带材比较硬，就需要多压下一些，这个轧机的弹性效果我们称之为"辊缝转换函数"，以 $\Theta=\partial h/\partial s$ 表示之。

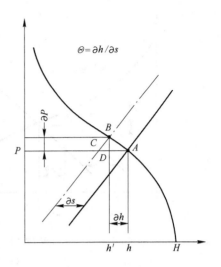

图 17-16　辊缝转换函数

辊缝转换函数的大小和它的变化，可以借助图17-16 弹塑性曲线来说明。当厚度轧到 h，需压力 P（A 点），如果以压下来改变产品厚度，当压下一个 ∂s 时，此时弹性曲线与塑性曲线交于 B 点。而负荷由 A 至 B 增加 ∂P。

在微量情况下，如把 AB 曲线近似地看成直线段，则此塑性曲线的斜率为 M，则

$$\frac{\partial P}{\partial h}=M \tag{17-4}$$

从图中还可知

$$\partial s=\frac{\partial P}{K}+\partial h \tag{17-5}$$

把式 17-4 代入得

$$\partial s=\frac{M \cdot \partial h}{K}+\partial h \tag{17-6}$$

或

$$\frac{\partial s}{\partial h}=\frac{M}{K}+1=\frac{M+K}{K} \tag{17-7}$$

所以

$$\Theta=\frac{\partial h}{\partial s}=\frac{K}{K+M} \tag{17-8}$$

举一个数字例子，如辊缝转换函数为 $1/5$，即

$$\Theta=\frac{\partial h}{\partial s}=\frac{1}{5}$$

或

$$\partial s=5\partial h$$

亦即，压下调整距离应为所需变更厚度 ∂h 的 5 倍。

需特别指出的是：(1)对于厚而软的轧件，压下移动较少就可调整尺寸偏差，换言之，此时辊缝转换函数 $\Theta\approx1$。(2)当轧制薄而硬的轧件时，例如接近终轧道次，压下调整必须有相当的量才能校正尺寸变化的偏差，当到一定值时，无论如何调整压下螺丝，轧件也不能再被压下，此时 $\Theta\to0$。

如果用弹塑性曲线表示，图 17-17(a)为厚软轧件轧制情况，此时，$\partial h\approx\partial s$，塑性曲线的斜率 M 较小；但当轧制薄硬轧件时，则相应于图 17-17(b)的情况，此时虽然 ∂h 很小，而相应的 ∂s 则很大，这种情况较难调整。

轧机刚度对产品尺寸是有影响的。假设轧机是一个完全刚性的轧机，那么当调整好辊

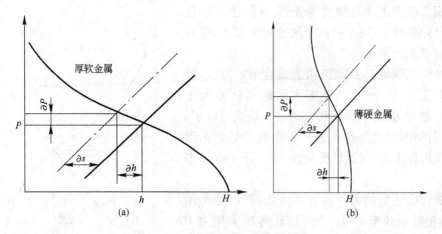

图 17-17　轧制软硬不同金属的情况

(a)厚软金属；(b)薄硬金属

缝 s 以后，不管来料或工艺有什么变化，轧件轧出的厚度 h 应与 s 完全相等。

在刚度较小的轧机上 K 值较小，如图 17-18(a)所示，若来料厚度有一个 ∂H 的变化，那么产品厚度就相应地有一个 ∂h 的变化。而当刚度较大的轧机（如图 17-18(b)），K 值较大，虽然来料厚度变化 ∂H 相同，但是产品厚度变化 ∂h 却比第一种情况下小得多，从这里就看出轧机刚度不高的缺点，即当轧制参数有稍微的波动，立刻就会在成品尺寸上反映出来。

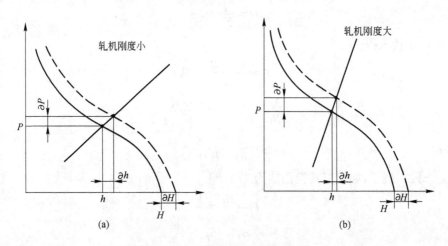

图 17-18　不同刚度轧机轧制情况

(a)轧机刚度小；(b)轧机刚度大

17.4　轧制弹塑性曲线的实际意义

轧制时的弹塑性曲线以图解的方式，直观地表达了轧制过程的矛盾，因此它已日益获得广泛的应用。

A　通过弹塑性曲线可以分析轧制过程中造成厚度差的各种原因　由(17-2)式可知，只要使 s 和 P/K 变化，就造成厚度的波动。上面已经分析过，当来料厚度波动、材质有变化、张力变化、摩擦条件改变、温度波动等都会使 P 变化，因而影响了产品厚度波动。

B 通过弹塑性曲线可以说明轧制进程中的调整原则 如图 17-19 所示,在一个轧机上,其刚度系数为 K(曲线(1)),坯料厚度为 H_1,辊缝为 s_1,最后轧成厚度为 h_1(曲线 1),其轧制压力为 P_1。但由于来料厚度波动,轧前厚度为 H_2,此时因压下量增加而使轧制压力增至 P_2(曲线 2),这时就不能再轧到 h_1 的厚度了,而是轧成为 h_2 的厚度,轧制压力为 P_2,出现了产品厚度偏差。如果想轧制成 h_1 的厚度,那就需要进行轧机调整。

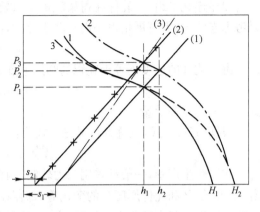

图 17-19 轧机调整原则图示

一般来说,常用移动压下螺丝以减小辊缝的办法来消除厚度差,即如曲线(2)所示,由辊缝 s_1 减至 s_2,而轧制压力增加到 P_3,此时轧出厚度仍保持为 h_1。

但在连轧机上以及可逆式带材轧机上,还有一种常用的调整方法,这就是改变张力,如图 17-19 所示,当增加张力,轧件塑性曲线由曲线 2 变成曲线 3 的形状,这时轧出之产品厚度为 h_1,而轧制压力保持 P_1 不变。

这说明,当轧制过程参数变化时,就影响轧件尺寸的变化,就需要进行调整来消除这些影响,调整的手段为调整压下螺丝和张力。

此外,利用弹塑性曲线还可在探索轧制过程中轧件与工具的矛盾基础上,寻求新的途径。例如近来为了提高轧机精度,在带材轧机上采用液压新型轧机。这种轧机可利用改变轧机刚度系数的方法,以保持恒压力或恒辊缝。如图中曲线 3,即为改变轧机刚度系数 K 为 K',以保持轧后产品厚度不变。

C 弹塑性曲线给出了厚度自动控制的基础 根据 $h=S+P/K$,如果能进行压下位置检测以确定 s,测量压力 P 以确定 P/K(K 为可视为常值),那么就可确定 h。如果所测得的 h 与要求给定值有偏差,那么就调整压下螺丝以改变 s 和 P/K 之值,直到维持所要求之厚度值为止。最早的厚度自动控制(亦称 AGD)就是根据这一原理设计的。

17.5 连轧基本理论

连轧就是轧件同时在几个机架中轧制。随着连轧在轧制生产中的不断发展,促进了连轧理论的建立和发展。当连轧进入稳定状态时,各机架上的工艺参数应保持着一定的关系,或者说有一定的规律。这个规律的实质,就是连轧的理论,而流量方程与张力方程,是连轧理论的基础。

17.5.1 流量方程

流量方程又称为"秒体积流量相等"或连续方程。长期以来,它是连轧生产过程中制订操作规程,以及辊缝和辊速等工作所必须遵守的一个基本法则。这一法则简明地表达了连轧过程中的几个工艺参数之间在稳态时的关系,其数学表达式为:

$$V=b_ih_iv_i \tag{17-9}$$

式中 V——秒体积流量。

即在连轧机组中，轧件在每架轧机出口处的宽度 b、厚度 h 和速度 v 的乘积应相等。如果考虑连轧时，因宽展量很小而忽略不计时，则上式可以写成：

$$V' = h_i v_i \tag{17-10}$$

由于轧件的速度不等于轧辊的圆周速度 v_0，其关系为：

$$v_h = v_0(1 + S_h) \tag{17-11}$$

式中　S_h——前滑量。

根据(17-11)式，流量方程最终形式为：

$$V' = h_i v_{0i}(1 + S_{hi}) \tag{17-12}$$

在连轧生产中，一般都采用张力轧制，因此必须考虑张力的影响。我们知道，张力对前滑 S_h、压力 P 和轧件厚度 h 的变化等，都存在明显的影响，所以(17-12)式的流量方程，应该看成是在带有张力的稳态连轧(张力一定)时各参数(在张力影响下)间的关系。因此，该流量方程亦可导出稳态张力计算公式。

在连轧采用直流电机驱动时，传动特性较硬，轧机传动静态速降极小，故上式中 v_0 即为空转速度。因此，主电机的转速可用下式假设计算：

$$n = \frac{60 v_0 i}{\pi D} \times 1000 \tag{17-13}$$

式中　i——轧机主传动速比；

　　　n——主电机转速，r/min；

　　　D——工作辊直径，mm；

　　　v_0——轧辊线速度，m/s。

应该指出，上述流量方程并不符合连轧过程的实际情况。这是因为连轧过程是一个复杂的运动过程，在连轧过程中的各个参数(特别是工艺参数，如 h、v_0、S_h 等)都是随时间不断变化，随空间(如轧件厚度逐渐变薄)而异的变量。因此，严格地说，在连轧过程中的任一时刻，各机架出口参数间并不存在(17-13)式的关系。但从实用和近似的观点来看，对于稳态连轧过程，(17-13)式在一定的精度内，表达了各参数间关系，而这一关系又对于制订操作规程以及转速预设定计算等，是一个有用的工具。因此，流量方程仍然是一个表达连轧过程(稳态)的重要方程。

17.5.2　张力方程

张力是连轧过程中的一个重要现象，各机架间的相互影响，都是通过张力的传递而联系的。张力的产生是由于机架间的速度不协调造成的，从两个机架来看，如图17-20所示。由于某种原因(外扰量或调节量变动)，使轧件从 i 号轧机的出口速度减小，或轧件进 $i+1$ 号轧机的速度增大，造成在 i_1 号与 $(i+1)$ 号机架间的轧件受拉而加大了张力。

对于张力可以从两种不同的角度来讨论。

1) 稳态张力分析：即研究连轧过程从一

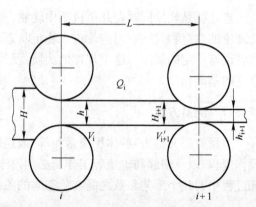

图17-20　机架间的参数关系

个稳态转到另一个新的稳态后的张力变化量。

2）动态张力分析：它是研究连轧过程中，从一个稳态到另一个稳态过程中张力的变化过程，即张力随时间的变化过程。

对于实际的连轧过程来说，动态过程是绝对的，稳态过程是相对的、暂时的。因此连轧张力公式主要是从动态张力公式进行研究的，而把稳态张力公式作为它的一个特解。

为了便于分析，利用图 17-20 简述两机架间的张力公式。设在某一刻 t 时，两机架处于稳定状态，此时机架间张力为 Q_i，在此张力作用下，i 机架出辊速度为 v_i，而$(i+1)$机架入辊速度为 v'_{i+1}，因此：

$$v_i = v'_{i+1} \tag{17-14}$$

如带材断面为 $F = bh$，

则带材断面上的单位张力为：$q_i = \dfrac{Q_i}{F}$ $\tag{17-15}$

当考虑应力和应变的关系时，则：$\varepsilon_i = \dfrac{q_i}{E}$ $\tag{17-16}$

式中　E——轧件的弹性模量，N/m^2。

如机架间的距离为 L，轧件在张力作用下的绝对变形量为 Δl，则有：

$$\varepsilon = \frac{\Delta l}{L - \Delta l} \tag{17-17}$$

式中　$L - \Delta l$——轧件不受张力时的原始长度。

如果某一瞬间稳态破坏，使 $v'_{i+1} > v_i$，则在 $t + \mathrm{d}t$ 时的张力将变为 Q'_i，因此：

$$Q'_i = Q_i + \mathrm{d}Q_i$$
$$q'_i = q_i + \mathrm{d}q_i$$
$$\varepsilon'_i = \varepsilon_i + \mathrm{d}\varepsilon_i$$

而　　　　　　　　　$$\Delta l' = \Delta l + \mathrm{d}\Delta l$$

则　　　　　　$$\varepsilon'_i = \frac{\Delta l'}{L - \Delta l'} = \varepsilon_i + \mathrm{d}\varepsilon_i \tag{17-18}$$

利用上述的关系及(17-17)式，进行整理后可得：

$$\mathrm{d}\varepsilon_i = \frac{\mathrm{d}\Delta l}{L}(1 + \varepsilon_i)(1 + \varepsilon_i + \mathrm{d}\varepsilon_i) \approx \frac{\mathrm{d}\Delta l}{L}(1 + \varepsilon_i)^2 \tag{17-19}$$

由于轧件因张力引起的弹性变形 ε_i 比 1 小得多，可忽略，故：

$$\mathrm{d}\varepsilon_i = \frac{\mathrm{d}\Delta l}{L} \tag{17-20}$$

考虑到所增加的 $\mathrm{d}\Delta l$ 是由速度差 $v'_{i+1} - v_i$ 引起的，因此：

$$v'_{i+1} - v_i = \frac{\mathrm{d}\Delta l}{\mathrm{d}t} = L\frac{\mathrm{d}\varepsilon_i}{\mathrm{d}t} = \frac{L}{E} \cdot \frac{\mathrm{d}q_i}{\mathrm{d}t}$$

即　　　　　　　$$\frac{\mathrm{d}q_i}{\mathrm{d}t} = \frac{E}{L}(v'_{i+1} - v_i) \tag{17-21}$$

此式为张力微分方程，如积分后则为：

$$q_i = \frac{E}{L}\int(v'_{i+1} - v_i)\mathrm{d}t \tag{17-22}$$

该公式应用时，需将 v'_{i+1} 和 v_i 的具体公式代入才行。若轧制为小张力轧制，并假设张

力对前滑的影响为线性关系,当认为 v_0 和 h/H 与张力无关时可得:

$$v_i = v_{0i}(1+S_{hi}) = v_{0i}[1+S_{hi}(1+\beta_s Q_i)]$$
$$= v_{0i}(1+S_{hi}) + v_{0i}S_{h0i}\beta_s h_i q_i \tag{17-23}$$

$$v_i' = \frac{h_{i+1}}{H_{i+1}}v_{0,i+1}(1+S_{h0,i+1})$$

$$= \frac{h_{i+1}}{H_{i+1}}v_{0,i+1}[1+S_{h0,i+1}(1-\beta_H Q_i)]$$

$$= \frac{h_{i+1}}{H_{i+1}}v_{0,i+1}(1+S_{h0,i+1}) - \frac{h_{i+1}}{H_{i+1}}v_{0,i+1} \cdot S_{h0,i+1}\beta_H h_i q_i \tag{17-24}$$

式中　　β_s——前张力对前滑的影响;

　　　　β_H——后张力对前滑的影响;

　　　　S_{h0}——无张力时的前滑。

将式(17-23)和式(17-24)代入式(17-21)并整理后得:

$$\frac{dq_i}{dt} = \frac{E}{L}\left\{\left[\frac{h_{i+1}}{H_{i+1}}v_{0,i+1}(1+S_{h0,i+1}) - v_{0i}(1+S_{h0i})\right] - \left[\frac{h_{i+1}}{H_{i+1}}v_{0,i+1}S_{h0,i+1}\beta_H h_i + v_{0,i+1}S_{h0,i+1}\beta_s h_i\right]q_i\right\} \tag{17-25}$$

如设:

$$Z = \frac{E}{L}\left[\frac{h_{i+1}}{H_{i+1}}v_{0,i+1}(1+S_{h0,i+1}) - v_{0i}(1+S_{h0i})\right]$$

$$W = \frac{E}{L}\left[\frac{h_{i+1}}{H_{i+1}}v_{0,i+1}S_{h0,i+1}\beta_H h_i + v_{0i}S_{h0i}\beta_s h_i\right]$$

则式(17-25)可以写成:

$$Z = \frac{dq_i}{dt} + Wq_i \tag{17-26}$$

因此　　　　　　　　　　$$q_i = e^{-\int Wdt}\int Ze^{\int Wdt}dt \tag{17-27}$$

如果 W 和 Z 不是时间 t 的函数而是常数,则可简化为

$$q_i = e^{-Wt}\int Ze^{Wt}dt = \frac{Z}{W}e^{-Wt(e^{Wt}+c)} = \frac{Z}{W}(1+ce^{-Wt})$$

式中　　c——决定于初始条件,如 $t=0$ 时,$q_1 = 0$,则 $c=1$。

式(17-28)是 W 和 Z 为常数这一特定条件下的协动态张力公式。如 W 和 Z 为时间函数,则应该用式(17-27),其具体解,要视 W 和 Z 的函数形式决定,因此一般动态张力公式是写不出具体的固定形式的。

当式(17-28)中的 $t \to 5\frac{1}{W}$ 时,$e^{-Wt} \to 0$ 时,因此:

$$q_i = \frac{Z}{W} \tag{17-28}$$

此式为稳态张力公式,在式(17-28)中可认为 $\frac{dq_i}{dt} = 0$,亦可得出该式的形式。

17.5.3　张力的自动调节作用

速度不协调产生张力,这只是问题的一个方面。张力的变化还将反过来影响前后机架

的出口和入口速度,而且其影响的方向是使速度趋向于新的协调。例如轧件表面由于某种原因使摩擦系数增加,当通过 i 机架时,就会使单位压力增加,而导致辊缝增大,使压下量减小,结果使 i 机架的轧辊速度减慢。但此时轧件进入 $i+1$ 架轧机的速度没有变化(因辊速没有变),因而在两机架间就产生了速度差,使张力增大而破坏了平衡状态。如果这种干扰不大,张力增加的结果,又导致 i 机架的前滑区增大,$i+1$ 架轧机的后滑区增大;这样又使 i 机架的轧制力矩减小,轧制速度升高;而 $i+1$ 机架则刚好相反,并使轧制压力降低,使轧件的厚度减小,结果使 i 机架的秒体积流量增大,$i+1$ 机架的秒体积流量减小,逐步使轧制过程在一个新的平衡状态下又稳定下来。这就是张力的"自动调节"过程,这一过程也是张力公式中所没有反映出来的不足之处。

复习思考题

1. 什么是弹性曲线,在轧制生产中为什么要研究弹性曲线?
2. 什么是塑性曲线,对它的研究有何意义?
3. 何谓弹塑性曲线,生产中如何利用这些曲线?
4. 什么是辊缝转换函数,它如何指导生产实践保证产品尺寸精度?
5. 弹塑性曲线为什么会得到广泛应用?
6. 什么是轧机的刚性系数,它与轧件的尺寸精度关系如何,生产中如何根据该系数控制产品尺寸精度?
7. 何谓连轧,它的理论基础是什么?
8. 为什么说流量方程是表示连轧稳态过程的重要方程?
9. 张力方程是如何建立的,为什么说张力方程是动态的?

第四篇 挤压原理

18 概 述

18.1 挤压的基本方法

18.1.1 挤压的定义

所谓挤压,就是对放在容器中的锭坯一端施加以压力,使之通过模孔流出而成为具有一定形状、尺寸和性能的制品的一种金属塑性加工方法,如图18-1所示。盛放锭坯的容器叫挤压筒;挤压杆通过挤压垫推动金属锭坯的前进。金属从挤压模子的模孔流出,模孔的形状和尺寸决定了流出金属制品的形状和尺寸。

挤压方法主要用于生产断面形状复杂、尺寸精确、表面质量较高的有色金属管、棒、型材,也可以生产钢制品,比如用挤压法生产无缝钢管。有时生产薄壁和超厚壁断面复杂的管材、型材及脆性材料时,挤压是惟一可行的塑性加工方法。

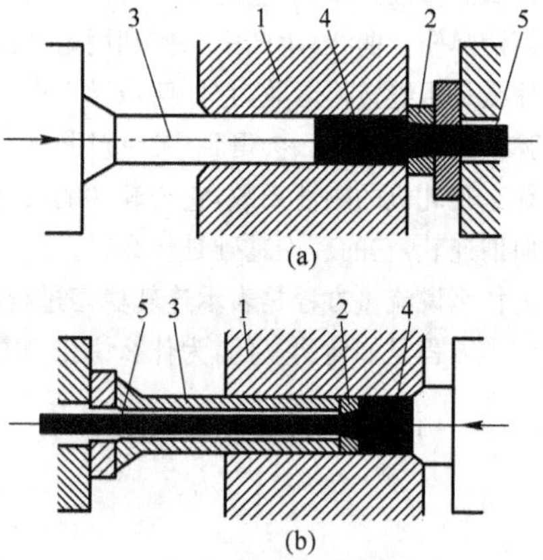

图 18-1 挤压的基本方法
(a)正挤压法;(b)反挤压法
1—挤压筒;2—模子;3—挤压轴;
4—锭坯;5—制品

18.1.2 挤压的分类

挤压方法有许多,并且可以根据不同的特征进行分类:按挤压时金属的温度可分为热挤压与冷挤压;按坯料不同可分为锭挤压、坯挤压、粉末挤压和液态金属挤压;按被挤压的金属材料种类可分为黑色金属挤压和有色金属挤压;按金属流向可分为正挤压、反挤压和横向挤压等等。

18.1.2.1 按金属的流向分类

挤压最基本的方法是根据金属的流向(挤压过程中金属流动方向与挤压杆的运动方向的关系)来分类的,最常用的是正挤压法和反挤压法,如图18-1所示。

在正挤压时,金属的流动方向与挤压杆的运动方向相同。其最主要的特征是在挤压过程中,金属锭坯与挤压筒内壁之间有相对滑动,且二者之间又存在着很大的正压力,存在着很大的外摩擦,也就是锭坯与挤压筒内壁之间存在着很大的摩擦力,因此挤压力很大。

在反挤压时,金属的流动方向与挤压杆的运动方向相反,其特点是金属与挤压筒内壁间无相对运动,继而也就无外摩擦。因此在同等情况下,反挤压比正挤压时的挤压力要小,金属废料也少。正挤压与反挤压的不同特点对挤压过程、产品质量和生产效率等都有着极大的影响。

除正挤压和反挤压外,还有横向挤压,但较少采用。在横向挤压时,模具与金属坯料轴线呈90°放置,作用在坯料上的力与其轴线一致,被挤压的制品以与挤压力成90°方向由模孔流出。在这种挤压条件下,制品的纵向性能差异较小,材料性能得以提高。

18.1.2.2 按材质分类

按照被挤压金属材料的材质,可分为黑色金属挤压和有色金属挤压,其中后者应用最为广泛。按照有色金属的分类方法,其挤压制品又可以分为轻有色金属挤压制品、重有色金属挤压制品和稀贵金属挤压制品。

轻有色金属挤压制品主要包括铝及铝合金挤压制品和镁合金挤压制品,比如建筑用铝合金型材、铝线坯、铝合金管材等;重有色金属挤压制品,包括铅、锌、铜、镍等,以铜及铜合金应用最为广泛,比如铜线坯、紫铜管、黄铜管等;稀贵金属主要包括钛合金挤压制品,以及钨、钼、钽、铌等金属及合金的挤压制品。

18.1.2.3 按制品断面形状分类

按挤压制品的断面形状特征,可以分为管材、棒型材及线坯等。

挤压法是生产有色金属及合金管、棒型材以及线坯的主要方法。挤压法生产管材如图18-2所示,最常用正挤压法。所用的锭坯一般为实心的,在某些情况下也用空心的锭坯,这主要取决于设备的结构和金属的性质。挤压时,穿孔针与模孔形成一环行间隙,在挤压杆压力作用下,金属由此间隙中流出形成管材。

用反挤压法生产管材目前较少采用,只有在挤压直径 $\phi300\sim500mm$ 或更大的管材,在现有的设备上用正挤压法不能生产时,才采用反挤压法生产。

棒型材挤压应用比较广泛。用挤压法生产的棒型材,有的可以直接使用,比如目前广泛应用于建筑的铝合金型材;有的作为拉拔或冷轧的原料,继续加工,生产断面更小的成品,比如常见的圆棒坯、方棒坯等。

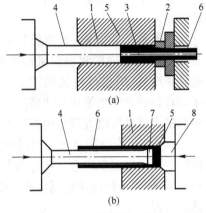

图18-2 管材挤压方法
(a)正挤管材;(b)套轴反挤管材
1—挤压筒;2—模子;3—穿孔针;4—挤压轴;
5—锭坯;6—管材;7—垫片;8—堵头

线坯也是挤压法生产的常见产品。线坯主要用作拉拔的原料,供生产有色金属及合金的线材和细丝,比如常见的铝线、铜线、钨钼丝等。

18.2 挤压法的优、缺点

18.2.1 挤压法的优点

作为生产管、棒、型材以及线坯的挤压法与其他金属压力加工方法,如型材轧制、管材斜轧穿孔、型线坯锻造等相比较,具有以下一些优点:

(1)具有比轧制更为强烈的三向压应力状态图,金属可以发挥其最大的塑性。因此用挤压法可加工用轧制或锻造加工有困难甚至无法加工的金属材料。对于要进行轧制或锻造的脆性材料,如钨和钼等,为了改善其组织和性能,也可采用挤压法先对锭坯进行开坯,再用其他的方法进行生产。

(2) 挤压法不只是可以在一台设备上生产形状简单的管、棒和型材,而且还可以生产断面形状复杂的,以及变断面的管材和型材。这些产品一般用轧制方法生产是非常困难的,甚至是不可能的,或者虽可用其他方法生产,但是很不经济。

用挤压法生产的部分型材断面形状如图 18-3 所示。

(3) 具有极大的生产灵活性。在同一台设备上能够生产出很多的产品品种和规格。当从一种品种或规格改换生产另一种品种或规格时,操作极为方便、简单,只需要更换相应的模具即可,而所占的时间很短。因此,挤压法非常适合于生产小批量、多品种和多规格的产品。

(4) 产品尺寸精确,表面质量高。热挤压制品的精确度和表面粗糙度介于热轧和冷轧、冷拔或机械加工之间。由于具有高的表面质量和尺寸精度,因此多数挤压制品可以直接使用而不需要再进行加工。

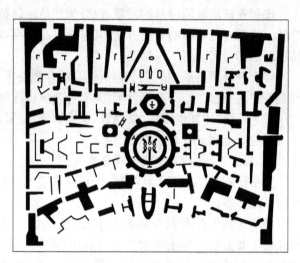

图 18-3 用挤压法生产的部分型材断面形状

(5) 实现生产过程自动化和封闭化比较容易。比如目前广泛应用的建筑用铝型材,一条挤压生产线已实现完全自动化操作,操作人员数已减少到两人。在生产一些具有放射性的材料时,挤压生产线比轧制生产线更容易实现封闭化,这样就可以大大减少放射性元素对人体的伤害。

18.2.2 挤压法的缺点

挤压法具有上述优点的同时,也存在一些缺点,这就是:

(1) 金属的固定废料损失较大。这主要是由于在挤压终了时要留有压余和有挤压缩尾,在挤压管子时还有穿孔料头的损失,因此切损量大,金属收得率低。

(2) 加工速度低。由于挤压时的一次变形量和金属与工具之间的摩擦都很大,而且塑性变形区又完全为挤压筒所封闭,因此产生很大的变形热,并且又不易散发出去,使金属在变形区内的温度升高,从而有可能达到某些合金的脆性区温度,会引起挤压制品的缺陷而成为废品。因此,金属的流出速度受到一定的限制。另外,在一个挤压周期中,由于有较大的辅助工序,占用时间较长,生产率较低。

(3) 沿长度和断面上制品的组织和性能不够均一。这是由于挤压时,锭坯内外层和前后端变形不均匀所致。

(4) 工具消耗较大。主要原因是在挤压时工作应力很高,工作温度又很高,在高温和高摩擦力作用下,使得挤压工具的使用寿命很低。同时,由于加工制造挤压工具的材料皆为价格昂贵的高级耐热合金钢,所以挤压工具的消耗对挤压制品的生产成本有不可忽视的影响。

综上所述可知,挤压法是生产有色金属及合金材的重要方法,非常适合于生产品种、规格和批数繁多的有色金属管、棒、型材,以及线坯等。在生产断面复杂的或薄壁的管材和型材,直径与壁厚之比(D/H)趋近于 2 的超厚壁管材,以及脆性的有色金属及合金材方面,挤压法是惟一可行的压力加工方法。

18.3 挤压生产的发展与现状

在金属的塑性变形领域中,与轧制、拉拔、锻造和冲压等方法相比较,挤压法出现的比较晚,是一种新的金属塑性加工工艺。大约在 1797 年英国人首先发明了一种挤压铅管的装置,到 1894 年由德国人设计和制造了可以挤压黄铜的挤压机,自此以后,无论是在有色金属挤压方面,还是在钢材挤压方面,挤压生产日益发展。现阶段挤压生产的急剧发展主要体现在以下一些方面。

18.3.1 挤压设备迅速发展

具体地说,挤压机的台数不断增加,生产能力在不断地扩大,结构形式不断更新,自动化程度不断提高,油压挤压机得到广泛应用。例如为了满足制造大型运输机、战斗机、导弹、舰艇等所需的整体壁板等结构材料的需要,建造了最大挤压力为 270MN 的大型水压机,最大的油压机的挤压力也已经达到了 95MN。在世界上,现阶段挤压力超过 100MN 的挤压机已经有 30 多台。

挤压生产线的自动化程度不断提高。近代的挤压机已经完全摆脱了人工操作的繁重体力劳动,改为远距离集中控制、程序控制和计算机自动控制,从而使生产效率大幅度的提高,操纵人员大为减少。比如目前已经实现完全自动化操作的建筑铝型材的挤压生产线,操作人员已减少到 2 人,甚至有可能实现挤压生产线的无人化操作。

18.3.2 挤压工模具面貌一新

总的说,从设计、计算、结构选择、装卸方法、制模技术、新材料研制到提高挤压工模具寿命等方面都有很大的发展。挤压模具中的新式挤压模不断出现,比如舌形模、平面分流组合模、叉架模、导流模、可卸模、宽展模、水冷模等,同时出现了多种活动模架和工具自动装卸机构,大大简化了工模具的装卸操作。

挤压工模具的新材料不断出现,比如高合金化的铬镍模具钢的出现与新型热处理方法的使用,使模具材料的质量向前推进了一大步。由于计算机用于挤压模具的设计和制造,为实现模具的设计和制造自动化,提高模具的质量和寿命开辟了另一条崭新的道路。

18.3.3 挤压新技术不断出现

在挤压铝合金方面,为了控制流出速度,防止在挤压制品的表面上出现周期性的裂纹,已经出现除了等温挤压技术(即在挤压过程中,金属流出模孔时的温度不变);为了提高挤压速度,出现了冷挤压技术;为了减少在挤压时外摩擦对金属流动不均匀性的影响,出现了润滑挤压技术;为了提高挤压生产率和成材率,出现了锭接锭挤压,大大减少了挤压压余量。

在挤压时,对于易氧化的紫铜和黄铜等,则采用了水封挤压,惰性气体保护挤压和真空挤压,这样基本上杜绝了紫铜和黄铜等与空气中的氧的接触,大大减少了紫铜和黄铜的氧化。对于在挤压时极易破碎的脆性材料,比如钨、钼等则采用了带反挤压力的挤压和静液挤压等。

在常规挤压时,挤压筒壁与锭坯间的摩擦力是阻碍锭坯前进的力,它不但使挤压力升高,还使挤压过程变的更加不均匀。为了使外摩擦力变害为利,出现了有效摩擦挤压,使挤压力变为促进挤压过程进行的力。

18.3.4　产品品种、规格不断扩大

现阶段铝合金型材的品种已达到 30000 多种,其中包括了很多复杂的铝合金型材,比如:具有复杂外形的型材、逐渐变断面型材、阶段变断面型材、大型整体带筋壁板及异型空心型材等。目前,挤压型材品种在管材方面,除了生产圆、椭圆、扁、方、六角等管材以外,还出现了变壁厚管材和多孔腔管材等多种。

可以用挤压法生产的金属的种类也越来越多。过去主要是用来生产铜、铝及其合金材,但是一些熔点较高、变形抗力较大的钢和有色金属及合金,比如镍合金、钛合金、钨、钼等,很难用挤压法生产。但随着熔融玻璃润滑剂在挤压上的应用,使得以上材料的挤压也可以实现工业规模的生产。

另外,挤压法可以采用金属粉末、颗粒作为原料,直接挤压成材;同时还能用来生产双金属、多层金属以及复合材料等制品。

18.3.5　理论研究有突破性的进展

上世纪初首先进行了挤压时的金属流动试验,包括金属流动规律和挤压缩尾的形成机理。接着又出现了挤压力计算公式。现阶段,滑移场理论、视塑性法、有限元法、上界法等已经广泛应用在挤压过程的分析上。

复习思考题

1. 什么叫挤压,正挤压与反挤压有什么区别?
2. 挤压与其他压力加工方法相比较,有什么优缺点?
3. 画挤压的基本方法图,并标出各部分名称。
4. 有色金属主要分为哪几类?

19 挤压时的金属变形规律

19.1 不同挤压阶段的金属流动特点

19.1.1 研究金属流动的意义与方法

研究金属在挤压时的塑性流动规律是非常重要的。这是因为挤压制品的组织、性能、表面质量、外形尺寸与形状精确度,以及工具设计原则等皆与之有密切的关系。采用不同的挤压方法,以不同的工艺参数来挤制特性各不相同的金属锭坯时,金属流动状态也会有所不同,甚至可能存在着很大的差异。

研究金属在挤压时的流动规律有许多实验方法,通过这些实验可以发现在正、反挤压时金属流动的特点,总结出它们的流动规律。常用的方法有:坐标网格法、视塑性法、组合试件法、插针法、低倍与高倍组织法、光塑性法、云纹法以及硬度法等。其中以坐标网格法和观察低倍组织法最常用。

19.1.1.1 坐标网格法

坐标网格法是指在中剖的锭坯内表面均匀刻画出正方网格,通过比较挤压前后网格的变化情况,找出金属流动的特点及规律。它是最常用的实验方法,可以细致地反映出金属在各个部位和各个阶段的流动情况,如图 19-1 所示。

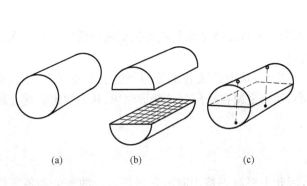

图 19-1 坐标网格法实验
(a)实心锭坯;(b)纵向剖分为两个试件,其一剖面上刻出网格;
(c)固定试件;(d)挤压后的网格变化

具体的实验操作程序是:
(1) 将圆柱形锭坯沿子午面纵向剖分成两半,取其中的一半,在剖面上均匀刻画出正方网格,网格的大小取决于金属品种、试件尺寸和测试手段等。条件允许时可采用小线距,一般采用 1～3mm,如图 19-1(b)所示。

(2) 在刻痕沟槽中充填以耐热物质,如石墨、高岭土、氧化锌或粉笔灰等,或嵌入金属丝,目的是防止在挤压过程中由于大的挤压力而使槽痕消失。然后将水玻璃涂在剖面上,以防止挤压时两半金属锭坯的粘结。最后用螺栓固定住试件,见图 19-1(c)。

(3) 按要求进行不完全挤压。

(4) 取出试件,打开,观测各种挤压时的网格的变化,见图 19-1(d)。

19.1.1.2 低倍和高倍组织法

这是在生产条件下常用的方法。在挤压后取用压余和挤制品尾部,将它们的纵断面与横断面抛光、腐蚀,最后根据低倍组织变化和流线来研究金属流动情况;或根据高倍组织进一步观测金属组织的分布,如图 19-2。此法的优点是制备迅速简单,可以清晰地显示出变形区内的剧烈滑移区、模子边部的死区,也可以计算不同部位的主变形方向和相对变形量的大小。

图 19-2　低倍组织法试样

19.1.1.3 视塑性法

这是将坐标网格法和数学分析法结合起来的一种研究方法。用几个尺寸相同的同一品种金属试件,以不同的挤压行程进行不完全挤压。通过对试件网格变化的分析研究,计算出相应的主变形速度与方向,以及应力。最终可得到某条件下的横断面上与纵断面上近似的变形与应力图。

19.1.1.4 硬度法

硬度是衡量金属材料软硬程度的指标。通常是指金属材料抵抗更硬物质压入其表面的能力,也可以说是金属表面抵抗变形的能力。

在挤压过程中,由于各部分的变形不均匀,从而造成各部分的硬度也不相同。因此,我们可以通过测量制品多点的硬度的大小,找出金属在挤压时的变形规律,从而找出影响金属流动的因素。

19.1.2 正挤压时的金属流动特点

目前生产中最常用的是正挤压法,因此主要对正挤压时的各挤压阶段的划分和各阶段的金属流动特征加以分析。

在正挤压时,按金属流动特征和挤压力的变化规律,可以将挤压过程分成三个阶段,如图 19-3 所示。

第一阶段称为开始挤压阶段,又称填充挤压阶段。在此阶段,金属承受挤压杆的作用力。根据体积不变定律,金属在锭坯长度上受压缩时,首先将锭坯和挤压筒、模孔之间的间隙充满,但也有少量的金属流出模孔。在此阶段挤压力由零开始急剧直线上升,如图 19-3 Ⅰ 所示。

第二阶段称基本挤压阶段,又称平流挤压阶段。此时锭坯已经全部充满间隙,并且稳定流出模孔,筒内的锭坯金属不发生中心层与外层的紊乱流动,即锭坯外层金属出模孔后仍在制品外层,不会流到制品中心。锭坯任一横断面的径向上金属质点,由于外层金属受到挤压筒壁摩擦阻力的作用,流动速度慢,因此总是中心部分首先流动进入变形区,外层的金属流动较慢即存在着流动不均匀现象。靠近挤压垫处和模子与挤压筒的交界处,由于巨大的摩擦阻力等作用,金属尚未参与流动,形成难变形区。图 19-3 Ⅱ 区的线型特征表明,挤压力随筒内锭坯长度的缩短,锭坯与筒的接触面积直线下降,表面摩擦力总量减少,因此挤压力也几乎呈直线下降。

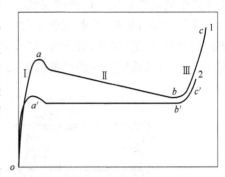

图 19-3 挤压过程的挤压力变化曲线
Ⅰ $oa(oa')$——开始挤压阶段;
Ⅱ $ab(a'b')$——基本挤压阶段;
Ⅲ $bc(b'c')$——终了挤压阶段

第三阶段称终了挤压阶段,即紊流挤压阶段,如图 19-3 Ⅲ。此时,筒内金属产生剧烈的径向流动,也就是说锭坯的外层金属向其中心剧烈流动,即紊流。外层金属进入内层或中心的同时,两个难变形区内的金属也开始向模孔流动,从而易产生第三挤压阶段所特有的缺陷"挤压缩尾"。此时,由于工具对金属的冷却作用,使金属的温度降低,变形抗力升高,另外强烈的摩擦作用,使挤压力迅速上升。在此挤压阶段,挤压制品的质量越来越差,基本上不能满足制品的质量要求。因此一般应适时终止挤压过程。

19.1.2.1 开始挤压阶段

在挤压生产过程中,为了便于把热锭坯放入挤压筒内,一般根据挤压筒内径的大小不同,锭坯外径应比筒内径小 1~15mm,筒径越大,差值越大。这样锭坯在加热膨胀后仍能顺利地被送入挤压筒中。

由于间隙的存在,根据最小阻力定律,金属在挤压垫压力作用下,首先向此间隙处流动,充满挤压筒;与此同时也有一部分金属进入模孔,根据模子的结构不同,金属充满或流出模孔。

填充挤压阶段对制品的力学性能和质量有一定的影响。填充阶段流出的制品变形量小,这部分材料基本上保留了铸造组织,力学性能低劣。锭坯与挤压筒之间的间隙尽可能小些,以便减小填充挤压时的变形量。因为填充量越大,金属在填充的过程中流出模孔的长度越长,而力学性能低劣的部分也就越长,此部分需要切除;在穿孔挤压管材时,还会导致料头增加。锭坯与挤压筒之间的间隙大小用填充系数 λ_c 来表示:

$$\lambda_c = F_t / F_p \tag{19-1}$$

式中 F_t——挤压筒内孔横断面积;

F_p——锭坯横断面积。

锭筒间的间隙越大,则填充系数越大,需要切除的部分也越长。

当锭坯的长度与直径之比(L/D)为中等(3~4)时,填充过程中会出现和锻造一样的鼓形(图 19-4(a)),其表面首先与挤压筒壁接触。于是,在模子附近有可能形成封闭的空间,其中的空气或未完全燃烧的润滑剂产物,在继续填充过程中被剧烈压缩(压力高达 1000MPa)并显著地发热。若锭坯在鼓形变形时,侧面承受不了周向拉应力,则会在大的周向拉应力作用下产生周向微裂纹。这种被强烈压缩的气体会进入锭坯表面的微裂纹中。这些含有气体的微裂纹在通过模孔时,若表面在大的压力作用下被焊合,而内部的气体不能流出,则制品表皮内存在"气泡"缺陷;若未能焊合,制品表面上会出现"起皮"缺陷。锭坯与挤压筒之间的间隙愈大,这些缺陷产生的可能性愈大。

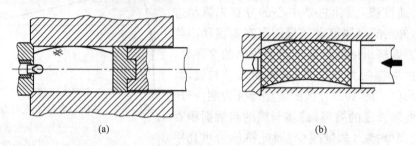

图 19-4　在卧式挤压机上挤压时形成的鼓形与封闭空间
(a)锭坯较短;(b)锭坯较长

　　为了防止或减少上述缺陷的出现,除了采用适当的间隙值以外,还希望锭坯的长度与直径之比(L/D)最好不大于 3～4,否则锭坯在挤压筒内镦粗时会被压弯(图 19-4(b)),使填充过程的流动复杂。先进的办法是对锭坯采用所谓的"梯温加热"法,即锭坯获得沿长度方向上的原始温度梯度,也就是在加热时使锭坯的温度沿长度方向上依次变化。温度较高、变形抗力较低的一端向着模子放入,温度较低的一端与垫片接触。锭坯受压后由于温度高的一端变形抗力小,先变形,充满挤压筒。这样,由温度高的一端逐渐向低的一端变形而把挤压筒内的气体排除出去。目前,已将"梯温加热"法应用于铝的等温挤压以及电缆铝护套连续挤压上。

　　使用实心锭坯挤制管材时,穿孔操作一定要放在填充挤压之后,即使这种操作会使穿孔料头增长也必须遵守。这是因为,在卧式挤压时,锭坯进入挤压筒后由于重力的作用而沉在下面,若还未充满时就使穿孔针穿孔,穿孔针会由于金属在填充时向上面的间隙处流动而被带动,偏离中心位置,其结果将会导致整根管材偏心,即管材在全长方向上出现壁厚不均匀。

　　以上述及的为开始挤压阶段可能导致挤压制品缺陷出现的一面。可是在某些材料的挤制工艺中,却希望采用较大的锭坯与筒的间隙,以便获得较大的填充挤压变形量。例如,航空工业部门应用的 LY12 和 LC4 高强铝合金阶段变断面型材(图 19-5),其大头部分用于与其他结构铆接,为了保证大头部分型材的横向力学性能,在填充阶段必须给予铸锭较大的镦粗变形,一般采用 $\lambda_c = 30～40$ 的填充变形量。

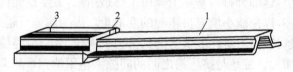

图 19-5　阶段变断面型材
1—基本型材;2—过渡区;3—大头部分

　　由上所述 ,不论是在型材挤压,还是在管材挤压时,为了保证制品的性能,除特殊情况外,一般要采用较小的填充系数,否则会使制品的性能降低,金属的收得率也下降,严重的会导致整个挤制品的报废。

19.1.2.2　基本挤压阶段

　　基本挤压阶段是指把断面积为 F_0 的锭坯挤压成为断面积为 F_1 制品的阶段。其变形指数用挤压比 λ 表示:

$$\lambda = F_0 / F_1 \qquad\qquad (19\text{-}2)$$

式中　F_0——锭坯的截面积；

　　　F_1——制品的截面积。若模子上只有一个模孔,则 F_1 用一根制品的截面积表示;若模子上有多个模孔,则 F_1 用多根制品截面积之和表示。

A　变形区内的应力与变形状态　图 19-6 示出正挤压时工具作用与金属上的外力、应力分布和变形状态。由图可知,作用于金属上的外力有:挤压杆通过挤压垫给予金属的单位压力即压应力 σ_d;挤压筒壁、模子压缩锥面和工作带给予金属的单位正压力 dN_t、dN_{zh}、dN_g 和摩擦应力 τ_t、τ_{zh}、τ_g;在一定条件下,挤压垫与金属界面上会出现相对运动,因此也会出现摩擦应力。

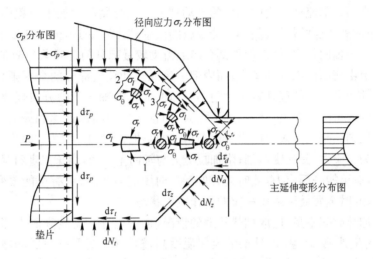

图 19-6　作用于金属上的力及变形状态

从上面的分析可知,在挤压时,变形区内金属的应力状态一般地来说是呈三向压应力状态,即轴向压应力 σ_l、径向压应力 σ_r 和周向压应力 σ_θ。其中,轴向压应力 σ_l 是由于挤压杆作用于金属上的压力和模子的反作用力产生的;径向压应力 σ_r 和周向压应力 σ_θ 则是由于挤压筒和模孔的侧壁作用的压力所产生的。

在变形前后也就是由锭坯到制品,尺寸的变化为:断面面积缩小而长度增长。由此可知,变形区内金属的变形状态图示为两向压缩变形和一向延伸变形,其方向为:径向压缩变形 ε_r、周向压缩变形 ε_θ 和轴向延伸变形 ε_l。

变形区内各点的主应力值是不相同的,其分布规律如图 19-6 所示。轴向主应力沿径向上的分布规律是边部大、中心小。形成的原因是由于其中心部分正对着模孔,其流动阻力较小;而边部的金属由于受到挤压筒壁的强烈的摩擦作用,阻碍其前进的力非常大,根据最小阻力定律,其中心的轴向主应力要小得多。主应力沿轴向上的分布,是由挤压垫向模子方向逐渐减小的,形成此的原因,一部分是由于沿挤压垫向模子方向金属与筒壁间的摩擦阻力之和是逐渐减小的,在无反压力的挤压条件下,中心靠近模孔处阻力近乎为零,也就是说模子出口处的主应力等于零。

周向主应力 σ_θ 与径向主应力 σ_r 之间的关系属于轴对称关系,即二者相等。实际上两者之间仍存在着一点差异,此差值由挤压中心线(对称轴)向接触界面逐渐增大,而且总是周向主应力稍小于径向主应力。

B 基本挤压阶段金属流动的分析　在挤压过程中,金属流动的不均匀总是绝对的,这与其他的压力加工方法是一样的。造成挤压时金属流动的不均匀性的原因,首先是外摩擦的存在:靠近挤压筒壁处的金属摩擦阻力大,而中心处的阻力小,因此造成中心部分的金属流动速度快;其次,锭坯横断面上的温度分布不均,造成沿径向上金属的变形抗力分布不同:温度越高,变形抗力越低,金属越容易流动,即流动速度越快;最后,模孔几何形状和模孔的布置,使实际的应力分布更为复杂,对准模孔部分的金属流动阻力最小,因此流动速度也最快。

例如,外摩擦很大或锭坯外层金属温度较低时,金属外部变形抗力高于中心,就会产生内部流动速度高于外部流动速度的不均匀流动现象。在金属压力加工过程中,金属被看作一个整体,由于内外摩擦的作用,使各部分金属的流动速度不一致,流动速度高的部分对较慢的部分作用一个轴向拉力,从而使外部金属或流动较慢部分的金属承受轴向附加拉应力,其数值沿径向上由表面向内逐渐减小;而内部金属或流动较快部分的金属则相应地承受轴向附加压应力并由中心向外逐渐减小。附加应力的大小沿轴向上的分布规律是:从金属开始流动的变形区入口断面向出口断面逐渐增大,而且在出口断面处达到最大值。这是由于金属流动的不均匀性是从其入口向出口逐渐增加的结果。附加压应力与轴向主应力叠加后的工作应力仍为压应力,其强度增加;附加拉应力与轴向主应力,由于二者符号的不同,叠加后的工作应力,有可能是压应力,此时金属处于三向压应力状态;也有可能改变应力的符号而成为拉应力,此时金属处于两压一拉的工作应力状态。

当锭坯的加热时间不足,造成加热不透的情况,也就是外面温度高而内部温度低,造成锭坯所谓的"内生外熟"现象时,外层的金属温度高,塑性好,变形抗力低,因此流动速度也快;而内层的金属由于温度低,流动速度慢,由此而造成外层金属的流动速度大于中心部分金属的流动速度。于是可能出现与上述情况相反的状态:锭坯中心部分的金属承受附加拉应力。

在基本挤压阶段,金属的流动特点如图 19-7 所示。这是基于在较理想的工艺条件下(金属各部分的性质和温度均一,摩擦力小),用锥模挤压时所绘制的坐标网格变化图。用平模挤压时,坐标网格变化规律与此类似。

对图 19-7 所示的坐标网格变化图,可以进行如下分析:

1) 在锭坯纵剖面上,纵向线在进出变形区压缩锥时,发生了方向相反的两次弯曲,其弯曲的角度由外层向内逐渐减小,而挤压中心线上的纵向线不发生弯曲。这表明断面在径向上金属变形的不均匀性。分别连接纵向线的两次弯曲折点,可得到两个曲面,习惯将此两曲面及模孔锥面或平模死区界面间形成的空间,称做塑性变形区压缩锥,简称变形区压缩锥。金属在此压缩锥中受到径向和周向上的压缩变形与轴向上的延伸变形。在挤压过程中,随着内外部条件的变化,变形区压缩锥的形状、大小有可能发生变化。

2) 在变形区压缩锥中,横向线弯曲,中心部分超前,越接近出口面其弯曲越大。这表明中心部分的金属质点较早进入变形区压缩锥,流动速度也大于外层部分的金属质点。由于流动阻力不同,越接近出口面,其首尾差值越大。图 19-8 示出挤压 MB2 镁合金时,各个阶段的网格变化。在不同的挤压时期,随着锭坯的长度减小,压缩锥内各点的金属流速逐渐增高,金属内外层流动速度差值增大。这是由于锭坯后部承受了较前部更为强烈的外摩擦作

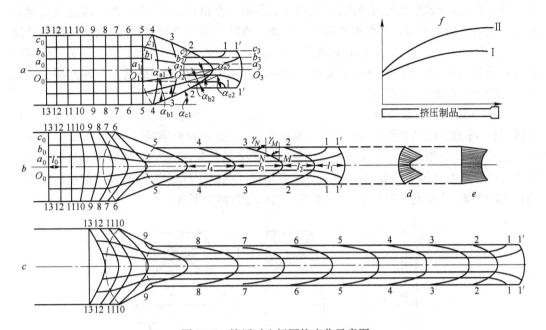

图 19-7　挤压时坐标网格变化示意图

(a)开始挤压阶段；(b)基本挤压阶段；(c)终了挤压阶段；

(d)塑性变形区压缩锥出口处主延伸变形图；(e)制品断面上的主延伸变形图；

(f)主延伸变形沿制品长度方向上的分布；Ⅰ—中心层；Ⅱ—外层

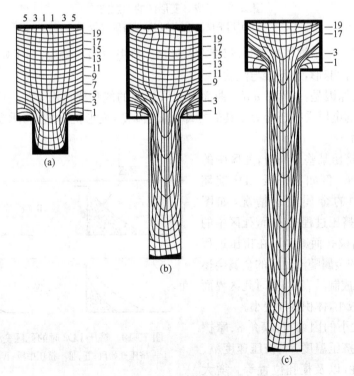

图 19-8　挤压 MB2 镁合金的网格变化

(a)基本挤压开始阶段；(b)基本挤压中间阶段；(c)基本挤压终了阶段

261

用和冷却作用,造成金属的流动阻力差值大,变形抗力差值也大,从而两者合成造成金属的流动不均匀性更加剧烈。根据铜及其合金的挤压流动实验数据计算,金属表面层流动速度是挤压速度的 $0\sim0.25$ 倍,中心的流动速度则为挤压速度的 $1.35\sim2.1$ 倍。金属流动速度的这种差异表明,在变形区内的金属塑性变形是不均匀的,其后果必然会反映到制品质量上,造成组织、性能的不均匀性。

3) 挤压筒内的被挤金属,存在着两个难变形区:一个是位于挤压筒与模子交界的环行死区部位,称做前端难变形区,如图 19-9 所示的 abc 区即为前端难变形区,其高度用 h 表示;另一个是位于塑性变形区压缩锥后面的锭坯未变形部分,在基本挤压阶段的后期变为挤压垫前的半球形区域 7 的形状,称做后端难变形区。在挤压过程中,挤压筒内的前后端难变形区内的金属,基本上不参与流动,因此又把这部分区域叫死区。

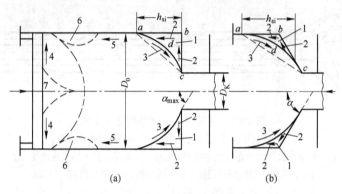

图 19-9　形成难变形区的示意图
(a)用平模挤压;(b)用锥模挤压

使用平模或大锥角锥模挤压时,都存在着死区。在基本挤压阶段,位于死区中的金属一般来说不产生塑性变形,也不参与流动。

死区产生的原因是:金属沿 adc 曲面滑动所消耗的能量要比沿 abc 折面或 ac 平面小。同时,这里的金属受挤压筒等工具的冷却,温度降低,变形抗力增高,承受的阻力强,因此更不利于流动。

实际上,在挤压某些金属时,死区中的金属并非不流动。例如在挤压 LD2 锭坯过程中,死区中的金属流动情况,如图 19-10所示,随着挤压过程的进行,死区中的金属慢慢地流出模孔而减少。在挤压过程中,死区界面上的金属随流动区的金属会逐层流出模孔而形成制品表面,同时死区界面外移,死区高度减小,体积逐渐变小。

影响死区大小的因素有:模角 α、摩擦状态、挤压比 λ、挤压温度 T_j、挤压速度 v_j、金属的强度特性,以及模孔位置等。增大

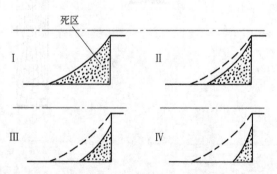

图 19-10　挤压 LD2 时的死区变化示意图
Ⅰ—挤压开始段;Ⅱ、Ⅲ—挤压中段;Ⅳ—挤压末段

模角 α 和摩擦应力,将使死区增大,故平模挤压时的死区要比锥模大(比较图 19-9(a)与

(b));无润滑挤压时的死区比带润滑挤压时的大。增大挤压比 λ 将使 α_{max} 增大,死区体积减小。图 19-11为挤压比与 α_{max} 角的关系曲线。由图可见,当挤压比 λ 增大到 13~17 时,α_{max} 变化很小。热挤压时的死区一般比冷挤压时的大,这是由于大多数金属材料在热状态时的表面摩擦比冷状态时要大,同时金属与工具之间存在着较大的温度差,受工具冷却作用的部分金属变形抗力较高而难于流动。冷挤压时金属材料不用加热,大多采用润滑挤压,摩擦系数小,因此死区相对也小。挤压速度

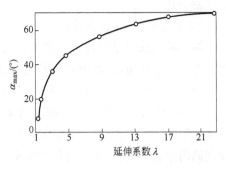

图 19-11　延伸系数与 α_{max} 角的关系曲线

对死区的影响是,一般挤压速度越高,流动金属对死区的"冲刷"作用越厉害,死区越小。至于模孔的位置的影响,显然模孔越靠近挤压筒壁则死区越小,例如采用多孔模挤压或型材挤压时,模孔离筒壁近,则死区就小。

从工艺的角度来看,死区的存在对提高制品的表面质量极为有利。这是因为死区的顶部能阻碍锭坯表面的杂质与缺陷进入变形区压缩锥,而流入制品表面。所以对以挤压状态交货,而不再进行进一步压力加工的制品,一般都采用平模挤压,这是由于平模挤压的死区比锥模的大,用平模挤压出的制品表面质量好。但是在挤压过程中如果控制不好挤压工艺,比如挤压速度快,使用了润滑剂,锭坯表面氧化严重,或者金属冷却较快,挤压过程中有可能出现沿死区界面断裂的现象或者形成滞留区,于是死区不再起阻碍作用,锭坯表面上的氧化皮、缺陷、杂质以及其他污染物质将沿界面流入制品表面。其后果是使制品表面出现裂纹和起皮,质量大大降低,同时也加剧了模子的磨损。

形成后端难变形区的原因是由于挤压垫和金属间的摩擦力的作用和冷却的结果。当挤压筒与锭坯间的摩擦力很大时,将促使 7 区(图 19-9(a))中的金属向中心流动。但是由于 7 区中的金属被冷却和受到挤压垫上的摩擦力的阻碍作用而难于流动,从而引起 7 区附近的金属向中间压缩形成细径区 6。在基本挤压阶段末期,难变形区 7 的体积逐渐变小成为一楔形 $7'$。

4)在死区与塑性流动区交界处存在着一个剧烈滑移区。这可以从挤压到任意阶段的锭坯纵断面的低倍组织中观察到。剧烈滑动区内,由于强烈的金属内摩擦作用,产生了剧烈的剪切变形。在此区域内存在着明显的金属流线和遭到很大程度破碎的金属晶粒。

剧烈滑移区的大小与金属流动不均匀性的程度关系很大:流动越不均匀,剧烈滑移区越大。由于随着挤压过程的进行,金属的流动越不均匀,因此,此区是不断扩大的。

剧烈滑移区的大小对制品的组织性能有着一定的影响。晶粒过度破碎可能造成挤压制品的力学性能下降,如硬度过高而不合格;形成的纤维裂纹可能导致抗拉抗压性能变坏等。对硬铝合金挤压制品,细小晶粒则可能在淬火后表面会形成粗晶粒层,通常称为粗晶环,它使制品的力学强度降低。

5)在棒材前端的横向线弯曲很小(图 19-7 所示),格子的尺寸变化不大,说明变形量很小。其原因是这部分金属正对着模孔,受压力后未经径向压缩即流出。根据力学性能测定和高倍金相组织观察,证明制品头部晶粒粗大,基本上未被得到加工变形,保留了铸造组织,力学性能低劣。对于不再进行塑性加工的重要用途的材料,如航空工业用的铝合金等,则应

263

将此部分切掉。

19.1.2.3　终了挤压阶段

终了挤压阶段是指在挤压筒内的锭坯长度减小到变形区压缩锥高度时的金属流动阶段。在终了挤压阶段，随着挤压筒内金属供应体积的大大减少，锭坯后端金属迅速改变应力状态，克服积压垫的摩擦作用，产生径向流动，提前进入制品。

A　挤压缩尾及其形成　挤压缩尾是出现在制品尾部的一种特有缺陷，主要产生在终了挤压阶段。一般在挤压制品的棒材、型材和厚壁管材的尾部，可以检测到挤压缩尾。缩尾使制品内金属不连续，组织与性能降低。根据缩尾出现的部位，挤压缩尾有中心缩尾、环行缩尾和皮下缩尾三种类型。

a　中心缩尾　当挤压筒内的锭坯逐渐变短时，后端难变形区也逐渐变小，由于挤压垫对金属的高压作用和冷却作用，界面产生黏结，致使后端难变形区 $7'$ 内的金属体积难以克服粘结力纵向补充到流速较快的内层。但是后端金属可以较容易地克服挤压垫上的摩擦阻力而产生径向流动。金属径向流动的增加，使金属硬化程度、摩擦力、挤压力增大，致使作用于挤压筒壁上的单位正压力和摩擦应力增大，于是破坏了金属与挤压垫上摩擦力间的平衡关系，进一步促使外层金属向锭坯中心流动。由此可见，中心缩尾形成的一个原因是：由于后端难变形区的金属产生径向流动，促使外层金属流入到制品中心而形成的。图 19-12 的箭头 1，示出外部金属承受力 dN_t 和 t 的作用沿难变形区 2 界面 ab 向中心流动的情况。

图 19-13 为中心缩尾形成过程的示意图。外层金属径向流动时，将锭坯表面上常有的氧化皮、偏析瘤、杂质或油污一起带入制品中心，且彼此不可能很好地与本体金属相互焊合在一起，从而破坏了挤压制品所应有的致密性和连续性，使制品性能低劣。图 19-14 示出挤压后期的制品尾部的中心缩尾，由图中可以看出，中心缩尾部分的金属与本体金属之间有较大的差异，且出现缝隙，因此质量很难满足要求。

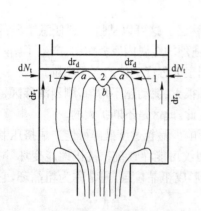
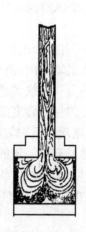
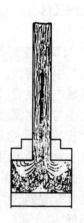
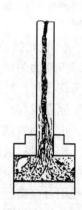

图 19-12　形成中心缩尾的受力情况　　　　　图 19-13　中心缩尾形成的过程

b　环行缩尾　这类缩尾的位置常出现在制品横断面的中间层部位。它的形状可以是一个完整的圆环、半圆环或圆环的一小部分(图 19-15)。

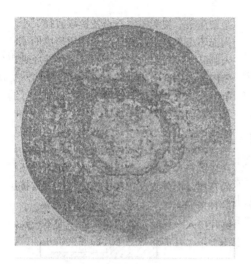

图 19-14　挤压制品中的中心缩尾　　　　图 19-15　挤压制品中的环形缩尾

环行缩尾产生的原因,是堆积在靠近挤压垫和挤压筒交界角落处的金属沿着后端难变形区的界面流向了制品中间层。图 19-16 所示,为挤压时环行缩尾形成过程的示意图。图的左半部分为锭坯外层金属开始径向流动的情况,其右半部分则显示出已形成的环行缩尾通过压缩锥进入模子工作带时的状态。

c　皮下缩尾　皮下缩尾出现在制品表皮内,存在一层使金属径向上不连续的缺陷。此种类型缩尾产生的原因是,在挤压后期,当死区与塑性流动区界面因剧烈滑移而使金属受到很大剪切变形而断裂时,锭坯表面的氧化层、润滑剂等则会沿着断裂面流出,有时也形成滞留区。与此同时,死区处的金属也流出模孔,包覆在制品表面上形成分层或起皮,也就是皮下缩尾。图 19-17 所示,为皮下缩尾形成过程的示意图。

图 19-16　挤压时环形缩尾
　　　　形成过程示意图

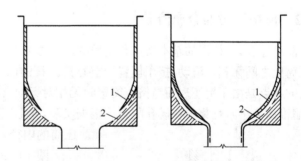

图 19-17　挤压时皮下缩尾形成过程的示意图
1—表面层;2—死区

B　减少挤压缩尾的措施　为了剔除带有缩尾及其他一些比如气眼、夹杂等缺陷的制品部分,生产中一般采用断口检验法,或截取横断面试样进行低倍组织试验,直到观察不出缺陷为止。这不仅费时费工,也浪费了大量金属,降低了金属收得率。为了防止或减少缩尾缺陷的出现,生产中采取如下措施。

a　选用适当的工艺条件　尽量使金属流动的不均匀性减小,这样就可以大大减少锭坯尾部径向流动的可能性。

　　b　进行不完全挤压　根据不同金属及合金材料和不同规格的锭坯挤压条件,以及具体的生产情况,进行不完全挤压,即在可能出现缩尾时,便终止挤压过程,在挤压筒的后端留有较长的锭坯不被挤出。这样有可能出现在挤压后期的缩尾缺陷便不再出现,更不至于出现在挤压制品中。在挤压末期留在挤压筒内而不被挤出的锭坯部分称为压余,留压余的长度一般约为锭坯直径的 10%～30%。在实际生产中,由于工艺条件不可能控制得很稳定,缩尾有时过早形成而流入制品中,对这种情况要尽早发现,及时处理。

　　c　脱皮挤压　这是在生产黄铜棒材和铝青铜棒材时常用的一种挤压方法。在挤压时,使用了一种较挤压筒内径小约 1～4mm 的挤压垫。挤压时挤压垫切入锭坯挤出洁净的内部金属,将带杂质的皮壳留在挤压筒内(图 19-18)。然后取下挤压垫,换用清理垫将皮壳完全推出挤压筒。

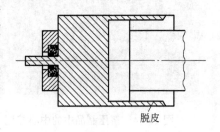

图 19-18　脱皮挤压过程

　　在脱皮挤压后,会出现完整或不完整的皮壳,不完整的皮壳可能是由于锭坯表面的金属流到制品中而造成的,可能会导致制品表面质量的问题,即表面质量差。因此在挤压过程中,一定要使挤压垫对中,以便留下一只完整的皮壳,以得到脱皮挤压的效果,即减少挤压缩尾的出现,提高挤压制品的质量。

　　在挤压管材时,不宜采用脱皮挤压,这是由于垫片压入金属时,可能使脱皮的厚度不一致,从而会导致管材偏心。

　　d　锭坯表面机械加工　用车削加工清除锭坯表面上的杂质和氧化皮层,可以使径向流动时进入制品中心的金属纯净,基本上消除了缩尾的产生。但是,挤压前加热锭坯,仍会形成新的氧化层表面,这一方面仍要注意。

19.2　反挤压时的金属流动

　　前已述及,反挤压的基本特点是金属的流动方向与挤压杆的运动方向相反,锭坯金属与挤压筒壁之间无相对滑动,挤压模置于空心挤压杆的前端,相对于挤压筒运动。因此,反挤压法的特点是由于锭坯表面与挤压筒壁间无相对运动,也就不存在摩擦,塑性变形区也很小(压缩锥高度小),且集中在模孔附近。根据实验,变形区压缩锥高度不大于 $0.3D_0$(D_0 为挤压筒的内径)。

　　图 19-19 示出反挤压时作用于金属上的力。由于锭坯未挤部分也就是塑性变形区之外的金属(4 区)与筒壁间不存在摩擦,也未参与变形,故此部分金属的受力条件是三向等压应力状态。

　　反挤压时,金属在塑性变形区中的流动情况与正挤压时的有很大不同。图 19-20 示出进行正挤压法与反挤压法实验时的坐标网格和金属流线的变化对比情况。由图可见,在相同的工艺条件下,反挤压时的塑性变形区中的网格横线与

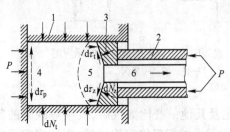

图 19-19　反挤压时作用于金属上的力
1—挤压筒;2—空心挤压轴;3—模子;
4—锭坯未挤压部分;5—塑性变形区;
6—挤压制品

筒壁基本上垂直,直至进入模孔时才发生剧烈的弯曲;网格纵线在进入塑性变形区时的弯曲程度要较正挤压时的大得多。这表明,反挤压时不存在锭坯内中心层与周边层区域间的相对位移,金属流动较之正挤压时的要均匀得多。在挤压末期,一般不会产生金属紊流现象,出现制品尾部的中心缩尾与环行缩尾等缺陷的倾向性很小。因此生产中控制压余的比例可比正挤压时的减少一半以上,即压余仅为5%～15%左右,这样就可以大大提高金属的收得率。但在挤压后期,反挤压制品上也可能出现与正挤压时一样的皮下缩尾缺陷,其产生过程也相同,如图19-21所示,在生产中一定要注意。

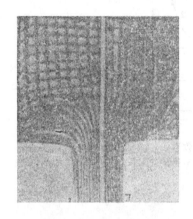

图19-20　正挤压与反挤压时坐标网格变化对比
Ⅰ—反挤压;Ⅱ—正挤压

图19-21　反挤压时的皮下缩尾

在反挤压时的塑性变形区中,运动的模子对金属作用的力使金属表面层承受挤压筒壁作用的摩擦力,其方向与金属流出模孔的方向一致。所以死区很小,其形状如图19-22中的abc区域。因此在反挤压时,小的死区难以对锭坯表面上的杂质与缺陷起阻滞作用,从而导致锭坯的表面缺陷流到制品的表面层,使制品表面质量恶化,这也是反挤压法的一个主要缺点。因此在挤压之前必须车削锭坯表面,也就是对锭坯表面进行扒皮处理。使用电磁铸造的锭坯,采用脱皮挤压,或者适当增大压余厚度,也可在一定程度上改善反挤压时的制品表面质量。

由于反挤压时的塑性变形区只集中在模孔附近,制品的变形不均匀性大为减小,特别是沿其长度方向上很明显。图19-23所示,为正挤压与反挤压时沿制品长度上中心层各点的延伸系数分布情况。由图

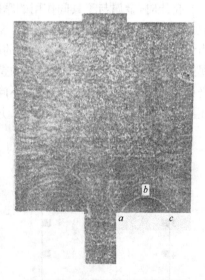

图19-22　平模反挤压时的死区

可见,反挤压制品沿其长度上的变形是相当均匀的,从而,反挤压制品沿其长度方向上性能也比较均一。由于变形均匀,不形成剧烈滑移区,故可基本上消除热处理后制品上的粗晶环。

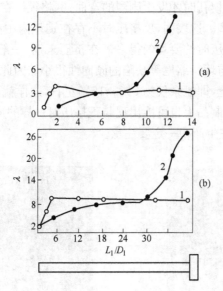

图 19-23　挤压制品中心层延伸系数沿长度上的分布
(a)λ=10,棒材直径40mm;(b)λ=4.3,棒材直径62mm
1—反挤压;2—正挤压

19.3　影响金属流动的因素

19.3.1　接触摩擦与润滑的影响

挤压时,金属与工具间作用的摩擦力中,以挤压筒壁上的摩擦力对金属的影响最大。一般,当挤压筒壁上的摩擦力很小时,变形区很小且集中在模孔附近,金属流动得也较均匀;而当该摩擦力很大时,变形区与死区的高度都会很大,金属流动得很不均匀,并会促使外层金属过早地向中心流动而形成较长的挤压缩尾。图19-24显示了锭坯嵌入标记金属针的管材挤压实验的情况。由图可以看出不同摩擦状态下金属的流动也不一样。当外摩擦大时,锭坯顶端的针B以及其侧上部的针1过早地流入模孔,所形成的死区也较大;而在外摩擦较

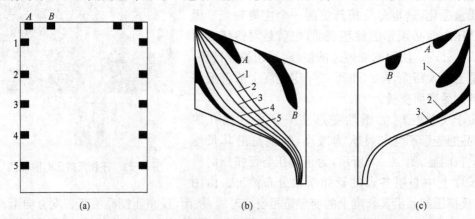

图 19-24　外摩擦对挤压管材时的金属流动的影响
(a)挤压时针在铸锭中的位置;(b)在摩擦大的情况下挤压时针在铸锭中的位置;
(c)在摩擦小的情况下挤压时针在铸锭中的位置

268

小时,金属流动呈现平流状态,靠近模孔的针 5、4 已流出模孔,而针 B 和针 1 变形仍很小。

由上可知,外摩擦对金属流动的不良影响颇大:在挤压棒材或型材时,外摩擦越大,也就是挤压筒壁对外层金属的阻碍作用越强,金属的流动越不均匀,从而造成变形越不均匀,最终导致制品的性能也越不均匀;反之,若使用润滑剂,由于减少了挤压筒壁与金属间的摩擦系数,则外摩擦就小,制品的性能相对均匀,挤压制品的质量大大提高。

在挤压管材时,由于穿孔针的作用,外摩擦对金属的流动却有利:挤压筒内锭坯,中心部分的金属受到穿孔针的摩擦力和冷却作用;外层金属受到挤压筒的摩擦力和冷却作用,这样,内外层金属受到的挤压条件基本相同,流动速度也基本相同,因此管材挤压时的金属流动较之棒材挤压时要均匀得多,形成的缩尾也短。实际生产中,管材挤压时压余量只为锭坯质量的 3%～5%,比挤压棒材时要少 25%～50%,这样就可以大大提高金属的收得率(成材率)。

19.3.2 工具与锭坯温度的影响

不论是锭坯的自身温度,还是工具的温度,其对金属流动的影响,一般通过以下几个方面的因素起作用。

19.3.2.1 锭坯横断面上温度分布不均的影响

A 工具的冷却作用 均匀加热的锭坯,由于受到空气、输送工具及挤压工具的冷却作用(主要是挤压筒的冷却作用),造成内外温度不均:内部温度较高,而外部温度较低。在挤压时,温度较低的锭坯外层变形抗力较大,金属难于流动;温度较高的内部金属变形抗力较小,金属易于流动,这样就势必造成金属流动的不均匀性,即内层金属的流动速度要比外层大。

要减少金属流动的不均匀性,减少和预防中心缩尾的产生,就必须减少锭坯横断面上的温度差值。从工具的冷却方面考虑,希望采用与锭坯温度相近的挤压筒,因此在热挤压时,一般要对挤压筒进行预热,预热温度最高可达到 450℃。通过实验发现,提高筒温可以大大减小金属流动的不均匀性。

提高筒温对重有色金属及其合金,比如铜合金等的流动特性有良好的影响,但对铝合金却增加了挤压筒壁粘铝的倾向,因此在生产中要控制挤压筒的预热温度。

预热工具还有另一目的,那就是减小了挤压筒的急冷急热,使挤压筒的热龟裂减少,增加了它的使用寿命。

B 金属导热性的作用 一般,不同合金的导热性不同,同一种合金,温度升高,则导热性降低。导热性越低的锭坯,其横断面上温度分布越不均匀,则金属变形抗力差别也就越大,金属流动的不均匀性也就越大。

将紫铜与($\alpha+\beta$)黄铜锭坯进行均匀加热后,控制空冷 20s,在挤压筒内冷却 10s,测定两种锭坯横断面上的温度和硬度,结果如图 19-25 所示。由于紫铜导热性良好,传热系数高,约为 3.5～3.9W/(cm² · K),不论在空气中还是在挤压筒内停留一段时间后,沿锭坯径向上的温度分布与硬度分布较均匀,而传热系数低的($\alpha+\beta$)黄铜,温度分布与硬度分布则很不均匀,其流动不均匀的程度较紫铜要严重。由此可以说明,同等条件下,导热性能好的金属,流动不均匀程度要小。

紫铜在挤压时流动均匀除因导热性能良好之外,还有一个重要的因素,这就是锭坯表面上的氧化膜可以起润滑的作用,减少了挤压筒壁与锭坯间的摩擦力,从而使外层金属的流动速度加快,使变形变得更加均匀。

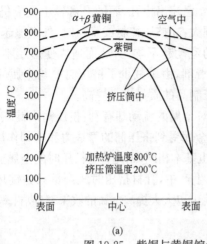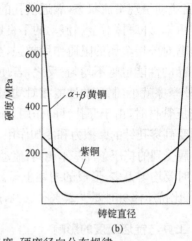

图 19-25　紫铜与黄铜锭坯的温度、硬度径向分布规律

(a)温度分布;(b)硬度分布

润滑剂的导热性能对锭坯横断面上的温度分布也有影响。例如,石墨加机油润滑剂的导热系数为 2.9~6.3 W/(cm² · K),玻璃润滑剂则不超过 0.63~1.26W/(cm² · K)。也就是说,后者的绝热性能好,在使用玻璃润滑剂时,锭坯表面的热量不易传导到工具上,从而有利于保证锭坯横断面上的温度均匀分布,也就使挤压时的金属流动均匀一些。

19.3.2.2　合金相变的影响

某些合金在相变温度下产生相变,而不同合金相的变形抗力是不同的,若在相变温度下挤压,也会造成流动的不均匀。例如,H59-1 铅黄铜的相变温度是 720℃,在 720℃以上挤压时,相组织是 β 组织,摩擦系数较小,为 0.15,因此流动比较均匀;在 720℃以下挤压时,相组织是(α+β)组织,摩擦系数为 0.24,流动不均匀,而且所析出的 β 相呈带状,会导致该合金冷加工性能变坏。

19.3.2.3　摩擦条件的影响

温度改变常引起摩擦系数的变化,前所述及的铅黄铜在不同相变时的流动特征不同,实际上是通过摩擦系数的变化起作用的。例如,镍及其合金在高温下产生较多的氧化皮,使挤压时的摩擦系数增大,金属流动的不均匀性增大。挤压时紫铜流动较为均匀的原因,除了其导热性能良好之外,还由于加热制度不同时,也就是加热温度、加热速度和加热时间不同,所形成的氧化膜与锭坯间的结合强度也不同,从而改变了接触界面上的接触条件。有的锭坯,表面氧化膜可以起润滑作用,摩擦系数小,金属流动就均匀;无氧铜和真空冶炼铜的锭坯,加热时产生的氧化膜润滑性能较差,挤压时的流动不均匀现象比较严重。

铝合金和含铝的铜合金,如铝黄铜和铝青铜,随温度的升高,其粘结工具的现象加剧,除使金属流动不均匀更加严重之外,工具表面粘结物还会造成制品表面划伤,降低产品表面质量。如前所述,挤压筒温度提高也会使铝对钢的粘着加剧。例如,筒温在 60~80℃时,流动均匀,而在 230~250℃时就变得不均匀了,主要原因是由于温度高,挤压筒壁粘铝的倾向大大加强,使挤压筒壁与锭坯间的摩擦系数很大,由此造成了金属流动得更加不均匀。在实际生产中,挤压各种铝合金时的挤压筒温度一般控制在 350~450℃范围内,这样既可以防止过低的筒温降低锭坯温度,又不至于使筒温过高而产生过多的粘连,以提高挤压制品的质量。

锭坯内外温差大,不仅使挤压时的速度降低,流动更加不均匀,而且还增大了锭坯的变形抗力,严重的冷却可能出现挤压力过大而挤不动的现象。因此,在条件和工艺允许的情况下,都要尽可能预热挤压工具,以减少工具对锭坯表面的冷却,使挤压时金属的流动更加均匀。

19.3.3　金属强度特性的影响

金属与合金的强度特性对金属流动的影响也很大,强度高的金属往往要比强度低的金属流动均匀。对同一种金属来说,一般随温度升高,强度降低,因此在低温时强度高,其流动要比高温时的均匀。

塑性变形过程中,强度较高的金属在挤压时产生的变形热效应与摩擦热效应较强烈,也就是说同等条件下产生的变形热与摩擦热较多。这部分热量多出现在锭坯的表面,抵消了挤压筒对锭坯的冷却,因此改变了锭坯内的热量分布,使外层金属与内层金属的温度差变小,从而使金属流动变得较为均匀。此外,金属的强度高,外摩擦对流动的影响相对要小一些,流动也会较为均匀。

19.3.4　工具结构与形状的影响

19.3.4.1　挤压模

挤压工具的结构与形状对金属流动的影响,以挤压模最为显著。生产中最常用的模子是平模与锥模,如图 19-26 所示。模角 α 是指模子的轴线与其工作端面间所构成的夹角,它是模子的最基本的参数,也是影响金属流动的主要因素之一。

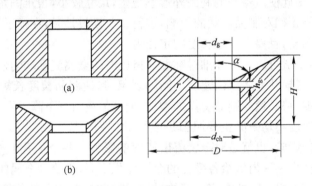

图 19-26　平模与锥模

(a)平模;(b)锥模

金属由变形区压缩锥进入工作带(定径带)时,常产生非接触变形,即在定径带出现细颈(图 19-27)。这时由于金属在流动时,不可能作急转弯运动,特别是金属由压缩锥进入定径带时的速度最大,有保持原流动方向的趋势,特别是外层金属更难于急转弯。金属的这种流动特性与液体流动性质是一样的。

模角对流动的影响关系如图 19-28 所示。从图中可以看出:由左到右,随着模角的不断增大,方格线的弯曲程度越来越大,前端死区也越大,变形越不均匀。这是由于随着模角的增大,死区大小及高度增大,死区与流动金属间的摩擦作用增强之故。当采用平模挤压时,即模角 $\alpha = 90°$ 时,流动最不均匀。

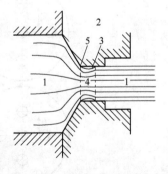

图 19-27　金属在压缩锥出口处
的非接触变形

1—金属;2—模子;3—定径带;
4—非接触变形区;5—定径带锐角

271

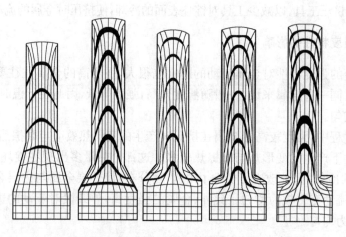

图 19-28　模角对挤压时流动的影响

当在挤压比和挤压速度都较大的工艺条件下,定径带内的金属具有产生细颈的可能性,这时定径带长度起着重要作用。若工作带长度合理,在金属内部应力作用下,金属一般仍能贴紧在定径带壁上;若定径带较短,则有可能使金属尚未贴在定径带壁上就出了模孔。定径带具有稳定制品尺寸和保证制品表面质量的作用,由于金属未贴在定径带壁上就流出模孔,发生了非接触变形,因此使所得到的制品外形不规整,尺寸较小,很难满足制品的质量要求。为了消除工具设计不正确对制品质量的影响,进行挤压模设计时,在模子压缩带到定径带的过渡部分处应做出圆角,且要有一定长度的定径带。

采用多孔挤压,一般可以增加非轴对称型材挤压时的金属流动均匀性。但是,采用多孔模挤压时,经常产生各模孔金属流出速度不同的现象,致使制品长度长短不齐,这样就很难形成合适的定尺长度,势必造成制品切损的增加,金属的成材率下降。

造成金属流出速度不均一的主要原因是模孔的排列位置。图 19-29 所示,为模孔不同的排列对制品长度的影响,也就是对金属流出速度的影响。各个模孔的金属流出速度不一致的根本原因是塑性变形区内供给各模孔的金属体积不同,供给的金属体积较多,则流动速度就快;反之,流动速度慢。因此在多孔模的设计、排列时,要使孔的位置适中,以使各孔的

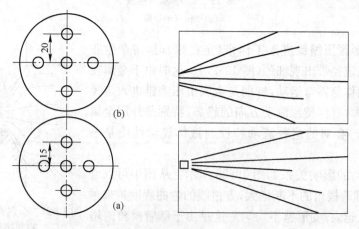

图 19-29　模孔排列对制品长度的影响

(a)模孔距中心 15mm;(b)模孔距中心 20mm

流出速度尽量相同。采用多模孔挤压时，挤压末期仍会出现缩尾缺陷，一般是分散在各制品靠近模子中心的一侧。

在采用组合模生产管材或异型材时，由于组合模上的桥对中心部分的金属流动起阻碍作用，使流动变得比较均匀，因此缩尾量大为减少甚至完全消失。

19.3.4.2　挤压筒

挤压宽厚比(B/H)很大的制品，不宜采用圆形内孔挤压筒，否则不仅金属流动很不均匀，而且挤压力也很大。为此，生产中已使用内孔为扁椭圆的挤压筒(图 19-30)。通过对用扁挤压筒挤压 LY12 壁板时的坐标网格实验得知，金属流动要比用圆筒挤压均匀得多。另外，使用扁挤压筒生产壁板型材或扁材时，缩尾也较小。

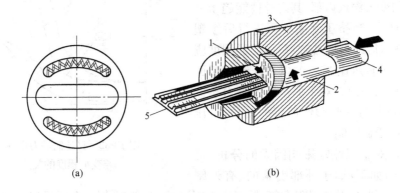

(a)　　　　　　　　　　(b)

图 19-30　挤压铝合金壁板的扁挤压筒
(a)扁挤压筒；(b)用扁挤压筒挤压示意图；
1—模子；2—锭坯；3—挤压筒；4—挤压杆；5—壁板

19.3.4.3　挤压垫

挤压垫的工作面(与锭坯接触的一面)可以是平面、凸面或是凹面。采用凹面挤压垫可少许增加金属流动的均匀性，但影响不明显，主要原因在于挤压垫内的金属不变形。凹面挤压垫加工较麻烦，还增加了挤压的压余量，而使用效果不明显，因此，广泛使用的还是平面挤压垫。

19.3.5　变形程度的影响

如图 19-31 所示的实验试件显示，使用同一规格锭坯以不同变形程度进行挤压时，随着

图 19-31　不同变形程度对坐标网格变化的影响

273

模孔直径减小,也就是变形程度增大,外层金属向模孔流动的阻力增大,从而增大了锭坯中心与外层的金属流动速度差。图中横向网格线向前弯曲的程度越大,说明引起变形与流动不均匀性越大,即变形程度越大,金属的变形就越不均匀。但是应当看到,变形不均匀增加到一定程度后,剪切变形深入内部而开始向均匀变形方面转化。这在图中就可以看到:随着变形程度的增加,横线弯曲得更为陡峭,即由抛物线型转变为一条近似的折线。

对挤压制品断面取样进行力学性能测定,得到如图 19-32 的径向上力学性能分布规律。由图可知,当变形程度在 60% 左右时,制品内外层的力学性能差别最大;当变形程度逐渐增大到 90% 时,因变形深入内部,其内外性能趋于一致。故在生产中,当挤压制品不再进行后续塑性加工,即挤压后即为成品时,挤压变形程度应不小于 90%,即挤压比 $\lambda \geqslant 10$,以保证制品断面上力学性能均匀一致。对于那些不要求力学性能或者还要进行进一步塑性加工的制品,挤压变形程度不必受此限制。

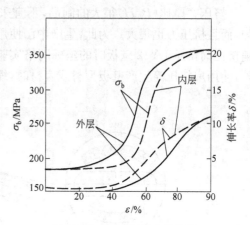

图 19-32　挤压制品力学性能
与变形程度的关系

通过上述对金属流动影响因素的分析,可以把它们归纳如下:属于外部因素的,有外摩擦、温度、工具形状以及变形程度等;属于内部因素的,有合金成分、金属强度、导热性和相变等。由此可见,影响金属流动的内因归根结底是金属在产生塑性变形时的临界剪应力或屈服强度。如欲获得较均匀的流动,最根本的措施是使锭坯断面上的变形抗力均匀一致。但是,不论采取何种措施,只要存在变形区几何形状和外摩擦的作用,金属流动不均匀性总是绝对的,而均匀性是相对的。

19.4　挤压时的典型流动类型

挤压时金属流动特性可受到各种因素的影响,从而使金属流动特性也各自不同。但是挤压筒内的金属流动随被挤金属材料和使用方法的不同,按其特有的模式变化。产生这些差异的主要原因是筒内壁摩擦引起的阻力大小不同。在热挤压条件下,锭坯内外部温度不一致所引起的变形抗力的差异,对金属流动模式也起着很大的作用。根据流动的特点,可以将它们归纳为四种基本类型,如图 19-33 所示。

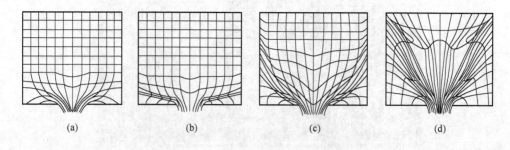

| | | | |
| (a) | (b) | (c) | (d) |

图 19-33　挤压时金属流动的四种基本类型

流动模式 a:这种流动模式只有在反挤压时出现。由于锭坯与挤压筒之间无相对滑动,锭坯上的网格绝大部分保持着原状未变;变形区和死区很小,只集中在模孔附近;死区的形状和正挤压时有很大的不同。

流动模式 b:在正挤压时,如果挤压筒壁与锭坯间的摩擦极小,则会获得此类型流动。它的变形区和死区稍大,流动也较均匀,不产生中心缩尾和环行缩尾。在带润滑挤压或冷挤压时可以得到此类型流动。

流动模式 c:如果挤压筒和模子上的摩擦较大时,就会获得此类型流动。变形区已扩展至整个锭坯的体积,但在基本挤压阶段尚未发生外部金属向中心流动的情况,在挤压后期会出现不太长的缩尾。

流动模式 d:当挤压筒壁与锭坯间的摩擦很大,且锭坯内外温差又很明显时,多半会得到这种流动模式。它的流动最不均匀,挤压一开始,外层金属由于沿筒壁流动受阻而向中心流动,因此缩尾最长。

在一般情况下,属于 b 型的金属有紫铜、H96、锡磷青铜、铝、镁合金、钢等;属于 c 型的金属有 α 黄铜、H68、HSn70-1、H80、白铜、镍合金、铝合金等;属于 d 型的有 α+β 黄铜(HPb59-1、H62)、含铝的青铜、钛合金等。必须指出,这些金属与合金所属的类型系在一般生产情况下获得的,并非固定永远不变。挤压条件一旦改变,可能导致所属类型的变化。

复习思考题

1. 正、反挤压过程的挤压力变化曲线有什么不同? 为什么?
2. 什么叫填充系数,什么叫挤压比?
3. 形成死区的原因是什么,死区对金属制品的质量有什么影响?
4. 什么叫缩尾,它是怎样形成的,减少挤压缩尾的措施有哪些?
5. 为什么反挤压时金属流动比较均匀?
6. 挤压之前为什么要对挤压筒进行预热?
7. 说明外摩擦对金属流动的影响。
8. 为什么挤压管材比挤压棒材时金属的流动要均匀?
9. 挤压时的金属流动类型有哪几种?

20 挤 压 力

挤压力是指挤压杆通过挤压垫作用在锭坯上使金属依次流出模孔的压力。在挤压过程中,挤压力是随着挤压杆的移动而变化的,如图 19-3 所示。在开始挤压阶段,随着挤压过程的进行,挤压力急剧上升;在基本挤压阶段,随着挤压过程的进行,正挤压挤压力越来越小,而反挤压时,挤压力基本不变;在终了挤压阶段,正反挤压的挤压力又急剧升高。通常所说的挤压力和计算的挤压力是指挤压过程中的突破力 P_{max},如图 19-3 所示的 a 与 a' 点。挤压力是制订挤压工艺、选择与校验挤压机能力以及检验零部件强度与工模具强度的重要依据。单位面积上的挤压力叫挤压应力,用 σ_j 表示,它是指挤压突破力 P_{max} 与挤压垫的面积 F_d 之比,即

$$\sigma_j = P_{max}/F_d \tag{20-1}$$

20.1 影响挤压力的因素

影响挤压力的因素主要有:挤压时的金属变形抗力、变形程度(挤压比)、挤压速度、锭坯与模具接触面的摩擦条件、挤压模角、制品断面形状、锭坯长度,以及挤压方法等,现分述如下。

20.1.1 挤压温度与变形抗力

挤压力大小与金属的变形抗力成正比关系。但是由于金属成分的不均,以及温度分布不均,金属变形抗力也不均匀,因此二者之间往往不能保持严格的线性关系。随着温度的升高,金属的变形抗力下降,挤压力也下降。图 20-1 显示出各种金属在不同温度下挤压时变形抗力对挤压力的影响规律。从图中可以看出,随着挤压温度的升高,各种金属或合金的挤压力近似直线下降。

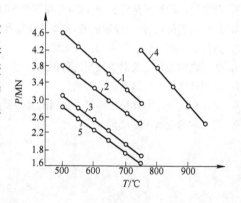

图 20-1 不同温度下挤压时的挤压力变化
1—QSn4-0.25;2—H96;3—$T_2 \sim T_4$;
4—B30;5—H62

20.1.2 变形程度

变形程度与挤压力也是成正比关系,即随着变形程度增大,挤压力增加。在挤压过程中,根据所采用的变形指数不同,所得到的变形程度对挤压力影响的特性也不同。图 20-2 表示出在不同的挤压温度下,不同变形程度对各种金属的挤压力影响关系曲线。图 20-2(a)示出在不同温度下以不同挤压比挤压防锈铝合金棒材时的关系曲线。从图中可以看出:随温度升高,挤压力下降;挤压比 λ 升高即变形程度增大,挤压力升高。而图 20-2(b)则示出以不同挤压比挤压几种金属时的挤压力变化规律:挤压比 λ 升高,挤压力增大;金属强度越高,则同等条件下挤压力越大。

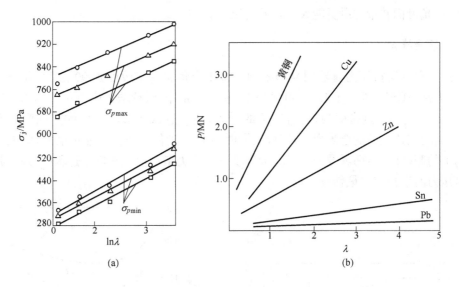

图 20-2　变形程度对挤压应力和挤压力的影响规律

(a)铝合金；(b)其他合金

○—400℃；△—440℃；□—480℃

20.1.3　挤压速度与流出速度

挤压速度和流出速度也是通过影响金属的变形抗力的变化来影响挤压力的。图 20-3 描述了实验条件控制在 650℃ 和 700℃ 两种温度下,挤压 H68 黄铜所存在的挤压力—挤压速度关系曲线。由曲线的变化规律可知,挤压速度对挤压力的影响明显:开始挤压阶段,挤压速度较高时的挤压突破力 P_{max} 较大。随着挤压过程的继续进行,由于剧烈变形,产生较大的变形热,因此金属冷却得较慢,变形区内的金属温度甚至有可能提高,所以挤压力逐渐降低;若采用较低的挤压速度,由于筒内金属的冷却,变形抗力增加,挤压力可能一直上升,甚至可能超过挤压突破力 P_{max}。

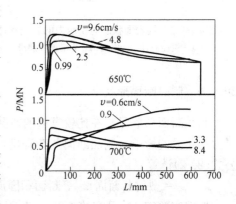

图 20-3　挤制黄铜棒时挤压
速度对挤压力的影响规律

挤压条件:$\phi170\times750\rightarrow\phi50,\lambda=11.5$

20.1.4　摩擦与润滑

在挤压筒、变形区和工作带内的金属,都承受了接触面上的摩擦作用。这些摩擦力都是挤压力的组成部分,因此,它们的变化对挤压力都造成影响:摩擦力升高,则挤压力也随之升高,摩擦系数较小时摩擦力较小,挤压力也小。因此减小摩擦是节能与提高制品质量的措施之一。在挤压时常采用润滑挤压工具表面以减小摩擦系数,这样既可以减小摩擦力,又能使金属流动得均匀,挤压制品质量提高。图 20-4 示出不同工具表面状态对挤压力的影响规律。从图中可以看出,无论是挤压突破力 P_{max} 还是挤压过程中不同时期的力,粗糙面都大于光滑面,而光滑面并带润滑更能大大降低挤压力。

20.1.5 挤压模角

挤压模角 α 对挤压力有着明显的影响。挤压模角 α 由 0°改变到 90°之间,随模角 α 增大,挤压力逐渐降低,当 α 在 45°~60°范围时,挤压力最小;继续增大模角 α,挤压力呈升高趋势,如图 20-5 所示。这是因为,随着模角的增大,金属进入变形区产生的附加弯曲变形较大,使所消耗在这上面的金属变形功升高;同时,α 增大则使变形区压缩锥缩短,降低了挤压模锥面上的摩擦阻力,两者叠加后必然会出现一挤压力最小值。在挤压过程中,通常将具有最小挤压力的模角称为最佳模角。

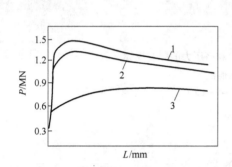

图 20-4　工具表面状态对挤压力的影响规律

1—粗糙面;2—光滑面;3—光滑面并润滑

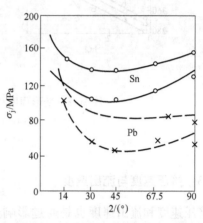

图 20-5　挤压应力与模角的关系曲线

20.1.6 制品断面形状

制品断面形状只有在比较复杂的情况下,才对挤压力有明显的影响。制品断面复杂程度系数 C_1 可按公式(20-2)计算:

$$C_1 = 型材断面周长/等断面积圆周长 \quad (20-2)$$

根据实验确定,只有当断面复杂程度系数大于1.5时,制品断面形状对挤压力的影响才比较明显。因此,在一般情况下,不考虑制品的断面系数。

20.1.7 锭坯长度

在正向挤压时,锭坯与挤压筒壁之间存在着较大的摩擦作用,所以锭坯的长度对挤压力的大小是有较大影响的。锭坯越长,则锭坯与挤压筒壁之间的摩擦阻力就越大,挤压力就越大。图 20-6 示出,在挤压筒径 $D = 80\,\text{mm}$,模角 $\alpha = 60°$,控制制品流出速度 480mm/s,并使用石墨作为润滑剂时,不同金属的锭

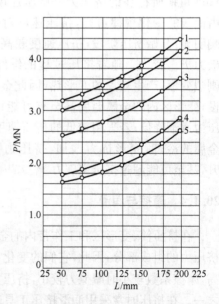

图 20-6　锭坯长度对挤压力的影响

1—QSn4-0.3;2—B30;3—H96;

4—T_2~T_4;5—H62

278

坯长度对挤压力的影响曲线。从图中可以看出,随锭坯长度的增加,挤压力也增加。

20.1.8 挤压方法

在其他情况相同时,用正反两种挤压方法挤压时,挤压力差别很大,反挤压时所需的挤压力,比同一条件下正挤压法小 20%～30%。这是因为,在反挤压时,由于锭坯与挤压筒壁之间无相对滑动,因此二者之间基本上无摩擦力,在挤压过程中,挤压力基本上保持不变,锭坯的长度对反挤压时的挤压力无影响。

20.2 挤压力的实测方法

在挤压过程中,由于影响挤压力的因素很多,用理论计算公式计算挤压力很困难且计算结果也不很精确,因此在实际生产中挤压力的大小可以采用实测法求得。实测法可以真实地反映出力参数的数值,所以是研究各种因素对挤压力的影响以及建立和评价挤压力计算公式常用的方法。

实测法的任务不只是测定总挤压力或者是挤压过程中挤压力的变化曲线,也希望能测出构成挤压力的各分量,只有这样才能更准确地掌握挤压过程的规律。

挤压力是由这样几个分量所组成的:为了克服作用在挤压筒壁和穿孔针上的摩擦力作用在挤压垫上的力 T_1;为了实现塑性变形作用在挤压垫上的力 R_s;为了克服压缩锥面上的摩擦力作用在挤压垫上的力 T_{zh};以及为了克服挤压模工作带壁上的摩擦力作用在挤压垫上的力 T_g。不过目前直接测定挤压力的各分量尚有困难,所以现实应用的是实测挤压过程中作用在垫片、挤压筒和模子上的压力及其分布,以及作用在穿孔针上的力。一般各分量的测量,都采用间接法。

挤压力实测方法有:利用压力表测量;利用千分表测量张力柱的弹性变形;利用电气测力仪,即应变仪和示波器测量。最常用的是利用第一种和第三种方法。

20.2.1 利用压力表测量

利用压力表测量挤压力是一种最简单、通行的方法,不过它只能测出挤压力和穿孔力的大小。根据压力表所指示出的单位压力,根据公式求出挤压力或穿孔力:

$$P = p_b N / p_c \tag{20-3}$$

式中　P——挤压力(或穿孔力);

　　　N——挤压机的额定挤压力(或穿孔力);

　　　p_b——压力表所指示的单位压力;

　　　p_c——工作液体的额定单位压力。

直接观察压力表的读数只限于挤压速度很低(约达 1mm/s 以下)的情况下才能正确读出。借助于带记录仪的压力表可以较准确地测出挤压速度约达 20mm/s 的压力值。

20.2.2 利用电气测力仪测量

在挤压速度很高时,由于压力表运动部分的惯性不能保证测量具有足够的精度。在此情况下,最好使用无惯性的电气测力仪。它由压力传感器(测压头)、电阻应变仪和示波器组成。作为给出弹性应变量的弹性元件可以是受力的工具,如挤压轴、穿孔针、针支撑和模子等;也可以是圆柱体杯状的弹性元件,在测量时将它放在挤压轴或模子的后面。这种方法在测量大的压力(大于 10MN)时测压头的体积将很大,给校准和标定时的装卸以及标定本身带来困难。在此情况下,可以采用液压压力传感器。这是利用工作缸中的液体压力使弹性元件发生弹性变形,从而使贴在上面的电阻应变片的电阻发生变化而进行测量。液压压力传感器的结构如图 20-7 所示。

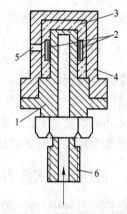

图 20-8 所示,为正挤压时所测得的挤压机挤压轴上的压力示波图。从图中可以看出,开始挤压阶段,随着挤压过程的进行,挤压力急剧升高;在基本挤压阶段,挤压力随挤压过程的进行,又慢慢下降。这与以前的分析是相同的。

图 20-7 液压压力传感器
1—弹性元件;2—电阻应变片;
3—防潮填料;4—护套;5—引线孔;
6—与工作缸管路相通的接头

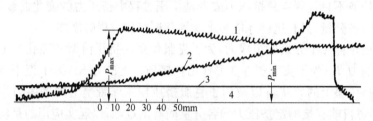

图 20-8 典型挤压力示波图
1—压力;2—挤压轴行程;3—挤压轴行程零位线;4—挤压轴压力零位线

20.3 计算挤压力的理论公式

20.3.1 解析法的特点

挤压力实测法尽管有很多优点,结果也基本能满足需要,但是由于受到各种条件的限制或者不经济而往往不便于采用。

在大多数情况下,利用解析法或工程法的理论公式计算挤压力,这种方法较为方便,计算结果也基本能满足要求。目前,用于计算挤压力的公式很多,根据对推导时求解方法的归纳,可分为以下四组:

(1)借助塑性方程式求解应力平衡微分方程所得到的计算公式;

(2)利用滑移线求解平衡方程所得到的计算公式;

(3)根据最小功原理和变分法所建立起来的计算公式;

(4)经验公式或简化公式,是基于挤压应力对对数变形指数 $\ln\lambda$ 之间存在的线性关系而建立起来的计算公式。

评价一个计算公式的适用性,首先是看它的精确度是否高,而这与该公式本身建立的理论基础是否完善、合理,考虑的影响因素是否全面有关;其次是,能否应用于各种不同的挤压条件。公式的精确度也与其中所包含的系数、参数选取得是否正确有极大的关系。

目前,尽管滑移线法、上限法和有限元法等在解析挤压力学方面已有长足发展,但是用在工程计算上尚有一定的局限性。它们或者由于只限于平面应变,至多是轴对称问题,或者由于计算手续繁杂,工作量大,而尚未获得广泛应用。目前,在挤压界一般仍广泛应用一些经验公式,简化公式,或者使用上述第1)组方法所建立起来的挤压力公式。

20.3.2　И. Л. 皮尔林公式

皮尔林公式借助与塑性方程和力平衡方程联立求解的方法,建立了挤压力计算公式。它的基本公式是:

$$P = R_s + T_t + T_{zh} + T_g \tag{20-4}$$

由以上公式可知,它在结构上由四部分组成,各部分在前已述及。但是,它忽略了三个可能的作用力:克服作用于制品上的反压力和牵引力 Q,克服因挤压速度变化所引起的惯性力 I,以及挤压末期克服挤压垫上摩擦力 T_d 等。

A　为了实现塑性变形作用在挤压垫上的力 R_s(不计接触摩擦)

$$R_s = (\cos^{-2}\alpha/2)F_0(2S_{zh})i \tag{20-5}$$

式中　α——挤压模角;

$\quad F_0$——挤压筒横断面积;

$\quad S_{zh}$——塑性变形区压缩锥内的金属平均塑性剪切应力;

$\quad i$——挤压比,$i = \ln\lambda$。

从以上公式中可以看出,变形力的大小与挤压模角、挤压比、挤压筒横断面积,以及金属变形抗力的大小成正比。当用平模挤压圆棒时,变形区压缩锥面为死区界面,其模角 α 可取 $60°$。

B　为了克服挤压筒壁上的摩擦阻力作用在挤压垫上的力 T_t

$$T_t = \pi D_0 (L_0 - h_s) f_t S_t \tag{20-6}$$

式中　L_0——填充挤压后的锭坯长度;

$\quad D_0$——挤压筒直径;

$\quad h_s$——死区高度;

$\quad f_t$——挤压筒壁上的摩擦系数;

$\quad S_t$——挤压筒内金属的平均塑性剪切应力。

C　为了克服塑性变形区压缩锥面上的名称阻力作用在挤压垫上的力 T_{zh}

挤压时,金属质点在通过塑性变形区压缩锥时,由于断面积急剧缩小,因此它获得了一个加速度,流动速度越来越快,使金属与接触面的相对移动速度时刻发生变化。经过推导,可以得到 T_{zh} 的计算公式:

$$T_{zh} = \sin^{-1}\alpha i F_0 f_{zh} S_{zh} \tag{20-7}$$

式中　α——压缩锥角;

$\quad i$——挤压比;

$\quad F_0$——锭坯断面面积;

$\quad f_{zh}$——金属与轧制带间摩擦系数;

$\quad S_{zh}$——变形区压缩锥内金属平均变形抗力。

应用此公式进行计算时应注意：在正挤压条件下，无论使用锥模或平模，压缩锥角都取 $60°$；使用平模反挤压时，则取 $75°\sim80°$。这是由于，在平模挤压时，压缩锥面上不再是金属与模子锥面间的外摩擦，可以认为是死区界面金属与滑移区金属间的内摩擦，变形区压缩锥部分的摩擦应力达到金属塑性变形时的最大剪切应力值，亦即等于 S_{zh}。于是，$f_{zh}\approx1$。

D 为了克服工作带摩擦阻力作用在挤压垫上的力 T_g

$$T_g=\lambda\pi D_1 h_g S_{zh1} \tag{20-8}$$

式中 λ——制品流出速度与挤压垫运动速度之比；

h_g——工作带长度；

D_1——制品直径；

f_g——工作带壁上的摩擦系数；

S_{zh1}——变形区压缩锥出口处金属塑性剪切应力。

在得知了四个分力的计算公式后，按下列公式叠加，便可以得到圆锭单模孔正向挤压圆棒时的总挤压力计算公式。

$$P=R_s+T_t+T_{zh}+T_g \tag{20-9}$$

整理后，得皮尔林挤压力计算公式：

$$P=[\pi D_0(L_0-h_s)]f_t S_t+2iF_0(f_{zh}/2\sin\alpha+1/\cos^2\alpha/2)S_{zh}+\lambda(\pi D_1 h_g)f_g S_g \tag{20-10}$$

上式即为皮尔林挤压力计算公式。公式中各个参数的含义在前面已经说明，具体的计算方法将在 20.4 中给出。

公式中第二项显示了模角 α 的作用：随着 α 的增大，R_s 增大而 T_{zh} 减小，将此关系绘制成曲线如图 20-9 所示。由图可见，当 $\alpha=45°\sim60°$ 时，挤压力最小。用符号 Y 表示：

$$Y=f_{zh}/2\sin\alpha+1/\cos^2\alpha/2 \tag{20-11}$$

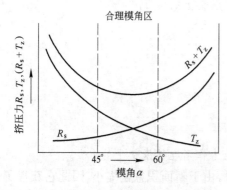

图 20-9 挤压力各分量及合力与模角 α
之间关系的示意图

引入公式（20-10）中的第二项，且令 $f_{zh}\approx1$，则可以作出平模挤压时的 Y-α 关系曲线，如图 20-10 所示。从图中可以看出，当 $\alpha\approx50°$ 时，Y 最小，挤压力也最小。这一结果与前面述及的挤压力最小的最佳模角范围 $\alpha=45°\sim60°$ 是一致的。

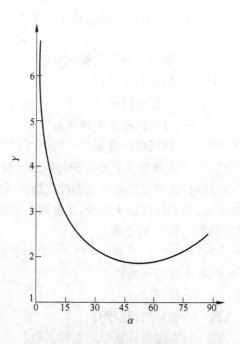

图 20-10 Y-α 关系曲线

20.4 挤压力计算公式中的参数确定

热挤压时,金属在塑性变形区中的塑性剪切应力与变形抗力的大小除与温度有关外,还与金属在变形区内停留的时间或变形速度有关系。

20.4.1 S_t 的确定

金属与挤压筒壁间的摩擦应力的精确值,可以用挤压力曲线来确定。图 20-11 描述了挤压过程中金属温度发生变化和基本不变两种条件下的挤压力曲线。图 20-11(a)示出了挤压过程中金属温度有变化的情况。

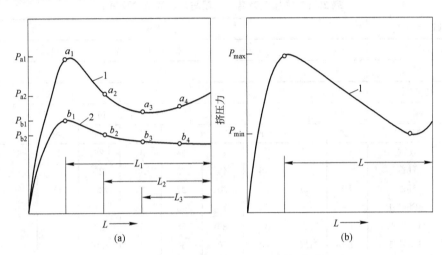

图 20-11 挤压过程中挤压力变化曲线
(a)金属温度变化;(b)金属温度基本不变
1—作用在挤压垫上的压力;2—作用在挤压模上的压力

在缺少具体的挤压力曲线情况下,可以根据不同条件选定塑性剪切应力:

带润滑挤压时,可以认为锭坯内部金属性能与表面层的相同,即:

$$S_t = S_{zh0} \tag{20-12a}$$

无润滑挤压但金属氧化皮很软能起润滑作用(如紫铜)时,

$$S_t = S_{zh0} \tag{20-12b}$$

无润滑挤压但金属粘结挤压筒不严重时,

$$S_t = 1.5 S_{zh0} \tag{20-12c}$$

无润滑挤压且金属剧烈粘结挤压筒或真空挤压时,

$$S_t = 1.5 S_{zh0} \tag{20-12d}$$

20.4.2 S_{zh0}、S_{zh1} 及 S_{zh} 的确定

在塑性变形区压缩锥内各处的金属塑性剪切应力 S_{zh} 是不同的,一般可用平均值表示,即取变形区压缩锥入口的值 S_{zh0} 与变形区压缩锥出口的值 S_{zh1} 的算术平均值。

20.4.2.1 S_{zh0} 的确定

S_{zh0} 值目前尚难以用实验方法获得,因此可根据金属变形抗力与塑性剪切应力的关系

$K = 2S$ 得出：

$$S_{zh0} = 0.5K_{zh0} \tag{20-13a}$$

目前，在缺少变形抗力 K_{zh0} 值的情况下，可用相应加工温度下单向拉伸或单向压缩实验所得到的应力值，如抗拉强度 σ_b 值代替：

$$S_{zh0} = 0.5K_{zh0} \approx 0.5\sigma_b \tag{20-13b}$$

表 20-1 列出各种有色金属及合金不同温度下的抗拉强度 σ_b 值。应指出的是，由于进行试验的材料合金成分的波动，加上锭坯规格与状态的不同，以及试验条件的差异，表中所列数据值可能有所偏差，选用时应加以注意。

表 20-1　热加工时有色金属与合金的抗拉强度

金属材料		σ_b/MPa								
温度/℃		常温								
铅		20								
温度/℃		100	150	200	250	300	350	400		
锌		78	53	36	24	14	12	0.09		
重金属	铜	温度/℃	500	550	600	650	700	750	800	850	900	950
		紫铜	60	55	50	44	38	32	26	20	18	15
		H68	—	—	45	40	35	30	25	20		
		H62	80	60	35	30	27	24	20	15	—	—
		HPb59-1	—	—	20	17	15	13	11	9	—	—
		HAl77-2	130	115	100	80	55	50	20	—	—	—
		HNi65-5	160	120	90	80	50	30	20	—	—	—
		QAl10-3-1.5	—	—	120	70	50	30	15	12	8	
		QAl10-4-4	—	—	160	120	80	50	25	20	15	
		QBe2	—	—	—	100	60	40	35			
		QSi3-1	—	—	120	100	75	50	35	20	15	
		QSi1-3	—	—	200	150	120	80	50	25	12	
		QSn6.5-0.1	—	—	200	180	160	140	120	—	—	
		QSn4-0.3	—	—	150	130	110	90	70	—	—	
		QCr0.5	—	—	160	140	120	70	60	40	20	16
	镍	温度/℃	750	800	850	900	950	1000	1050	1100	1150	1200
		纯镍	—	113	95	76	65	54	46	38	—	—
		NMn5	—	160	140	110	90	60	50	40	30	25
		NCu28-2.5-1.5	—	145	122	101	82	63	51	44		
		B19	104	81	59	43	28	17	—	—		
		B30	80	60	48	37	—	—				
		BFe5-1	75	50	35	25	20	15				
轻金属	铝	温度/℃	200	250	300	350	400	450	500		
		纯铝	50.0	35.0	25.0	20.0	12.0	—	—		
		LF5	—	—	—	42.0	32.0	27.0	20.0		
		LF7	—	—	80.0	60.0	40.0	32.0	23.0		
		LY11	—	—	55.0	45.0	35.0	30.0	25.0		

金属材料		σb/MPa						
轻金属	铝	LY12	—	—	70.0	50.0	40.0	35.0	28.0
		LD2	55.0	40.0	30.0	25.0	20.0	15.0	—
		LD31	63.3	31.6	22.5	16.2	—	—	—
		LC4	—	—	100.0	80.0	65.0	50.0	35.0
	镁	温度/℃	200	250	300	350	400	450	500
		纯镁	40.0	25.0	20.0	16.0	12.0	10.0	—
		MB1	—	—	40.0	34.0	30.0	25.0	—
		MB2,MB8	—	—	70.0	55.0	40.0	28.0	—
		MB5	—	—	60.0	50.0	35.0	28.0	—
		MB7	—	—	52.0	45.0	40.0	35.0	—

稀有金属	钛	温度/℃	600	700	800	850	900	950	1000	1100
		TA2	260	120	50	40	30	25	20	—
		TA6	430	250	160	135	110	70	36	17

20.4.2.2 S_{zh1} 的确定

A S_{zh1} 的计算 经过塑性变形后处于变形区压缩锥出口的金属塑性剪切应力 S_{zh1} 的大小,应考虑变形程度、变形速度和变形时间的影响。如果在变形时伴随着剧烈的温升,则还应考虑温升的影响。通常可用一个硬化系数 C_y 表示金属材料在变形过程中的加工硬化程度。于是变形后的金属塑性变形剪切应力 S_{zh1} 按下式计算:

$$S_{zh1} = C_y S_{zh0} \tag{20-14}$$

式中　C_y——金属材料硬化系数,一般按表 20-2 选取。对挤压速度低的铝来说,不宜选用表中数值,最好查找图 20-12。在选取数据前,应先计算出挤压比和金属在塑性变形区压缩锥内的停留时间。

表 20-2　金属硬化系数 C_y

	挤压比 λ	2	3	4	15	1000
金属在变形区中持续时间 t_s/s	≤0.001	3.35	4.15	4.50	4.75	5.00
	0.01	2.85	3.50	4.00	4.40	4.80
	0.1	2.00	2.90	3.20	3.40	3.60
	1.0	1.95	2.25	2.45	2.60	2.80
	≥10	1.00	1.00	1.00	1.00	1.00

B t_s 计算 金属在塑性变形区内停留的持续时间 t_s:

$$t_s = V_s / V_m \tag{20-15}$$

式中　V_s——塑性变形区体积,根据不同挤压条件计算;

V_m——金属秒流量,$V_m = F_0 v_j = F_1 v_1$。

a 用圆锭挤压实心断面制品 此时,塑性变形区体积 V_s 如图 20-13 所示,可用下式计算挤压圆棒时的塑性变形区体积 V_s:

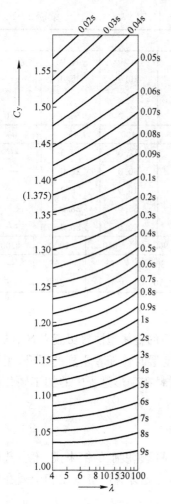

图 20-12 金属硬化系数 C_y

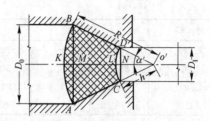

图 20-13 塑性变形区体积图

$$V_s = (D_0^3 - D_1^3)\pi(1 - \cos\alpha)/12\sin^3\alpha \quad (20\text{-}16)$$

从而可代入公式(20-15)中得到金属在塑性变形区内的持续时间 t_s:

$$t_s = (\lambda D_0 - D_1)(1 - \cos\alpha)/3\lambda v_j \sin^3\alpha \quad (20\text{-}17)$$

b 用圆锭挤压管材 金属在塑性变形区内的持续时间 t_s 按下列公式计算:

$$t_s = 0.4[(D_0^2 - 0.75d_1^2)^{3/2} - 0.5(D_0^3 - d_1^3)]/(F_0 v_j) \quad (20\text{-}18)$$

20.4.2.3 S_{zh} 的确定

金属在塑性变形区压缩锥内各处的塑性剪切应力难以精确确定,计算时可以将变形区内的平均塑性剪切应力代入公式(20-10)中以计算挤压力。一般情况下,S_{zh} 按 S_{zh0} 和 S_{zh1} 的算术平均值代入:

$$S_{zh} = (S_{zh0} + S_{zh1})/2 \quad (20\text{-}19)$$

若挤压时的变形程度很大,可以采用几何平均值确定:

$$S_{zh} = S_{zh0}S_{zh1} \quad (20\text{-}20)$$

20.4.3 摩擦系数

摩擦系数可以根据不同的摩擦状态选取。

20.4.3.1 挤压筒和变形区内的表面名称系数 f_t 和 f_{zh}

带润滑热挤压时 $f_t = f_{zh} = 0.25$;

无润滑热挤压但锭坯表面存在软的氧化皮时 $f_t = f_{zh} = 0.5$;

无润滑热挤压但金属粘结工具不严重时 $f_t = f_{zh} = 0.75$;

无润滑热挤压且金属剧烈粘结工具,死区较大(如铝及其合金挤压)时 $f_t = f_{zh} = 1$;

静液挤压时 $f_t = 0$,$f_{zh} = 0.1$。

20.4.3.2 工作带壁上的摩擦系数 f_g

带润滑挤压时 $f_g = 0.25$;

无润滑挤压或真空挤压时 $f_g = 0.5$。

20.5 其他挤压力计算公式

20.5.1 Л. B. 普罗卓洛夫公式

此公式属于简化公式,通过选取系数 C 值可用于一切制品的计算:

$$P=\pi(D_0^2-d_0^2)C\ln\lambda(1+fL_0/D_0)\sigma_b/4 \qquad (20\text{-}21)$$

式中　D_0、d_0、L_0——挤压筒与瓶式针干直径和填充后锭坯长度;

　　　f——摩擦系数,按表 20-3 选取;

　　　σ_b——挤压温度下的金属抗拉强度,按表 20-1 选取;

　　　C——断面形状系数,对于棒材、简单断面的型材、光面的管材取 4;复杂的异型材取 5;对带高筋的异型管材取 6。

在挤压有色金属及合金管材时,为了使计算结果更准确,一般考虑应加入一个穿孔针冷却作用的金属冷却系数 Z,于是挤压力计算公式改为:

$$P=\pi(D_0^2-d_0^2)C\ln\lambda(1+fL_0/D_0)Z\sigma_b/4 \qquad (20\text{-}22)$$

式中的 Z 值可按图 20-14 查得,挤压棒材时 $Z=1$。

应用普罗卓洛夫公式挤压塑性较差、强度较高的难熔金属时,计算值比较接近实测值,但挤压纯钛及锆合金时,计算值要比实测值低得多。

对于系数 C 的选取,计算者可根据具体条件以所得的挤压力数值最接近实际值为原则来确定,不必受上面所给出的数据的限制。

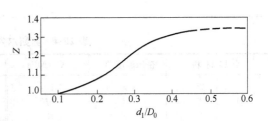

图 20-14　金属冷却系数 Z
与 d_1/D_0 的关系

20.5.2 J. 塞茹尔内公式

在采用玻璃润滑剂挤压钢及一些稀有难熔金属时,常采用塞茹尔内公式计算挤压力并得到较满意的精确度。挤压棒、型材和管材时,可分别用下式求得:

$$P=\pi R_0^2\ln\lambda e^{2fL_0/R_0}K_{zh} \qquad (20\text{-}23)$$

$$P=\pi(R_0^2-r_1^2)K_{zh}\ln\lambda e^{2fL_0/(R_0-r_1)} \qquad (20\text{-}24)$$

式中　R_0、r_0——填充挤压后锭坯外半径和穿孔针内半径;

　　　f——摩擦系数。对玻璃润滑剂,$f=0.015\sim0.025$;对普通润滑剂,可参照表 20-3;

　　　K_{zh}——金属变形抗力。通过实验测定挤压力值并代入上式求得(见表 20-4)。

表 20-3　普罗卓洛夫公式用摩擦系数

合 金 品 种		挤压温度/℃	摩 擦 系 数
重金属	紫　铜	950~900	0.10~0.12
		900~800	0.12~0.18
		800~700	0.18~0.25
	HPb59-1,HFe59-1-1	>700	0.27
		700	0.20~0.22

287

	合 金 品 种	挤压温度/℃	摩 擦 系 数
重金属	H68	850～700	0.18
	铝 青 铜	850～750	0.25～0.30
	锡磷青铜	800～700	0.25～0.27
	镍及镍合金	950～1150	0.30
		850～950	0.35
		800～850	0.40～0.45
轻金属	铝及铝合金	450～500	0.25～0.30
		300～450	0.30～0.35
	镁及镁合金	340～450	0.25
		250～350	0.28～0.30
稀有金属	钛及钛合金	1000	0.30～0.35
		900	0.40
		800	0.50

表 20-4 塞茹尔内公式中的 K_{zh} 值

金属材料		挤压温度/℃	K_{zh}/MPa	金属材料		挤压温度/℃	K_{zh}/MPa
铜	紫 铜	900	141	稀有金属	钛	850～900	120
	黄 铜	650	170			1000	75
	青 铜	850	122				
镍		1100～1200	180		钼	1350	380
钢	碳 钢	1100～1300	130		钨	1500	480

20.5.3 穿孔力计算

在双动式挤压机(有独立的穿孔系统的挤压机)上,用实心锭坯挤压管材时,应安排穿孔操作。完成穿孔所需要的穿孔力由穿孔液压缸提供。

20.5.3.1 穿孔过程与穿孔力分布

带穿孔的挤压过程,会产生很大的穿孔料头,此料头外径与模子的外径相同,但它是实心的。在完成填充挤压后,挤压杆后退一段距离,穿孔针前进。一旦穿孔针穿入锭坯,中心部分的金属沿着针表面向后流动,针也承受摩擦阻力。随着针的深入,穿孔力逐渐增大。当穿孔深度 a 达到某值 a_c 时,穿孔力达到最大值。最大穿孔力用于将针与模孔之间的金属体积剪切推出使之成为穿孔料头,并克服已穿孔部分的金属摩擦阻力。当针继续前进移向模孔时,随着料头逐渐被推出模孔,穿孔力逐渐降低。穿孔结束时,穿孔力下降至最小值。穿孔过程中穿孔应力的变化规律如图 20-15 所示。

穿孔力 P_{ch} 按公式(20-25)计算:

$$P_{ch} = \sigma_{ch}(\pi \times d_1/4) \tag{20-25}$$

穿孔过程中穿孔力的峰值出现的时间或者在图 20-15 上最大力所对应的位置 a_c/L_0,与

穿孔针的直径 d_1 有关。一般,小直径穿孔针的穿孔应力相对于大直径穿孔针穿孔时的出现要较晚一些,即 a_c/L_0 值较大。当针很细,即 d_1/D_0 趋于零时,穿孔针前进所要克服的阻力,主要是针侧表面上的金属摩擦阻力,因此在针穿出锭坯时的穿孔应力达到最大值,此时,穿孔针与锭坯的接触面积接近于最大值(如图 20-15 曲线 1 所示),因此摩擦阻力也基本达到最大值,a_c/L_0 趋近于 1;而当 d_1/D_0 趋近于 1 时,穿孔过程近似于

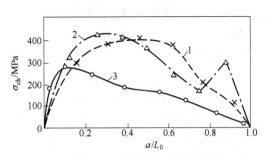

图 20-15 不同针径时的穿孔应力变化(紫铜)
1—d_1=15mm;2—d_1=26mm;3—d_1=55mm

棒材的挤压过程,最大穿孔力出现在穿孔初期,与棒材挤压时的突破力较为相似,也就是靠近 $a=0$ 处(图 20-15 曲线 3 所示)。

20.5.3.2 穿孔应力计算

热穿孔时,穿孔针相对于刚出加热炉的锭坯金属来说温度较低,因此对锭坯金属起着冷却作用,使实际的穿孔应力比不考虑冷却作用的理论值要高。因而在计算穿孔应力时,要应用金属冷却系数 Z 加以修正。Z 值可以按图 20-14 得到。

穿孔应力可按下式计算:

$$\sigma_{ch}=Z(\sigma_1+\sigma_2) \tag{20-26}$$

式中 Z——金属冷却系数;

σ_1——在 (L_0-a) 长度上要克服的金属剪切应力:

$$\sigma_1\approx2(D_1/d_1^2)(L_0-a)\sigma_b$$

σ_2——金属作用在挤压针侧表面上的摩擦阻力:

$$\sigma_2\approx4(a/d_1)f\sigma_b$$

将 σ_1、σ_2 代入计算公式 $\sigma_{ch}=Z(\sigma_1+\sigma_2)$ 可以得到穿孔应力计算公式:

$$\sigma_{ch}=\frac{4}{d_1^2}[0.5D_1(L_0-\alpha)+f\alpha d_1]Z\sigma_b \tag{20-27}$$

式中 α——穿孔力达到最大值的临界穿孔深度,根据图 20-15 的曲线确定;

d_1——穿孔针直径;

L_0——锭坯长度;

D_1——锭坯直径;

f——摩擦系数;

Z——金属冷却系数。

按上面公式计算出最大穿孔应力值 σ_{ch} 后,再代入公式(20-25)中计算,即可得到穿孔力。

20.6 挤压力计算例题

例1 在 15MN 挤压机上将 $\phi150\times200$mm 锭坯挤压成 $\phi19\times2$mm 紫铜管。挤压筒 $D_0=155$mm;锥模模角 $\alpha=65°$,$h_g=10$mm;圆柱式针;挤压温度 $T=900℃$;挤压速度

$v_j = 80\text{mm/s}$。试用皮尔林公式计算挤压力。

解:

(1) 挤压比　　　　　$\lambda = F_0/F_1 = 175$

填充后锭长　　　$L_0 = L_p D_p^2/D_0^2 = 187.30\text{mm}$

金属流出速度　　$v_1 = \lambda v_j = 14000\text{mm/s}$

死区高度　　　　$h_s = (D_0 - D_1)(0.58 - \cot\alpha)/2 = 7.73\text{mm}$

(2) 确定 S_{zh0}、S_{zh} 和 S_g：

① 根据表 20-1 查得紫铜 900℃时，$K_{zh0} = \sigma_b = 18\text{MPa}$

故　　　　　　　　$S_{zh0} = 0.5, K_{zh0} = 9\text{MPa}$

② 确定 S_{zh1}

计算金属在变形区中的持续时间，$t_s \approx 0.3\text{s}$

按表 20-2 确定金属硬化系数，$C_y \approx 3.1$

因此　　　　　　　$S_{zh1} = C_y \quad S_{zh0} = 27.9\text{MPa}$

③ 计算 S_{zh}

$$S_{zh} = (1 + C_y) S_{zh0}/2 = 18.45\text{MPa}$$

(3) 计算 P

将上述数值代入公式(20-10)，求得：$P = 9\text{MN}$。

本题中，实测挤压力值为 10MN。

例2　在 35MN 水压机上，将 $\phi270 \times 350$ mm 锭坯挤压成 $\phi110 \times 5$ mm 铝管。挤压筒直径 $D_0 = 280\text{mm}$；挤压温度 $T_j = 400℃$；圆柱式针 $d_1 = 100\text{mm}$；$\sigma_b = 12\text{MPa}$。试用普氏公式计算挤压力。

解:

(1) 挤压比 $\lambda = F_0/F_1 = 32.57$；填充后锭长 $L_0 = L_p D_p^2/D_0^2 = 326\text{mm}$；

(2) 查图 20-14 得 $Z = 1.29$；形状断面系数，对于圆形管材，取 $C = 4$；

(3) 根据表 20-3，$f = 0.30$；已知 $\sigma_b = 12\text{MPa}$；

(4) 按公式(20-22)计算挤压力 P：

$$P = 15.63\text{MN}$$

例3　在 31.5MN 水压机上，将长 550 mm 的 TA2 钛合金挤压成 $\phi104 \times 7$ mm 的管材。已知，$D_0 = 260\text{mm}$，$\Delta D = 5\text{mm}$，$\Delta d = 6\text{mm}$，$\lambda = 21.9$；$T_j = 830℃$；$f = 0.02$；$K_{zh} = 150$。试用塞氏公式计算挤压力。

解:

(1) 圆柱式穿孔针直径

$$d_0 = D_1 - 2S = 90\text{mm}$$

(2) 填充后锭长

$$L_0 = L_p D_p^2/D_0^2 = 516\text{mm}$$

(3) 按公式(20-24)计算挤压力 P：

$$P = 27.58\text{MN}$$

例4　在 15 MN 水压机上用 $\phi150 \times 200\text{mm}$ 紫铜锭坯挤制 $\phi19 \times 2\text{mm}$ 的管材。已知 $D_0 = 155\text{mm}$；$T_j = 850℃$；$T_{针} = 300℃$；临界穿孔深度 $a = 0.5$；穿孔时间 15s。试求穿孔力 P_{ch}。

解:

(1) 确定金属冷却系数 Z 值 按图 20-14 查得：
$$Z = 1.633$$

(2) 计算穿孔应力。按公式(20-26)计算
$$\sigma_{ch} = Z(\sigma_1 + \sigma_2) = 0.665kPa$$

(3) 计算穿孔针断面积 F
$$F = 176.6mm^2$$

(4) 计算穿孔力。按公式(20-25)计算
$$P_{ch} = F\sigma_{ch} = 0.117MN$$

复习思考题

1. 什么叫挤压力,影响挤压力的因素有哪些?

2. 说明挤压时变形抗力对挤压力的影响。

3. 什么叫挤压最佳模角,为什么会出现最佳模角?

4. 说明挤压温度、挤压速度及变形程度对挤压力的影响。

5. 皮尔林挤压力计算公式由哪几部分组成,各怎样计算?

6. 什么叫穿孔力,粗针与细针穿孔时穿孔力峰值位置相同吗?

7. 为什么同样条件下正挤压比反挤压力要大?

第五篇　拉　拔　理　论

21　拉　拔　概　述

拉拔是金属压力加工的常用方法之一。拉拔是将具有一定横断面积的金属材料,在外加拉力作用下,强行通过断面尺寸逐渐缩小的模孔,获得所要求的截面形状和尺寸。按金属材料的断面类型,拉拔分为线材、管材、型材的拉拔。金属所以能够进行拉拔就是利用金属具有的塑性,即借助外力的作用使金属材料产生永久变形而不破裂,从而获得所需要的形状、尺寸,且满足国标或部标规定的力学性能和质量的要求。

由于金属的组织和化学成分不同,金属所能承受的拉拔力的大小不同。拉拔理论旨在于深入研究不同组织和成分的金属在拉拔过程中产生的变形和应力分布特点;拉拔过程中产生不均匀变形的原因;残余应力造成的后果;拉拔条件对拉拔产品的力学性能的影响;拉拔力和拉丝机功率的计算方法等,从而充分利用金属塑性确定合理的拉拔工艺,正确选择拉丝设备,为拉丝生产提供必要的理论基础,达到提高产品质量,降低生产成本,提高生产效率的目的。

21.1　拉拔方法及特点

21.1.1　拉拔方法的分类

由于拉拔形式各种各样,分类的方法很多。

21.1.1.1　按温度分

A　冷拉(也叫冷拔)　被拉拔的线材在室温下(再结晶温度下)进入模孔,并在模孔中产生塑性变形,这种情况下进行的拉拔,称为冷拉。冷拉线材的特点是具有光亮的表面、足够精确的断面尺寸和一定的力学性能。

B　热拉(也叫热拔)　被拉拔的线材预热到再结晶温度(如 700～900℃)以上,再进行的拉拔,称为热拔。热拔主要用于低塑性、高熔点、难变形的金属线材。热拔可完全消除拉拔过程中产生的加工硬化,可提高线材的塑性。

C　温拉(也叫温拔)　被拉拔线材的预热温度控制在再结晶温度以下,恢复温度以上,所进行的拉拔,称为温拔。温拔主要用于低塑性、高合金线材。

热拔和温拔由于加热方法的困难,目前未得到非常普遍的使用。

21.1.1.2　按拉拔时采用的润滑剂分

A　干拉　主要用于粗规格、中等规格的钢丝生产。干拉时是将干粉状的皂粉润滑剂放在模盒中,粉末覆盖着运动的钢丝,并粘附在钢丝表面带入拉丝模,钢丝经拉伸在其表面形成润滑薄膜。

B　湿拉　主要用于细规格的钢丝生产,特别是直径小于 1mm 的优质钢丝。湿拉使用的设备叫水箱拉丝机。整套设备的工作部分(塔轮、拉丝模)浸泡在液体润滑剂——肥皂水中,钢丝缠绕在塔轮上可产生适当滑动。

此外还有按照拉丝模的个数分为单模、多模拉拔;按照受力情况分为无反拉力拉伸、带反拉力拉拔等等。

21.1.2 钢丝拉拔的基本概念

钢丝是以热轧线材为原料,经过一道次或多道次的拉拔获得所需规格尺寸的产品,其拉拔过程如图 21-1 所示。

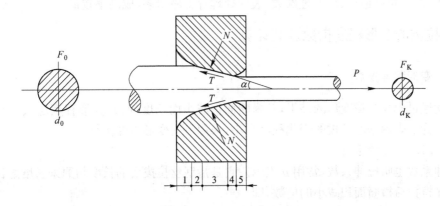

图 21-1　钢丝拉拔示意图

线材通过逐渐减小截面的模孔发生变形,主要是靠拉丝机加在钢丝轴向上的拉拔力(P)和伴随着垂直作用于拉丝模壁上的正压力(N),此外,还有模孔与线材表面接触处阻碍金属移动的外摩擦力(T)的综合作用来实现的。

拉拔模具(也叫拉丝模)是实现金属变形的工具,它的主要部分是拉丝模孔。模孔一般划分为五个区段:

1) 入口锥:便于穿线及防止钢丝从入口方向擦伤拉丝模。

2) 润滑锥:使钢丝易于带入润滑剂,在钢丝表面形成润滑膜。

3) 工作锥:模孔的最重要部分,钢丝在拉拔过程中的塑性变形在这里完成。工作区的圆锥角 α(半角)的大小,与钢丝塑性变形的均匀度有很大关系,同时影响拉拔力(P)的大小和钢丝的性能。

4) 定径带:其作用是使钢丝通过模孔时,能得到稳定的直径尺寸、较好的光泽和光滑的表面。

5) 出口锥:其作用是防止钢丝出口时不平稳,被模口刮伤。

在拉拔过程中,线材的截面积逐渐减小,根据体积不变定律,线材的长度逐渐增长。通过拉拔,改善了钢丝表面的光洁度和尺寸精度。与相同成分的热轧线材相比,冷拔工艺明显地改变了钢的力学性能和工艺性能,使金属的强度、韧性等指标均有显著提高,而且可消除热轧线材留下的凹坑、扭歪、弯曲、划痕等表面缺陷。

21.1.3 拉拔的特点

拉拔特点如下:

1）经拉拔的钢丝，尺寸精确，表面质量好，光洁度高。

2）拉拔制品的种类多，规格多。

3）断面的受力和变形均匀对称，故断面质量好。

4）经拉拔的制品力学性能显著提高。

5）拉拔的设备规模小，工具简单，维护方便，在一台拉丝机上可生产多种规格和品种的产品。

6）为实现安全拉拔，各道次的压缩率不能过大，因此拉拔道次较多，摩擦力较大，消耗能量较多（冷轧消耗的能量是拉拔消耗的能量的 60%），道次变形量和各次热处理间的总变形量都不大，使拉拔道次、热处理次数、表面处理等工序繁多，成品率较低。

21.2 拉拔的变形程度指数及其计算

21.2.1 变形程度指数

钢丝通过模孔拉拔变形的结果，其横断面积减小而长度伸长；变形程度越大，上述变化也越大。为了表示钢丝拉拔的变化程度大小，采用下列变形程度指数。

21.2.1.1 延伸系数

延伸系数也叫拉伸系数，常用 μ 表示。它是指钢丝拉拔后的长度与原来长度之比，或表示钢丝在拉拔后横断面积减小的倍数，即

$$\mu = \frac{L_K}{L_0} = \frac{F_0}{F_K} = \frac{d_0^2}{d_K^2}$$

式中　F_0——钢丝拉拔前的横截面积；

　　　F_K——钢丝拉拔后的横截面积；

　　　L_0——钢丝拉拔前的长度；

　　　L_K——钢丝拉拔后的长度；

　　　d_0——钢丝拉拔前的直径；

　　　d_K——钢丝拉拔后的直径。

由于拉拔的结果总是钢丝的横断面积减小，因此延伸系数 μ 总是大于 1 的。

在实际生产中，钢丝须经过一系列模子，进行多道次拉拔，才能获得所需要的截面尺寸和力学性能，因此把钢丝通过每一个模子拉拔后所得的延伸系数叫道次延伸系数，用 μ_n 表示；把钢丝通过二道以上拉拔（各道次间不经过热处理）所获得延伸系数叫总延伸系数，用 $\mu_{总}$ 表示。为计算方便起见，常假定各道次变形程度一致，即各道次的延伸系数相等，用平均延伸系数 $\mu_{均}$ 表示。

总延伸系数 $\mu_{总}$ 与平均延伸系数 $\mu_{均}$ 的关系如下：

$$\mu_{总} = \frac{F_0}{F_n} = \frac{F_0}{F_1} \cdot \frac{F_1}{F_2} \cdots \frac{F_{n-1}}{F_n} = \mu_1 \cdot \mu_2 \cdots \mu_n = \mu_{均}^n$$

或
$$\mu_{均} = \sqrt[n]{\mu_{总}}$$

式中　μ_1、μ_2、$\mu_3 \cdots \mu_n$——第一、第二、第三…第 n 道次的延伸系数；

　　F_0、F_1、$F_2 \cdots F_{n-1}$——第一道、第二道、第三道…第 n 道拉拔前钢丝的截面积；

　　　　　F_n——第 n 道拉拔后钢丝的截面积；

　　　　　　n——拉拔道次。

21.2.1.2　压缩率

压缩率也叫减面率,常用 q 表示。它表示钢丝在拉拔后截面积减小的绝对量(即压缩量)与钢丝拉拔前的截面积之比。q 的大小反映变形的真实情况。由于钢丝拉拔后的截面积总是小于拉拔前的截面积,因此压缩率总是小于 1 的,q 值多用百分比表示。即

$$q=\frac{F_0-F_K}{F_0}\times100\%=\frac{d_0^2-d_K^2}{d_0^2}\times100\%$$

把钢丝通过每一个模子拉拔后所得的压缩率叫部分压缩率,用 q 表示;把钢丝通过二道以上拉拔(各道次间不经过热处理)所获得的压缩率叫总压缩率,用 Q 表示。假定各道变形程度一致,即所谓平均部分压缩率,用 $q_均$ 表示。

总压缩率 Q 与平均部分压缩率 $q_均$ 的关系如下:

因为　　　　　　$$Q=\frac{F_0-F_n}{F_0}=1-\frac{F_n}{F_0}=1-\frac{1}{\mu_总}=1-\frac{1}{\mu_均^n}$$

由表 21-1 可知　　　　$$q_均=\frac{\mu_均-1}{\mu_均}=1-\frac{1}{\mu_均},\frac{1}{\mu_均}=1-q_均$$

所以　　　　　　　　$$Q=1-(1-q_均)^n$$

21.2.1.3　延伸率

延伸率是指钢丝拉拔过程中的绝对伸长与原长度之比,用 λ 表示。当变形程度不大时,延伸率的数值是小于 1 的,因此延伸率也常用百分比表示,即

$$\lambda=\frac{L_K-L_0}{L_0}\times100\%=\frac{F_0-F_K}{F_K}\times100\%=\frac{d_0^2-d_K^2}{d_K^2}\times100\%$$

21.2.2　变形程度指数之间的关系

上述三个变形程度指数之间有一定的关系,三者之间的关系是建立在被拉拔线材的体积不变这一定律基础上的。如延伸系数与其他变形程度指数的关系为:

$$\mu=\frac{L_K}{L_0}=\frac{F_0}{F_K}=\frac{1}{1-\frac{F_0-F_K}{F_0}}=\frac{1}{1-q}=\frac{F_0-F_K}{F_K}+1=\lambda+1$$

为方便计算各种变形程度指数,将三个变形程度指数的关系列于表 21-1。

表 21-1　变形程度指数的关系式

变形程度指数	符号	用下列各项表示指数值					
		钢丝直径 d_0 及 d_K	截面积 F_0 及 F_K	长　度 L_0 及 L_k	延伸系数 μ	压缩率 q	延伸率 λ
延伸系数	μ	$\dfrac{d_0^2}{d_K^2}$	$\dfrac{F_0}{F_K}$	$\dfrac{L_K}{L_0}$	μ	$\dfrac{1}{1-q}$	$\lambda+1$
压缩率	q	$\dfrac{d_0^2-d_K^2}{d_0^2}$	$\dfrac{F_0-F_K}{F_0}$	$\dfrac{L_K-L_0}{L_K}$	$\dfrac{\mu-1}{\mu}$	q	$\dfrac{\lambda}{\lambda+1}$
延伸率	λ	$\dfrac{d_0^2-d_K^2}{d_K^2}$	$\dfrac{F_0-F_K}{F_K}$	$\dfrac{L_K-L_0}{L_0}$	$\mu-1$	$\dfrac{q}{1-q}$	λ

例：生产制绳钢丝直径为 2.0mm，采用直径为 4.0mm 铅淬火线材，经拉拔 6 道而获得。求总压缩率、平均部分压缩率、总延伸系数、平均延伸系数。

解：总延伸系数

$$\mu_{总} = \frac{F_0}{F_n} = \left(\frac{d_0}{d_n}\right)^2 = \left(\frac{4.0}{2.0}\right)^2 = 4.0$$

总压缩率

$$Q = \frac{d_0^2 - d_n^2}{d_0^2} \times 100\% = \left[1 - \left(\frac{d_n}{d_0}\right)^2\right] \times 100\% = \left[1 - \left(\frac{2.0}{4.0}\right)^2\right] \times 100\% = 75\%$$

平均延伸系数

$$\mu_{均} = \sqrt[n]{\mu_{总}} = \sqrt[6]{4.0} = 1.26$$

平均部分压缩率

$$q_{均} = \left(1 - \frac{1}{\mu_{均}}\right) \times 100\% = \left(1 - \frac{1}{1.26}\right) \times 100\% = 20.7\%$$

复习思考题

1. 将直径为 4mm，长 10m 的线坯拉拔成直径为 2mm 的钢丝，试计算长度是多少？延伸系数 μ 为多少，压缩率为多少？

2. 计算下面的部分压缩率和总压缩率：拉拔钢丝从 $\phi1.8mm \rightarrow \phi1.64mm \rightarrow \phi1.42mm \rightarrow \phi1.25mm \rightarrow \phi1.11mm \rightarrow \phi0.99mm \rightarrow \phi0.90mm$

3. 拉拔的分类方法有哪些？

4. 拉拔与其他压力加工方法相比有哪些特点？

5. 拉丝模孔分为哪几部分，各部分的作用是什么？

22   拉拔时的变形分析和应力分布

22.1   实现拉拔的条件

22.1.1   稳定和安全拉拔的条件

在拉拔时,如果拉拔力过小,坯料将不能被拉过模孔,即不能实现拉拔过程。但是,若拉拔力过大,又易缩丝或断丝,使拉拔过程不稳定或不安全。上述情况都影响生产的正常进行,使生产率、产品质量和成品率降低。因此,为了顺利、稳定和安全地实现拉拔过程,必须遵守一定的拉拔条件。

在拉拔过程中,防止产生缩丝或断丝的基本条件是:使拉拔应力 σ_p 小于被拉金属在拉丝模出口端的屈服强度 σ_s 或抗拉强度 σ_b,即

$$\sigma_p < \sigma_s < \sigma_b \ \text{或} \ \sigma_b/\sigma_p = K_A > 1$$

式中 K_A——安全系数。

在拉拔过程中,如果 $\sigma_p > \sigma_s$,则金属从模孔中被拉出来以后,又将产生第二次塑性变形,使丝径再一次变小,从而引起丝径粗细不均匀;如果 $\sigma_p > \sigma_b$,将引起断丝。因此,保证稳定和安全拉拔的条件是 $K_A > 1$。

安全系数 K_A 既是用来表示拉拔过程的可靠程度,同时在生产实践中又是将它作为衡量拉丝模质量和润滑质量的标准。因为,在其他条件相同时,若拉丝模和润滑质量好,则所需要的拉拔力小,相应会使安全系数 K_A 值增大,因而拉拔过程的可靠程度提高。在拉丝过程中,一般取 $K_A = 1.40 \sim 2.00$,即相当于 $\sigma_p = (0.7 \sim 0.5)\sigma_b$。

当 $K_A < 1.40$ 时,说明拉拔应力较高或金属的抗拉强度低,因而 K_A 值减小,反映拉拔过程不稳定或欠安全,容易引起缩丝或断丝。

当 $K_A > 2.00$ 时,说明拉拔应力较小或金属的抗拉强度较高,即金属的加工硬化较显著,因此 K_A 值增大。同时,这种情况还反映所选用的道次压缩率太小,没有充分利用金属的塑性,从而使生产率降低。此外,在采用过大的安全系数时,还会加剧金属表面层与中心层之间的不均匀变形程度,引起残余应力增大。

表 22-1 给出了拉拔不同线径的钢丝时的 K_A 值。

表 22-1 K_A 值的选取范围

丝径/mm	1.0	1.0~0.4	0.4~0.1	0.1~0.05	0.05~0.015
K_A	1.4	1.5	1.6	1.8	2.0

22.1.2   钢丝在模孔内的受力分析

拉拔时钢丝在拉丝模孔变形区内所承受的外力有三种,如图 22-1 所示。

A   拉拔力(P)   由拉丝机给予钢丝出口端轴线方向的拉力,此力一部分用于克服金属塑性变形的阻力,另一部分用于克服被拉拔金属与拉丝模孔之间包括变形区和定径区的摩

擦阻力。

B 正压力(N) 由拉拔力引起作用于金属与模壁之间的压缩力。是由于模孔壁阻碍或抵抗受拉拔力作用的金属流动而在变形区产生的。正压力的方向垂直于模壁表面,正压力的大小取决于钢丝的材质、钢丝的变形程度、模孔的几何形状和尺寸。正压力很大,是拉丝时影响变形的主要的力。通常是拉拔力的许多倍,致使钢丝承受的压力超过金属的屈服极限产生塑性变形。如果不考虑可能的接触面不均匀性和材料的加工硬化,可将正压力在模孔变形区内换算成一个平均压应力(σ_F)。

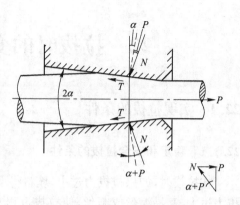

图 22-1 模孔中钢丝的受力

C 摩擦力(T) 拉拔时钢丝在变形区和定径带的接触表面上产生的外摩擦力。是由于钢丝与模子间的接触表面产生相对滑动的缘故。此力的方向总是与钢丝运动的方向相反,并与变形金属和模孔内壁的接触面成切线方向。因此摩擦力 T 在变形金属内部引起附加切应力,其大小与模具和变形金属的表面状况、润滑剂种类、拉拔速度及正压力 N 的大小有关。

由图 22-1 中相应的力三角形,可以得出拉拔力(P)和正压力(N)之间的平衡关系:

$$P = N\sin(\alpha + \rho)$$

式中 α——工作区圆锥角(半角);

ρ——摩擦角。

由于拉丝模的工作锥角 2α 通常介于 $10°\sim20°$ 之间,同时由于摩擦系数 $f = \tan\rho$,在有合适的拉拔润滑时,f 值小于 0.05,即相当于摩擦角 ρ 小于 $3°$,所以作用于拉拔材料的正压力(N)可以为拉拔力(P)的 $4\sim7$ 倍。而摩擦力则可根据摩擦条件确定,即:

$$T = fN$$

22.2 金属在变形区的流动特性

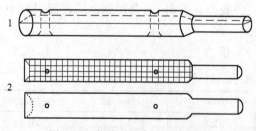

图 22-2 拉拔时圆断面组合试样

1—组合形状;2—分开形状

为了研究金属在模孔内的流动特性及塑性情况,通常采用坐标网格法。此法是将金属试样沿中心线分成两部分,将对称面抛光,并在其中的一个剖面上用车刀、铣刀刻上正交的坐标网格,然后将试样两半牢固地组合起来,进行拉拔。试样的组合形状和分开形状,如图 22-2 所示,研究金属拉拔后坐标网格的变化,可以定性地看出钢丝在模孔内变形情况和金属的流动特性。

图 22-3 为采用网格法测得的在锥形模孔内拉拔圆截面线材坐标网格变化的示意图。

通过对坐标网格在拉拔前后的变化情况分析可以看出:

A 在轴向上网格的变化规律 拉拔前在轴线上的正方形格子 A 拉拔后变成了矩形,

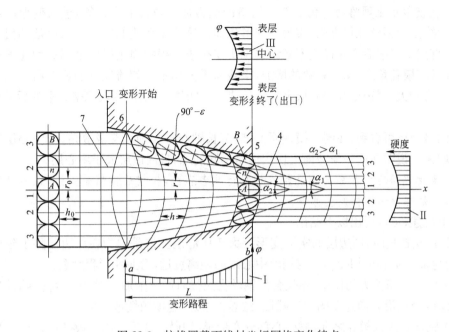

图 22-3　拉拔圆截面线材坐标网格变化特点

Ⅰ—第 2 层变形曲线 ab 下面的面积；Ⅱ—拉拔后钢丝的硬度曲线；Ⅲ—中心层和表层的变形分布；

1—中心层网格；2—中间层网格；3—表面层网格；4—前端非接触变形区；5—变形区出口面；

6—变形区入口面；7—后端非接触变形区

内切圆变成了椭圆，如图 22-4(a)。其长轴和拉伸方向一致，根据格子变化情况可认为，在轴线上的变形是延伸，径向是压缩。

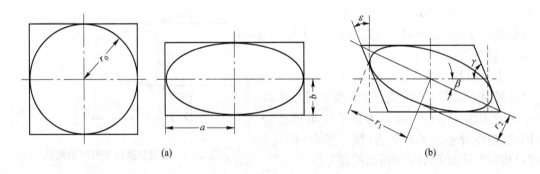

图 22-4　格子变形放大图

拉拔前在周边层的正方形格子 B 拉拔后变成了平行四边形，轴向上被拉长，径向上被压缩，方格的直角变成锐角和钝角，内切圆成斜椭圆，其长轴与拉伸方向成 β 角，如图 22-4(b)。该角度由入口端向出口端逐渐减小。由此可以得出结论：在周边上的格子除受到轴向拉伸，径向压缩外，还发生了剪切变形 γ。产生剪切变形的原因是由于金属在变形区中受到正压力 N 和摩擦力 T 的作用，而在其合力 R 方向上产生剪切变形，沿轴向被拉长的椭圆形的长轴不与 1-2 线重合，而与模孔中心线构成不同角度。随着模角 α 增加，压缩率增大，摩擦增大，剪切变形 γ 值也增大。

B　在横截面上网格的变化规律　网格的横截面在拉拔前是直线,进入变形区后开始变成弧形线凸向钢丝拉拔方向,实为一球形弧面。这些弧形线的曲率由入口端到出口端逐渐增大,直到出口端后方才稳定不变。这说明在拉拔过程中周边层的金属流动速度小于中心层,并且随模孔角度、摩擦系数的增加,横截面上金属不均匀流动越明显。由于周边层金属流动阻力较大,周边层和中心层金属流动速度差明显,结果使金属原来是平的后端面出现了凹坑。

由网格中还可看到,在同一横截面上,椭圆长轴与拉拔轴线交成 β 角,由中心层向周边层逐渐增大。说明在同一横截面上切变形是不同的,而且周边层大于中心层。

C　坐标网格在拉拔前与模孔轴线相平行的各直线,拉拔后仍然是直线,但各直线间距离缩短,只是在变形区内发生倾斜。

综上所述,可以得出以下结论:

(1) 钢丝拉拔时,周边层的实际变形要大于中心层。这是因为在周边层除了延伸变形外,还有弯曲变形和剪切变形。与钢丝中心线的距离愈远,弯曲变形程度愈大。

(2) 由于外摩擦力的作用,不仅会使钢丝在拉拔时产生附加变形(中心部分除外),而且会使边缘的金属沿轴向运动的速度减慢(愈靠近边缘,速度减慢愈严重)。

(3) 钢丝在进入模孔之前,靠中心部分变形早已开始,并且在离开模孔前该处变形已终止;而靠近边缘部分,变形开始得晚,结束得也迟。显然,这种情况随模孔角度、部分压缩率、摩擦系数愈大而愈明显。

22.3　金属在变形区内的应力分布规律

研究应力的分布规律离不开对线材拉拔时在变形区的形状的分析。根据坐标网格法的分析,通常把拉拔变形区分为三个区:Ⅰ区和Ⅲ区为非塑性变形区或称弹性变形区;Ⅱ区为塑性变形区,如图 22-5 所示。

Ⅰ区和Ⅱ区的分界面为球面 F_1 ,Ⅱ区和Ⅲ区分界面为球面 F_2 ,F_1 与 F_2 为两个同心球面,半径分别为 r_1 和 r_2 ,原点为模子锥角顶点 O 。因此,塑性变形区的形状为:模子锥面(锥角为 2α)和两个球面 F_1 、F_2 所围成的部分。

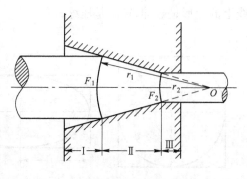

图 22-5　线材拉拔时变形区的形状

根据固体变形理论,所有的塑性变形皆在弹性变形之后,并且伴有弹性变形,而在塑性变形之后必然有弹性恢复,即弹性变形。因此,当线材进入塑性变形区之前肯定有弹性变形,在Ⅰ区内存在部分弹性变形区,若拉拔时存在反拉力,那么Ⅰ区变为弹性变形区。当线材从塑性变形区出来之后,在定径区会观察到弹性后效作用,表现为断面尺寸有少许的增大,网格的横线曲率有少许减小。因此正常情况下,定径区也是弹性变形区。

塑性变形区的形状与拉拔过程的条件和被拉线材的性质有关,如果被拉拔的金属材料或拉拔过程的条件发生变化,那么变形区的形状也随之变化。

现将变形区内应力分布特点分述如下。

22.3.1 轴向的应力分布

在拉伸方向上的应力分布规律,如图 22-6 所示。

22.3.1.1 拉应力 σ_1

轴向拉应力 σ_1 由变形区入口端向出口端逐渐增大,即:$\sigma_{1_入} < \sigma_{1_出}$

因此,如果金属内部存在裂纹,则将自入口方向朝着出口方向逐渐增大,从而在出口端容易引起断丝。

轴向拉应力 σ_1 由变形区入口端向出口端逐渐增大的原因是,变形区内任意横断面在向拉模出口端移动时,其断面面积逐渐减小,而变形区入口端球面与这些断面间的金属变形体积又不断增大,因而轴向拉应力 σ_1 必然增大。

22.3.1.2 径向应力 σ_r 和周向应力 σ_θ

σ_r 和 σ_θ 的分布情况恰好与 σ_1 的分布规律相反,它们是由入口端向出口端逐渐减小的,即:$\sigma_{r_入} > \sigma_{r_出}$ 及 $\sigma_{\theta_入} > \sigma_{\theta_出}$

实践证明,拉模入口端表面的磨损比出口端明显,特别在无反拉力作用,模角 α、摩擦力和道次压缩率较大时,还极容易出现入口端环形沟槽,如图 22-7 所示。

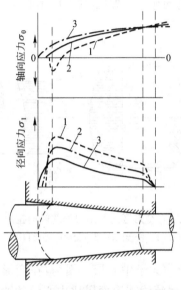

图 22-6　变形区中的应力分布曲线图

1—表面层应力变化曲线;2—中间层应力变化曲线;
3—中心层应力变化曲线

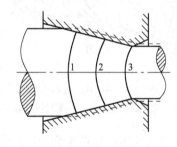

图 22-7　拉模入口端环形沟槽

1—磨损环深度,以虚线表示;2—使用
前模孔形状,以实线表示;3—磨损后
模孔形状,以虚线表示

此外,根据塑性变形条件得知,由于 σ_1 由变形区入口端向出口端逐渐增大,而在无明显加工硬化的条件下,K_A 可视为一常数,所以 σ_r 和 σ_θ 必然由变形区入口端向出口端逐渐减小。

在变形区出口端,因为拉模对金属的压缩作用结束,可使径向压应力降低至零;特别在模角 α、摩擦力和道次压缩率较大时,拉应力 $\sigma_{1_出}$ 可达金属的变形抗力 $\sigma_{s_出}$。

22.3.2 径向的应力分布

22.3.2.1 轴向拉应力 σ_1

轴向拉应力 σ_1,沿坯料横断面上的分布是由表面层向中心逐渐增大的,这意味着坯料的中心层主要是在拉应力 σ_1 的作用下实现延伸变形的。因此,当模角 α、道次压缩率和摩擦

301

力较大时,特别是在被拉拔金属的中心部分存在气孔、微裂纹或强度较低的情况下,随着金属向模孔中运动和拉应力增加,在金属的中心部分出现裂纹,在应力集中和拉应力的作用下,裂纹向四周扩展。由于离开中心处的金属流速落后,故使两个断裂面形成顶部朝向拉拔方向的锥形。金属产生裂纹后,使其后面的一部分区域出现应力松弛。但是,随着金属不断地进入模孔和拉应力逐渐增加,又会出现下一个裂纹。这样,就在坯料的中心形成形状、大小和距离相似的周期性"伞"状裂纹,如图 22-8 所示。

拉拔后线材内部存在的裂纹,可以用测量其外径或用手摸其表面是否平整来判断,在有裂纹处,丝径 d_p 通常小于无裂纹的丝径 d,因此表面不平整。

但是,当拉拔已经加工硬化的金属或在拉拔过程中产生剧烈加工硬化的金属时,特别是在使用过大的模角和过小的过渡圆角半径 r_x 的拉模及摩擦力较大的情况下,由于变形程度大的表面层加工硬化也最显著,对拉应力极敏感,因而也可能在表面层开始产生类似的裂纹。

在变形区出口处断面上的应力分布则与变形区内的相反。如图 22-9 所示。

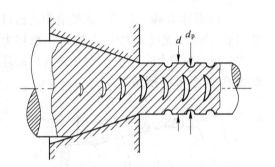

图 22-8 中心层裂纹示意图

d—完整试样直径;d_p—断裂处试样直径

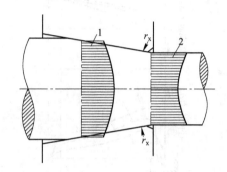

图 22-9 变形区内及出口处的轴向拉应力分布

1—变形区内;2—变形区外出口处

在变形区外出口处的断面上,表面层的轴向拉应力大于中心层。因为,在变形区出口处,由于拉模过渡圆角半径 r_x 的影响,会引起轴向金属流线在表面层比中心层的弯曲剧烈一些,再加上摩擦力作用的结果,因而表面层的轴向拉应力增大。随着拉模过渡圆角半径减小,则金属表面层轴向拉应力增大程度相应加强。因此,这时线材的表面易产生裂纹。

22.3.2.2 径向压应力 σ_r 和周向压应力 σ_θ

根据塑性条件得知,σ_r 和 σ_θ 的分布规律与轴向拉应力 σ_l 的分布相反,即表面层的 σ_{rH} 和 $\sigma_{\theta H}$ 大于中心层的 σ_{rB} 和 $\sigma_{\theta B}$。这可以作如下解释:每一环形层(如图 22-10)可以看成是一环形薄壳,在其外表面受到正应力 σ_{rH} 的作用,在其内表面则受到反作用力 σ_{rB} 的作用。由于在圆环壁中产生的周向应力卸载作用,故 $\sigma_{rB} < \sigma_{rH}$。

从这里可以看出,在拉拔时,金属表面层的压缩变形程度要比中心层大些。在实际生产中,被拉金属在变形区中的应力分布规律还取决于具体的拉拔条件。

22.3.3 反拉力及其对变形特性和受力状态的影响

钢丝在一般拉拔情况下,作用在模孔内变形区接触面上的正压力很大,则使得外摩擦损耗功也很大，而外摩擦也会降低钢丝质量，因此拉拔时，某些情况采用带反拉力拉拔，即在进入模子的钢丝末端加一个与拉拔力 P 方向相反的拉力 Q，一般会导致塑性区轴向拉应力的提高。塑性区内，开始并没有轴向拉应力，只是达到反拉力的某个值（临界反拉力）时，轴向拉应力才明显提高。故不宜把反拉力增加到很大值。

反拉力对拉拔力的影响如图 22-11 所示。

随着反拉力 Q 值的增加，模子所受到的压力 M_q 近似直线下降，拉拔力 P_q 逐渐增加。但是，在反拉力

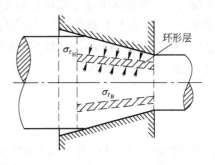

图 22-10　作用在变形区环形层内、
外表面的径向应力

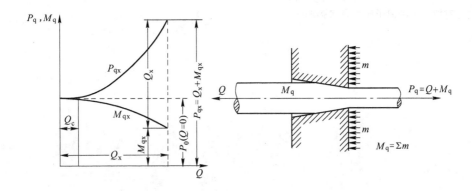

图 22-11　反拉力对拉拔力与模子压力的影响

达到临界反拉力 Q_c 值之前，对拉拔力无影响。临界反拉力或临界反拉应力 σ_{qc} 值的大小主要与被拉拔材料的弹性极限和拉拔前的预先变形程度有关，而与该道次的压缩率无关。弹性极限和预先变形程度越大，则临界反拉力也越大。因此，可将反拉应力控制在临界反拉应力值范围内，在不增大拉拔应力和不减小道次压缩率的情况下，减小模子入口处金属对模壁的压力磨损，以延长模子的使用寿命。

在临界反拉应力范围内，增加反拉应力对拉拔应力无影响的原因是，随着反拉应力的增加，模子入口处的接触弹性变形区逐渐减小。与此同时，金属作用于模孔壁上的压力减小，使摩擦力也相应减小。摩擦力的减小值与此时反拉力值相当，故拉拔应力并不增加。当反拉应力值超过临界反拉应力时，将改变塑性变形区内的应力 σ_r、σ_l 的分布，使拉拔应力增大。

图 22-12 所示为有反拉力和无反拉力拉拔时变形区的应力变化。

无反拉力下的纵向应力变化线为 σ_{l0}，有反拉力的纵向应力变化线为 σ_{lq}，变形区每个点的纵向和径向应力之和的变化线

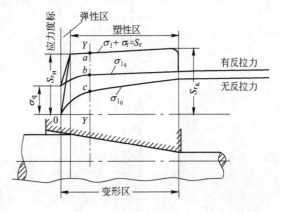

图 22-12　有反拉力和无反拉力拉拔时沿变形区的
纵向和径向主正应力变化示意图

303

为($\sigma_1 + \sigma_r$)，塑性区的这条线的位置不取决于有无反拉力，也就是说不取决于反拉力的值。在塑性区 YY 的任何横截面中，纵坐标 ac 部分表明无反拉力时某点的主径向正应力值，纵坐标 ab 部分表明有反拉力时同一点的主径向正应力值。且 ab 小于 ac，也证实了有反拉力时，上述径向应力减小。

复习思考题

1. 实现稳定拉拔的条件是什么，安全系数 K_A 如何选取？
2. 钢丝在模孔中的受力情况如何，力的关系式如何建立？
3. 简要分析金属在模孔内的变形及其流动特性。
4. 钢丝在变形区的应力是怎样分布的，有何规律？
5. 反拉力对拉拔力和模子压力有何影响？

23 拉拔时工作条件的影响

影响拉拔状态的因素包括内在因素和外在因素。内在因素有钢丝的化学成分、组织状态、热处理方式、材料的力学性能等;外在因素有润滑条件、模具的尺寸、拉拔速度、拉拔温度、拉拔方式等。

23.1 拉拔时接触摩擦的特点和润滑剂的导入

钢丝在拉拔变形过程中,其表面与拉丝模孔壁之间的摩擦为外摩擦,在拉丝模孔变形区内,钢丝本身外层金属与内层金属之间变形不均匀而形成的摩擦为内摩擦。拉拔金属时,紧靠模孔壁的摩擦给拉拔过程造成困难,因此应尽可能地减小接触摩擦力。可采取表面预处理,如:酸洗、涂层等,应用润滑剂产生湿摩擦来代替干摩擦。产生湿摩擦取决于润滑剂的活性和黏度、润滑剂导入变形区的条件、拉拔速度、模孔形状和变形区的温度,因为这些参数影响润滑剂的性质和导入的条件。

目前拉拔钢丝使用的润滑剂是肥皂粉。为了将润滑剂导入钢丝与模子的接触表面之间,一般采用自然导入法。钢丝通过装有润滑剂的拉丝模盒,在大气压力的作用下,润滑剂被带入模孔附近,润滑剂自然地导入变形区,不依靠附加的外界作用,仅依靠被拉拔金属的粘附作用。这种情况下大部分润滑剂被挤出,润滑膜急剧减薄。由于一般润滑方法的润滑膜较薄,未脱离边界润滑的范围,故摩擦力较大。润滑膜厚度还取决于拉拔速度,因为润滑剂的温度和粘附性随着速度的变化而变化。近年来,由于拉拔速度的提高,采用下面的润滑剂导入方式。

1) 流体动力润滑法,也叫强迫导入法。使用由工作模和压力管组合而成的装配模盒,增压管孔与进线钢丝之间有很小的间隙(仅 0.15~0.20mm),当钢丝以较高的速度行进时,压力管与钢丝之间的润滑剂产生流体动力学效应,在模孔入口处,润滑剂的压力提高,将润滑剂压入工作模的模孔中,使钢丝表面形成较厚的润滑膜,减少接触摩擦,降低拉拔温度。如图 23-1 所示。

2) 流体静力润滑法。将润滑剂以很高压力送入拉丝模孔中,为了使润滑剂封闭,还有一个密封模,也称为双模强制润滑。润滑剂的压力越高,润滑效果越好。

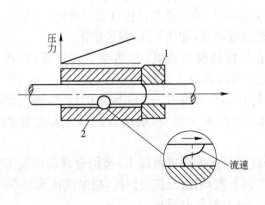

图 23-1　流体动力润滑示意图
1—模子;2—增压管

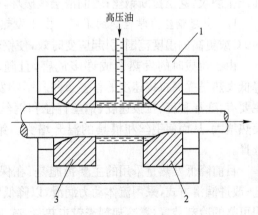

图 23-2　双模流体静力润滑示意图
1—模套;2—拉拔模;3—密封模

23.2 拉拔时钢丝和模具的发热及冷却

在冷拔钢丝生产中,钢丝发热是普遍存在的现象和问题,也是影响钢丝生产质量的关键问题。拉拔条件对钢丝性能的影响,可以归纳为"热量"对钢丝的影响,发热一方面影响产品质量,另一方面影响拉拔速度的提高,即影响生产效率。

一般拉拔条件下,低碳钢丝每拉一次,钢丝平均升温约 $60\sim80$℃,而高碳钢丝则达 $100\sim160$℃。在连续式拉丝机上拉拔,若不采取有效措施控制温升,多次拉拔后,钢丝温度累积增加,在模孔变形区内钢丝与模具间的温升可达 $500\sim600$℃。拉拔时产生的热量大部分被钢丝带走,钢丝与模具表面接触处,由于热传导的作用,约有 $13\%\sim28\%$ 的热量保留在模具中。给拉拔条件带来危害及影响。

23.2.1 发热的危害

A 润滑剂的润滑失效 在某一特定的温度界限内,拉拔温度升高,可使润滑剂更好地吸附到钢丝表面的微隙中去,提高润滑作用,降低拉拔力。若温度超过这一界限值,会引起润滑剂的焦化、润滑膜破裂和消失,使拉拔力急剧增大,摩擦系数急剧升高,钢丝不均匀变形程度加剧,甚至有拉断的危险。肥皂粉的温度界限约为170℃,若拉拔温度超过 170℃,会出现润滑膜破裂和拉拔力急剧增大,如图 23-3 所示。

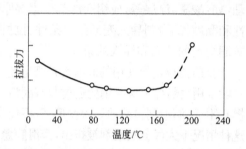

图 23-3　肥皂粉润滑时温度对拉拔力的影响

B 缩短模具使用寿命 拉拔时的发热量约有 20% 累计在模具中,使模具温度升高,虽然模芯为硬质合金材料,具有一定的红硬性(即在 500℃ 以下有较高硬度),但模孔温度分布是不均匀的,变形区内局部会形成较高的温度,使模子易于磨损且磨损不均匀,影响模子的使用寿命。

C 钢丝表面质量下降 拉拔时的发热,造成钢丝表面温度急剧升高且高于钢丝中心部分,形成残余应力。特别是高速拉拔时,若润滑不良,会产生很大的残余应力,引起钢丝表面产生裂纹,甚至拉断钢丝;若润滑层被破坏,引起钢丝表面发白、划痕。

D 引起钢丝力学性能的下降 由于发热引起温升,使钢丝在拉拔过程中常处于 $150\sim240$℃或更高的温度范围,引起应变时效,使钢丝强度增高,韧性下降,钢丝脆化。

由于拉拔时的发热造成许多危害,且随着拉拔速度的提高,发热会更加严重,因此降低发热是提高拉拔速度的首要条件。影响发热的因素很多,归纳为两大类,第一类因素主要有:变形程度、拉拔速度、钢丝直径和钢丝的真实变形抗力。这些因素的增大,都会使发热增大,从而使钢丝和模具的温升增大。第二类因素主要有:润滑方式和冷却装置的选择。

目前降低发热量采用的主要措施是:在保证产品技术要求前提下,选用合理的拉拔工艺;改进润滑方式,采用流体动力润滑,以降低摩擦系数;采用反拉力拉拔,减少模孔压力;采用可靠的冷却装置,靠冷却剂来带走热量,减少钢丝和模具的温升。

23.2.2 冷却的方法

23.2.2.1 模子的冷却

模子多用水冷,其冷却方式有两种:

(1) 开式冷却:采用循环水进行自流排出。缺点是水的循环速度较缓慢,冷却效果差,因为是开式的,润滑粉尘易落入水中,会造成水管经常堵塞。

(2) 闭式冷却:将模盒密封,冷却水有压力,故水流速度大,冷却效果较好。

23.2.2.2 卷筒的冷却

卷筒也常采用水冷却,多采用窄缝式水冷却卷筒,如图 23-4 所示。

其特点是在卷筒内壁固定一个水套,水套与卷筒内壁之间有 5~6 mm 的缝隙,冷却水进入卷筒底部,再由循环水封进入缝隙,迫使附在壁上的热水被挤出,提高了冷却效果。由于卷筒内壁长期与水接触,容易产生铁锈,降低冷却效果,因此,常采用防锈循环水系统,以提高冷却效果。

23.2.2.3 钢丝的冷却

钢丝冷却方式主要有三种:

(1) 高速风冷:在卷筒外壁缝隙处,喷出高速空气,直接吹在钢丝表面上,如图 23-5 所示。

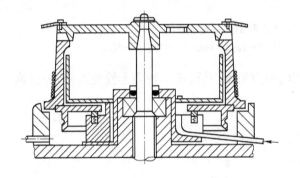

图 23-4 窄缝式水冷却卷筒

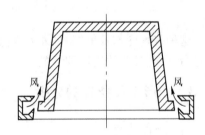

图 23-5 风冷钢丝示意图

(2) 拉拔道次间的喷水冷却:在拉丝卷筒周围安装喷射水雾装置,使通过拉丝模后的钢丝温度迅速降到冷却水的温度。钢丝进入下一个拉丝模前,用橡皮滚轮和压缩空气把钢丝擦干,如图 23-6 所示。

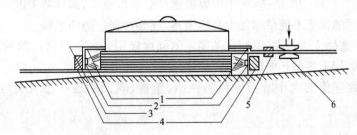

图 23-6 喷水冷却钢丝装置示意图

1—水雾环;2—水雾喷嘴;3—铝套;4—分支水管;5—橡皮擦子;6—压缩空气擦子

307

（3）直接过水冷却钢丝：在拉丝机模具出口处安装一个直接水冷却装置，使钢丝通过水套快速冷却，如图23-7所示。冷却水从冷却盒下侧进入，它不仅可以冷却模具的外围，而且通过模具与模盒套之间的沟道，进入到钢丝出口模模孔处，将钢丝直接冷却，冷却水流经冷却管后自出口处排出，在此期间，冷却水一直与钢丝直接接触。在冷却管前端通入压缩空气，其作用既可吹去沾在钢丝表面上的水膜，又可防止冷却水沿拉拔方向流出，即起气封作用。

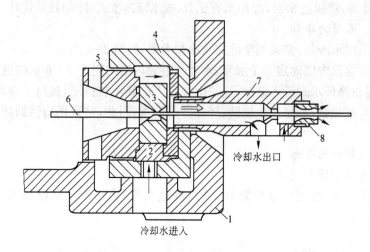

图 23-7　直接过水冷却钢丝装置示意图
1—模座；2—垫片；3—模子；4—模套；5—盖；6—钢丝；7—冷却管；8—气封

这种装置冷却效果好，可大大降低钢丝表面温度，从而使钢丝力学性能改善，并提高模具寿命，因此推广使用这种装置。

23.3　变形工作条件的分析

23.3.1　总压缩率

所有的碳素钢丝的强度都随着总压缩率的增加而增加，这是由于随着变形量的加大，金属内部晶粒不断产生滑移。随着滑移系的减少及晶格产生位错歪扭，防止再变形进行，故使塑性变形抗力增加，金属形成的冷加工化现象加剧，因而导致钢丝的破断拉力加大，即钢丝的抗拉强度升高。随着抗拉强度升高，钢丝的屈服极限、弹性极限也增高，而延伸率和断面收缩率下降。因此总压缩率的选择，不仅要考虑产品强度要求，而且要考虑产品韧性指标要求，钢丝强度指标的保证不能单靠加大总压缩率，还要选择适当的原料。

总压缩率的选择主要考虑：不同产品要求的强度极限，良好的韧性；尽量减少拉拔过程中的热处理次数，使工艺循环周期最短。

总之，总压缩率值的大小既与原料的性质、塑性、表面涂层状态有关，还与加工过程有关。

23.3.2　拉拔速度

在现有生产设备，特别是无良好的润滑、冷却系统的前提下，当拉拔速度增高到某一定值后,再继续增加拉拔速度,将明显地影响到成品钢丝的力学性能,使强度升高,弯曲、扭转值下降。主要是因为冷拉钢丝发热,产生时效硬化作用的结果。随着拉丝机冷却系统的改善及新的冷却方式的出现,如:窄缝式冷却、透平式冷却、钢丝出模后直接过水冷却装置的出现,大大改善了道次间的冷却效率,使拉拔速度提高到一个较高水平。

研究表明,钢丝在拉拔速度 1.92m/s 和 21.9m/s 下拉拔,只要保证良好的冷却条件,拉拔后钢丝的抗拉强度、断面收缩率、延伸率差别不大。可见高速拉拔是能够实现的,但需要高效的冷却设施、良好的表面处理效果、新型润滑剂、优质金属线材及相应的辅助条件,如:大盘重线材、自动下线设备、耐磨的拉丝模具等。

23.3.3 模具角度及材质

钢丝在拉拔时,模孔的工作锥角 α 越大,摩擦系数越高,钢丝截面上应力不均匀分布越严重,变形不均匀程度越大,从而造成钢丝力学性能不均匀程度越大,残余应力越大。当采用不同的变形程度拉拔钢丝时,总有一个最佳的模孔工作锥角 α,使拉拔应力最低,变形效率最高,一般工作锥角 2α 在 $6°\sim12°$ 的范围,变形效率最高。

工作锥有时采用接近圆弧形的锥孔,也叫放射形工作锥,如图 23-8 所示,放射形工作锥比圆锥形工作锥有许多优点。如,沿变形区长度方向上的变形程度,圆锥形工作锥随加工硬化的增加变形程度逐渐增加,放射形工作锥却随加工硬化的增大变形程度随之降低,显然合理得多。又如,放射形工作锥的磨损是逐渐过渡的,先磨损成圆锥形,以后才形成凹形圆环,显然,其使用寿命比圆锥形工作锥长。

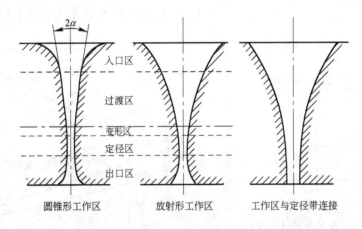

图 23-8　圆锥形、放射形模孔形状简图

采用工作锥为放射形的模孔时,其变形锥长度应等于圆锥形工作锥为最佳模孔工作锥角 α 时的变形锥长度。

模具材质对拉拔力影响很大,拉丝模质量(指模孔的几何形状、光洁度、硬度)的好坏,对钢丝表面质量的好坏和拉拔的顺利与否关系很大,对钢丝的力学性能和动力消耗有一定影响。实验表明,水箱拉丝机采用钻石模比用硬质合金模拉拔力减少 36%;当拉拔的钢丝含碳量较高,增加模子材料强度,可提高变形效率;较硬材料模具,由于获得了较高的光洁度,从而减少了摩擦力,减少了动力消耗;碳化钨模尤其是钻石模,比钢模明显地减少动力消耗。

23.3.4 带反拉力的拉拔

带反拉力拉拔与普通拉拔方法相比,对变形特性和受力状态的影响在 22.3.3 已经分析过。这里主要讨论拉拔力 P 和模子受的轴向力 P_d 与反拉力 Q 的关系。带反拉力拉拔示意图,如图 23-9 所示。

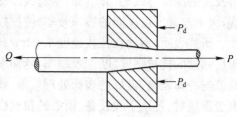

图 23-9　带反拉力拉拔示意图

带反拉力拉拔,由于存在反拉力 Q,此时的拉拔力 P,不仅要克服作用在模座的轴向压力 P_d,还要克服反拉力 Q,此时,$P=P_d+Q$。

显然,带反拉力拉拔时所需的拉拔力比普通拉拔(不带反拉力拉拔)时所需的拉拔力大,而且随反拉力 Q 的增加而增大。但是,拉拔力 P 所增大的值并不等于反拉力 Q 的值。这是因为模座上的轴向压力 P_d 不是一个定值,P_d 随着反拉力 Q 的增大而减小。如图 23-10 所示。

当反拉力 Q 达到最大值 Q_{max} 时,拉拔力 $P=B_1$,处于拉拔极限即拉断的边缘,这是正常拉拔所不允许的。

由于带反拉力拉拔时,P_d 随 Q 的升高而降低,就使模孔内的压力减小,提高了模子的使用寿命。同时,由于钢丝与模孔壁间的摩擦力的降低,减少了钢丝表面、拉丝模的发热,改善了钢丝的力学性能。

图 23-11 所示为从拉拔模具上测得的轴向压力 P_d 随反拉力 P 增大而减小的变化曲线。

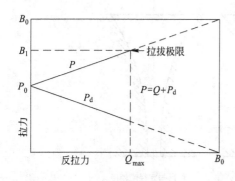

图 23-10　拉拔力 P 与轴向压力 P_d、
反拉力 Q 的关系近似图

B_0—拉拔前线材的破断力($=F_0\sigma_b$);B_1—拉拔后线材的破断力($=F_0\sigma_{b_1}$);P_0—无反拉力时的拉拔力;Q_{max}—最大反拉力;(F_0—线材原始横截面积;σ_b—线材原始抗拉强度;σ_{b_1}—拉拔一道后的抗拉强度)

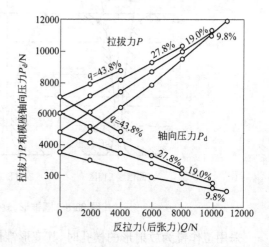

图 23-11　0.58%C 钢(经铅淬火处理)
采用反拉力时的拉拔力

23.3.5　旋转模子的拉拔

采用一种专用装置使模子旋转,钢丝在这个旋转的模子内拉拔。如图 23-12 所示。

由于钢丝在旋转模内变形,则钢丝在变形区内,其表面与模具产生相对螺旋运动,使钢丝与模具之间的摩擦力方向发生改变。即由于改变了外摩擦力的方向,使阻碍拉拔的轴向摩擦分力 T_x 减小,从而可以减小拉拔力,有利于拉拔的进行。但是外摩擦力的切向分力 T_y 存在(见图 23-13),有可能使钢丝发生扭转现象。尤其是线径较细而切应力又较大时,更为严重,甚至造成横向扭转断裂。可见,旋转拉模尽管使拉拔力有所降低,但由于扭转应力存在,其安全系数并未升高,每道次最大允许变形量也未增加。

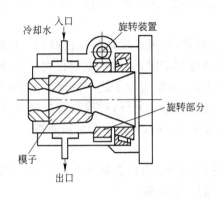

图 23-12　旋转模拉拔

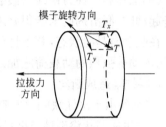

图 23-13　钢丝通过旋转拉模时
摩擦力方向示意图

采用旋转模拉拔的优点是:由于轴向摩擦力减小,使钢丝内外变形不均匀程度减小。拉拔时,由于模子的高速旋转,模孔内壁的磨损较均匀,沿钢丝径向的压缩也较均匀,并能保证钢丝的尺寸精度(固定模拉拔成 $\phi1.0mm$ 钢丝的椭圆度约为 $0.06\sim0.008mm$,旋转模拉拔却只有 $0.001\sim0.002mm$)和表面光洁,还能提高模子的使用寿命。通常以下情况可用旋转模:

(1) 对于表面质量要求很高,椭圆度要求很小的钢丝,可在成品道次或成品道次前二、三道采用。

(2) 对于塑性低,变形抗力大的金属或合金可采用。

(3) 对于椭圆度较大或已经有表面伤痕的线材也可采用。

天津某厂的 9/900 连拉机,在第一道和最后一道采用旋转模拉拔,从进线 $\phi13.0mm$ 拉到 $\phi5.24mm$。

23.4　拉拔时的断丝原因及断口形状

在生产中,变形条件在拉拔过程中不是一成不变的,如:进入变形区金属的力学性能、受传动机构不完善影响的拉拔速度、磨损的拉拔工具、用废的润滑剂等,所有这些变化,都妨碍变形过程,因而,拉拔时的力和应力会变得使被拉拔金属断裂。拉拔时发生的金属局部断裂,影响生产率和设备利用率。断裂率即单位时间内断裂的数目,它取决于许多原因:

(1) 使用超出最佳范围界限工作锥角度的拉丝模;定径区长度大;过渡区圆角半径不足。消除办法是确定合适的拉丝模孔型。

(2) 抛光不良或磨损,造成拉丝模孔表面粗糙度大;反拉力不足时,在变形区入口处接触表面上常出现环状凹陷;润滑剂的活性和黏度不足;润滑剂进入接触表面不良。消除办法是选择适宜的变形区温度,改善润滑剂的导入条件,建立起静压或动压润滑,选择适宜的拉拔速度。研究表明,用皂质润滑剂及提高拉拔速度可减少断裂率,然而,有时变形区温度太高会引起润滑剂黏度的急剧减小或润滑剂焦化,不可避免地导致拉拔过程恶化,提高断裂率。

(3) 线材在变形区进口和出口处显著弯曲,接触表面一侧急剧增长;在拉丝模孔中积聚金属尘埃或润滑剂膜组成的其他脏物。引起拉拔力显著增高,常导致断裂。

(4) 强烈预变形的金属更是常常断裂,必须采用中间退火,当个别部分退火不均匀,造成不同的塑性储备,导致塑性低的部分断裂。

(5) 因夹头制作不良(带有缺陷)和拉丝机高速起动,拉拔速度过快地提高到工作速度时,由于大的加速和惯性力使线材破裂;因为,一是高速起动时,钢丝要克服很大的静摩擦,二是设备起动时,润滑剂尚未能很好地吸附到钢丝表面,钢丝与模子之间的摩擦系数较大,三是钢丝在起动时是冷状态,其塑性的恢复比正常运行时差。另外,拉拔装置的振动(机器驱动、齿轮传动等强烈的动载荷施加),在高速拉拔细小线材时,常常引起金属断裂。

(6) 原料缺陷造成断丝

① 高碳钢丝由于浇注缺陷,如,钢锭模内涂油操作不当,造成钢锭表面增碳,致使钢丝铅淬火后表面生成网状渗碳体,塑性降低,拉拔后引起开裂而断丝。

② 钢锭在轧制成钢坯后,切头率不够,留有残余缩孔,严重时钢坯或线材断面有空洞,造成钢丝拉拔后劈裂或断丝。

③ 线材表面产生折叠的情况较多,连续或断续出现在线材的局部或全长。折叠严重的线材,拉拔时钢丝受力不均,特别在出口处受附加弯曲应力时,会造成断丝。

④ 高、中碳钢丝原料组织不佳。当线材有局部脆性马氏体组织时,拉拔时出现断丝,且断口平直。这是由于在轧制过程中局部急冷而产生的;当线材存在魏氏体组织、晶粒粗大、有网状铁素体大量析出时,材料强度低、韧性差,拉拔易断丝。

⑤ "氢脆"引起断丝。钢丝酸洗时间过长,浓度过高,在酸洗反应中生成的氢气沿晶界进入钢基内,引起拉拔断丝。断口分析有酸浸润过酸洗的痕迹。消除"氢脆"的办法:将"氢脆"线坯放置一段时间或再进入干燥炉内加热保温一段时间后,"氢脆"便会消除。

(7) 电接不良引起断丝。电阻对焊接头操作不当,引起电接处拉拔性能低劣而断丝。在断口附近可见表面擦磨痕迹。

(6)和(7)两种情况的拉拔断丝,均属于不正常的脆性断裂,因而钢丝断口往往呈各种不正常形状,如阶梯形、犬牙形、劈裂形、杯锥形、平切形……等。而钢丝正常的塑性断裂,其断口形状,对于低碳钢丝是断口两头带有缩颈,中、高碳钢丝略微带有缩颈或斜断的断头。由钢丝断口的不同形状,可以粗略估计钢丝断裂的原因。

复习思考题

1. 拉拔时工作条件有哪几方面?
2. 发热的危害有哪些?
3. 钢丝、拉丝模、卷筒的冷却方式有哪些?
4. 拉拔时产生断裂的原因有哪些,试从断口形状分析出产生断裂的原因。
5. 影响拉拔状态的因素有哪些,其影响效果如何?

24 拉拔力及拉丝机功率计算

24.1 影响拉拔力的因素

24.1.1 被加工金属的性质

被拉拔金属的化学成分、组织状态不同,则金属的塑性和变形抗力及能承受的拉拔应力不同。对于碳素钢丝,含碳量越高,其抗拉强度越高,拉拔力也相应随之增高,拉拔力与被拉拔金属的抗拉强度成线性关系。图 24-1 所示为以 34% 的压缩率拉拔各种金属线材,抗拉强度与拉拔应力的关系图。

24.1.2 变形程度

拉拔应力与变形程度成正比,减面率增加时,拉拔应力增大,如图 24-2 所示。

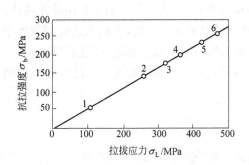

图 24-1 金属抗拉强度与拉拔应力的关系
1—铝;2—铜;3—青铜;4—H70;
5—含铜 97% 镍 3% 的合金;6—B20

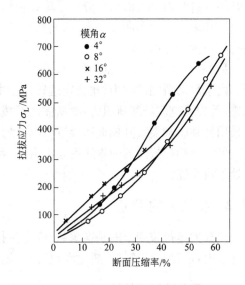

图 24-2 拉拔应力与压缩率的关系

24.1.3 模子的角度

拉丝模角度 α 常采用直线形的圆锥孔,α 是全锥角度的一半。随着模角 α 的增大,拉拔应力发生变化,总有一个相应的最佳模角 α,使拉拔应力最低,变形效率最高。如图 24-3 可以看出,随着变形程度增加,最佳模角 α 值逐渐增大。

最佳模角 α 与摩擦系数有关。在普通拉拔条件下(无反拉力),摩擦系数和钢丝直径越大,最佳模角稍有增大。这主要是因为摩擦系数大时,使外摩擦损耗功增大较显著,适当增大模孔角度,可达到降低外摩擦力的效果。

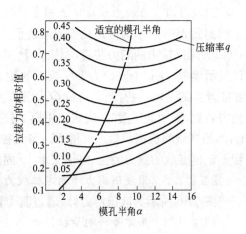

图 24-3 拉拔应力与模角 α 的关系

24.1.4 拉拔速度

实践和实验证明,拉丝时,当拉拔速度在极低的范围(5m/min 以下)内时,拉拔应力随拉拔速度的增加而增加;当拉拔速度为 6～50m/min 时,拉拔应力随拉拔速度的提高而降低,拉拔力可减少 30％～40％;当拉拔速度由 50m/min 提高到 400m/min 时,拉拔力只减少 5％～10％,即拉拔力变化不大。总之,在正常拉拔条件下,提高拉拔速度,可使拉拔力降低。图 24-4 示出拉拔制绳钢丝(含碳 0.44％,直径从 ϕ2.13 拉拔到 ϕ2.00mm)时,拉拔速度对拉拔力的影响。

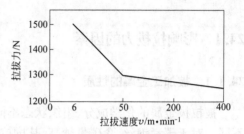

图 24-4　拉拔速度对拉拔力的影响

提高拉拔速度为什么会使拉拔力降低呢?因为拉拔速度的增高,能改善润滑条件,适当温升能促进润滑剂表面活性分子吸附在被润滑物体的微隙中,从而降低摩擦系数,减少克服外摩擦和附加切变形所需的力,因而降低拉拔应力。由于拉拔应力的减少,拉拔的安全系数随拉拔速度的提高而增大。

另外,在开动拉拔设备的瞬间,由于产生冲击现象而使拉拔力显著增大,钢丝极易被拉断。由于启动瞬间的拉力,比稳定运转过程中的拉力大 0.4～1.1 倍。启动时由静止而骤然加速,首先要克服静摩擦阻力,故所需的拉拔力比运动时的大。因此,在较高速度的拉丝中,需采用特种联轴器或其他调速装置,在启动到正常运转过程中稳步加速,防止拉断。

另外影响拉拔力的因素还有。润滑剂、反拉力等,在 23.1 和 22.3.3 节已有分析说明,此处不再赘述。

24.2　拉拔力的确定

拉拔力是拉拔变形的基本参数,确定拉拔力的目的在于提供设计拉丝机与校核拉丝机部件强度,选择与校核拉丝机电动机容量,制订合理的拉拔工艺规程所必须的原始数据。

24.2.1　实测法确定拉拔力

24.2.1.1　在拉力试验机上测定拉拔力

如图 24-5 所示为测定拉拔力的装置,可以测定带反拉力和无反拉力时的拉拔力。图 24-5(a)为无反拉力的测力装置,拉拔力 P 引起轴向作用力 M,并通过拉模和框架传递给测力计显示读数。图 24-5(b)为带反拉力的测力装置,为了确定作用于拉模的轴向作用力 M_q,在放丝盘的一端,装有制动负荷 Q,以造成一定的反拉力。图 24-5(c)为带反拉力辅助模的测力装置,采用此装置时,先测出用模 4 拉拔时的拉拔力,此力即为用模 2 拉拔时的反拉力 Q,然后在试验机指示盘上可得 M_q,带反拉力的拉拔力 P_q 为 Q 与 M_q 之和。图 24-5(d)为带固定模支承的测力装置,将模支承 10 固定在模子架 11 上,测定拉拔力 P_q。

24.2.1.2　用液压测力计测定拉拔力

图 24-6 所示为液压测力计,通过测力计表头读数可直接读出拉拔力。

24.2.1.3　用弹簧秤测量拉拔力

这种方法最简单,适用于生产条件下直接测量,如图 24-7 所示。

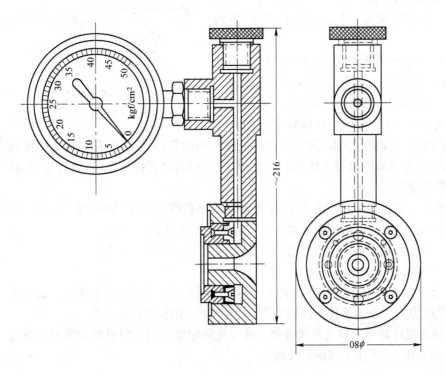

图 24-6 液压测力计

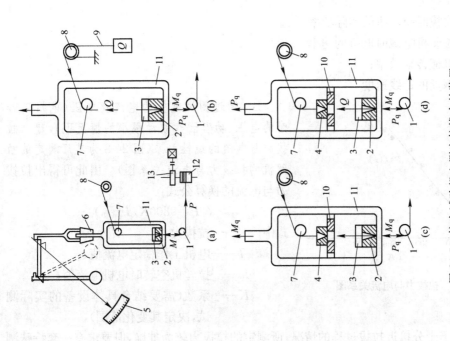

图 24-5 拉力试验机上测定拉拔力的装置

1—导轮；2—模子；3—润滑垫；4—反拉力模；5—刻度盘；6—夹头；7—导轮；
8—放线盘；9—建立反拉力的荷重；10—支承；11—模子压；12—收线盘；
13—收线盘传动装置；Q—反拉力；M—模子压力；P—拉拔力；
M_q、P_q—带反拉力时的模子压力与反拉力

24.2.1.4 用电阻应变仪直接测量

这种方法的精度很高,而且适用于动态测量。但这种方法比较复杂,且需要配备一整套专用仪器和部件,如下所述。

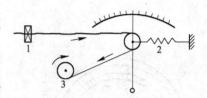

图 24-7 弹簧秤测力计
1—拉模;2—弹簧秤;3—卷筒

A 机械转换器也叫测压头 在测定拉拔力时,将它安装在拉模与模支承之间,以便直接承受拉模传递的作用力。在圆柱形的测压头四周牢固地贴上电阻应变片,随着拉伸力的变化,由于测压头在拉伸方向所产生的轴向弹性压缩变形量的改变引起电阻应变片的长度和断面积相应变化,从而使电阻成线性变化。电阻应变片是机械转换器中的核心元件,它的作用就是把机械参量(弹性变形)转换为电参量(电阻的变化)。

B 电阻应变仪 它将电阻的变化数值转换为较易测量的电参量,如电流或电压。由于电阻的变化是极微小的,所以需用放大器将电流或电压的输出信号放大。

C 指示及记录仪 用示波器等将经过放大的测量信号加以显示或记录。

24.2.1.5 用测定能耗法求拉拔力

直接用功率表或电流和电压测量拉丝机所需要电动机的功率消耗,建立其与拉拔力的关系,从而确定拉拔力的大小。这种方法较简便,在生产中应用较为广泛。

A 由主电机的实际功率来确定拉拔力的方法 先测定空载时主电机的功率和拉拔过程中的功率及走线速度,就可由下式确定拉拔力:

$$P = 1000(N - N_0)\eta/v \qquad (24\text{-}1)$$

式中 P——拉拔力;

N——拉拔时拉丝机的实际功率;

N_0——拉丝机空载时电机的功率;

η ——机械传动效率;

v ——钢丝的走线速度。

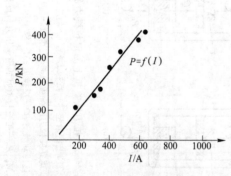

图 24-8 拉拔力与电流关系图

B 通过测试电机的电流及电压(电机工作时的电压、功率因数波动很小的情况下),建立拉拔力与电流的线性关系(图 24-8 为某厂测定的拉丝机的拉拔力与电流关系图) 由此可得出拉拔力与电流的换算公式:

$$P = 9800K(I - I_0)$$

式中 P——拉拔力;

I——电机工作稳定电流值;

I_0——拉丝机空转时电机电流值;

K——系数(需要结合具体设备的实际测试,决定其变化范围)。

实测法由于十分接近拉拔过程的情况,所测定的拉拔力较为准确,但要求有一套特殊测量设备及仪器。

24.2.2 经验公式计算拉拔力

24.2.2.1 加夫利林科拉拔力公式

$$P = \sigma_F(F_0 - F_1)(1 + f\cot\alpha) \tag{24-2}$$

式中 f——摩擦系数;

α——模孔工作锥角度(半角);

F_0——钢丝拉拔前的断面积;

F_1——钢丝拉拔后的断面积;

σ_F——模孔表面上单位面积上的压应力,计算时可用 $\sigma_{b_{cp}} = (\sigma_{b_0} + \sigma_{b_1})/2$ 代替。(σ_{b_0}、σ_{b_1} 为钢丝拉拔前后抗拉强度)。

24.2.2.2 克拉希里什科夫拉拔力公式

$$P = 0.6d_0^2 q^{1/2}\sigma_{b_{cp}} \tag{24-3}$$

式中 d_0——钢丝拉拔前直径;

q——部分压缩率;

$\sigma_{b_{cp}}$——平均抗拉强度。

24.2.2.3 勒威士拉拔力公式

$$P = 43.56d_1^2\sigma_{b_0}K_q \tag{24-4}$$

式中 d_1——钢丝拉拔后直径;

σ_{b_0}——钢丝拉拔前抗拉强度;

K_q——与压缩率有关的系数,见表 24-1。

表 24-1 压缩率系数 K_q

压缩率 $q/\%$	系数 K_q	压缩率 $q/\%$	系数 K_q	压缩率 $q/\%$	系数 K_q	压缩率 $q/\%$	系数 K_q
10	0.0054	22	0.0104	34	0.0146	46	0.0214
11	0.0058	23	0.0107	35	0.0155	47	0.0222
12	0.0066	24	0.0110	36	0.0160	48	0.0224
13	0.0070	25	0.0112	37	0.0161	49	0.0227
14	0.0072	26	0.0115	38	0.0166	50	0.0232
15	0.0081	27	0.0118	39	0.0172	51	0.0234
16	0.0082	28	0.0120	40	0.0176	52	0.0238
17	0.0084	29	0.0121	41	0.0184	53	0.0243
18	0.0090	30	0.0124	42	0.0190	54	0.0246
19	0.0092	31	0.0129	43	0.0195	55	0.0250
20	0.0097	32	0.0134	44	0.0200		
21	0.0102	33	0.0139	45	0.0206		

例:将 $\phi3.27\text{mm}$ 的钢丝拉拔成 $\phi2.74\text{mm}$ 的钢丝,已知模孔半角 $\alpha = 6°$,定径带长度 $l = 1.37\text{mm}$,拉拔前 $\sigma_{b_0} = 92\text{MPa}$,拉拔后 $\sigma_{b_k} = 110\text{MPa}$,摩擦系数 $f = 0.06$,求拉拔力 P。

解：

按勒威士经验公式：$P=43.56d_1^2\sigma_{b_0}K_q$

$$q=1-(d_k/d_0)^2=1-(2.74/3.27)^2=30\%$$

由 q 值查表 24-1 知 $K_q=0.0124$

故　$P=43.56\times2.74^2\times94\times0.0124=3810\text{N}$

24.2.2.4　别尔林拉拔力公式

$$P=\sigma_{b_{cp}}\cdot F_1\cdot\ln\frac{d_0^2}{d_1^2}\Big(1+f\cdot\frac{2L_{变}}{d_0-d_1}\Big)\tag{24-5}$$

式中　$L_{变}$——模孔变形区内总长度；

　　　F_1——拉拔后钢丝直径。

24.2.2.5　考尔布尔拉拔力公式

$$P=\sigma_{b_{cp}}\cdot F_1\cdot\Big[\ln\mu\Big(1+\frac{5}{\alpha}\Big)+0.77\cdot\alpha\Big]\tag{24-6}$$

式中，α 计算时应转化为弧度。

24.3　拉丝机功率的计算

24.3.1　普通拉丝机功率的计算

普通拉丝机指不带反拉力的拉丝机，其电动机的功率计算方法，按传动方式不同而有所不同。

24.3.1.1　单独传动的单次或多次拉丝机

单独传动是指，拉丝机每个卷筒分别由一台电动机通过减速箱等中间传动装置拖动进行生产，拖动各卷筒电动机的功率可按下式计算：

　　或　　　　　　　　　$N=PV/102\eta_D+N_{xx}(\text{kW})\tag{24-7}$

式中　P——拉拔力；

　　　V——卷筒的线速度；

　　　η_D——拉丝机传动机构与电动机的效率，在 $0.80\sim0.92$ 之间；

　　　N_{xx}——空载功率可用电工仪表测出，通常为拉丝机总功率的 10% 左右。

24.3.1.2　集体传动的单次或多次拉丝机

集体传动是指用一台电动机通过减速箱并由一根总轴带动拉丝机上的所有卷筒，每个卷筒的启动、制动控制用摩擦离合器或抱闸完成，这种拉丝机属于老式设备，目前基本淘汰。其电动机的功率可按下式计算：

$$N=\Sigma PV/102\eta_D+N_{xx}(\text{kW})\tag{24-8}$$

24.3.2　带反拉力的连续式拉丝机功率的计算

带反拉力的连续式拉丝机，如活套式拉丝机、直进式拉丝机。这种拉丝机的卷筒转速能自动调节，均为直流电动机单独传动，因此，卷筒的调速范围很大。拉拔时，除第一道次外，其余各道次拉拔时均存在反拉力。反拉力的大小可由弹簧的拉力来调节。如图 24-9 为活

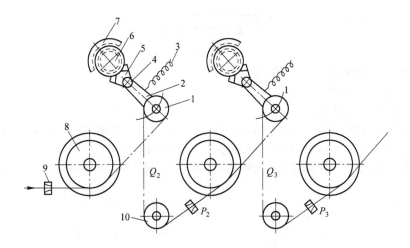

图 24-9　活套式拉丝机调速装置简图

1— 张紧轮;2—平衡杠杆;3—张紧弹簧;4—支轴;5—扇形齿轮;

6—齿轮;7—变阻器;8—卷筒;9—模子;10—固定导轮

套式拉丝机调速装置简图。

带反拉力的连续式拉丝机拖动各卷筒的电动机的功率可按下列公式计算。

24.3.2.1　第一个卷筒和中间各卷筒

$$N_1 = (P_1 - Q_2)v_1/102\eta_{\text{D}} + N_{\text{XX}}(\text{kW}) \tag{24-9}$$

$$N_2 = (P_2 - Q_3)v_2/102\eta_{\text{D}} + N_{\text{XX}}(\text{kW}) \tag{24-10}$$

式中　P_1、P_2——第一道、第二道的拉拔力;

　　Q_2、Q_3——第二道、第三道拉拔时的反拉力;

　　v_1、v_2——第一道、第二道的拉拔速度。

24.3.2.2　精拉卷筒(最后一道)

$$N_n = P_n v_n/102\eta_{\text{D}} + N_{\text{XX}}(\text{kW}) \tag{24-11}$$

注意,上述各道拉拔力,除第一道的拉拔力 P_1 可用前面介绍的拉拔力公式计算外,其余各道的拉拔力计算,应考虑反拉力的影响。带反拉力拉拔时,会使所需要的拉拔力增大,通常拉拔力的增加值 ΔP 可按下式计算:

$$\Delta P = f\cot\alpha F_{\text{K}}Q/F_0\mu \tag{24-12}$$

式中　Q——反拉力;

　　α——模孔工作锥角度(半角);

　　F_{K}——拉拔后钢丝截面积;

　　F_0——拉拔前钢丝截面积;

　　f——摩擦系数;

　　μ——延伸系数。

用计算拉拔力的有关公式,求出拉拔力 P 后再加上 ΔP,即可得到有反拉力拉拔时的拉拔力。

1. 影响拉拔力的因素有哪些?
2. 拉拔力的实测方法有几种?
3. 试用勒威士经验公式计算拉拔力。
4. 将含碳量为 0.7% 的制绳钢丝,从 $\phi3.7mm$ 拉拔成 $\phi2.74mm$,拉丝机线速度为 27m/min。若拉丝机的效率为 80%,计算拉丝机的功率是多少,此时最适宜的模孔工作锥角取多大?
5. 分别用加夫利林科公式、克拉希里什科夫公式、考尔布尔公式计算例题中的拉拔力大小,并进行比较。

25 拉拔产品的应力状态与力学性质

钢丝经过冷拔变形后会引起组织、性能的深刻变化。组织结构发生的变化有：显微组织变化——晶粒被拉长；晶格畸变，晶粒破碎；当变形量很大时，使晶粒具有择优取向的组织——变形织构。性能同样也发生了很大变化，如出现加工硬化，即在冷加工过程中，随着变形程度的增加，变形阻力增大，强度和硬度升高，而塑性、韧性下降的现象。消除加工硬化需中间热处理。在韧性损失的同时，抗拉强度增加，钢丝的其他力学性能也发生变化，如，反复弯曲次数、扭转次数、弹性极限、屈服极限等，为了使产品具有规定的性能，需要继续进行处理。本章研究拉拔产品应力状态的特征，因为它对力学性能产生影响。

25.1 拉拔后钢丝性能的变化

25.1.1 盘条性能对拉拔后钢丝性能的影响

25.1.1.1 盘条直径的影响

盘条性能通过轧制条件和热处理条件只能控制在一定的范围内。盘条直径会影响轧后的冷却速度，因而也影响组织性能和力学性能。因为粗钢丝比细钢丝冷速度慢，所以，在相同的生产条件下，粗钢丝比细钢丝组织粗大，抗拉强度低。

各生产厂家制订的生产工艺对盘条直径的允许偏差进行了规定，直径允许偏差对钢丝力学性能有影响，因为拉拔时实际压缩率偏离了公称压缩率。若盘条直径位于上偏差范围内，则实际得到的压缩率大于公称压缩率，盘条的直径越小，这种偏差就越大。

25.1.1.2 盘条表面粗糙度和氧化铁皮的影响

盘条的表面性质对力学性能只有次要的影响，只有当盘条表面非常粗糙时，使润滑载体层不好和润滑剂供给不足，就可能出现拉拔温度的显著升高，并影响力学性能。

如果只用较小的总压缩率（最大为 20%）把盘条拉至成品，则盘条的表面状态在很大程度上决定着成品钢丝的表面状态。如果用较大的压缩率拉拔，则盘条的粗糙度对拉拔后钢丝表面状态的影响次于拉拔条件的影响，关于粗糙度参数对钢丝的使用性能的重要性还没有一个确切的概念，然而，人们越来越注意这个问题了。

有科学家研究了 105Cr4 钢和硬弹簧钢盘条在用机械法或化学法去除氧化铁皮后表面粗糙度的情况。在用喷射法去除氧化铁皮的状态下和酸洗法去除氧化铁皮的状态下，直径 5.0mm 的盘条都具有约 $50\mu m$ 的粗糙深度，然而，酸洗后钢丝的粗糙度比机械法去除氧化铁皮的钢丝呈现出较小的不平峰角，在用约 45% 的压缩率经三道拉拔后，粗糙深度可减少约 70%，只有 $15\mu m$ 左右。

可以证实，一定均匀的粗糙度对拉拔过程的润滑是有利的，润滑载体均匀地分布在钢丝表面，因此，在拉拔过程中有足够的润滑剂被带入拉丝模孔内。当拉拔速度变得较大时，有较明显的粗糙度对拉拔过程中的良好润滑是必不可少的。

然而，拉拔后钢丝的粗糙度不仅仅取决于盘条的粗糙度，盘条的化学成分，去除氧化铁皮的方法，去除氧化铁皮的条件，特别是使钢丝表面氧化的热处理和最后的拉拔条件，都可能影响拉拔钢丝的粗糙度。

25.1.1.3　化学成分的影响

钢的化学成分极大地影响钢丝性能。随着盘条含碳量的增加，因渗碳体形成量的增加和铁素体晶体张力的增大，则盘条的强度也增加，因此，钢丝经铅淬火后，再进行拉拔，其强度显著增加；锰有同样的效果，只是较弱而已。其他伴生元素仅仅由于偏析、晶粒度、夹杂物等间接地提高强度。

25.1.1.4　组织状态的影响

钢组织状态对钢丝的拉拔特性和力学性能也有很大影响。有专家专门研究晶粒度对拉拔钢丝力学性能的影响，得出：1)粗晶粒对于获得优良的成品钢丝是有利的，对于细晶粒钢，铅淬火的温度必须适当提高，然而，这时会引起严重的边缘脱碳的危险和钢丝出铅锅时挂铅。2)奥氏体晶粒度对力学性能毫无影响。综合上述结果可见：当压缩率达到85%～87%时，晶粒度无决定性影响，只有在更高的变形程度时，才产生具有明显特征的影响。

25.1.2　拉拔工艺参数对拉拔后钢丝性能的影响

25.1.2.1　压缩率的影响

加工硬化随总压缩率的增大而增加，钢丝的含碳量越高，加工硬化越大。

对于铅淬火钢丝，第一道次的抗拉强度与总压缩率成正比例增加。当变形程度较大时，抗拉强度的增加变得相当激烈，直到变形能力耗尽为止，于是钢丝断裂。屈服极限和弹性极限，通过第一道次约20%的压缩率拉拔，其增加强度比抗拉强度要强烈。屈强比强烈增加。当变形量较大时，抗拉强度和屈服极限相互成正比地增加，而弹性极限的增长相当缓慢。当变形量很大时，弹性极限的增长将进一步减小。断裂延伸率在第一道次以后就降低到很低值，尽管如此，还在不断继续下降。断面收缩率在第一道次以后同样强烈地降低，但没有断裂延伸率那样强烈，当变形能力接近耗尽时，就几乎不变，并开始断裂。

对于低碳退火钢丝，当压缩率达到20%时，抗拉强度、屈服极限和弹性极限首先强烈地增加，然后，三种特性值的增加又都减小。但是，在高的变形之后，增长程度比高碳铅淬火钢丝要缓慢。屈服极限随压缩率的增大逐渐接近于抗拉强度，最后，随压缩率的增大而又降低。退火钢丝的断裂延伸率很高，然而，在第一道次就显著降低，而后降得更低。退火钢丝的断面收缩率，随变形量的增加由高的起始值均匀下降。

图25-1给出了这方面的试验结果。

重要的还是压缩率对弯曲次数和扭转次数的影响。通过单纯的冷变形获得所希望的抗拉强度值是比较容易的，然而，在高强度值时还要保证具有较高弯曲次数和扭转次数则是困难的。

弯曲次数同样受钢的含碳量和钢丝的压缩率的影响。含碳量为0.03%的退火未拉拔钢丝，其弯曲次数比铅淬火高碳钢丝要高很多。当含碳量达0.7%时，通过拉拔，弯曲次数不断增加。当含碳量超过0.7%时，弯曲次数的增加落后于只含碳0.7%的钢丝的弯曲次数的增加。因此，当含碳量再高时，弯曲次数又下降了。如图25-2所示。

扭转次数随总压缩率的增大而显著降低。当钢的含碳量低时，这种下降程度比中、高含碳量时要大得多。在很高的总压缩率之后，钢丝的扭转能力才耗尽，于是扭转次数激烈降低。这种扭转次数激烈降低的情况，随含碳量的增加，在较小的总压缩率时就已经开始，且降低程度随含碳量的增加而增大，如图25-3所示。

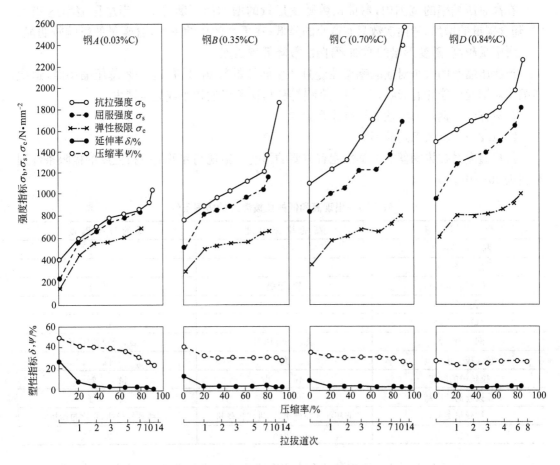

图 25-1　拉拔对钢丝抗拉性能的影响

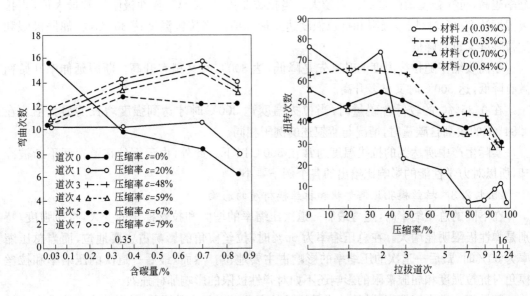

图 25-2　不同含碳量、不同压缩率对弯曲次数的影响　图 25-3　拉拔道次和压缩率对扭转次数的影响

在高总压缩率的范围内,弯曲次数随变形量的增加而不断降低。当总压缩率达 83％时,随含碳量的增加,弯曲次数只有微小的降低;在更高的压缩率时,含碳量的影响较明显。钢丝含碳量越高,随变形量的增加,弯曲次数降低越激烈。

道次压缩率的大小对成品钢丝性能只产生间接的影响,只有达 70％总压缩率时,道次压缩率对钢丝性能才有影响,在总压缩率较高时,这种影响较小或完全消失。

拉拔方向对钢丝力学性能没有什么影响。

25.1.2.2 拉拔温度的影响

拉拔温度对拉拔钢丝的力学性能有重要的影响。出现高和低的拉拔温度的极限条件列举在表 25-1 中。

表 25-1 出现高和低的拉拔温度的极限条件

影 响 因 素	高 的 拉 拔 温 度	低 的 拉 拔 温 度
拉丝模角度 2α	大	小
定 径 带	长	短
拉丝模的材质	软、粗糙	硬、光滑
$\Delta Q_{道次}$ 的大小	大	小
$\Delta Q_{总}$ 的大小	大	小
润 滑 剂	缺乏润滑作用	有良好的润滑作用
拉 拔 速 度	高	低
拉丝模的冷却	不 足	良 好
拉拔卷筒的冷却	不 足	良 好
拉丝机类型	非积线式拉丝机,直进式拉丝机	积线式拉丝机,单次拉丝机
反 拉 力	小	大

0.70％C 钢丝在不同拉拔温度下进行拉拔,随拉拔温度的升高,首先是弹性极限,其次是屈服极限有显著提高。相反,抗拉强度的增加要小得多,屈强比超过 90％。钢丝的总压缩率越高,抗拉强度值的增加也就越大。当拉拔温度达 300℃ 时,弹性极限达到最大值,当拉拔温度达 200℃ 时,屈服极限和抗拉强度达到最大值。当拉拔温度达 300℃ 时,屈服极限和抗拉强度又重新降低。

断面收缩率随拉拔温度的升高先是降低,达 300℃ 时又稍有升高。断裂延伸率开始稍微有降低,达 300℃ 时又显著升高。

在 0.35％C 的较低含碳量时,当拉拔温度达 300℃ 时才达到强度增长的最大值。在 0.84％C 的较高含碳量时,情况与所叙述的例子相同。

实际生产中所达到的拉拔温度通常在 300℃ 以下。此外,由于钢丝在道次间不断被冷却,所以对力学性能的影响比给出的各个例子要小。

25.1.2.3 拉丝模孔几何形状和拉丝模材质的影响

在不同的总压缩率时,随着最后一道次压缩率的增大和拉丝模角的变大,抗拉强度,特别是弹性极限明显增大。在总缩率为 60％ 时,拉丝模角的影响占主要地位,而当总压缩率为 80％ 时,最后一道次的压缩率的影响占主要地位。然而,最后一道次的压缩率和拉丝模角对抗拉强度和屈服极限的影响还不如对弹性极限的影响那样强烈。

随最后一道次压缩率的增大,成品钢丝的弯曲和扭转次数降低,拉丝模角对弯曲和扭转次数的影响较小。但是,拉丝模角对断裂延伸率的影响较显著。在高的总压缩率时,断裂延伸率随拉丝模角的增大而增加。

拉拔应力随定径带长度的增长而明显地增加,对于细钢丝可能影响其力学性能,特别是弹性极限和断裂延伸率。

拉丝模的材质对拉拔钢丝的力学性能影响不大。

25.1.2.4 润滑载体和润滑剂的影响

润滑载体的任务是,以尽可能薄的层保证润滑剂顺利地带入拉丝模孔内,润滑不允许中断,否则,钢丝在拉丝模孔内发生粘附现象,使拉拔温度上升。所以,润滑载体对拉拔钢丝的力学性能无直接影响。但是,它可以通过润滑作用和钢丝的粗糙度间接地影响拉拔温度,并因此影响钢丝性能。

25.1.2.5 拉拔速度、拉丝模冷却和拉拔卷筒冷却的影响

研究人员通过实验发现,对于无冷却,即在拉拔温度下进行拉拔的钢丝,其抗拉强度、屈服极限和弹性极限通常都较高,而弯曲和扭转次数降低。因此,当冷却不足时,强度值会增加,塑性会降低。当钢丝经矫直或以小压缩率进行再拉拔等处理后,钢丝的性能虽会得到改善,但是,不可能达到用良好冷却进行拉拔的钢丝性能。

在积线式拉丝机上,最后一道次钢丝的温度不超过140℃,而在每个拉拔卷筒上只积6圈钢丝的直进拉丝机上,钢丝温度可达200℃,采用普通水冷和风冷及卷筒积线一般的直进式拉丝机,钢丝的温度只达150℃。拉拔速度越高,钢丝的良好冷却就越重要。

当拉拔期间钢丝有良好的冷却时,包括拉拔卷筒内部冷却在内的所有冷却,拉拔速度的提高,对钢丝力学性能没有影响。

拉丝模的冷却只能带走所产生热量的一小部分,拉丝模的冷却最重要的是为了减少其磨损。

25.1.2.6 反拉力的影响

带反拉力拉拔钢丝,有人错误的认为,反拉力可以减小拉拔力,而采用较大的压缩率,期望减少拉丝模的磨损,但未实现。

研究人员的实验表明,反拉力可影响钢丝横断面上的硬度分布,横断面上硬度的均匀性随反拉力的增大而增加,当反拉力为拉拔力的80%时,在整个横断面内达到相同的硬度。可见,带反拉力拉拔的钢丝必定具有较好的扭转值和疲劳强度值。

反拉力对抗拉强度和弯曲次数的影响可忽略不计,而带拉拔力的40%的反拉力经过四道次拉拔后钢丝的扭转次数比无反拉力拉拔的钢丝要高20%~25%。

反拉力能降低拉丝模孔内的径向压力,因此也能减小摩擦和降低拉拔温度。但反拉力对力学性能的影响不像温度降低那样明显,抗拉强度几乎不受影响,对于铅淬火钢丝屈服极限稍有提高。断裂延伸率和断面收缩率随反拉力的增大而降低。

总之,反拉力对钢丝性能的影响比较小,这种影响随拉丝模角和总压缩率的增大而增大。而在生产中精确调节反拉力很困难,所以,很难利用反拉力来达到规定的钢丝力学性能。

25.2 金属弹性变形及模具对拉拔材料的影响

在一般情况下,被拉拔材料通过拉丝模后,料的截面和尺寸与拉丝模出口截面相应的尺寸并不相同,或是稍大,或是稍小,只有在极少数情况下,才是彼此相同的。原因如下:

1) 拉丝模并非绝对刚性的,所以,在有负荷的状态下即当被拉拔金属通过拉丝模时,拉

丝模的出口截面常常比无负荷状态时的出口截面要大 $\Delta F_{模}$。

2）当金属从拉丝模孔出来时，处于拉伸应力作用之下，如果此应力接近屈服强度或仅在某些部位超过屈服强度，则从模中出来的金属的横截面比拉丝模在有负荷状态下出口的横截面小 ΔF。

3）在拉拔过程结束后即撤销了施加在被拉拔材料上的拉力之后，金属出现一种弹性后效，使金属的横截面增大 $\Delta F_{金}$。

由于以上三方面的原因，则被拉拔材料的横截面为：

$$F_{金} = F_{模} + \Delta F_{模} + \Delta F_{金} - \Delta F$$

式中，$F_{模}$ 为拉模在无负荷状态下出口截面积；$\Delta F_{模}$ 和 $\Delta F_{金}$ 恒为正值，在拉拔过程正常时，安全系数有足够的值时，$\Delta F \approx 0$，则 $F_{金} = F_{模} + \Delta F_{模} + \Delta F_{金}$。

综上所述，拉拔后金属的横截面要比无负荷状态下的出口横截面大一点。

在拉拔断面大的材料时，差值 $F_{金} - F_{模}$ 就成为不可忽视的了，若未将这一点考虑在内，则拉拔材料的断面尺寸就可能变成不符合技术条件所规定的公差了，特别是在模子已经磨损时。差值 $F_{金} - F_{模}$（钢丝为圆断面时对应的直径差），现场叫做金属膨胀。

$\Delta F_{模}$ 及其对应的 $\Delta D_{模}$ 的大小与以下因素有关：

（1）模子的材质和尺寸：尺寸越大，模子材质的弹性模量越大，则模子刚性越大，在其他条件相同时，$\Delta F_{模}$ 及 $\Delta D_{模}$ 越小。

（2）胀裂模子的力：胀裂力随压缩率的减小、α 角的增大而减小，因而模子的变形也减小。

$\Delta F_{金}$ 及其对应的 $\Delta D_{金}$ 的大小取决于以下三种因素：

（1）在离开拉模出口后的状态下，被拉拔材料的尺寸大小及力学性质，金属的横截面尺寸越大，弹性模量越小，则 $\Delta F_{金}$（$\Delta D_{金}$）越大。

（2）变形速度直接取决于拉拔速度和变形程度，不取决于变形区的长度。

（3）在 $\Delta F_{金}$（$\Delta D_{金}$）的变化和拉拔过程结束之间的时间间隔，$\Delta F_{金}$ 是随时间间隔的延长而按衰减曲线变化的。

总之，$\Delta F_{金}$ 随拉拔速度的降低而降低；随变形程度的降低而降低；随拉拔过程终了到测试开始的时间间隔的缩短而减小；随变形区的长度增加，也就是 α 角的减小及拉模定径带长度的增加而减小。

影响被拉拔金属弹性后效值的因素很多，很难采用计算的方法求得。

弹性后效也显现在被拉拔金属的长度方向上。由于出现纵向弹性变形而拉拔料必定缩短以及在拉拔过程结束后被拉拔料有某些扭歪都证实了这一点。产生扭歪是由于拉模模孔的轴线与拉拔力方向未完全重合，被拉拔料截面的力学性能有某些不均匀性和不对称性，接触表面由于拉模表面加工质量和润滑油不纯而造成摩擦条件的某些差别所致。所有这些现象都引起附加的不均匀变形和应力，而这些变形和应力与弹性后效不均匀表现同时产生。严重时，出现整盘钢丝扭曲，有时扭成 ∞ 字形。为了防止这种扭曲，必须使钢丝在绕轴前，通过矫直装置，以消除不均匀变形和内应力。如图 25-4 所示。

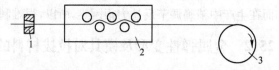

图 25-4　矫直装置示意图
1—拉丝模；2—矫直装置；3—收线轮

25.3 拉拔条件对拉拔产品的物理性能和力学性能的影响

与所有塑性变形一样,拉拔过程也伴随着拉拔金属的物理性能和力学性能变化。在冷拔时,强度增大,韧性指标降低,密度也有某些下降,密度降低 $0.09\% \sim 0.25\%$,如钢丝退火后密度为 $7.7970\mathrm{g/cm^3}$,冷拔后密度为 $7.7772\mathrm{g/cm^3}$,密度降低 0.25%。此外,电阻值也有某种程度的增加。

在拉拔条件下,金属状态指标的变化并不总是相同的,而是随着拉拔过程的具体条件而变化,这些条件决定了变形的不均匀性程度和残余应力值的大小,而变形程度和残余应力对被拉拔金属力学性能指标的平均值有影响。属于拉拔过程的具体条件如下所述。

25.3.1 接触摩擦和润滑的影响

润滑剂的作用只有在小的 α 角条件下才能够明显地表现出来,因为在大的 α 角条件下,润滑剂将会很快地从变形区的大部分地段挤了出来,拉拔变形实际上是在干摩擦的情况下进行的。实验结果指出,不用润滑剂的拉拔,抗张强度有降低的趋势,由于周边层有残余拉应力,这种残余拉应力将进一步降低断裂抗力。但是,由于在小的 α 角条件下,周边层和中心层变形程度的差别并不大,抗张强度降低的趋势还不明显。

25.3.2 拉模工作角度 α 的影响

随着拉模工作角度 α 的增大:(1)接触表面就要减少,而接触表面减少,法向应力就要提高;(2)在变形区的润滑条件就要破坏,摩擦应力就要增加;(3)作为最终结果的表面应力随着增大并偏重在金属入模子的一侧。所有这些又引起附加的位移增加,这也就是为什么被拉拔金属的每一同心层总变形量有相应增加的原因。在变形量不大的情况下,这必定会使被拉拔料的力学性能指标变化强度的增加;而在变形增大时,力学性能指标的变化则不大;所以,在某些最小变形程度的条件下,被拉拔料的这些力学性能实际上可以达到同样的极限值。

25.3.3 反拉力的影响

在拉拔过程的其他条件都相同时,摩擦力、变形的不均匀性、残余应力都因有反拉力而降低。由于残余应力降低的结果,抗张强度的平均值略有提高。但是,采用过高的反拉力(大大超过临界值)就可能带来变形分散度的增加,变形分散度的增加会对拉拔产品的强度产生坏的影响。因此,拉拔时应采用这样的反拉力值,使得不至于必须降低部分变形量而提高变形的分散度。

25.3.4 变形分散度的影响

变形分散度提高(也就是在相同的总变形条件下,变形的次数增多或在一次变形中延伸量减少),将导致拉拔材料外围层位移变形增加。这也就是为什么在拉拔金属的外围层残余拉应力略有提高,而在内部深层残余压应力有相应的增加的原因。纵向残余应力的此种重新分配,导致受拉时外围层较早地破坏,结果是在受拉时抗张强度降低。

为了得到具有较高强度的拉拔金属丝,拉拔必须是或者用最大道次压缩率,或者用适当的反拉力,道次压缩率小和无反拉力时拉拔的钢丝的力学性能最差。

25.3.5　拉拔方向的影响

拉拔方向的改变对残余应力没有很大的影响,可以认为改变拉拔方向这个因素对拉拔产品的力学性能影响不大。

25.3.6　拉拔后缠绕时弯曲的影响

线材经过拉模出来后,就要在中间牵引轮或收线架、线盘上缠绕起来,因此,线材要弯曲。残余变形与弯曲同时发生。实验证明,这种弯曲导致残余应力的重新分配,并引起力学性能指标的改变。实验者发现,金属丝由于弯曲而发生附加变形,使抗张强度有所降低、延伸增加,且强度性能的变化随着硬化的增加而增加。只有在收线轮直径或线盘超过所缠绕丝的直径 250 倍或更多,也就是弯曲不致引起显著的塑性变形时,弯曲才不会引起钢丝的力学性能的显著变化。

25.3.7　变形区的温度和拉拔速度的影响

拉拔过程的温度和摩擦系数都与拉拔速度有关。这些因素对拉拔后的金属的力学性能都有相应的影响。

抗张强度随拉拔速度的增加而降低,这是由于变形区温度升高和拉拔金属退火所致。如在多模拉丝机上,高速拔制(25~35m/s)的细铜丝抗张强度为 43~47kPa;同样的丝在其他条件相同、拉拔速度为 3~4m/s 时的强度则是 49~51kPa。

抗张强度也可能随拉拔速度的降低而下降。这种情况下,起主要影响的不是温度,而是接触摩擦系数。接触摩擦系数一般情况下随拉拔速度的增大而增大。在接触摩擦系数增大的条件下,会出现抗张强度降低的趋势。

25.4　拉拔过程中的残余应力

25.4.1　残余应力的产生和类型

线材在模具内变形时,其轴线处和其他部位周向和径向承受着显著的应力。作用到轴向的应力在模具入口处虽为零,但越往出口拉应力越大。残余应力就是在这些应力作用下,由于截面内各处不均匀变形而产生,这种残余应力表现为三种类型:

(1) 表面压应力,心部拉应力。如图 25-5(a)所示,此时,道次压缩率过小,仅仅为表面变形,变形时表面与模具间摩擦作用大,故表面为压缩残余应力。

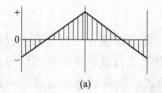 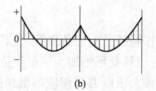 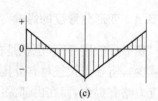

图 25-5　拉拔操作中残余应力分布类型示意图

(2) 外表是拉应力,心部也是拉应力,而中部是压应力。如图25-5(b),这是由于变形材料较硬或拉拔条件不同使材料心部不产生塑性变形的缘故。而中部的压应力表示变形到此为止。

（3）外表是拉应力，心部是压应力。如图 25-5（c），这是材料较软，而断面收缩率又大时，在整个断面间至线材的中部都发生塑性变形得到的残余应力的分布情况。

25.4.2 影响残余应力的因素

25.4.2.1 断面收缩率的影响

如图 25-6 所示，断面收缩率小时，中心为拉应力，边部为压应力，随着断面收缩率变大，应力状态变为外部拉应力，心部压应力，且外表拉伸残余应力变大，轴向和周向残余应力的分布也有差别。在室温下变形时，随变形程度增加，残余应力数值显著增加，当变形程度达某一数值时为最大值。若继续增加变形程度，其残余应力开始下降，直至为零。

25.4.2.2 材质的影响

材质愈硬，屈服应力愈高。因此，拉拔时为了维持高的内应力状态，拉拔后就会产生大的残余应力。硬度愈高，在线材的中心进行塑性变形就愈困难，其残余应力常出现边部拉，心部也是拉，而中间为压应力的分布，如图 25-5（b）。不同含碳量的线材，在不同拉拔条件下拉拔，对残余应力和力学性能的影响，如图 25-7 所示。

由图中可以看出，材料强度越高，表面残余应力越高，对力学性能的影响越大。另外，由于金属内部化学成分、组织结构、杂质及加工硬化状态等分布不均匀，都使金属内、外部

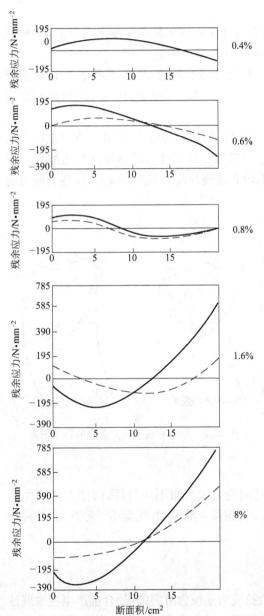

图 25-6 断面收缩率对残余应力的影响

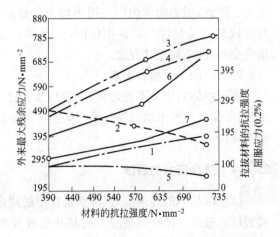

图 25-7 材质对残余应力和力学性能的影响

变形的难易程度不同,因而造成压力和变形不均匀,进而引起不均匀的残余应力。

25.4.2.3 变形速度的影响

通常在室温下,残余应力会随变形速度的增加而减小。当温度比室温高出许多时,变形速度增加,残余应力也将增加。前者是受热效应的影响,材料受到软化,故残余应力降低。而后者是硬化作用大于软化作用,材料发生硬化,则残余应力随之增加。

其次,模具形状、润滑条件都对残余应力有一定影响,润滑条件越差,残余应力越大。

25.4.3 残余应力对产品性能的影响

25.4.3.1 对力学性能的影响

残余应力使单位变形力增高。由于变形及应力分布不均匀使单位变形力升高,使塑性降低。甚至可能在变形中较早地达到金属的断裂强度而发生破裂。

当受交变应力的产品存在拉伸残余应力时,其疲劳强度降低;反之,则升高。这主要是由于残余应力与作用应力相叠加,使变形应力发生变化所致,拉拔表面产生多余拉应力,故疲劳强度降低。

残余应力对造成应力腐蚀开裂的影响一般是这样的:当与外应力叠加时,有可能成为适宜于应力腐蚀开裂的状态,也可能相反。通常若与腐蚀介质相接触的部位存在压缩残余应力时,对应力腐蚀的防止是有效的,而拉拔时,钢丝表面残余应力多为拉应力,故残余应力的存在,适于应力腐蚀开裂,破坏了产品的腐蚀性。

25.4.3.2 对产品尺寸和形状的影响

当残余应力消失或其平衡受到破坏时,相应物体内各部分的弹性变形也发生了变化,从而引起产品尺寸的变化,有时发生形状的弯曲和扭曲。如图 25-8,为不对称残余应力造成的钢丝扭曲,严重时形成∞字形线,造成废品。

25.4.3.3 对产品寿命的影响

当产品受载荷时,其内部受到的应力为由外力所引起的应力与残余应力之和,或为二者之差。因此,引起物体内应力很不均匀。显然,当合成应力值超过材料许用值时,产品将产生塑性变形,因而缩短其寿命。

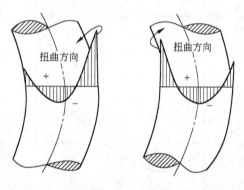

图 25-8 不对称残余应力造成的钢丝扭曲

25.4.3.4 使操作困难

变形物体内应力不均匀分布,造成加工工具内应力也分布不均匀,因而使工具产生磨损,引起弹性变形不均匀等一系列问题。如拉拔时,拉模早期磨损,线盘不平等现象,均使操作困难。

25.4.4 残余应力的消除

拉拔制品中的残余应力,特别是其中的残余拉应力是极为有害的,是合金产生应力腐蚀和裂纹的根源。带有残余应力的制品在放置和使用过程中会逐渐地改变其自身形状与尺寸,同时对产品的力学性能也有影响。目前减少和消除残余应力有以下三种方法。

25.4.4.1　减少不均匀变形

这是消除残余应力的最根本的措施。可通过减少拉拔模壁与金属的接触表面的摩擦；采用最佳模角；对拉拔坯料采取多次的退火；使两次退火间的总加工率不要过大；减少分散变形度等方法减少不均匀变形。

25.4.4.2　变形后机械法

A　矫直加工　矫直的作用即最大可能地均衡钢丝横断面上变形的不均匀性，均衡拉拔时钢丝的不同直径公差的不同程度的发热，可能引起的拉拔应力，并因此使拉拔钢丝在其全长上尽可能得到均匀的性能。

拉拔生产中常用反复弯曲法进行钢丝矫直，即通过安装在同一平面或两个互成 90°的平面内的辊子进行矫直，钢丝成波形或弯曲形通过矫直器。矫直时会超过材料的屈服极限，产生塑性变形，降低内应力。弯曲辊矫直时，变形深度较小，主要是边缘区产生变形，随弯曲曲率的变化，使内部残余应力得以调整，逐渐减小。经矫直后的钢丝在边缘内产生压应力，内部为拉应力，不能完全消除残余应力的不均匀性。对细丝矫直更困难。

矫直会降低屈服点，弯曲和扭转次数也有所下降，其力学性能变化的大致情况见表 25-2。

表 25-2　矫直后产品力学性能的变化

抗 拉 强 度	稍有降低，约为 1%～5%
屈 服 极 限	有较大降低，约为 10%～25%
弹 性 极 限	有很大降低，约为 30%～60%
断 面 延 伸 率	有较大增加，最小为 20%，一般在 60%以上
断 面 收 缩 率	有极小且交变变化（降低约 5%，增加约 5%）
弯 曲 次 数	大多数增加 5%～50%
扭 转 次 数	有差别，一般增加 10%～20%

B　表面加工以调整残余应力　对于表面为残余拉应力的产品，可进行二次拉拔，拉拔时用少量压缩率造成表面压应力状态，以抵消其表面残余拉应力或减轻表面残余应力。如图 25-9 所示。

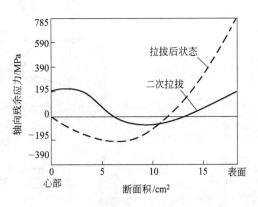

图 25-9　二次拉拔时对产品残余应力的影响

25.4.4.3　变形后热处理法

所谓热处理法即采用回火和退火的方法。一般第一类残余应力（即变形金属中，一部分与另一部分之间不均匀变形引起互相平衡的残余应力）用低温回火就可大为减少；第二类残余应力（即变形金属中，若干个晶粒间不均匀变形引起互相平衡的残余应力）在稍低于再结晶温度下可完全消除；而第三类残余应力（即变形金属中，为了平衡每个晶粒本身原子晶格畸变所引起的残余应力）只有经再结晶，使晶粒完全恢复到原来的形状后方可消除。图 25-10、图 25-11 为拉拔金属材料（0.18%C）退火后残余应力和力学性能的变化。

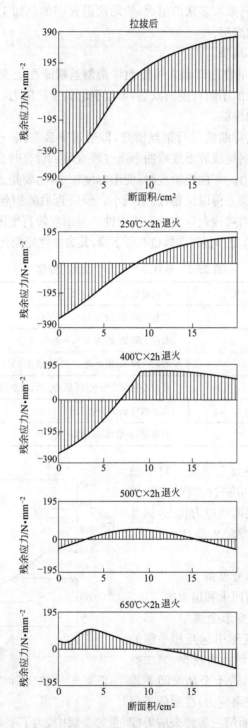

图 25-10 退火后线材残余应力的变化

一般,采用何种热处理方法,需根据实际情况而定。若为防止金属在其后停放中由于残余应力而引起变形和破裂的危险,并保证足够的强度,则采用低温回火。此时,由于内应力的消除,且低温回火中大量弥散 ε 碳化物析出,增大了变形抗力,使强度有所提高。若为了软化以利于今后的加工,则必须用退火的方法,完全消除残余应力。

对于不同钢种,其退火或回火热处理制度大不相同。一般碳钢在 500℃ 以下处理,应力即可消除,若是奥氏体不锈钢,在此温度下就不可能消除应力,要在更高的温度区内处理方可。

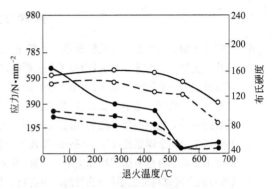

图 25-11　退火温度对线材残余应力和力学性能的影响
○——○ 布氏硬度；●--●○ 屈服应力；
●——● 轴向残余应力；●--● 周向残余应力；
●-·-● 径向残余应力

复习思考题

1. 影响拉拔后钢丝性能的因素有哪些?
2. 拉拔后钢丝的力学性能有哪些变化?
3. 拉拔条件对产品的性能有什么影响?
4. 残余应力是如何产生的?
5. 影响残余应力的因素有哪些?
6. 残余应力对产品的性能带来什么影响?
7. 如何消除残余应力?

参 考 文 献

1 黄守汉主编．塑性变形与轧制原理．北京:冶金工业出版社,2002

2 傅德武主编．轧钢学．北京:冶金工业出版社,1983

3 宋维锡主编．金属学．北京:冶金工业出版社,1980

4 曲克主编．轧钢工艺学．北京:冶金工业出版社,1997

5 王甘勋主编．轧钢原理．北京:冶金工业部工人视听教材编辑部,1995.6

6 马怀宪主编．金属塑性加工学(挤压、拉拔与管材冷轧)．北京:冶金工业出版社,1998

7 杨守山主编．有色金属塑性加工学．北京:冶金工业出版社,1985

8 《重有色金属材料加工手册》编写组．重有色金属材料加工手册(第 1、3、4、5 分册)．北京:冶金工业出版社,1979

9 《轻金属材料加工手册》编写组．轻金属材料加工手册(上、下册)．北京:冶金工业出版社,1980

10 《稀有金属材料加工手册》编写组．稀有金属材料加工手册．北京:冶金工业出版社,1984

11 刘静安编著．轻合金挤压工具与模具(上、下册)．北京:冶金工业出版社,1990

12 赵志业等．金属塑性变形与轧制理论．北京:冶金工业出版社,1980

13 中国冶金百科全书总编辑委员会《金属塑性加工》卷编辑委员会．中国冶金百科全书．金属塑性加工．北京:冶金工业出版社,1998

冶金工业出版社部分图书推荐

书　名	作　者	定价(元)
中国冶金百科全书·金属塑性加工	编委会　编	248.00
楔横轧零件成型技术与模拟仿真	胡正寰　等著	48.00
传热学(本科教材)	任世铮　编著	20.00
热工实验原理和技术(本科教材)	邢桂菊　等编	25.00
热工测量仪表(国规教材)	张　华　等编	38.00
冶金热工基础(本科教材)	朱光俊　主编	30.00
加热炉(第3版)(本科教材)	蔡乔方　主编	32.00
轧制工程学(本科教材)	康永林　主编	32.00
金属塑性成形力学(本科教材)	王　平　等编	26.00
材料成形实验技术(本科教材)	胡灶福　等编	16.00
轧制测试技术(本科教材)	宋美娟　主编	28.00
金属学与热处理(本科教材)	陈惠芬　主编	39.00
金属塑性成形原理(本科教材)	徐　春　主编	28.00
金属压力加工原理(本科教材)	魏立群　主编	26.00
金属压力加工工艺学(本科教材)	柳谋渊　主编	46.00
钢材的控制轧制与控制冷却(第2版)(本科教材)	王有铭　等编	32.00
金属压力加工概论(第2版)(本科教材)	李生智　主编	29.00
矿冶概论(本科教材)	郭连军　主编	29.00
连续铸钢(本科教材)	贺道中　主编	30.00
炉外处理(本科教材)	陈建斌　主编	39.00
物理化学(高职教材)	邓基芹　主编	28.00
冶金原理(高职教材)	卢宇飞　主编	36.00
冶金专业英语(高职教材)	候向东　主编	28.00
冶金生产概论(高职教材)	王明海　主编	45.00
金属学及热处理(高职教材)	孟延军　主编	25.00
塑性变形与轧制原理(高职教材)	袁志学　主编	27.00
现代轨梁生产技术(高职教材)	李登超　编著	28.00
有色金属轧制(高职教材)	白星良　主编	29.00
有色金属挤压与拉拔(高职教材)	白星良　主编	32.00
加热炉(职业技术学院教材)	戚翠芬　主编	26.00
参数检测与自动控制(职业技术学院教材)	李登超　主编	39.00
黑色金属压力加工实训(职业技术学院教材)	袁建路　主编	22.00
轧钢工理论培训教程(职业技能培训教材)	任蜀焱　主编	49.00
铝合金无缝管生产原理与工艺	邓小民　著	60.00
冷连轧带钢机组工艺设计	张向英　著	29.00